Ertl/Birnbeck/Alsing
1000 Fragen für den jungen Landwirt

Josef Ertl †, Dr. Stefan Birnbeck †,
Dr. Ingrid Alsing

1000 Fragen für den jungen Landwirt

16. korrigierte Auflage

Bildnachweis

Dr. Alsing: 285; CMA: 43, 44, 71;BBA: 197; BFL: 297; Fa. Big Dutchman: 286; BLV-Archiv: 111, 113, 115, 116, 143, 156, 162, 171, 179, 180, 181, 186, 191, 197, 198, 222, 223, 225, 226, 229, 241, 242, 247, 248, 249, 256, 257, 258, 260, 264, 265, 266, 291, 297, 300, 310, 311, 313, 319; BLV/Farnhammer: 182; BMELV: 71; BÖLW: 69; Fa. Busatis: 316; Fa. Claas: 315; DLG-Gesellschaft: 297; Drews: 204, 240; Fa. Feller: 316; Gemke: 248; Hager: 111; Herrmann: 135, 137, 147, 151, 183, 249; Fa. Howard: 113; Fa. ICH: 314; Fa. Kartographie Huber: 244; Krahl: 224; Loipersberger: 309, 314; Preiß: 114, 115, 116, 121, 159, 192, 200, 300, 305, 306, 308, 309, 3110, 316; Fa. Raabe: 113, 309, 311; Rintelen: 60; Schönberger: 137, 156, 172, 174, 176, 189, 205; Straiton: 253; Artur Piestricow, Stuttgart: 69, 117, 246, 259; Fa. Vierthaler & Braun: 302.

Bibliografische Information der Deutschen Nationalbibliothek
Die Deutsche Nationalbibliothek verzeichnet diese Publikation in der Deutschen Nationalbibliografie; detaillierte bibliografische Daten sind im Internet über http://dnb.d-nb.de abrufbar.

Wollgrasweg 41, 70599 Stuttgart (Hohenheim)
E-Mail: info@ulmer.de
Internet: www.ulmer.de
Lektorat: Werner Baumeister
Satz: BUCHFLINK Rüdiger Wagner, Nördlingen
Druck und Bindung: Friedrich Pustet, Regensburg
Printed in Germany

ISBN 978-3-8001-5350-3

Vorwort

Auf den ersten Blick erscheinen 1000 Fragen aus dem Gesamtgebiet der Landwirtschaft als viel. Wenn man jedoch einmal beginnt, den landwirtschaftlichen Wissensstoff durchzuarbeiten, dann merkt auch der in Ausbildung befindliche junge Landwirt sehr bald, dass noch viel mehr Fragen auftauchen.
Dennoch haben sich die Verfasser entschlossen, einmal die nach ihrer Ansicht für die Berufsausbildung wichtigen Fragen zusammenzustellen. Sehr oft nämlich – sei es nun in der praktischen Ausbildung oder in der Berufsschule – wurde der Wunsch geäußert, eine Sammlung von Grundfragen mit deren gleichzeitiger Beantwortung zu besitzen. Eine solche Fragensammlung kann es dem Berufsanfänger und Schüler erleichtern, den großen Wissensstoff schneller zu erfassen; vor allem kann er sich aber hieran auch selbst prüfen. Der junge Leser wird sehr rasch merken, wo seine Stärken, aber auch, wo seine Schwächen liegen. Keinesfalls soll oder kann jedoch durch dieses Frage- und Antwortspiel ein Lehr- oder Fachbuch ersetzt werden. Solche Arbeitsmittel müssen immer die Grundlage einer soliden Ausbildung bleiben.
Natürlich wird dieses Fragebüchlein auch für den Ausbilder selbst recht nützlich sein, denn er erhält hier zumindest eine Anleitung, wie er das Wissen seines Auszubildenden prüfen kann.
Mögen die inzwischen seit fast vier Jahrzehnten bewährten »1000 Fragen« dem jungen Landwirt auch in dieser durchgesehenen 16. Auflage helfen, sein Fachwissen zu festigen, und ihm behilflich sein, auf wichtige Fragen zu den verschiedenen landwirtschaftlichen Belangen und Inhalten sofort eine Antwort zu finden.

Die Bearbeiterin

Inhalt

Berufsstand

Berufsstand – Wer ist die berufsständische Vertretung der Landwirte?
Der Bauernverband, Bundesverband der Landwirte im Nebenberuf.

Wie gliedern sich diese Verbände?
Die Ortsverbände eines Kreises bilden den Kreisverband, die Kreisverbände bilden Bezirks- und Landesverbände, die Landesverbände haben sich zum **D**eutschen **B**auern**v**erband (DBV) zusammengeschlossen.

Bauernverbände: Welche Aufgaben haben sie?
Vertretung der wirtschaftlichen und sozialen Belange der bäuerlichen Bevölkerung, Beratung in sozialen, rechtlichen und steuerlichen Fragen.
Mitwirkung bei allen landwirtschaftlichen Angelegenheiten, z. B. Agrarpolitik, Gesetzgebung, aber auch Bildung und Ausbildung.
Der Bundesverband der Landwirte im Nebenberuf vertritt die speziellen Interessen der Nebenerwerbslandwirte.

Wie wirken sie in der Öffentlichkeit?
Durch Vorschläge in der Agrarpolitik,
durch Zeitschriften und Presseberichte,
durch Veranstaltungen, Versammlungen und Tagungen.

Wer leitet sie?
Der Präsident und das Präsidium.
Weitere Organe sind:
Landesausschuss und Landesversammlung

Wie heißen die Präsidenten des Deutschen Bauernverbandes und des heimatlichen Verbandes?

Landfrauen – Wie sind sie organisiert?
In den Landfrauenverbänden der Bauernverbände.

Landjugendorganisationen – Welche gibt es?
Berufsständische: Bund der Deutschen Landjugend (BDL);
Arbeitsgemeinschaft Deutscher Junggärtner (ADJ).
Religiöse: Arbeitsgemeinschaft der evangelischen Jugend,
Katholische Landjugendbewegung (KLJB).

Landwirtschaftskammern – Was versteht man darunter?

Es sind die gesetzlich begründeten Selbstverwaltungseinrichtungen für die Landwirtschaft. Die Kammern verfügen über ein eigenes Beratungswesen und über Fachschulen; sie erheben Umlagen. Landwirtschaftskammern (LK) gibt es in allen Bundesländern mit Ausnahme von Baden-Württemberg, Bayern und Hessen.

Landwirtschaftsämter – Was versteht man darunter?

Dies ist die Kurzbezeichnung für die den Landwirtschaftsministerien nachgeordneten landwirtschaftlichen Dienststellen, die für die praktische Berufsberatung der Landbevölkerung, für Förderungsmaßnahmen und teilweise für die Berufsausbildung (Fachschule) zuständig sind. Diese Ämter gibt es in den (alten) Bundesländern Baden-Württemberg (Landwirtschaftsamt), Bayern (Amt für Landwirtschaft, AfL) und Hessen (Amt für Regionalentwicklung, Landschaftspflege und Landwirtschaft, ARLL). Sie erfüllen vergleichbare Aufgaben wie die Landwirtschaftskammern der anderen alten Bundesländer.
In den neuen Bundesländern werden diese Aufgaben direkt von den den zuständigen Ministerien (nur teilweise Landwirtschaftsministerien) nachgeordneten Dienststellen wahrgenommen.

Genossenschaften – Was versteht man darunter?

Es sind Selbsthilfeeinrichtungen nach dem Genossenschafts-Gesetz. FRIEDRICH WILHELM RAIFFEISEN gründete im Jahre 1862 mit dem »Spar- und Darlehenskassenverein Anhausen« das ländliche Genossenschaftswesen.

Landwirtschaftliche Genossenschaften: Welche gibt es?

Kreditgenossenschaften (Raiffeisenbanken), Warengenossenschaften für Ein- und Verkauf, Verwertungsgenossenschaften (z. B. Molkereien), Maschinengenossenschaften, Betriebsgenossenschaften u. a.

AID – Was ist das?

Diese Abkürzung steht für **A**usbildungs- und **I**nformations**d**ienst für Ernährung, Landwirtschaft und Forsten (aid) e.V. Der aid hat seinen Sitz in Bonn und wird vom Bundesministerium für Ernährung, Landwirtschaft und Verbraucherschutz (BMELV) gefördert. Er wertet Erkenntnisse aus Wissenschaft und Praxis interessenunabhängig und zielgruppengerecht aus, bereitet sie auf und veröffentlicht dann praktisch kostenlos bzw. gegen geringe Gebühren diese Informationen. Dies schließt die Herausgabe verschiedener Medien ein, z. B. Schriften, Hefte, Filme, Diaserien, Lehrerhandbücher oder Internet-Infos.

KTBL – Was ist das, welche Aufgaben hat es?

Kuratorium für Technik und Bauwesen in der Landwirtschaft. Es sucht nach den besten technischen und baulichen Lösungen für die Arbeitsbewältigung in der Landwirtschaft. Es unterhält Deula-Schulen zur landtechnischen Ausbildung.

Deula-Schulen – Welche Aufgaben haben sie?

Unter ihrem Motto »Lernen durch Begreifen« tragen diese Schulen bundesweit zur bundeseinheitlichen Berufsbildung in der Landwirtschaft bei, indem ihre Mitglieder handlungs- und praxisorientierte berufliche Aus- und Fortbildung durchführen.

Deula-Mitglieder: Wer gehört dazu?

Dies sind z. B. Lehranstalten, Landesanstalten, verschiedene Körperschaften des öffentlichen Rechts in allen Bundesländern.

DLG – Was ist das und welche Aufgabe hat sie?

Die Deutsche Landwirtschafts-Gesellschaft, gegründet 1885 von Max Eyth, widmet sich als Zusammenschluss von Praktikern, Industrie, Verwaltung und Wissenschaftlern besonders dem landwirtschaftlichen Fortschritt, veranstaltet Ausstellungen, Seminare und Fachtagungen.
Die DLG unterhält ein fachliches Prüfungswesen sowie ein Computerzentrum und Ausbildungsstätten; sie verleiht Gütezeichen (Maschinen, Futtermittel, Wein, Milcherzeugnisse, Fleischwaren, Fruchtsäfte, Wein, Brot- und Backwaren, Urlaub auf dem Bauernhof usw.).

Weitere Fachvereinigungen – Welche gibt es in der Landwirtschaft außerdem?

Tierzuchtverbände, Saatzuchtverbände, Obst- und Weinbauvereine, Beratungsringe, Maschinenringe, Betriebshilfsringe, Erzeugerringe, Vereine der landwirtschaftlichen Fachschulabsolventen (VlF), VDL (Berufsverband Agrar, Ernährung, Umwelt e.V.), BÖLW (Bund Ökologische Lebensmittelwirtschaft).

Tierzucht: Welche Dachvereinigungen gibt es?

Alle Dachverbände der Tierzucht sind in der ADT (**A**rbeitsgemeinschaft **D**eutscher **T**ierzüchter) zusammengeschlossen. Wichtige Themenbereiche der Arbeit der ADT sind z. B. Mitarbeit und Information zum Stand der Gesetzgebung beim Tierschutz und bei Tiertransporten oder grenzüberschreitende Tätigkeiten der Zuchtorganisationen. Zu den Tierarten-Dachverbänden gehören der ADR (**A**rbeitsgemeinschaft **D**eutscher **R**inderzüchter) und der ADS (**A**rbeitsgemeinschaft **D**eutscher **S**chweinezüchter).

Ausbildung

Ausbildung – Welche schulischen Möglichkeiten gibt es?

Der gesamte Bildungsbereich wird in vier Bereiche eingeteilt. Dem *Primarbereich* (Grundschule) folgt der *Sekundarbereich I* mit Hauptschule, Realschule, Gymnasium, Gesamtschule und Sonderschulen. Der *Sekundarbereich II* umfasst die Oberstufe / Kollegstufe des Gymnasiums.

In diesem Bereich sind auch die berufsbezogenen Bildungsgänge enthalten: Berufsschule, Berufsfachschule, Berufsaufbauschule, Fachoberschule, Berufsoberschule.

Der *Tertiärbereich* führt dies weiter mit den Landwirtschaftsschulen, den Höheren Landbauschulen, Fachschulen, Technikerschulen, Fachakademien. Auch die Ausbildung zum Meister gehört in den Tertiärbereich. Außerdem gehören Fachhochschule und Universität hierher.

Bei den berufsbezogenen Bildungsgängen bestehen in einzelnen Bundesländern vielfältige Zulassungsvoraussetzungen, Übergangsmöglichkeiten und Abschlüsse.

Der *Quartärbereich* umfasst die nichtschulische Weiter- und Fortbildung, die Erwachsenenbildung mit z. B. Fernlehrinstituten, innerbetrieblicher Weiterbildung, Landvolkhochschulen für z. B. staatsbürgerkundliche oder berufsständische Fortbildung.

Bundes-Ausbildungsförderungs-Gesetz (BAföG): Was beinhaltet das ?

Nach dem BAföG können Schüler ab Klasse 11 der Gymnasien, der Fachoberschulen, Berufsaufbauschulen, Abendrealschulen, Abendgymnasien, Kollegs, Berufsfachschulen, Fachschulen sowie Praktikanten im Zusammenhang mit dem Besuch der genannten Schulen monatliche Förderungsbeträge erhalten, wenn die Voraussetzungen gegeben sind, insbesondere bei auswärtiger Unterbringung.

Auskünfte erteilen: Ausbildungsämter und Beratungslehrer.

Zweiter Bildungsweg: Was versteht man darunter?

Die Möglichkeit, neben dem »normalen« Weg – 9 Klassen Gymnasium mit Abitur – auf dem Weg über Realschule, Abendrealschule oder Berufsaufbauschule, Berufsoberschule, Fachoberschule, Höhere Berufsfachschule, berufliches Gymnasium und Fachhochschule, aber auch über Abendgymnasium, Kolleg oder Begabtenprüfung, Telekolleg, zum Universitätsstudium zu gelangen.

Berufsausbildung – Warum ist sie auch in der Landwirtschaft notwendig?

Der moderne landwirtschaftliche Betrieb erfordert – um wettbewerbsfähig zu sein – großes praktisches Können und fachliches Wissen. Die moderne Landwirtschaft ist kapitalintensiv, muss sich in der Produktion nach den Bedürfnissen des Marktes richten und muss die Produktion gesunder, rückstandsfreier Nahrungsmittel nach den Prinzipien der Umweltverträglichkeit betreiben.

Berufsbildungs-Gesetz (BBiG): Was beinhaltet es?
Es regelt bundeseinheitlich die Berufsbildung für alle Berufe der Wirtschaft und räumt den berufsständischen Organisationen sowie den Sozialpartnern ein Mitspracherecht ein. Im Agrarbereich erlässt der Bundesminister für ELV die Ausbildungsordnungen.

Ausbildungsordnung: Was beinhaltet sie?
Sie ist die vom Bund erlassene und verpflichtende Grundlage einer einheitlichen Berufsausbildung in allen staatlich anerkannten Ausbildungsberufen. In ihr sind für die einzelnen Berufsfelder u. a. Ausbildungsdauer, Berufsbezeichnung und Anerkennung, die erforderlichen Fertigkeiten, die zeitliche und inhaltliche Gliederung der Ausbildung (Ausbildungsrahmenplan) sowie Prüfungsanforderungen festgelegt.

Welche Möglichkeiten gibt es in der Landwirtschaft?
Berufliche Erstausbildung (Lehre), danach berufliche Fortbildung zum Meister, zum staatlich geprüften Wirtschafter, zum Agrarbetriebswirt und zum Techniker über die Fachschulen bzw. zum Diplom-Agraringenieur Bachelor/Master of Science über die Fachhochschule oder Universität.

Bachelor oder Master: Was sind das für Abschlüsse?
Bei der Umgestaltung des Agrarstudiums 2000/01 an landwirtschaftlichen Fachhochschulen (FH) und Universitäten führte man neben dem bisherigen Diplom [8–9 Semester; Dipl.-Ing.agr. (FH) bzw. Dipl.-Ing.agr. an der Uni] die weltweit be- und anerkannten Studienabschlüsse Bachelor of Science sowie Master of Science ein. Den Bachelor kann man nach 6 Semestern erwerben, nach weiteren 3 bis 4 Semestern den Master, dem wie beim Diplom eine Promotion folgen kann.

Praktische Berufsausbildung: Wie verläuft die?
Sie dauert 3 Jahre, davon in der Regel 1 Berufsgrundbildungsjahr (BGJ), an das sich eine 2-jährige Fachstufenausbildung in dafür geeigneten anerkannten Betrieben (Ausbildungsstätten) anschließt. Dabei werden an den Betriebsleiter als Ausbilder oder Ausbildenden hohe Anforderungen gestellt, die z. B. ein Landwirtschaftsmeister erfüllt. Die betriebliche Ausbildung wird durch den Berufsschulunterricht, durch praktische Schulungstage und durch Lehrgänge an überbetrieblichen Ausbildungsstätten ergänzt (Duale Ausbildung). Nach etwa der Hälfte der Ausbildungszeit findet eine Zwischenprüfung und am Ende eine Abschlussprüfung statt.
Zur Abschlussprüfung wird auch zugelassen, wer mindestens das Zweifache der vorgeschriebenen Ausbildungszeit praktisch in seinem Beruf tätig gewesen ist. Die Meisterprüfung kann frühestens mit 3 Jahren Berufspraxis nach der Abschlussprüfung abgelegt werden.
Für Hofübernehmer, die erst später nach einer außerlandwirtschaftlichen Berufsausbildung und -tätigkeit in die Landwirtschaft verantwortungsbewusst einsteigen, bieten z. B. die Ämter für Landwirtschaft und Ernährung im Staatlichen Erwachse-

nenbildungsprogramm Landwirt (StaBiL) zahlreiche Maßnahmen an. Je nach Bedarf kann der künftige Landwirt selbst die Lehrgänge auswählen.

Lehrzeit: Können Auszubildende sie verkürzen?
Prinzipiell sieht das BBiG eine Lehrzeitverkürzung vor, und zwar nicht nur für Auszubildende mit abgeschlossener Berufsausbildung oder (Fach-) Abitur, sondern auch für solche, die aufgrund ihrer besonders guten Leistungen während ihrer Lehrzeit diese verkürzen wollen.

Lehrzeit: Wie kann man sie verkürzen?
Wenn man das BGJ (siehe unten) mit sehr guten Leistungen abgeschlossen hat, ist ein Verkürzen der betrieblichen Ausbildung um 6 Monate möglich, was aber allein noch kein Zeitgewinn ist, da die Abschlussprüfungen nur einmal jährlich sind. Sinnvoll ist daher das Verkürzen der Lehrzeit um weitere 6 Monate, wofür aber einige Kriterien zu erfüllen sind, z. B. einschlägige Praktika, erheblich über dem Durchschnitt liegende Leistungen oder hervorragende Ergebnisse bei beruflichen Wettbewerben.
Außerdem kann man eine Lehrzeitverkürzung über einen Antrag auf vorzeitige Prüfungszulassung versuchen. Darüber entscheidet dann der regionale Prüfungsausschuss.

Fremdlehre: Warum ist sie für den Landwirt wichtig?
Der angehende Landwirt sammelt zusätzliche Erfahrungen und Kenntnisse, er lernt andere Menschen und Verhältnisse kennen und er muss sich in eine fremde Familie und einen neuen Betriebsablauf einordnen.
Die Ausbildung im elterlichen Betrieb ist in fachlicher und erzieherischer Hinsicht der Fremdlehre nicht immer gleichwertig. Aus diesem Grunde ist die sog. Elternlehre auf 1 Jahr beschränkt.

Berufsgrundbildungsjahr-Agrarwirtschaft (BGJ): Was versteht man darunter?
Die Berufsausbildung zum Landwirt erfolgt für alle Berufe der Landwirtschaft im 1. Jahr in Form einer berufsfeldbreiten 1-jährigen Grundbildung und in einer darauf aufbauenden 2-jährigen Fachstufe nach der Ausbildungsordnung des Bundes und einem bundeseinheitlichen Rahmenlehrplan für die einzelnen Berufe.
Hauptschul- und Realschulabgänger müssen das vollzeitschulische BGJ besuchen; Abiturienten können es freiwillig besuchen. Bei erfolgreichem Abschluss wird das BGJ als 1. Ausbildungsjahr angerechnet.

Bildungskonzept »Landwirtschaftsschule 2000«: Was ist damit gemeint?
Dieses Schlagwort beschreibt ein bayerisches Fachschul-Bildungskonzept zur Sicherung der Wettbewerbsfähigkeit künftiger Betriebsleiter-Generationen. Es soll der Konzentration und Vernetzung der beruflichen und schulischen Bildungsgänge sowie der Ausrichtung der Fachschulbildung auf die beruflichen Zielgruppen und deren Qualifikationsbedürfnisse für den sich verschärfenden Wettbewerb dienen.

Punkte dieses Bildungskonzeptes sind unter anderem eine mindestens 1-jährige Praxiszeit vor Besuch der Landwirtschaftsschule, Verknüpfung von Meisterprüfung und 3-semestriger Landwirtschaftsschule, 2-jähriger Technikerschule und 1-jähriger Höherer Landbauschule.
Die praktische Erprobung begann mit dem Schuljahr 1999/2000.

Weiterbildung – Welche Möglichkeiten gibt es?

Teilnahme an Arbeitsgemeinschaften, Lehrgängen, Lehrfahrten; Besuch von Vorträgen, Fachtagungen und Ausstellungen; Nutzen von Fachzeitschriften und -büchern, Hören des aktuellen Landfunks und Beachten der Fernsehbeiträge.
Besuch von Lehrgängen der ländlichen Volkshochschulen, Fernlehrinstituten, Telekolleg. Erfahrungsaustausch mit Berufskollegen.
Für die Landjugend: Landjugend-Beratungsdienst, Arbeitskreise, Arbeitsvorhaben und Wettbewerbe.
Neben dem Angebot an landwirtschaftlichen Fachschulen (Landwirtschaftsschule, Höhere Landbauschule, Technikerschule) werden dem jungen Landwirt Vorbereitungslehrgänge auf die Meisterprüfung angeboten. Ferner können sich die Landwirte zu Fachagrarwirten im Besamungswesen, in Tierischer Leistungs- und Qualitätsprüfung, im Rechnungswesen, in Naturschutz und Landschaftspflege sowie in der Golfplatzpflege qualifizieren. Auskunft erteilen die Ämter für Landwirtschaft oder die Kammern.

Erwachsenenbildung – Welche Schulungsstätten gibt es?

Landvolkshochschulen bieten insbesondere für die Persönlichkeitsbildung junger Menschen verschiedenste Maßnahmen an. Die Bildungsträger sind der Berufsstand, die katholische und die evangelische Kirche sowie die Jungbauernschaft.

Umschulung – Was versteht man darunter?

Erwachsene Erwerbstätige – auch Landwirte –, deren Berufsaussichten aus Gründen des Strukturwandels oder persönlichen Gründen nicht mehr zufrieden stellen, haben die Möglichkeit, sich mit Unterstützung der Arbeitsverwaltung in eigenen Lehrgängen, in Betrieben der Wirtschaft oder durch Fachschulbesuch für einen anderen Beruf zu qualifizieren. Hierüber erteilen die örtlichen Arbeitsämter Auskunft.

E-Learning – Was versteht man darunter?

Diese Lernform beruht auf der Nutzung des Internets. E-Learning wird zum einen als Oberbegriff aller computergestützten Lernformen verwendet, zum anderen als zusammenfassender Begriff der netzgestützten Lernformen.
Mit E-Learning hofft man, dem wachsenden Qualifikationsbedarf in allen Berufen besser begegnen und gleichzeitig die Kosten der Weiterbildung reduzieren zu können, was auch für die Land- und Forstwirtschaft gilt. Diese neue Lernform wird umfangreich gefördert von der EU sowie von Deutschland und den Bundesländern, z. B. durch das Förderprogramm LERNET des Bundesministeriums für Wissenschaft und Technologie.

Agrarpolitik

Agrarpolitik – Was sind die Grundlagen?
Der EWG-Vertrag, insbesondere Artikel 39, Grundgesetz und Verfassung der Länder, das Landwirtschafts-Gesetz, Ziele und Inhalte der sozialen Marktwirtschaft.

Welche Aufgaben hat sie zu erfüllen?
Verbesserung der Lebensverhältnisse im ländlichen Raum, Sicherung der gleichrangigen Teilnahme der Landwirtschaft an der allgemeinen Einkommensentwicklung. Versorgung der Bevölkerung mit hochwertigen und gesundheitlich unbedenklichen Nahrungsmitteln zu angemessenen Verbraucherpreisen; Schutz, Pflege und Entwicklung von Natur und Landschaft; Förderung des Weltagrarhandels und Beitrag zur Lösung der Welternährungsprobleme.

Wer befasst sich damit?
Europäische Kommission, insbesondere die Agrarkommission,
EU-Ministerrat (Agrarrat),
Parlamente (Bundestag und Landtage, Europäisches Parlament),
Regierungen (Bundesregierung und Landesregierungen),
Berufsstand (Bauernverbände, Landwirtschaftskammern),
Parteien,
Wirtschaftsverbände und Gewerkschaften,
Verbraucherverbände,
Universitäten und Hochschulen.

Welche Ausschüsse im Parlament befassen sich mit Agrarpolitik?
Der Ausschuss für Ernährung, Landwirtschaft und Verbraucherschutz,
der Ausschuss für Umwelt, Naturschutz und Reaktorsicherheit,
der Ausschuss für die Angelegenheiten der EU.

Welche Ministerien sind federführend?
Der Agrarkommissar der EU,
das Bundesministerium für Ernährung, Landwirtschaft und Verbraucherschutz (BMELV),
die entsprechenden Landesministerien in den Bundesländern.

Welche Ministerien haben außerdem Bedeutung für die Landwirtschaft?
Das Finanz-, Wirtschafts-, Umwelt- und Außenministerium.

Hat die Landwirtschaft ein Anrecht auf eine Sonderstellung?
Nein. In der sozialen Marktwirtschaft ist es Aufgabe von Regierung und Parlament, für eine gleichrangige Teilnahme der in der Landwirtschaft Tätigen an der allgemeinen Einkommensentwicklung zu sorgen. Nur eine leistungsfähige Landwirtschaft kann die Versorgung der Bevölkerung mit hochwertigen Nahrungsmitteln sichern.

Landwirtschafts-Gesetz (LwG) – Welche Aufgaben hat es?

Das Landwirtschafts-Gesetz ist eine Art Grundgesetz für die Landwirtschaft. Es bildet den gesetzlichen Rahmen für alle Maßnahmen, die die wirtschaftliche und soziale Gleichstellung der Landwirtschaft zum Ziel haben bzw. zu deren Erhaltung dienen. Das Gesetz ist seit dem 5. September 1955 gültig und wurde von allen Parteien gebilligt.

Was beinhaltet es?
Das Landwirtschafts-Gesetz ist in 9 Paragraphen gegliedert. Besonders wichtig sind:
§ 1 sichert der Landwirtschaft die Teilnahme an der fortschreitenden Entwicklung der Volkswirtschaft und der Bevölkerung die bestmögliche Versorgung mit Lebensmitteln zu. Hierzu sollen die Mittel der Wirtschafts- und Agrarpolitik – insbesondere der Handels-, Steuer-, Kredit- und Preispolitik – eingesetzt werden. Außerdem soll die soziale Lage der in der Landwirtschaft tätigen Menschen an diejenigen vergleichbarer Berufsgruppen angeglichen werden.
§ 4 verlangt von der Bundesregierung einen alljährlichen Bericht (»Agrarbericht«) über die Lage der Landwirtschaft, der bis zum 15. Februar eines jeden Jahres vorzulegen ist. In diesem Bericht legt die Bundesregierung dar, inwieweit eine den Löhnen vergleichbarer Berufsgruppen entsprechende Entlohnung erzielt wurde, inwieweit ein angemessenes Entgelt für die Tätigkeit des Betriebsleiters erwirtschaftet wurde und inwieweit eine angemessene Verzinsung des Kapitals möglich war.
§ 5 fordert die Bundesregierung auf, Maßnahmen zu nennen, die sie zur Durchführung des § 1 getroffen hat oder zu treffen beabsichtigt.

Bericht der Bundesregierung: Wie wird er genannt?
Von 1956–1970 wurde der laut Landwirtschafts-Gesetz jährlich vorzulegende Bericht »Grüner Bericht« genannt. Bis 2001 hieß er »Agrarbericht der Bundesregierung – ernährungs- und agrarpolitischer Bericht«. Seit 2002 heißt er »Ernährungs- und agrarpolitischer Bericht der Bundesregierung«.

Bericht der Bundesregierung: Worauf basiert er?
Auf den Buchführungsergebnissen von sog. Testbetrieben. Das Testbetriebsnetz soll laut § 2 Landwirtschafts-Gesetz »die Lage der Landwirtschaft repräsentativ abbilden«. Die Auswahl der Betriebe erfolgt nach Zufallskriterien aus allen landwirtschaftlichen Betrieben und allen Schichtungen gemäß der EU-Typologie – wegen der freiwilligen Teilnahme ist die reine Zufallsauswahl jedoch oft nicht durchführbar. Die Buchführungsergebnisse der Testbetriebe werden auf der Grundlage des BMELV-Jahresabschlusses und der entsprechenden Ausführungsanweisungen erfasst. Da im Bericht

2004 gegenüber dem Vorbericht die Zahl der Testbetriebe auf insgesamt 9873 erhöht wurde, sind Ergebnisse mit Vorjahren nicht immer voll vergleichbar.

Agrarbericht 2004: Worauf beruhrt seine Aussage?

Der Agrarbericht beruht auf einem Netz von sog. Testbetrieben, die ihre Jahresabschlüsse zur Auswertung zur Verfügung stellen. Die Anzahl der Betriebe aus den Bereichen Ackerbau, Gartenbau, Dauerkulturen, Futterbau, Veredelung und Gemischtes wird den Gegebenheiten angepasst. Dabei fasst man unter Dauerkulturen Wein- und Obstbau zusammen, Futterbau beruht auf Milch und sonstigem Futterbau, Gemischt umfasst Pflanzenbauverbund, Viehhaltungsverbund und Pflanzenbau-Viehhaltung. Außerdem sind Forst-, Fischereibetriebe und ökologisch wirtschaftende Betriebe erfasst.

Auswertung der Buchführungsergebnisse: Welche Hauptgruppen bildet die EU-Typisierung?

Bei der Auswertung der BMELV-Jahresabschlüsse werden infolge der EU-Typisierung folgende Hauptgruppen gebildet:

- Haupterwerbsbetriebe der Rechtsformen Einzelunternehmen und Personengesellschaften,
- juristische Personen, für die nur Daten aus den neuen Ländern vorliegen,
- Klein- und Nebenerwerbsbetriebe.

Vergleichsrechnung – Was versteht man darunter?

Die Ertrags- und Aufwandsrechnung nach § 4 LwG, aufgrund der die Bundesregierung verpflichtet ist, bei der jährlichen Feststellung der Lage der Landwirtschaft eine Stellungnahme abzugeben, »inwieweit ein den Löhnen vergleichbarer Berufs- und Tarifgruppen vergleichbarer Lohn für die fremden und familieneigenen Arbeitskräfte – umgerechnet auf notwendige Vollarbeitskräfte –, ein angemessenes Entgelt für die Tätigkeit des Betriebsleiters (Betriebsleiterzuschlag) und eine angemessene Verzinsung des betriebsnotwendigen Kapitals erzielt sind«.

Förderungsmaßnahmen – Worin bestehen sie?

Investive, struktur- und regionalpolitische, markt- und preispolitische, steuerpolitische, sozialpolitische und bildungspolitische Maßnahmen.

Was beinhalten sie?

Modernisierung der landwirtschaftlichen Betriebe (Einzelbetriebliche Investitionsförderung, Agrarkreditprogramm, Ausgleichszulage in benachteiligten Gebieten, Nebenerwerbsprogramm, Wohnhausprogramm);
Verbesserung der Infrastruktur auf dem Lande (Flurbereinigung, Wegebau, Landtausch, Wasserversorgung, Dorferneuerung und Dorfsanierung, Gewerbeansiedlung);
Förderung der Qualitätserzeugung, Stärkung der Marktstellung der Erzeuger, Gewährleistung einer gesicherten und preiswerten Versorgung des Verbrauchers mit Nahrungsmitteln;

soziale Gleichstellung der in der Landwirtschaft tätigen Menschen mit anderen Bevölkerungsgruppen;
Verbesserung des Bildungsstandes der landwirtschaftlichen Bevölkerung;
Förderung forstlicher Maßnahmen; Kulturlandschafts-Programm (KuLaP); Extensivierungs-Programme.

Wer gibt Auskunft darüber?
Die Wirtschaftsberatungsstellen der Landwirtschaftskammern, die Landwirtschaftsämter sowie die Geschäftsstellen der Bauernverbände.

Sozialmaßnahmen: Welches sind die wichtigsten für die Landwirtschaft?
Altershilfe für Landwirte,
Krankenversicherung der Landwirte,
Landwirtschaftliche Unfallversicherung (Berufsgenossenschaft).

Sozialmaßnahmen für die Landwirtschaft: Wie fördert sie der Bund?
Der Bundesanteil an den Gesamtausgaben für die landwirtschaftlichen Sozialwerke soll (2006) 3,78 Mrd. € betragen; bei der Altershilfe sind 2,35 Mrd. € vorgesehen, für die Krankenversicherung 1,13 Mrd. €, für die Unfallversicherung (Berufsgenossenschaft) 200 Mio. €, für die Produktionsaufgabe-Rente 22,0 Mio. €.

Förderung der Landwirtschaft – Wer leistet wie viel?

Bund 5,25 Mrd. €,
EU 5,11 Mrd. € (2006).

Benachteiligte Gebiete: Was versteht man darunter?
Das sind Gebiete, die von Klima, Boden und Oberflächengestaltung her benachteiligt sind (Gebirge und Mittelgebirge). Sie werden im Rahmen des Bergbauernprogramms, durch Ausgleichszahlungen und verschiedene Programme gefördert.

5b-Gebiete: Was versteht man darunter?
Es handelt sich dabei im Rahmen der EU-Förderungsmaßnahmen um Regionen mit hohem Anteil der in der Landwirtschaft beschäftigten Personen, niedrigem Agrareinkommen und niedrigem Brutto-Inlandsprodukt. Es fehlen außerlandwirtschaftliche Arbeitsplätze, die Arbeitslosigkeit ist überdurchschnittlich hoch.
Die Landwirtschaft ist strukturschwach und hat Absatzprobleme. Um die Abwanderung und Entleerung dieser Gebiete zu vermeiden, werden sie besonders gefördert.

Prosperitätsklausel – Was versteht man darunter?

Durch die Prosperitätsklausel werden Betriebe, die eine bestimmte Einkommenshöhe überschritten haben oder im Zieljahr des Betriebsverbesserungsplans eine bestimmte Einkommenshöhe (2003: 90 000 € positive Einkünfte) erreichen, von der Förderung ausgeschlossen.

Parität – Warum besteht die Forderung danach?

In allen Staaten der Welt herrscht ein Gefälle zwischen Löhnen und Preisen der Industrie, des Gewerbes und jenen der Landwirtschaft. Die Landwirtschaft hat weniger Möglichkeiten, durch Rationalisierung und Technisierung die Produktion wesentlich zu verbilligen. Die Technisierung bringt zudem große finanzielle Belastungen.
Dort, wo Boden und Klima die Produktion noch besonders erschweren, ist das Gefälle am größten. Die Vereinigten Staaten von Nordamerika haben bereits in den 30er-Jahren zur Förderung der einheimischen Landwirtschaft ein Paritätsgesetz geschaffen.

Paritätsforderung: Was versteht man darunter?

Die Forderung nach wirtschaftlicher und sozialer Gleichstellung der Landwirtschaft mit der übrigen Wirtschaft mit an einen Index gebundenen Preisen.

Produktivität der Landwirtschaft – Wie entwickelte sie sich?

Die Mechanisierung in der Landwirtschaft brachte in den letzten Jahrzehnten enorme Produktivitäts-Schübe. Als ein Maß für die Produktivität der Landwirtschaft gilt die Zahl der Personen, die von der Produktion eines Landwirts ernährt werden konnten (Tabelle). Durch das Nutzen der Potenziale intelligenter Technologien für den verbesserten Schutz von Boden, Luft, Wasser und Menschen wird sich die Produktivität auch in der Landwirtschaft weiter vervielfältigen.

1 Landwirt ernährte ... Personen (seit 1990 Gesamt-Deutschland)

Jahr	Personenzahl	Gebiet
1900	4	Kaiserreich
1950	10	BRD
1960	17	BRD
1970	27	BRD
1980	47	BRD
1990	84	BRD
2000	114	Deutschland
2003	128	Deutschland

Agrarstruktur – Was versteht man unter Maßnahmen zu ihrer Verbesserung?

Einzelbetriebliche Maßnahmen, z. B. Investitionen zur Umstellung und Rationalisierung im Betrieb, arbeitswirtschaftliche Erleichterungen im Haushalt;
überbetriebliche Maßnahmen, z. B. Wegebau, Flurbereinigung, Landtausch, Dorferneuerung;
wasserwirtschaftliche Maßnahmen, z. B. Wildbachverbauung, Wasserversorgung, Abwasserbeseitigung, Küstenschutz.

Flurbereinigung: Welche Aufgaben hat sie?
Steigern der Produktivität und Stärkung der Wettbewerbsfähigkeit der landwirtschaftlichen Betriebe, Verbessern der Lebensverhältnisse im ländlichen Raum, Naturschutz und Landschaftspflege, Dorferneuerung.

Dorferneuerung: Wozu dient sie?
Sie verbessert die Lebens- und Arbeitsbedingungen im ländlichen Bereich; sie soll die Funktionsfähigkeit des ländlichen Raumes erhalten und seine Attraktivität erhöhen.

Freiwilliger Landtausch: Was versteht man darunter?
Beim freiwilligen Landtausch werden im Gegensatz zur Flurbereinigung nur geringe Veränderungen der Grundstücksgrenzen und nur wenige Wegebau- und Wasserregelungsmaßnahmen vorgenommen. Es werden in der Regel ganze Grundstücke getauscht.
Der Landtausch wird durch amtlich bestellte »Tauschhelfer« (insbesondere Siedlungsgesellschaften) vorgenommen und kann rasch vollzogen werden. Er wird im Rahmen der Agrarstrukturförderung bezuschusst (Kosten für Helfer, Vermessung und Folgemaßnahmen).

Partnerschaft: Was versteht man darunter?
Die überbetriebliche Zusammenarbeit der Haupt- und Nebenerwerbsbetriebe in Maschinen- und Betriebshelferringen. Die Maschinen- und Betriebshelferringe werden in der Regel von hauptamtlichen Geschäftsführern geleitet.

Erwerbscharakter: Wie werden die Betriebe eingeteilt?
Die frühere Einteilung in Voll-, Zu- und Nebenerwerbsbetriebe wurde mit dem Agrarbericht 1997 geändert, da man eine neue sozial-ökonomische Abgrenzung in Haupt- und Nebenerwerbsbetriebe einführte. Diese wurde 2004 noch einmal vom BMEVL geändert, um dem hohen Anteil von Klein- und Nebenerwerbsbetrieben in Deutschland gerecht zu werden. Haupterwerbsbetriebe haben 1,0 und mehr Arbeitskräfte je Betrieb, ihr Standard-Deckungsbeitrag (SDB) liegt über 16 EGE. Betriebe mit weniger als 1,0 AK und mit über 8 und unter 16 EGE (9600–19 200 € SDB) werden als Klein- und Nebenerwerbsbetriebe bezeichnet. Betriebe unter 8 EGE werden statistisch nicht mehr ausgewertet.

EGE: Was ist das?
Diese Abkürzung steht für Europäische Größeneinheit: 1 EGE = 1200 € SDB. Sie ist ein wichtiger Begriff für die sozial-ökonomische Klassifizierung der landwirtschaftlichen Betriebe.

Neue sozial-ökonomische Klassifizierung des BMELV

gesamter SDB mit Ausstattung bei	Klein- und Nebenerwerbsbetriebe	Haupterwerbsbetriebe
EGE AK	über 8 und unter 16 unter 1,0	über 16 über 1,0

Landwirtschaftszählung: Wie häufig wird sie durchgeführt?
Sie findet nur in den jeweils ungeraden Jahren statt, also alle 2 Jahre.

Landwirtschaftliche Betriebe: Wie viele gab es 2005?
In Deutschland gab es 2005 ca. 366 600 landwirtschaftliche Betriebe. Davon wurde weit über die Hälfte im Nebenerwerb bewirtschaftet. Im Jahre 2000 wurde die untere Erfassungsgrenze der Statistik von 1 auf 2 ha LF angehoben. Daher sind entsprechende Zahlenangaben mit früheren Zählungen nur bedingt vergleichbar.

Betriebsgrößenstruktur und Strukturwandel: Was versteht man darunter?
Die Aufgliederung der landwirtschaftlichen Betriebe in verschiedene Größenklassen. Ihre Veränderung bezeichnet man als Strukturwandel.
Unter den Begriff »Strukturwandel« fallen aber auch die Veränderungen der Betriebssysteme, des Viehbesatzes, der Maschinenausstattung und des AK-Besatzes.

Strukturwandel: Was ist die Ursache?
Der technische Fortschritt; die außerlandwirtschaftliche Einkommensentwicklung; das Bestreben des Einzelnen, seine Lage zu verbessern; der Raum für Initiative, den nur eine freiheitliche Gesellschaft bietet; der Wettbewerb, der ein Wesensmerkmal der Marktwirtschaft ist.

Kooperation: Was versteht man darunter?
Allgemein: Alle Formen der überbetrieblichen Zusammenarbeit zur Steigerung der Wettbewerbsfähigkeit (Erzeugungsgemeinschaften, Maschinengemeinschaften, Maschinenringe usw.).
Im Besonderen: Den Zusammenschluss ganzer Betriebe oder einzelner Betriebszweige.

MANSHOLT-Plan: Was war sein Ziel?
Die Schaffung größerer Betriebe (etwa 120 ha) in Form von Produktionseinheiten (PE) und den Zusammenschluss zu modernen landwirtschaftlichen Unternehmen (MLU).

Betriebsgrößenstruktur: Wie entwickelte sie sich?
Die Zahl der Betriebe über 1 ha lag 1949 in den alten Bundesländern bei 1 646 751, 1988 bei 665 517 und sank bis 1993 auf 567 295, 2000 lag sie bei 458 000. Sie sank auch seither ständig weiter. In der Statistik wurde die Untergrenze der Erfassung 2000 von 1 ha umgestellt auf 2 ha, frühere Zahlen sind daher nur bedingt vergleich-

bar. 2003 gab es 388 500 erfasste Betriebe mit über 2 ha (einschließlich der Betriebe unter 2 ha waren es 421 100 Betriebe). In den alten Bundesländern war der Rückgang insgesamt stärker als in den neuen Bundesländern, da dort die Zahl der Betriebe als Folge der Umstrukturierung seit der Wiedervereinigung anstieg.

Wachstumsschwelle: Was ist das?
Damit wird die Tatsache bezeichnet, dass im Rahmen des Agrarstrukturwandels ab einer gewissen Größenklasse die Zahl der Betriebe steigt, darunter die Zahl abnimmt. Betriebe mit geringerer Flächenausstattung wachsen durch Flächenzupacht oder -zukauf in die nächsten Größenklassen hinein oder sie werden eingestellt. In den 1970er-Jahren lag die Wachstumsschwelle noch bei 20 ha, Anfang der 80er-Jahre bei 30 ha, 2003 bei 75 ha LF mit langfristig steigender Tendenz.

Betriebsformen: Welche werden in den neuen Bundesländern gefördert?
Gemeinschaftlich bewirtschaftete Betriebe,
private Haupterwerbsbetriebe,
private Nebenerwerbsbetriebe.

Durchschnittliche Betriebsgröße: Wie entwickelte sie sich?
Sie stieg seit 1949 (8,06 ha LF) im gleichen Maße ständig an, wie die Zahl der Betriebe sank. 1971: 12,40 ha LF, 1993: 20,7 ha LF, 1997: 23,7 ha LF, 2000: 37,2 ha LF, 2005: 46 ha LF (seit 1990 Gesamtdeutschland, seit 2000: ab 2 ha LF).

Rechtsformen – Welche sind für landwirtschaftliche Betriebe üblich?
Aus juristischer Sicht kommen für die Landwirtschaft 2 Möglichkeiten in Betracht:
Natürliche Personen,
juristische Personen.

Natürliche Personen: Was sind das?
Das sind Einzelunternehmen, z. B. Familienbetriebe, und sog. Personengesellschaften. So bezeichnet man zusammenfassend die BGB-Gesellschaft, die **O**ffene **H**andels**g**esellschaft (OHG) und die **K**ommandit**g**esellschaft (KG).

BGB-Gesellschaft: Was versteht man darunter?
Dies ist die Abkürzung für Gesellschaft nach dem **B**ürgerlichen **G**esetz**b**uch, die man auch als **G**esellschaft **d**es **b**ürgerlichen **R**echts (GbR oder GdbR) bezeichnet.
Diese Personenvereinigung regelt unbürokratisch, kostenfrei und flexibel in Verträgen das Zusammenwirken einer kleineren Anzahl von z. B. Landwirten. Da sie häufig in landwirtschaftlichen Betrieben angewandt wird, heißt sie auch »Vater-Sohn-Gesellschaft«.

Juristische Personen: Was sind das?
Hier sind die Beteiligten in vollem Umfang eigene Rechtspersönlichkeiten, für die besondere gesetzliche Bedingungen gelten. Dazu gehören rechtsfähige Vereine (**e**inge-

tragener **V**erein, e.V.), **A**ktien**g**esellschaft (AG), **G**esellschaft **m**it **b**eschränkter **H**aftung (GmbH) und **e**ingetragene **G**enossenschaft (eG). Sie werden zusammenfassend auch als Kapitalgesellschaften bezeichnet.

LPG: Was war das?

So wurden in der ehemaligen DDR sog. »Landwirtschaftliche Produktionsgenossenschaften« bezeichnet. Es handelte sich dabei nicht um echte Genossenschaften, weil der Beitritt nicht freiwillig war.

Ursprünglich gab es drei LPG-Typen: Bei Typ I wurde nur das Ackerland in die LPG eingebracht; bei Typ II wurden auch das Grünland und die motorischen Zugkräfte eingezogen und bei Typ III wurde alles bis auf Garten und 0,5 ha Hofland, bis zu 2 Kühen, 2 Mutterschweinen, 5 Schafen, Ziegen und Kleinvieh eingegliedert.

Kooperative Einheiten: Wie entstanden sie?

In den 80er-Jahren wurden die örtlichen LPGs zu immer größeren sog. »Kooperativen Einheiten« zusammengeschlossen und in spezielle LPGs für Pflanzenproduktion bzw. LPGs für Tierproduktion getrennt. Daneben gab es noch sog. ACZs (Agrochemische Zentren), die für Düngung und Pflanzenschutz zuständig waren. Ein Teil der landwirtschaftlich genutzten Fläche wurde durch sog. VEBs (»Volkseigene Betriebe«) bewirtschaftet.

Betriebsstruktur in der ehemaligen DDR: Wie sah sie aus?

1989 bestanden 4530 LPGs sowie 580 VEBs mit zusammen etwa 6,17 Mio. ha LN (davon 4,68 ha Ackerland = 75,8 %). Insgesamt wurden etwa 6 Mio. GV Nutztiere (5,7 Mio. Rinder, davon 2 Mio. Kühe, 12 Mio. Schweine, 2,6 Mio. Schafe und knapp 25 Mio. Legehennen) gehalten. In der DDR-Landwirtschaft waren insgesamt rund 825 000 Personen beschäftigt.

Wiedereinrichter: Wer ist das?

Es handelt sich dabei um Landwirte (meist ehemalige Besitzer von landwirtschaftlichen Betrieben oder Abkömmlinge aus diesen Familien), die in den neuen Bundesländern wieder private landwirtschaftliche Betriebe einrichten. Laut Agrarbericht 2001 waren es (1999) 27145 Betriebe durch natürliche Personen (und 3171 durch juristische Personen).

Sozialbrache: Was versteht man darunter?

Landwirtschaftliche Nutzfläche, deren Bewirtschaftung nicht mehr rentabel ist (Grenzertragsböden) oder aus anderen Gründen (z. B. Invalidität des Betriebsinhabers) länger als 1 Jahr unterbleibt.

Grenzstandorte oder Grenzertragsböden: Was versteht man darunter?

Grenzertragsböden sind Flächen, auf denen die Erträge die aufgewendeten festen und variablen Kosten gerade noch decken (auch Marginalboden genannt).

EU – Was heißt das?

Seit 1. 11. 1993 besteht die »**E**uropäische **U**nion« (EU). Diese hieß früher EG (**E**uropäische **G**emeinschaft). Sie ist 1977 hervorgegangen aus der Verschmelzung der **E**uropäischen **W**irtschafts**g**emeinschaft (EWG), der **Eur**opäischen **Atom**gemeinschaft (EURATOM) und der **E**uropäischen **G**emeinschaft für **K**ohle und **S**tahl (EGKS).

Wie kam sie zustande?

Der Vertrag über die Gründung der EWG wurde gleichzeitig mit dem Vertrag über die Bildung der Europäischen Atomgemeinschaft am 25. März 1957 in Rom unterzeichnet und ist seit 1. Januar 1958 in Kraft. Die EGKS bestand bereits seit 1952.

EU-25: Welche Staaten bilden die EU?

Die heutige EU-25 entstand seit ihrer Gründung 1958 in Rom in mehreren Erweiterungsschritten:

EWG der 6 (1958):	Belgien, Deutschland, Frankreich, Italien, Luxemburg, Niederlande;
EG der 9 (1973):	+ Dänemark, Großbritannien, Irland;
EG der 10 (1981):	+ Griechenland;
EG der 12 (1986):	+ Portugal, Spanien;
EU der 15 (1995):	+ Finnland, Österreich, Schweden;
EU der 25 (2004):	+ Estland, Lettland, Litauen, Malta, Polen, Slowakische Republik, Slowenien, Tschechische Republik, Ungarn, Zypern (nach einer Volksabstimmung vorerst nur der griechische Südteil).

EU-Erweiterung: Haben weitere Staaten Beitrittsanträge gestellt?

Für 2007 ist die Aufnahme von Bulgarien und Rumänien geplant; über die Beitrittsabsicht der Türkei wird noch verhandelt. Das Beitrittsgesuch der Schweiz (1992) ruht seit einem ablehnenden Bürgerentscheid.

Drittländer – Was versteht man darunter?

Alle Länder, die nicht der EU angehören.

Welche Zielsetzung hat die EU?

Errichten eines gemeinsamen Marktes, dadurch Hebung des Lebensstandards. Folgende Maßnahmen sind vorgesehen:

Schaffen einer Zollunion; Beseitigung aller Zölle, Kontingente und technischen Handelshindernisse unter den Mitgliedern; Gewähr des freien Warenverkehrs in der EU; Freizügigkeit der Arbeitnehmer; Niederlassungsfreiheit für Unternehmer; Freizügigkeit des Kapital- und Dienstleistungsverkehrs; gemeinsame Agrar-, Wettbewerbs-, Verkehrs- und Außenhandelspolitik; koordinierte Wirtschafts- und Währungspolitik.

Europäischer Binnenmarkt: Was versteht man darunter?
Die Beseitigung aller Wirtschaftshindernisse innerhalb der EU, d. h. volle Freizügigkeit für Güter, Dienstleistungen, Kapital und Personen. Er trat am 1. 1. 1994 in Kraft.

Welche Ziele hat die gemeinsame EU-Politik erreicht?
Verwirklichung der Zollunion im industriell-gewerblichen Bereich, Errichten des gemeinsamen Agrarmarktes, gemeinsame Außenhandelspolitik, gute Ansätze in der Wettbewerbs-, Verkehrs-, Sozial-, Forschungs- und Währungspolitik, Binnenmarkt, Einführung des Euro.

Ost-Erweiterung – Was versteht man darunter?
Die angestrebte EU-Erweiterung besonders nach Osten durch Aufnahme neuer Mitgliedstaaten wie die **m**ittel- und **o**st**e**uropäischen Länder (MOE-Länder), die seit dem Zerfall des sowjetischen Machtbereichs (und damit des Comecon) auf einen Beitritt zur EU hoffen. Diese Erweiterung zur EU der 25 Mitgliedstaaten wurde zum 1. 5. 2004 bereits schrittweise vollzogen.

MOE-Länder: Wer gehörte dazu?
Die sog. Luxemburg-Gruppe (Estland, Polen, Slowenien, Tschechische Republik, Ungarn, Zypern) sowie 6 weitere Kandidaten der sog. Helsinki-Gruppe (Bulgarien, Lettland, Litauen, Malta, Rumänien, Slowakische Republik).

Ost-Erweiterung: Wie hilft die EU und warum?
Mit den Kandidatenländern schloss die EU sog. Partnerschaftsabkommen (»Europa-Abkommen«), sie unterstützt diese Staaten bei der Demokratisierung und gewährt finanzielle sowie technische Hilfe beim Übergang von der Plan- zur Marktwirtschaft sowie dem Verwaltungsaufbau nach westlichem Muster. Der Beitritt dieser Staaten soll die politische Stabilität Europas verbessern und einen Beitrag zur Friedenssicherung leisten. Mit der Erschließung von Märkten sollen Arbeitsplätze gesichert und geschaffen werden.

EU-Politik: Welche Organe gestalten sie?
Europäischer Rat, Ministerrat, Europäische Kommission, Europäisches Parlament, Europäischer Gerichtshof, Europäische Zentralbank (EZB).

EU-Organe: Wo haben sie ihren Sitz?
Der Ministerrat tagt in Brüssel oder Luxemburg,
die Kommission hat ihren Sitz in Brüssel,
ein Teil der Dienststellen befindet sich in Luxemburg;
das Europäische Parlament hat seinen vorläufigen Sitz in Luxemburg
und tagt abwechselnd in Straßburg oder Brüssel;
der Europäische Gerichtshof hat seinen Sitz in Luxemburg,
Sitz der EZB ist Frankfurt/Main.

Gemeinsame Agrarpolitik (GAP): Wie wird sie gestaltet?
Die Europäische Kommission hat das Vorschlagsrecht.
Der EU-Ministerrat beschließt die wichtigen Rechtsakte in Form von Verordnungen oder (seltener) Richtlinien.
Die Europäische Kommission erlässt Durchführungsvorschriften, so weit sie vom Ministerrat dazu ermächtigt ist.
Die Mitgliedstaaten und zu einem geringen Teil auch die Europäische Kommission führen die gemeinsame Agrarpolitik durch.
Das Europäische Parlament gibt Stellungnahmen ab und spricht Empfehlungen aus; darüber hinaus hat es gewisse Gestaltungsrechte bei der Aufstellung des EU-Haushaltes; es muss den Haushalt beschließen.

Agrarmarktorganisation: Was ist ihre Aufgabe?
Gewährleistung des freien Warenverkehrs in der Gemeinschaft.
Vorrang des Absatzes für die Eigenproduktion in der Gemeinschaft, Regelung der Einfuhr und Abstimmung derselben auf die Eigenproduktion, Vorratshaltung und saisonaler Ausgleich, Erhalten relativ stabiler Preise für Erzeuger und Verbraucher. Agrarmarktorganisationen werden teilweise auch als Marktordnungen bezeichnet.

Agrarmarktordnungen: Was versteht man darunter?
Dies ist ein Maßnahmen-Paket zur Lenkung und Beeinflussung von Wettbewerb und Preisentwicklung sowie Angebot und Nachfrage. Diese Maßnahmen sollen die Existenzfähigkeit der landwirtschaftlichen Produzenten sichern bei gleichmäßiger Versorgung der Bevölkerung mit Waren.
Die Agrarmarktordnungen der EU soll zum einen durch Außenschutz-Regelungen gegenüber Drittländern den EU-Binnenmarkt vor Weltmarkt-Angeboten schützen (z. B. durch Abschöpfungen, Zölle), zum anderen die Binnenmarkt-Regelung bei Preisstörungen bzw. Überangeboten ermöglichen (z. B. durch Intervention).

Eurostat: Was ist das?
Dieser Begriff steht für »Statistisches Amt der Europäischen Gemeinschaften.« Eurostat erhebt in allen EU-Mitgliedsländern statistische Daten und stellt auf dieser Basis die Lebensumstände in den verschiedenen Ländern dar und macht sie so vergleichbar. In allen Mitgliedstaaten bestehen Kontaktstellen, um dieses statistische Material zu erhalten. Speziell landwirtschaftliche Themen sind z. B. das Erheben der EU-Rinder- und EU-Schweinebestände oder der EU-Agrarpreise.

Agrarreform – Was bezweckt sie?
Die heutige Europäische Union gab sich im Mai 1992 als damalige EG neue Ziele und Leitlinien der Agrarpolitik, um unter anderem eine langfristig international wettbewerbsfähige europäische Landwirtschaft zu erreichen, umweltfreundliche Produktionsweisen stärker zu fördern, die Aufgaben der Landwirtschaft in der Landschaftspflege anzuerkennen sowie die ständig steigenden Kosten der Überschussbeseitigung

(»Butterberg«, »Milchsee«, »Rindfleischberge«) zurückzufahren und so den gesamten EU-Haushalt zu entlasten. Ein System von Ausgleichszahlungen in der Pflanzenproduktion, von Prämienzahlungen in der tierischen Erzeugung und von verschiedenen Kontrollmechanismen (bei Flächen zum Teil über Satelliten) reguliert seitdem die landwirtschaftliche Erzeugung EU-weit.
Die Agrarreform entspricht heute der Agenda 2000 bzw. der daraus entwickelten Reform der gemeinsamen Agrarpolitik (siehe Seite 29).

Ausgleichszahlungen: Wofür gibt es sie?
Über Ausgleichszahlungen wird seit der EG-Agrarreform von 1992 der durch gesenkte Interventionspreise für Getreide, Ölsaaten und Eiweißpflanzen hervorgerufene Einkommensverlust der Landwirte abgemildert. Dabei sind diese Ausgleichszahlungen an bestimmte Auflagen gebunden, z. B. in der pflanzlichen Produktion an Flächenstilllegungen. Sie betreffen bestimmte ausgleichsberechtigte Kulturpflanzen, z. B. Weich- und Hartweizen, Gerste, Roggen, Mais, Samen von Raps und Rübsen, Sojabohnen, Erbsen, Süßlupinen. Auch Tabak, Trockenfutter und nachwachsende Rohstoffe sind einbezogen.
Die Vorschriften und Zahlungsbedingungen werden jeweils von der EU und der Bundesregierung festgelegt. Da diese Regelungen sehr detailliert sind, sollte jeder Antragsteller sich in der Fachpresse über Termine und bei der zuständigen Beratung über die für ihn zutreffenden Einzelheiten informieren, um nicht seinen Anspruch zu verlieren.

Direktzahlungen: Was versteht man darunter?
Im Zuge der Agrarreform will die EU weg vom bisherigen System, bei dem Gelder indirekt an den Landwirt gingen, z. B. über einen festgesetzten Markt-Mindestpreis sowie über indirekte Förderung, z. B. über die Getreide- oder Butter-Intervention. Künftig leistet die EU Zahlungen ohne Koppelung an ein Produkt direkt an den Landwirt aufgrund von Marktordnungen (z. B. Kulturpflanzenregelung, Stilllegung, Tierprämien). Im weiteren Sinne gehören zu den Direktzahlungen auch Zahlungen aus EU-Strukturmaßnahmen, aus Länder-Programmen (z. B. KuLaP, Vertrags-Naturschutz), da diese direkt gezahlt werden, ohne also an ein Produkt gekoppelt zu sein.

Gleitflug: Was meint diese Bezeichnung?
Damit wird der gleitende Übergang von der in Deutschland im Zuge der Agrarreform beschlossenen Kombination aus Tierprämie und Flächenprämie auf die einheitliche regionale Flächenprämie bezeichnet. Dieser Gleitflug soll ab 2010 in Schritten bis 2013 erfolgen (siehe auch Seite 32).

Vorruhestand: Was versteht man darunter?
Eine ab 1989 geplante Aktion der EU zum Eindämmen der Überschüsse; dabei wird die gesamte LF eines Betriebes gegen eine bestimmte Entschädigung auf 10 Jahre stillgelegt. Der Vorruhestand wurde begrenzt auf Landwirte, die 58 Jahre oder älter sind. Die Flächen müssen gepflegt, dürfen aber selbst nicht genutzt werden.

Tierprämien: Welche Regelungen gibt es?
Hier sind Rindfleisch, Mutterkuhhaltung und Mutterschafhaltung von Regelungen der Agrarreform betroffen. Ausgleichszahlungen werden bei Rindern als Sonderprämien für männliche Rinder, als Mutterkuhprämie, als Schlachtprämien und als Extensivierungsprämien bezahlt. Dabei wirkt die Zahl der Tiere, für die Prämien gewährt wird, über einen Besatzdichtefaktor begrenzend. Seit der Reform der GAP (siehe Seite 30) besteht die Möglichkeit, alle Rinderprämien von der Produktion zu entkoppeln.

Rinderprämien: Wann werden sie gewährt?
Alle Rinderprämien werden nur gewährt, wenn alle Daten zu den Tieren von den Tierhaltern (z. B. Erzeuger, Viehhändler, Schlachtbetriebe) ordnungsgemäß in der zentralen Datenbank bzw. der HI-Tier (siehe Seite 29) gemeldet und dort abgespeichert wurden.

Milchprämie: Seit wann gibt es sie und warum?
Die Milchprämie wurde mit der Reform der Agrarpolitik 2003 (siehe Seite 30) eingeführt als Ausgleichszahlung der Interventions-Preissenkung von Butter und Magermilch-Pulver (siehe Seite 38, Milchmarkt).

Kleinerzeuger-Regelung: Was besagt sie?
Diese Regelung der Agrarreform vereinfacht für kleinere Betriebe die Vorgaben der Flächenstilllegung. Bis zu der für eine Erzeugung von maximal 92 t Getreide benötigten Fläche (in Bayern z. B. 16,39 ha) erhalten Kleinerzeuger die Ausgleichszahlungen und sind dabei von der Verpflichtung zur Stilllegung befreit.
Auch für Rinderhalter gibt es eine Kleinerzeuger-Regelung: Wenn die im Betrieb gehaltene Anzahl an Milchkühen, männlichen Rindern, Mutterkühen und Mutterschafen 15 GVE nicht übersteigt, gilt für sie der Besatzdichtefaktor nicht.

InVeKos: Was ist das?
Das **In**tegrierte **Ve**rwaltungs- und **Ko**ntroll**s**ystem soll dazu dienen, die in der Agrarreform ’92 enthaltenen direkten Einkommensübertragung an den Landwirt einheitlich zu kontrollieren. Dazu werden im Zuge des InVeKos die Angaben des Antrag stellenden Landwirts über Anbauflächen oder seine Tierbestände genau überprüft. Zur Kontrolle der Flächenangaben werden auch Satellitenaufnahmen herangezogen (GPS s. Seite 28).

Reform der Agrarpolitik 2003: Was bedeutet sie für InVeKoS?
Alle mit der neuen Agrarreform (siehe Seite 30) zusätzlich eingeführten Maßnahmen (z. B. Betriebs- oder Flächenprämie, Zahlungsansprüche, Cross Compliance, Betriebsberatung) müssen in das System integriert werden, wobei mithilfe bundesweiter Datenbanken der Datenabgleich erleichtert und sichergestellt werden soll.

InVeKoS: Welche Kontrollmöglichkeiten gibt es?
Für die erweiterte Kontrolle werden das Geographische Informationssystem (GIS) und die Tierdatenbank (HIT) eingesetzt.

Flankierende Maßnahmen: Was sind das?
Auch diese sind Teil der 92er-Agrarreform und beinhalten z. B. Förderung des Vorruhestandes in der Landwirtschaft, Förderung von pflanzlichen und tierischen Produktionsverfahren, die umweltgerecht sind und natürliche Lebensräume schützen, oder Förderung von Aufforstung landwirtschaftlicher Flächen.

Nachwachsende Rohstoffe: Wie fördert die Agrarreform diese?
Die Erzeugung nachwachsender Rohstoffe wird gefördert, indem sie auf der gesamten konjunkturellen Stilllegungsfläche bei vollständiger Gewährung der Prämie angebaut werden dürfen. Bei einem entsprechenden Anbau muss nachweislich sichergestellt werden, dass die daraus gewonnenen Produkte nicht für Nahrungs- oder Futterzwecke, sondern nur im Non-Food-Bereich eingesetzt werden.
Gefördert werden z. B. Projekte zur Energiegewinnung aus Biomasseverbrennung und Verwendung von Industriepflanzen wie Raps als Treib- oder Rohstoff für z. B. Schmierstoffe oder auch zur Herstellung von Verpackungsmaterial-Grundstoffen (z. B. aus Stärke).

Non-Food-Bereich: Was ist damit gemeint?
Damit wird z. B. in der Agrarreform bzw. der Agenda 2000 jener Bereich der Erzeugung bezeichnet, der nicht für den menschlichen Verzehr produziert, also den Nicht-Nahrungsmittelsektor. Das sind z. B. alle organischen Stoffe pflanzlichen oder tierischen Ursprungs, die als Industrie-Rohstoffe verwendet werden.

Flächenstilllegung: Was versteht man darunter?
Eine Aktion der EU zum Eindämmen der Überschüsse. Die Flächen müssen gepflegt, dürfen aber nicht oder nur begrenzt genutzt werden. Die Bestimmungen ändern sich laufend.

Grünbrache: Was versteht man darunter?
Eine bestimmte Art der Flächenstilllegung im Rahmen der EU-Programme.

Extensivierungsprogramm: Was ist das?
Im Zusammenhang mit der EU-Agrarreform wurden bestimmte Förderungsmaßnahmen eingeführt, die der Extensivierung der Bodennutzung und der Tierhaltung dienen. Sie sollen zur Verminderung der Agrarproduktion beitragen.

GPS: Was bedeutet das?
Diese Abkürzung steht für **G**lobales **P**ositionierung**s**system und ist eine Satellitentechnik. Durch das Zusammenwirken von Satelliten, die in ca. 20 000 km Höhe auf Erdumlaufbahnen kreisen, und Empfängern (ähnlich Radioempfängern) an z. B. Traktoren, Mähdreschern lassen sich u. a. Strecken und Flächen vermessen, Betriebsdaten wie Arbeitszeiten für Transporte und Feldarbeit automatisch erfassen, Erträge ermitteln oder Teilflächen düngen. Nachteilig sind die hohen Investitionskosten.

Auch die EU-Verwaltung bedient sich bei der Überprüfung der in den Anträgen für z. B. Flächenstilllegung genannten Flächen dieser GPS-Technik.

GIS: Was ist das?

Diese Abkürzung steht für **G**eographisches **I**nformations**s**ystem und ist ein computergestütztes Teil-InVeKoS (siehe Seite 27). GIS soll ab dem 1. 1. 2005 zur Identifikation landwirtschaftlicher Parzellen eingesetzt werden, um den elektronischen Datenabgleich für die Gewährung flächenbezogener Ausgleichszahlungen zu ermöglichen. Mit GIS erfasst werden dabei unter anderem Größe, Nutzung, Zahlungsansprüche, Einhalten der Cross Compliance-Kriterien.

GIS: Welche Vorteile bietet es?

Die Antragstellung des Landwirts wird erleichtert, Doppelförderung vermieden, Missbrauch der Ausgleichszahlungen verhindert.

HIT (HI-Tier): Wofür steht diese Abkürzung und was ist das?

Sie steht für **H**erkunftssicherungs- und **I**dentifikationssystem für **T**iere. HI-Tier stellt im Rahmen des InVeKoS die Tier-Identifikation sicher von der Geburt über alle Zwischenstufen bis zur Schlachtung. Damit können Kriterien aus der Cross Compliance verknüpft werden.

Agenda 2000 – Was wird damit bezeichnet?

Die Europäische Kommission strebt mit der sog. Agenda 2000 eine Vertiefung und Ausweitung der Agrarreform von 1992 im Hinblick auf die Osterweiterung an. Dabei ist eine Systemänderung in der Agrarpolitik vorgesehen, d. h. von der Preisstützung weg hin zu Direktzahlungen. Ziel soll eine bessere Wettbewerbsfähigkeit der europäischen Landwirtschaft durch Preissenkung in Richtung Weltmarktpreisen sein. Dabei werden Sicherheit und Qualität von Lebensmitteln sowie Umwelt- und Tierschutzmaßnahmen mehr Bedeutung erhalten und Umweltziele in die gemeinsame Agrarpolitik integriert werden.

Warum sind deutsche Landwirte gegen die Agenda 2000?

Die Umsetzung dieser geplanten Umstrukturierung stieß auf erbitterten Widerstand aller deutschen landwirtschaftlichen Interessenvertreter, weil dadurch erhebliche Einkommenseinbußen besonders im Getreide- und Ölsaatenanbau sowie auch bei der Rinderhaltung befürchtet wurden.

Welche Maßnahmen wurden beschlossen?

Der Kompromiss der Agrarminister, der im März 1999 in Berlin ausgehandelt wurde, betrifft Getreide, die Ölsaatenprämie, die obligatorische Flächenstilllegung, die Bullen- und Mutterkuh-Prämie, die Schlachtprämie sowie den Rindfleisch-Grundpreis. Außerdem sind die Milchprämie und der Rindfleisch-Interventionspreis betroffen.
Alle Maßnahmen betreffen die Jahre 2000–2005, wobei finanzielle Fragen im Vordergrund stehen. Bei einigen Maßnahmen sind nationale Zusatzprämien vorgesehen,

deren Ausgestaltung noch offen ist. Sicher scheint zu sein, dass die Milch-Garantiemengen-Regelung zum 31. 3. 2014 ausläuft. Künftig soll Agrarpolitik durch Abbau von Garantien weniger Schutz, dafür mehr Spielraum und Chancen bieten.

GAP – Was bedeutet das?

Diese Abkürzung steht für **G**emeinsame **A**grar**p**olitik der EU (auch EU-Agrarpolitik genannt). Eine Reform der GAP soll in der EU eine agrarpolitische Wende einleiten, noch bevor die festgelegte Laufzeit der Agenda 2000 abgelaufen ist.

GAP-Reform: Was ist das Ziel?

Eine Agrarwende auf europäischer Ebene, also langfristige Perspektiven für eine nachhaltige Landwirtschaft. Dem dienen die Hauptziele Stabilisierung der Märkte im Zusammenhang mit der Ost-Erweiterung der EU, bessere Akzeptanz der Agrarpolitik in der Bevölkerung und Einhalten der beschlossenen Haushalts-Obergrenzen für die EU-Agrarausgaben.

GAP-Reform: Wann wurde sie beschlossen und welche Elemente prägen sie?

Die GAP wurde am 26. Juni 2003 beschlossen. Ihre wesentlichen Elemente sind:

- Entkoppelung der Prämienzahlungen von der Produktion,
- Stärkung des ländlichen Raums durch Modulation,
- Bindung der Zahlungen an Standards in den Bereichen Umweltschutz, Tierschutz, Lebensmittelsicherheit (Cross Compliance).

Modulation – Was wird damit bezeichnet?

Die ursprünglich agrarpolitische Kann-Bestimmung wurde von der EU mit der Agrarreform 2000 eingeführt. Sie gibt den einzelnen Mitgliedstaaten die Möglichkeit, Direktzahlungen um bis zu 25 % zu kürzen und diese eingesparten Beträge für Agrar-Umwelt-Programme zu verwenden (zu modulieren). Dabei muss dann das EU-Land, das die Modulation anwendet, den gleichen Betrag aus dem eigenen Haushalt beisteuern. Der Staat kann dabei z. B. bestimmte Obergrenzen (z. B. das Überschreiten des Standard-Deckungsbeitrags durch einen Betrieb), einen Mindestbesatz an Arbeitskräften (z. B. AK/100 ha) oder eines definierten »betrieblichen Wohlstands« festlegen. Mit der GAP von 2003 wurde die Modulation für alle EU-Staaten Pflicht.

Direktzahlungen: Wie werden sie bei der Modulation gekürzt?

Die Kürzung erfolgt prozentual. Für 2005 sind es 3 %, für 2006 dann 4 % und für 2007 bis 2012 sind es 5 % der Direktzahlungen.

Modulation: Was geschieht mit den einbehaltenen Mitteln?

Von den im Zuge der Modulation einbehaltenen Mitteln sollen mindestens 80 % im betreffenden Mitgliedstaat verbleiben und dort zur Entwicklung des ländlichen Raumes oder für Maßnahmen des Umweltschutzes verwendet werden. Die restlichen 20 % kann die EU in strukturschwachen Mitgliedstaaten einsetzen, z. B. in Beitrittsländern.

Entkoppelung: Wofür wird dieser Begriff verwendet?
Er bedeutet das Überführen bisheriger flächen- und tierbezogener Direktzahlungen in eine von der Nahrungsmittel-Erzeugung unabhängige Betriebsprämie. Diese ist also unabhängig vom tatsächlichen Anbau oder Tierbestand eines Jahres. Alle Prämienansprüche aus Pflanzenbau und Tierhaltung werden künftig zu einem Betrag zusammengefasst und als Betriebsprämie ausbezahlt.

Milchprämie: Was ist das?
Sie ist seit 2004 ein Teilausgleich für das Absenken der Interventionspreise im Zuge der Marktanpassung bei der Milch und wird in die Betriebsprämie mit einbezogen.

Kulturspezifische Zuschläge: Was bedeuten sie?
Sie gelten für Pflanzen, an deren Anbau besonderes Interesse besteht, nämlich für Eiweißpflanzen, Energiepflanzen, Stärkekartoffeln, Hartweizen, Reis, Schalenfrüchte und Trockenfutter-Beihilfen.

Beihilfefähige Fläche: Was ist das?
Dies ist jede Fläche, deren Hauptnutzungszweck die Landwirtschaft ist, also auch bislang nicht prämienberechtigte Kulturen wie Zuckerrüben, Kartoffeln, Feldgemüse, Ackerfutterbau.
Nicht beihilfefähig sind Wald, Dauerkulturen und nicht landwirtschaftlich genutzte Flächen.
Die Begriffe „ausgleichsberechtigte Fläche“ und „Futternachweisfläche“ spielen seit 2005 keine Rolle mehr.

Betriebsindividueller Zuschlag: Was ist das?
Diesen auch als Top-Up bezeichneten Zuschlag erhielten mit dem Mehrfachantrag 2005 Betriebe, deren Milch-, Bullen-, Ochsen- und Mutterkuhprämien, 50% der Extensivierungsprämie, 10% der Stärkebeihilfe, Schlachtprämie für Kälber, 50% der Trockenfutter-Beihilfe oder Schaf-/Ziegenprämie betriebsindividuell in den Jahren 2000–2002 entkoppelt wurden.
Ebenso erhielten diesen Zuschlag Milcherzeuger, die am 31.3.2005 eine Quote hatten.

Regionale Komponente: Was ist das?
Jeder beihilfefähigen Fläche (siehe oben) wird ein Sockelbetrag zugeteilt, die so genannte regionale Komponente.

Betriebsprämie: Was ist das und wie wird sie ermittelt?
Darunter versteht man den Gesamtbetrag aller entkoppelten (siehe oben) Zahlungen, der jährlich an den landwirtschaftlichen Betrieb ausgezahlt wird. Die Betriebsprämie errechnet sich Jahr für Jahr aus der Summe der aktivierten Zahlungsansprüche.

Zahlungsansprüche: Was bedeutet das?
Allen Betrieben, die bis zum 17.5.2005 einen Antrag gestellt hatten, wurden Zahlungsansprüche zugeteilt, deren Anzahl sich nach dem Umfang der zum 17.5.2005 bewirtschafteten beihilfefähigen Fläche (siehe Seite 31) richtet.
Dabei ergibt sich ein bestimmter Betrag/ha, dessen Höhe aus der regionalen Komponente (siehe Seite 31) und gegebenenfalls einem betriebsindividuellen Zuschlag (siehe Seite 31) errechnet wird. Der Betrag wird jährlich an den Landwirt ausgezahlt, sofern er nachweist, dass er zu jedem Zahlungsanspruch die entsprechende beihilfefähige Fläche (siehe Seite 31) bewirtschaftet.

Betriebsprämie: Gibt es Gestaltungsmöglichkeiten?
Die EU-Staaten haben bei der Betriebsprämie die Wahl zwischen dem Individuellen Modell oder dem Regional-Modell.

Individuelles Modell: Wie funktioniert es?
Jeder Betrieb bekommt eine Direktzahlung in Höhe der auf den Verhältnissen 2000–2002 errechneten Ansprüche. Diese Betriebsprämie wird durch die beihilfefähige Fläche dividiert, woraus sich die Zahlungsansprüche/ha ergeben. Nachteile: Bei Kauf oder Pacht der Zahlungsansprüche besteht ein hoher Verwaltungsaufwand.

Individuelles Modell: Welche Fläche ist beihilfefähige?
Die LF ohne Zuckerrüben-, Speisekartoffel-, Obst- und Gemüseflächen. Futterflächen und Grünland gehören dazu.

Regional-Modell: Wie wird es berechnet?
Hier wird die Summe der in einer Region auf der Basis 2000–2002 berechneten Prämien für Acker- und Tierproduktion durch die LF dieser Region geteilt. Nachteile: Es findet eine starke Umverteilung statt, beispielsweise zwischen viehintensiven Betrieben und Ackerbau- bzw. Grünlandbetrieben. Dies kann zu Strukturbrüchen führen.

Regional-Modell: Welche Fläche ist beihilfefähig?
Außer Dauerkulturen und Wald jede Fläche.

Kombinations-Modell: Was versteht man darunter?
Wegen der Nachteile des Individual- bzw. des Regional-Modells in Reinform haben sich die deutschen Bundesländer auf eine Kombination beider Modelle geeinigt.

Kombinations-Modell: Was sieht es vor?
Eine Ackerprämie, die aus den Prämien für Ackerkulturen und Saatgut sowie 75 % der Stärkekartoffel-Prämien besteht. Eine Grünlandprämie fasst die Schlachtprämien für Großrinder, die nationalen Ergänzungsbeträge für Rinder und die Extensivierungszuschläge für Rinder zusammen. Betriebsindividuell zugewiesen werden die neue Milch-

prämie, die Mutterkuh-Prämie, die Sonderprämie für männliche Rinder, die Schlachtprämien für Kälber, die Trockenfutter-Beihilfe und 25 % der Stärkekartoffel-Prämie.

Gleitflug: Was wird damit bezeichnet?
Mit Gleitflug wird im Zuge der Entkoppelung der Abschmelzungsprozess für die betriebsindividuell zugewiesenen Prämienrechte bezeichnet. Dieser Abschmelzungs-Gleitflug soll 2010 beginnen und in 4 Schritten erfolgen (2010: 10 %, 2011: 20 %, 2012: 30 %, 2013: restliche 40 %).

Cross compliance – Was heißt das?

Auch die sog. Cross compliance (Bewirtschaftungs-Auflagen) war eine mit der EU-Agrarreform 2000 eingeführte zunächst freiwillige Maßnahme für Umweltprogramme. Cross compliance bedeutet die Bindung der Ausgleichszahlungen an das Einhalten bestimmter, von den einzelnen Mitgliedstaaten selbst formulierter Mindest-Anforderungen an Umweltleistungen der Landwirte. In Deutschland genügte bisher das Einhalten der guten fachlichen Praxis. Das Nicht-Einhalten führt zu Kürzungen, im schlimmsten Fall zur Verweigerung der Ausgleichszahlungen. Seit 2005 ist Cross compliance im Zuge der GAP in der EU Pflicht. Es wurden also verbindliche Standards für Umweltschutz, Tiergesundheit, Tierschutz und Lebensmittelsicherheit eingeführt. Die einzuhaltenden gesetzlichen Auflagen umfassen
- 19 EU-Verordnungen,
- Kriterien zum guten landwirtschaftlichen und ökologischen Zustand (z.B. Erosionsschutz),
- das Dauergrünland-Erhaltungsgebot.

Letzteres ist vorläufig noch eine regionale Verpflichtung, das heißt, in Deutschland muss jedes Bundesland darauf achten, dass der Anteil an Dauergrünland nicht erheblich abnimmt im Vergleich zum Referenzjahr 2003.

Cross Compliance: Welche Probleme können sich bei uns ergeben?
Es besteht die Gefahr, dass durch Auflagen im Zuge der Cross Compliance bereits bestehende Agrar-Umweltprogramme wie KuLaP (z. B. Grünlandprämie, extensive Fruchtfolge), Vertrags-Naturschutz oder Ausgleichszahlungen für Schutzgebietsauflagen ausgehebelt werden.

GAK – Was bedeutet diese Abkürzung?

Sie steht für **G**emeinschaftsaufgabe »Verbesserung der **A**grarstruktur und des **K**üstenschutzes« (basierend auf dem PLANAK, **Plan**ungsausschuss für **A**grarstruktur und **K**üstenschutz) und ist das wichtigste nationale Instrument der Agrarstruktur-Förderung und damit der Umsetzung der Entwicklungspläne für den ländlichen Raum. Nach der Agrarreform von 1992 als 1. Schritt wurde mit den Beschlüssen der Agenda 2000 als 2. Schritt der Gemeinsamen Agrarpolitik die »Förderung der Entwicklung des ländlichen Raumes« weiter ausgebaut. Ziele, Maßnahmen und Verfahren der GAK sind im Gemeinschaftsaufgaben-Gesetz geregelt, wonach von Bund und Ländern ein gemeinsamer Rahmenplan erstellt werden muss, dessen Durchführung den Ländern obliegt. Der Bund beteiligt sich mit 60 % an den entstehenden Ausgaben der Länder, beim Küstenschutz mit 70 %.

GAK: Was sind deren Ziele?
Die schwerpunktmäßigen Ziele des GAK sind: Verbesserung der Wettbewerbs- und Leistungsfähigkeit der Land- und Forstwirtschaft einschließlich Verarbeitung und Vermarktung; Unterstützung standortangepasster, besonders umweltgerechter Wirtschaftsweisen und Anpassung der Land- und Forstwirtschaft an die Erfordernisse des Umwelt- und Naturschutzes; Sicherung und Schaffung von funktionsfähigen Strukturen und damit von Arbeitsplätzen im ländlichen Raum. Die wichtigsten Beschlüsse der GAK betreffen die Weiterentwicklung des Agrarinvestitions-Förderungsprogramms; eine neue Bemessungsgrundlage für die Ausgleichszulage; die Stärkung einer markt- und standortangepassten Landbewirtschaftung, insbesondere die Förderung des ökologischen Landbaus; die verbesserte Förderung der Verarbeitung und Vermarktung regionaler sowie ökologischer Erzeugnisse.

GAK: Was wurde vom PLANAK für 2004 beschlossen?
Die raumbezogenen Maßnahmen Dorferneuerung, Flurbereinigung und Agrarstrukturelle Entwicklungsplanung werden in einen Fördergrundsatz »Integrierte ländliche Entwicklung« überführt und um die Förderung von Regional-Management und ländliche Entwicklungskonzepte erweitert.

Ländlicher Raum: Gibt es zusätzliche Chancen?
Vorgesehen sind Investitionen in Dorfzentren, in Kooperationsvorhaben von Landwirten und Handwerkern oder in Rad- und Wanderwege.

GAK: Werden einzelbetriebliche Management-Systeme gefördert?
Ein einzelbetriebliches Management-System soll als landwirtschaftliches Betriebsberatungs-Systeme die Prozessqualität sicherstellen, es ist ein System zur Beratung von Haupterwerbslandwirten in Fragen der Bodenbewirtschaftung und Tierhaltung, das auch die innerbetrieblichen Prozesse im Zusammenhang mit in Cross Compliance (siehe Seite 32) erfassten Themenbereichen und Rechtsvorschriften bewusst machen sollen.

Leader+: Was versteht man darunter?
Leader Plus ist eine Gemeinschafts-Initiative der EU zur Entwicklung des ländlichen Raumes und der 3. Leitlinien-Entwurf nach Leader I und Leader II. Ziel ist es, neue Ansätze und Wege zu erproben und erfolgreiche Modelle EU-weit zu übernehmen. In Deutschland sind die Bundesländer für die Programmgestaltung und -umsetzung zuständig. Angestrebt wird eine gebietsbezogene, lokale Entwicklung und die Zusammenarbeit und Vernetzung zwischen einzelnen ländlichen Gebieten zum Erfahrungsaustausch.

Regionen aktiv: Was ist das?
Dies ist ein Modellvorhaben des deutschen BMELV und ein Wettbewerb auf Bundesebene: »Regionen aktiv – Land gestaltet Zukunft«, bei dem ebenfalls räumliche und funktional einheitliche Gebiete eine integrierte Entwicklungsstrategie umsetzen, die auf die spezifische Situation in ihrer Region zugeschnitten ist. Der Hintergrund für »Regionen aktiv« ist die Neuausrichtung der Landwirtschaft mit Perspektiven Sektor übergreifender Kooperationen, z. B. zwischen Landwirtschaft und Naturschutz, oder eine enge Verbraucher-Erzeuger-Beziehung. Für investive Förderungsmaßnahmen, die dem regionalen Entwicklungsprozess dienen, wird ein höherer Zuschuss gewährt, wenn sie der Umsetzung des regionalen Entwicklungskonzeptes dienen.

Agenda 21 – Was versteht man darunter?
Ein weltweites Aktionsprogramm der UNO, das auch die deutschen Bauernverbände aufgreifen. Es formuliert für das 21. Jahrhundert unter dem Motto »Nachhaltige Entwicklung« Leitbilder, die auf den drei Säulen Ökonomie, Ökologie und Soziales basieren. Dabei wird im landwirtschaftlichen Teil der Agenda 21 eine weltweite Steigerung der landwirtschaftlichen Erzeugung zum Zweck der Sicherstellung der Nahrungsmittelversorgung vor dem Hintergrund einer ständig wachsenden Weltbevölkerung vorgesehen.
Ziel der Agenda 21 im land- und forstwirtschaftlichen Bereich sind die Stärkung der Rolle der Landwirte, die Nachhaltigkeit, der Integrierte Landbau, umweltverträgliche Nutzung der Biotechnologie sowie Aufrechterhaltung der vielfältigen Funktionen der Wälder.

EWS – Was bedeutet das?
Aufgrund eines Beschlusses des Europäischen Rates trat das »**E**uropäische **W**ährungs**s**ystem« (EWS) am 13. März 1979 in Kraft. Es soll ein höheres Maß an Währungsstabilität in der EU herbeiführen, wovon nicht zuletzt der gemeinsame Markt profitieren soll. Die Einbindung aller EU-Währungen in das EWS, dem alle 25 EU-Mitgliedstaaten angehören, wird angestrebt (siehe EWWU).

ECU – Wofür stand diese Bezeichnung?
ECU war die im Rahmen des **E**uropäischen **W**ährungs**s**ystems (EWS) geschaffene Währungseinheit; sie stellte überwiegend nur eine buchmäßige Verrechnungseinheit dar. Ihr Wert errechnete sich aus nach einem bestimmten Schlüssel festgelegten Beträgen der Währungen der EU-Mitgliedstaaten (sog. Währungskorb).
Die ECU war bis 1. 1. 1999 die Verrechnungsbasis für den Zahlungs- und Warenverkehr zwischen den EU-Mitgliedstaaten.
Änderte sich auf den Devisenmärkten der Wert der Währung eines EU-Mitgliedstaates, so änderte sich zwangsläufig auch der Wert der ECU. So entsprach z. B. eine ECU 1979 einem Wert von 2,814 DM, 1998 schwankte er um 1,97 DM. Mit Beginn der Europäischen Währungsunion wurde der Euro die für alle EU-Mitglieder gleiche Währung.

EWWU – Was ist das?

Die **E**uropäische **W**irtschafts- und **W**ährungs**u**nion ist das Ziel der EU-Politik, da sie den entscheidenden Schritt zum inneren wirtschaftlichen und politischen Zusammenwachsen, also zur Intergration Europas darstellt. Die Wirtschaftsunion gestaltet sich durch den einheitlichen europäischen Binnenmarkt, die Währungsunion wurde durch die Einführung der gemeinsamen Währung Euro verwirklicht.
Zunächst führten 12 Mitgliedstaaten den Euro ein: Belgien, Deutschland, Griechenland, Finnland, Frankreich, Irland, Italien, Luxemburg, die Niederlande, Österreich, Portugal und Spanien.
Das Ziel der EWWU als Vollendung eines einheitlichen europ. Wirtschaftsraumes wurde zum 1. 7. 2002 mit dem EURO als alleinigem Zahlungsmittel in fast allen EU-Staaten erfüllt (s. unten).

Euro – Was bedeutet er?

Der Euro (abgekürzt durch das Zeichen €) ist die gemeinsame europäische Währung und wurde zum 1.1.1999 in der EU eingeführt, seit dem 1.7.2002 ist er das allein gültige Zahlungsmittel in 12 Mitgliedstaaten der damaligen EU-15 (außer in Dänemark, Großbritannien, Schweden). Als 13. Land soll 2007 Slowenien dazukommen, nachdem es 2006 alle Kriterien erfüllte. Litauen wird voraussichtlich als nächstes Land folgen, Polen, Ungarn und die Tschechische Republik folgen vermutlich ab 2010.
Über eine dauerhafte Stabilität des Euro wacht die Europäische Zentralbank (EZB) in Frankfurt/Main, die nach dem Muster der bisherigen deutschen Bundesbank von politischen Weisungen unabhängig und zuallererst der Preisstabilität verpflichtet ist.
Der Umrechnungskurs wurde am 30. 12. 1998 mit 1,95583 DM für 1 € fixiert. Entsprechend wurden die Kurse der anderen teilnehmenden Länder festgeschrieben.
Die Landwirtschaft verspricht sich von der Einführung des Euro positive Auswirkungen aufgrund verbesserter Wettbewerbschancen am Binnenmarkt. Neben der Beseitigung von Wechselkurs-Risiken und Umtauschgebühren bringt der Euro der Landwirtschaft mehr Transparenz beim Bezug von Vorleistungen und beim eigenen Verkauf ihrer Produkte aufgrund der leichter vergleichbaren Preise.

Landwirtschaftlicher Umrechnungskurs: Wozu diente er?

Mit dem landwirtschaftlichen Umrechnungskurs (auch »grüner Kurs«, »grüne Währung« genannt) wurden die ECU-Beträge des Agrarbereichs in die nationalen Währungen umgerechnet. Der grüne Kurs war im Gegensatz zum tatsächlichen Kurs, der täglichen Schwankungen unterworfen sein konnte, ein fester Kurs, der nur bei Auf- und Abwertungen angepasst wurde, jedoch ohne Automatik, das heißt, nur auf Beschluss des Ministerrats. Hierdurch wurde verhindert, dass die Preise für Agrarerzeugnisse in den Mitgliedstaaten ständigen Schwankungen unterlagen.

Grüne Währung: Was geschah damit?

Zum 1. 1. 1999 löste der Euro (€) die ECU ab, wodurch die »grüne Währung« beendet wurde, da es aufgrund der fixierten Wechselkurse keine Währungsschwankungen mehr gibt. Auch in den EU-Mitgliedstaaten, die dem Euro zunächst nicht beitraten, endete die »grüne Währung«; die Umrechnung erfolgt dort mit möglichst zeitnahen Marktkursen zwischen nationaler Währung und Euro.

Grenzausgleich (Währungsausgleich): Wozu diente er und was kam danach?
Der Grenzausgleich diente der EG zur Verwirklichung des Binnenmarktes bis 1993 als Regulierungsmittel für ihren Innenhandel, um Wettbewerbsverzerrungen durch Auf-/Abwerten einzelner nationaler EG-Währungen zu verhindern. Diese System wurde vom Agrimonetären System abgelöst.

Agrimonetäres System: Was versteht man darunter?
Das Agrimonetäre System wurde 1995 eingeführt, um währungsbedingte Schwankungen der ECU auszugleichen, wobei die Währungen der EU-Mitgliedstaaten als floatende (englisch für umlaufende) Währungen behandelt wurden. Der Umrechnungskurs wurde erst beim Überschreiten eines festen Spielraumes geändert, wodurch z. B. Ausgleichszahlungen nach der EU-Agrarreform und Strukturhilfen von laufenden währungsbedingten Anpassungen verschont blieben. Mit Einführung des Euro entfiel auch dieses System.

EAGFL-Fonds (Europäischer Ausrichtungs- und Garantiefonds für die Landwirtschaft) – Wozu dient er?
Er ist ein Teil des gesamten EU-Haushalts und dient der Finanzierung der gemeinsamen Agrarpolitik. Er besteht aus zwei Abteilungen: Die Mittel der Abteilung »Ausrichtung« werden zur Mitfinanzierung von Maßnahmen zur Verbesserung der Agrar- und Marktstruktur eingesetzt, die Mittel der Abteilung »Garantie« zur Regelung der Märkte nach den Bestimmungen der EU-Marktordnungen. Das Ausgabevolumen der Abteilung »Garantie« wird dem Bedarf angepasst, die »Ausrichtung« ist durch Ministerratsbeschluss nach oben begrenzt. Die Aufwendungen dafür hatten sich von 1982 (29,3 Mrd. DM) bis 1999 (79,1 Mrd. DM) fast um das 2,7fache erhöht.

Agrarstrukturpolitik: Was bewirkte die Agenda 2000?
Mit der Agenda 2000 wurde die Agrarstrukturpolitik zu einer allgemeinen Politik der Entwicklung des ländlichen Raumes erweitert, wobei aus dem EAGFL, Abteilung Garantie, unter anderem folgende Maßnahmen finanziert werden: Investitionsförderung, Junglandwirte-Förderung, Vorruhestand, Fortbildungs-Förderung, Ausgleichszahlungen für benachteiligte Gebiete, Agrar-Umwelt-Maßnahmen, spezielle Maßnahmen der ländlichen Entwicklung, Flurbereinigung sowie verschiedene forstwirtschaftliche Maße wie z. B. Aufforstung. Aus der EAGFL-Abteilung Ausrichtung werden Maßnahmen zur Förderung der Ziel-1-Regionen und die Gemeinschaftsinitiative LEADER Plus finanziert.

Ziel-1-Regionen: Was versteht man darunter?
Regionen mit Entwicklungsrückstand wie z. B. mit einem Pro-Kopf-Einkommen von

weniger als 75 % des Gemeinschaftsdurchschnitts, oder Regionen in der äußersten Randlage der EU, die insgesamt unter dem Schwellenwert von 75 % liegen.

EAGFL: Wie sieht die zukünftige Entwicklung aus?
Zwischen 2007 und 2013 sollen knapp 38 Mrd. € in den geplanten Fonds für landwirtschaftliche Entwicklung übertragen werden. Knapp die Hälfte des Betrages soll in die neuen EU-Mitgliedstaaten fließen. Von diesem Fonds für die landwirtschaftliche Entwicklung verspricht sich die EU-Kommission eine Steigerung der Wettbewerbsfähigkeit des Agrarsektors, eine Verbesserung des Umweltschutzes und eine stärkere Diversifizierung (Umstellung auf unterschiedliche Produktionsbereiche) im ländlichen Raum.

Garantieschwelle: Was versteht man darunter?
Die Garantieschwelle dient im Rahmen der EU-Marktregelung dazu, die EU-Marktkosten zu begrenzen. Wird bei einem bestimmten Erzeugnis eine vorher festgesetzte Menge – die Garantieschwelle – überschritten, so können bestimmte Maßnahmen ergriffen werden, z. B. geringere Richt- oder Interventionspreisanhebung bzw. Richtpreissenkung, Begrenzung von Beihilfen auf eine bestimmte Menge, Beteiligung der Erzeuger an den Kosten der Vermarktung (Mitverantwortungsabgabe) und Festlegung von Quoten bis zum einzelnen Betrieb (wie 1984 bei der Milch geschehen).

Milchmarkt – Garantiemengen-Regelung: Wie funktioniert sie?
Um die Überschusserzeugung bei der Milch zu bekämpfen, wurde in der EG 1984 die Milch-Garantiemengen-Regelung eingeführt. Die Landwirtschaft der Bundesrepublik Deutschland musste ihre Milchanlieferung an die Molkereien im Jahr 1984/85 um 6,7 % und im Jahr 1985/86 um 7,7 % und danach noch weiter verringern. Bei der Umlegung dieser Lieferungskürzungen auf die einzelnen Betriebe wurde das Jahr 1983 als Referenzjahr gewählt.
Im Rahmen der Agenda 2000 wurden 1999 neue Regelungen beschlossen. Seit dem 1. 4. 2000 wird der Handel mit Milchquoten mittels regionaler Börsen neu geregelt, die Milchquoten-Regelung wurde bis 2008 verlängert. Ziel der neuen »Zusatzabgaben-VO« (VO zur Durchführung der Zusatzabgaben-Regelung) ist es, die mit dem Quotenerwerb verbundene Belastung der aktiven Milcherzeuger zu senken und die Quoten wieder verstärkt in ihre Hand zu bringen. Die bisher getrennten Systeme der Milchquoten-Regelung werden zusammengeführt, seit dem 1. 4. 2000 erhalten die Erzeuger in den neuen Bundesländern auch endgültig zugeteilte Referenzmengen.
Mit der Neuregelung wird die Flächenbindung aufgehoben, Anlieferungs-Referenzmengen können nur noch flächenlos über sog. Verkaufsstellen (börsenähnliche Einrichtungen) an 3 Terminen im Jahr von aktiven Milcherzeugern gekauft werden (1. 4., 1. 7., 30. 10.). Der Verkauf bleibt regional begrenzt.

Milchmarkt: Beschloss die Agrarpolitik 2003 Änderungen?
Bei der Reform der Agrarpolitik 2003 (siehe Seite 30) wurden folgende neue Maßnahmen zur Sicherung des Milchmarktes beschlossen: Die Milchquoten-Regelung wird bis 2013/2014 verlängert;
asymmetrische Kürzung der Interventionspreise für Butter (–25 %), für Magermilch (–15 %);
Einführung der Milchprämie (siehe Seite 31; Ausgleichszahlung/kg Milch: 1,18 ct/kg in 2004; 2,37 ct/kg in 2006; 3,55 ct/kg ab 2007);
Begrenzung der Butter-Intervention;
Die in der Agenda 2000 beschlossene Milchquotenerhöhung um 3 x 0,5 % wird um jeweils 1 Jahr verschoben (Beginn im April 2004). Griechenland und Portugal erhalten zusätzliche Referenzmengen.

Nationale Milchprämien-Verordnung: Was besagt sie?
Die seit 1. 3. 2004 gültige Verordnung sieht zusätzlich zur Milchprämie (siehe oben) eine Ergänzungszahlung zur Milchprämie je kg prämienberechtigter Referenzmenge vor (in 2004: Erhöhung von 0,366 ct/kg auf 0,367 ct/kg).

Referenzmenge: Was versteht man darunter?
Die Referenzmenge ist das einem Betrieb im Rahmen der Milch-Garantiemengen-Regelung zugeteilte Milchlieferungsrecht.

Fettquote: Was ist das?
Rechtlich gibt es nur die Milchquote. Durch die Einführung eines Basisfettgehaltes veränderte sich jedoch die Milchquote nach oben oder unten, je nach dem Fettgehalt der gelieferten Milch. Genau genommen gibt es daher nur eine durch die Milchreferenzmenge und den Basisfettgehalt bestimmte Fettquote.

Quoten-Leasing/Quotenhandel: Was bedeutete das?
Seit Juli 1990 bestand die Möglichkeit, die Referenzmenge zeitweise gegen Entgelt innerhalb eines Molkereieinzugsgebietes einem anderen Milcherzeuger zu überlassen. Die Überlassung musste nach einem amtlichen Vertragsmuster erfolgen.

Quoten-Leasing, Quotenhandel: Wie ist die Entwicklung?
Ein Verleasen und Verpachten der Quoten ist seit 1. 4. 2000 nicht mehr zulässig, bestehende Pachtverträge bleiben davon unberührt. Eine Quotenübertragung ist künftig mit wenigen Ausnahmen nur noch über das Börsenverfahren möglich.

Milchquoten-Börsenverfahren: Wie läuft es ab?
Das Börsenverfahren läuft in Stufen ab. Die 1. Stufe ist die Abgabe der Kauf- und Verkaufsgebote. Als 2. folgt die Ermittlung des Gleichgewichtspreises. Dazu werden die Angebote (ausgehend vom niedrigsten Gebot) und die Nachfragen (ausgehend vom höchsten Gebot) innerhalb von 7 Tagen von den Verkaufsstellen nach den Übertragungs-

terminen aufsummiert. Gleichgewichtspreis ist der Preis, zu dem sich Angebots- und Nachfragesummen decken bzw. die geringsten Abweichungen zeigen. Kaufen können nur Anbieter, wenn ihre Preisforderung unter oder gleich dem Gleichgewichtspreis liegt. Überhänge werden durch lineare Kürzungen ausgeglichen, wobei aber bei Nachfrage-Überhängen zum Gleichgewichtspreis die in den Landesreserven befindlichen Referenzmengen zum Auffüllen dieser Nachfrage-Überhänge verwendet werden müssen.

Basisabzug: Was versteht man bei der Milchbörse darunter?
Um die Quotenkosten zu dämpfen, wurde ein sog. Basisabzug eingeführt, d. h. bei jedem Verkauf werden 5 % der Referenzmenge des zum Zuge kommenden Anbieters zu Gunsten der Landesreserve eingezogen.

Börsenzwang: Welche Ausnahmen gibt es?
Ausnahmen vom Börsenzwang gibt es nur in wenigen Fällen: Betriebsübergabe zwischen Ehegatten/Verwandten in gerader Linie; im Wege der Erbfolge; Übergabe von ganzen Betrieben, die als selbstständige (Milch-)Produktionseinheiten fortgeführt werden; bei Abwicklung von am 31. 3. 2000 bestehenden Gesellschaften.

Imitate: Was versteht man darunter?
Imitate sind künstlich erzeugte Milchprodukte, überwiegend aus pflanzlichen Rohstoffen, teilweise unter Verwendung auch von Milchprodukten. Es werden durch sie Milchprodukte nachgebildet, »imitiert«. Die EU-Kommission hat die Aufhebung des im deutschen Milchgesetz (§ 36) enthaltenen Verbotes solcher Imitate 1993 über den Europäischen Gerichtshof als »Handelshemmnis« durchgesetzt.

Blair-House-Kompromiss – Was ist das?
Man versteht darunter die im Rahmen der GATT-Verhandlungen von der EU eingegangene Verpflichtung, die mit Erstattungen subventionierten Exportmengen um 21 % und die Exporterstattungsausgaben um 36 % auf der Basis des Durchschnitts der Jahre 1990–1991 zu kürzen.

Green-Box – Was bedeutet dieser Begriff?
Ein Sammelbegriff für alle die Agrarbeihilfen, die nach Meinung der EU trotz Inkrafttreten des neuen WTO-Abkommens nicht abgebaut werden müssen (siehe Seite 52).

Rebalancing – Was versteht man darunter?
Die Forderung der EU nach Beschränkung der Futtermittel-(Substitut)-Einfuhren zugunsten des einheimischen Getreides. Die Importe sollen auf dem Stand von 1986–1988 eingefroren werden.

Cairns-Gruppe – Wer ist das?
1986 schlossen sich in der australischen Stadt Cairns in der sog. Cairns-Gruppe 14 Agrarexportländer zusammen, die in den GATT- bzw. WTO-Verhandlungen ge-

meinsam mit den USA die Agrarexportstützungen und Einfuhrbeschränkungen der EU bekämpfen. Die Cairns-Gruppe besteht mittlerweile aus 18 Staaten.

Substitute – Was versteht man darunter?

Ersatzmittel, z. B. Getreide ersetzende Futtermittel. Über ihre Einfuhr muss künftig ab einer bestimmten Höhe verhandelt werden. Sie nimmt ständig zu und verdrängt das einheimische Getreide aus den Futtermischungen.

AKP-Länder – Was versteht man darunter?

66 Entwicklungsländer aus dem **a**frikanischen, **k**aribischen und **p**azifischen Raum, denen die EU für die meisten ihrer vornehmlich landwirtschaftlichen Erzeugnisse einen bevorzugten Zugang zum EU-Markt einräumt, aber auf Gegenseitigkeit verzichtet. Außerdem erhalten diese Länder erhebliche Finanzhilfe und profitieren von einem System der Erlösstabilisierung für ihre wichtigsten landwirtschaftlichen und gewerblichen Erzeugnisse.

EFTA – Was heißt dies?

European **F**ree **T**rade **A**ssociation = Europäische Freihandelszone. Im Jahr 2000 bestand die EFTA nur noch aus den 4 Mitgliedstaaten Island, Liechtenstein, Norwegen und der Schweiz.

Welche Zielsetzung hat sie?

Abbau von Zöllen und Kontingenten zwischen den Mitgliedstaaten; im Gegensatz zur EU haben die EFTA-Staaten keinen gemeinsamen Außenzoll und keinen gemeinsamen Agrarmarkt errichtet.
Seit 1. Januar 1977 besteht zwischen der EU und der EFTA ein Freihandelsabkommen. Die Zölle für nicht-landwirtschaftliche Produkte sind beseitigt.
Mit Ausnahme der Schweiz arbeiten die verbleibenden Mitgliedstaaten im Rahmen des EWR eng mit der EU zusammen.

EWR – Was ist das?

Man versteht darunter den Anschluss der EFTA-Länder (ohne Schweiz) an die EU, zu einem »**E**uropäischen **W**irtschafts**r**aum«. Das Abkommen ist 1994 in Kraft getreten.

CEA – Was heißt das?

Confederation **E**uropeenne de l'**A**griculture = Verband der europäischen Landwirtschaft = Zusammenschluss der Bauernverbände und aller sonstigen landwirtschaftlichen Zusammenschlüsse (einschließlich Genossenschaften) in Westeuropa.

COPA – Wofür steht das?

Comité des **O**rganisations **P**rofessionelles **A**gricoles = Vereinigung der Bauernverbände innerhalb der EU. In jedem der EU-Mitgliedstaaten ist jeweils ein Bauernverband Mitglied der COPA. Ziel der COPA ist die Interessenvertretung der landwirtschaftlichen

Verbände bzw. der Landwirtschaft allgemein gegenüber den EU-Institutionen (z. B. der Kommission).

NAFTA/FTAA – Was ist das?

North **A**tlantic **F**ree **T**rade **A**ssociation, die 1992 zwischen den USA, Kanada und Mexico geschlossene und am 1. 1. 1994 in Kraft getretene nordamerikanische Freihandelszone. Sie ist nach dem EWR der weltweit zweitgrößte Binnenmarkt.
2001 beschlossen 34 Staaten des amerikanischen Nord- und Südkontinents, statt der NAFTA die FTAA (**F**ree **T**rade **A**rea of the **A**mericas) als größte Freihandelszone der Welt zu bilden, die Verhandlungen kamen Ende 2005 jedoch ins Stocken.

FAO – Was heißt das?

Food and **A**gricultural **O**rganization of the United Nations = Ernährungs- und Landwirtschaftsorganisation der Vereinten Nationen (UN) mit Sitz in Rom. Ihre Aufgabe ist die weltweite Förderung der landwirtschaftlichen Erzeugung und die Verbesserung der Ernährungsgrundlagen.
Die FAO unterstützt auch den ökologischen Landbau (z. B. bei Fragen der Markterschließung von Bioprodukten), unterhält ein Informationssystem für Nutztierrassen (DADIS) und setzt sich für den Erhalt von gefährdeten Rassen ein. Über die FAO wird das Welternährungsprogramm der UN abgewickelt.

OECD – Was heißt das?

Organization for **E**conomic **C**ooperation and **D**evelopement = Organisation für wirtschaftliche Zusammenarbeit und Entwicklung. Die OECD befasst sich vorrangig mit Problemen des langfristigen Wirtschaftswachstums ihrer Mitgliedstaaten sowie der Wirtschaftsentwicklung in den Entwicklungsländern.

OECD: Welche Staaten sind Mitglieder?

Australien, Belgien, Dänemark, Deutschland, Finnland, Frankreich, Griechenland, Großbritannien, Irland, Italien, Japan, Kanada, Korea, Luxemburg, Mexiko, Neuseeland, die Niederlande, Norwegen, Österreich, Polen, Portugal, Schweden, die Schweiz, die Slowakei, Spanien, die Tschechische Republik, Türkei, Ungarn, die USA. Mit Russland wurde 1997 ein Verbindungs-Komitee eingerichtet.

OECD: Wie kann ein Land Mitglied werden?

Während einer Periode der gegenseitigen Annäherung in den Verhandlungen verständigen sich die Kandidatenländer darüber, dass sie die Werte der OECD teilen: offene Marktwirtschaft, pluralistische Demokratie, Achtung der Menschenrechte. Zudem müssen sie mit dem einzigartigen Kontroll-Prozess einverstanden sein und an ihm teilnehmen. Dieser »Peer-Review« genannte Prozess beruht auf den Prinzipien der Transparenz, der gegenseitigen Aufklärung sowie – wo nötig – der selbstkritischen Betrachtung der untersuchten Länder.

RGW – Was verstand man darunter?

Der **R**at für **g**egenseitige **W**irtschaftshilfe (auch Comecon genannt) war bis 1991 der wirtschaftliche Zusammenschluss der Ostblockländer. Er diente u. a. als Planungs- und Koordinationsorgan.

Markt – Welche Aufgaben haben das Marktstruktur-Gesetz und das Absatzfonds-Gesetz?

Ziel ist, durch das Schaffen von Erzeugergemeinschaften, eines landwirtschaftlichen Absatzfonds und der CMA (**C**entrale **M**arketing-Gesellschaft der deutschen **A**grarwirtschaft) die Marktposition der landwirtschaftlichen Erzeugung zu festigen, die Qualitätserzeugung zu verbessern und den Auslandsabsatz zu steigern (Agrarexport).

CMA: Welche Aufgaben hat sie?

Die Centrale Marketing-Gesellschaft der deutschen Agrarwirtschaft fördert durch geeignete Maßnahmen (z. B. Werbung, Ausstellung, Marktforschung) mit Mitteln des landwirtschaftlichen Absatzfonds den Absatz landwirtschaftlicher Erzeugnisse auf den Märkten des In- und Auslandes. Die CMA vergibt Prüfsiegel für insgesamt über 20 Produkte.

Handelsklassen-Gesetz: Was beinhaltet es?

Das Handelsklassen-Gesetz verlangt die Klassifizierung und Kenntlichmachung landwirtschaftlicher Erzeugnisse. Es fördert so die Qualitätserzeugung, verbessert die Markttransparenz für Erzeuger und Verbraucher und erleichtert damit den Absatz landwirtschaftlicher Erzeugnisse.

Handelsklassen der Schlachtkörper: Wozu dienen sie?

Die Handelsklassen werden mit den Buchstaben E-U-R-O-P bezeichnet. In diese Klassen sind die Schlachtkörper einzuordnen. Als Kriterium dient beim Schwein der Muskelfleischanteil und beim Rind hauptsächlich die Ausprägung der wertbestimmenden Körperteile wie Keule, Rücken und Schulter. Es handelt sich dabei um äußere Qualitätsmerkmale.

Klassifizierung: Was ist das?

Das ist die Einreihung der Schlachttiere oder Schlachtkörper in die gesetzlichen Handelsklassen.

Klassifizierungsgeräte: Wozu dienen sie?

Mit Hilfe von elektronischen Klassifizierungsgeräten werden die Rinder- und Schweineschlachtkörper entsprechend den Handelsklassen-Verordnungen »klassifiziert«, d. h. in eine Handelsklasse eingeordnet. Die Klassifizierung wird von Fleischprüfringen und Spezialfirmen vorgenommen.

Zentrale Markt- und Preisberichtstelle (ZMP): Welche Aufgaben hat sie?
Die ZMP führt für die landwirtschaftlichen Erzeugnisse die Marktbeobachtung und -berichterstattung durch. Sie versorgt über Presse und Rundfunk alle am Markt Beteiligten, vor allem Erzeuger und Verbraucher, mit den neuesten Marktdaten.

Was bedeutet Ausschlachtung?
Sie gibt das Schlachtgewicht in Prozent des Lebendgewichtes an. Sie schwankt bei Rindern zwischen 54 und 57 % (Kälber bis 60 %), bei Schweinen zwischen 78,5 und 81 %.

Was ist das fünfte Viertel?
Es umfasst die Teile des Schlachtkörpers, die nach dem Vieh- und Fleischgesetz vor dem Wiegen des Schlachtkörpers entfernt werden dürfen. Das sind Haut, Horn, Federn, Knochen, Innereien.

Wann erfolgt das Wiegen des Schlachtkörpers?
Nach dem Vieh- und Fleischgesetz muss die Wiegung unmittelbar nach dem Schlachten im Anschluss an die Fleischbeschau vor dem Kühlen erfolgen.

QS-System: Wofür steht das?
Bei QS (diese Abkürzung steht für »Qualität und Sicherheit«) handelt es sich um ein 2001 deutschlandweit ins Leben gerufenes Programm, das das Ziel eines erhöhten Verbraucherschutzes im Fleischbereich hat.

QS: Wie funktioniert es?
Das QS-Programm hat die Einführung eines transparenten, Stufen übergreifenden Qualitätssicherungs-Systems mit einheitlichen Dokumentations- und Kontrollvorgaben für alle Stufen der Wertschöpfungskette (von der Futtermittel-Industrie, der Landwirtschaft bis zum Lebensmittel-Einzelhandel) geschaffen.

QS: Bei welchen Produkten wird es angewendet?
Zunächst umfasste QS Rind-, Kalb- und Schweinefleisch, seit 2003 auch die Geflügelfleischerzeugung. Im Januar 2004 begann die QS-Ausdehnung auf Obst, Gemüse sowie Kartoffeln, weitere Branchen sollen folgen. Dabei soll das Qualitäts-Sicherungssystem im Bereich Milch (QM Milch, siehe Seite 45) nicht in QS einbezogen, aber die gegenseitige Anerkennung von Prüfungen und Kontrollen harmonisiert werden.

QS: Wer ist an diesem System beteiligt?
Der Deutsche Raiffeisenverband für die Futtermittel-Industrie, der Deutsche Bauernverband für die Landwirtschaft, der Verband der Fleischwirtschaft für die Schlacht- und Zerlegebetriebe, der Bundesverband der Deutschen Fleischwaren-Industrie für die Stufe der Fleischverarbeitung und die Handelsvereinigung für Marktwirtschaft für

die Organisationen des Handels. Gemeinsam mit der CMA haben diese Organisationen die Qualität und Sicherheit GmbH (QS-GmbH) gegründet mit der Aufgabe, ein Qualitätssicherungskonzept zwischen allen Beteiligten abzustimmen und Prüfzeichen für Lebensmittel zu vergeben, die in allen Anforderungen nachweislich den vorgegebenen Standards entsprechen.

QS: Welche Betriebe können teilnehmen?
Alle Betriebe, die entsprechende Anforderungen erfüllen und – was entscheidend ist – diese nachvollziehbar dokumentieren. Ein Betrieb, der den Qualitätsstandards entspricht, kann als Programmteilnehmer Systemverträge mit der QS-GmbH abschließen.

Geprüfte Qualität: Was ist das?
Ein bayerisches Qualitätssiegel mit einem Kontrollsystem, das parallel zum QS-System aufgebaut ist. Bayern setzt bei der Vermarktung seiner Produkte besonders auf die Herkunft, aber gleichermaßen auch auf geprüfte Qualität. Das Siegel war ursprünglich nur für Rindfleisch gedacht, soll aber auf andere Fleischarten und pflanzliche Produkte erweitert werden. Geprüfte Qualität – Bayern wurde aus dem Programm »Offene Stalltür« bzw. »Qualität aus Bayern – Garantierte Herkunft« (QHB) entwickelt.

QM-Milch: Was versteht man darunter?
Ein dem QS-System (siehe Seite 44) ähnlich durchgängiges Qualitäts-Sicherungssystem für Milcherzeugung, dessen Einführung noch erprobt wird. QM-Milch ist ein Eigenkontrollsystem, mit dem die »gute Herstellungspraxis« bei der Milcherzeugung dokumentiert werden kann.

Rückverfolgbarkeit: Was heißt das?
Die Rückverfolgbarkeit landwirtschaftlicher Produkte bedeutet für Landwirte lückenlose Auskunft darüber, von welchen Lieferanten sie Nutztiere und Futtermittel gekauft und an welche Abnehmer sie Milch, Vieh und pflanzliche Lebensmittel verkauft haben. Eine EU-Verordnung zur Rückverfolgbarkeit trat am 1. 1. 2005 in Kraft. Der Einzelhandel verlangt die »gute fachliche Praxis«, eine genaue Waren-Buchführung wird damit unerlässlich.

Rückverfolgbarkeit: Was kann der Landwirt tun und warum?
Er sollte künftig umfassende Nachweise über die Art und Weise seiner Produktion erstellen, also schlagbezogene Aufzeichnungen über seine Anbaumaßnahmen sowie Dokumentation aller Lieferscheine und Rechnungen – am besten in Form eines Wareneingangs- und -ausgangsbuches.
So erfüllt er die gesetzlichen Pflichten, schützt sich vor ungerechtfertigten Schadenersatzforderungen und verbessert seine Vermarktungsmöglichkeiten. Eine umfassende Dokumentation ist auch zur Absicherung künftiger EU-Beihilfe-Zahlungen

empfehlungswert. Sinnvoll ist auch die Teilnahme an freiwilligen Qualitätssicherungs-Systemen.

Bundesanstalt für landwirtschaftliche Marktordnung (BALM): Welche Aufgaben hat sie?
Die BALM ist für die Durchführung von Interventionskäufen bei Überangebot auf den Märkten (z. B. Weideabtrieb), Einlagern von landwirtschaftlichen Erzeugnissen bzw. Vermitteln in private Lagerhaltung, Auslagern aus nationalen Vorratsbeständen bei Aufnahmefähigkeit der Märkte zuständig.
Zum 1. 1. 1995 wurden die BALM und das Bundesamt für Ernährung und Forstwirtschaft (BEF) zu einer **B**undesanstalt für **L**andwirtschaft und **E**rnährung (BLE) zusammengelegt. Die BLE ist u. a. Genehmigungsstelle im Außenwirtschaftsverkehr mit Erzeugnissen der Ernährungs- und Landwirtschaft sowie Marktordnungsstelle für gemeinsame Marktorganisationen.

Bundesforschungsanstalt für Ernährung und Lebensmittel (BFEL): Was ist ihre Aufgabe?
Die BFEL wurde zum 1. 1. 2004 aus der Zusammenführung verschiedener Bundesanstalten (BA) gegründet, unter anderem aus der BA für Fleischforschung in Kulmbach, der BA für Milchforschung in Kiel, der BA für Ernährung in Karlsruhe.
Ihre Forschungsaufgaben liegen schwerpunktmäßig in den Bereichen der Ernährung, Ernährungsinformation, des gesundheitlichen Verbraucherschutzes, der Sicherung und Verbesserung der Produktqualität über die gesamte Prozesskette. Die BFAL wird das Verbraucherministerium und andere Bundesbehörden wissenschaftlich beraten und Entscheidungshilfen für die Politik erarbeiten.

Reports: Was versteht man darunter?
Reports sind Zuschläge zum Interventionspreis, die zur Abgeltung von Lager- und Finanzierungskosten bei Weizen-, Roggen- und Gerstelieferungen im Laufe des Getreidewirtschaftsjahres vom September bis Mai ansteigend gewährt werden.

Erzeugergemeinschaften: Was versteht man darunter?
Dies sind Zusammenschlüsse von Landwirten nach dem Marktstruktur-Gesetz zur Erzeugung von Qualitätsprodukten und zur Verbesserung ihrer Marktstellung. Anerkannte Erzeugergemeinschaften erhalten Start- und Investitionsbeihilfen.

Erzeugergemeinschaften: Welche Voraussetzungen müssen sie nach dem Marktstruktur-Gesetz erfüllen?
Sie müssen eine bestimmte Mindesterzeugung erreichen:
Bei *Schlachtvieh*: 2000 Mastrinder, oder 2000 Mastkälber, oder 20 000 Mastschweine, oder 20 000 Ferkel, oder 5000 Schafe.
Bei *Qualitätsgetreide*: 400 t Weizen für Backzwecke, oder 300 t Roggen zur Brotherstellung, oder 300 t Braugerste.

Bei *Kartoffeln*: 2000 t Speisekartoffeln, oder 5000 t Speisefrühkartoffeln, oder 3000 t Kartoffeln zur Herstellung von Stärke, oder 5000 t bei Produktion von Speise- und Frühkartoffeln in einer Gemeinschaft, oder 2000 t Kartoffeln für die Herstellung von Veredelungsprodukten für die menschliche Ernährung.
Bei *Wein*: 100 ha bestockte Rebfläche.

Direktvermarktung: Was bringt sie?
Der Ab-Hof-Verkauf ist bei günstiger Lage des Betriebes zu größeren Ballungszentren eine lohnende, aber auch Arbeitskraft beanspruchende Vermarktungsform. Beim Verkauf von Fleisch, Milch und Eiern gelten strenge Gesundheits- und Hygieneanforderungen. Es erfordert Zeit und Mühe, sich einen Abnehmerkreis aufzubauen.

Erzeugerringe: Was versteht man darunter?
Zusammenschlüsse von Landwirten, die nach gemeinsamen Erzeugungsregeln (z. B. einheitliches Zuchtmaterial, Abstimmung in Düngung, Pflanzenschutz, Fütterung) eine wirtschaftliche Qualitätsproduktion anstreben.

»Horizontale Integration«: Was versteht man darunter?
Zusammenschluss von Landwirten in Erzeugerringen oder Erzeugergemeinschaften.

»Vertikale Integration«: Was versteht man darunter?
Den Abschluss von Abnahme- und Lieferverträgen zwischen einzelnen Landwirten oder Gruppen von Landwirten (Erzeugergemeinschaften) mit genossenschaftlichen oder privaten Unternehmen (Vertragslandwirtschaft).

EWIV: Was ist das?
Diese Abkürzung steht für **E**uropäische **W**irtschaftliche **I**nteressen**v**ereinigung. Innerhalb der EU können sich seit dem 1. 7. 1989 Unternehmen dieser Rechtsform bedienen, die rechtlich bei uns wie eine offene Handelsgesellschaft (OHG) behandelt werden. Die EWIV darf jedoch selbst keine eigene wirtschaftliche Tätigkeit oder Geschäftstätigkeit der Beteiligten entwickeln, sondern dient nur als Hilfsinstrument dem Zweck, die wirtschaftliche Tätigkeit der Mitglieder zu unterstützen. Daher darf sie auch keine Gewinne für sich selbst erzielen, als Konzernleitung fungieren oder sich an anderen EWIV's beteiligen.
Beispiele für EWIV-Einsatzgebiete: Projektabwicklung, Gemeinschaftseinrichtungen für Forschung, Einkauf, Vertrieb.

Convenience: Was ist das?
Convenience (englisch: Bequemlichkeit) wird immer mehr zu einem Schlüsselbegriff der Ernährungsindustrie. Convenience-Produkte sind küchenfertig vorbereitete Produkte (z. B. Fleisch, Fisch, Teigwaren, Wurstwaren) als Tiefkühl- und/oder Fertiggerichte. Sie ermöglichen es auch unerfahrenen Personen, ohne großen Aufwand Speisen zuzubereiten und fertige Gerichte auf den Tisch zu bringen.

Dies ist ein weiterer Trend der heutigen Menschen weg vom Umgang mit Nahrungsmittel-Rohstoffen und dem Wissen ihrer Zubereitung hin zur Knopfdruck-Ernährung. Für die Landwirtschaft verschärft sich dadurch der Trend, nur noch als Rohstofflieferant für die Industrie zu fungieren, was sich auch in sinkenden Verdiensten der deutschen Landwirtschaft widerspiegelt.

Convenience-Produkte: Können sie auch von Vorteil sein?
Gerade auch der Landwirtschaft bieten sie eine große Chance, speziell für die Direktvermarktung, z. B. in Form verzehrsfertiger Backwaren für die Tiefkühltruhe, Party-Service für Betriebe, Behörden, Convenience-Produkte für Hofläden oder Bauernmärkte.

Functional Food: Was ist das?
Lebensmittel mit Funktion, was heißen soll: mit einem günstigen Zusatznutzen für die Gesundheit. Solche Lebensmittel (deren Rohstoff z. B. Milch ist) sind mit Substanzen angereichert, die den Wert als Nahrungsmittel für Gesundheit oder Schönheit erhöhen sollen.

Novel-Food-Verordnung – Was versteht man darunter und was enthält die VO?

Novel Food steht für neuartige Lebensmittel und Lebensmittelzutaten, wobei sich der Begriff »neuartig« aus zwei Kriterien ergibt:
1. Das Produkt wurde innerhalb der EU bisher nicht für den menschlichen Konsum verwendet.
2. Bei der Herstellung des Produktes wurden bestimmte Verfahren, z. B. chemische oder technische, angewendet, wobei der wesentliche Bereich gentechnische Verfahren sind.
Die VO trat am 15. 5. 1997 in Kraft und gilt ohne nationale Umsetzung direkt in allen EU-Mitgliedstaaten. Darin werden zwei Typen von Novel Food unterschieden, für deren Zulassung unterschiedliche Verfahren gelten.
Wichtiger Bestandteil der VO ist die Kennzeichnung der Novel Food, die zusätzlich zur Lebensmittel-Kennzeichnungs-VO den besonderen Deklarationsvorschriften der VO unterliegen. Diese besondere Kennzeichnung betrifft Waren, die konventionellen Lebensmitteln und -zutaten nicht mehr gleichwertig sind.

Selbstversorgung – Wie weit deckt die Eigenerzeugung in Deutschland den notwendigen Bedarf an Nahrungsgütern?

Einschließlich der Erzeugung aus eingeführten Futtermitteln betrug sie 2003/2004 89 % des Bedarfs. Ohne eingeführte Futtermittel deckte die Eigenerzeugung 82 % des Bedarfs. In der EU ist bei den wichtigsten landwirtschaftlichen Erzeugnissen der volle Selbstversorgungsgrad erreicht oder überschritten.

Preis – Wie bildet sich der Marktpreis?

Der Marktpreis bildet sich aus Angebot und Nachfrage. Dies gilt grundsätzlich auch für die EU-Marktordnungen. Allerdings wird zum Schutz der Erzeuger und der Verbraucher mit den Instrumenten der Marktorganisationen (z. B. Interventionen, Außenschutz) verhindert, dass es zu extremen Marktpreisschwankungen kommt.

Politischer Preis: Was versteht man darunter?
Der Brotpreis hat – als der Preis für das wichtigste Grundnahrungsmittel – in der Vergangenheit eine große Rolle gespielt. Er wurde von den staatlichen Stellen möglichst niedrig festgesetzt (daher politischer Preis), um Brot für die Masse der Bevölkerung erschwinglich zu machen. Wo das nicht geschah, kam es zu großen sozialen Unruhen. In den westlichen Industriestaaten hat die Entwicklung der Massenkaufkraft politische Preise weitgehend entbehrlich gemacht. In den Staaten des früheren Ostblocks und in den Entwicklungsländern sind die Nahrungsmittelpreise vorwiegend politische Preise.

Kosten deckende Preise: Was versteht man darunter?
Preise, die die Erzeugungskosten decken und einen angemessenen Unternehmergewinn sichern.

Warum erhalten Landwirte oft keine Kosten deckende Preise?
Weil die Kosten von Betrieb zu Betrieb stark unterschiedlich sind; weil die Weltmarktpreise infolge oft hoher Marktüberschüsse keine echten, sondern beeinflusste Preise sind; weil die Nahrungsmittelpreise immer noch eine gewisse politische Bedeutung haben.

Loco-Hof-Preis: Was versteht man darunter?
Den Preis, den der Landwirt für seine Erzeugnisse ab Hof erzielt bzw. für Betriebsmittel (Dünger, Futtermittel usw.) bis zur Lieferung auf den Hof bezahlen muss. Bei Verkaufsprodukten ist der Loco-Hof-Preis demnach der Marktpreis abzüglich Transportkosten und sonstige Kosten; beim Ankauf von Betriebsmitteln ist es der Listenpreis zuzüglich Transportkosten zum Hof.

cif-Preis: Was versteht man darunter?
Der cif-Preis ist der Preis z. B. für Getreide aus Drittländern am Einfuhrhafen. Er beinhaltet den Warenwert sowie Versicherung und Frachtkosten.

Einschleusungspreis: Was versteht man darunter?
Der Einschleusungspreis ist ein Mindestangebotspreis seitens der Drittländer, den Waren, die der Marktordnung für Schweine, Eier und Geflügel unterliegen, an der EU-Grenze nicht unterschreiten dürfen. Einschleusungspreise haben durch die Liberalisierung des Weltmarktes im Rahmen der WTO-Abkommen ihre Bedeutung verloren.

Exporterstattungen: Was versteht man darunter?
Exporterstattungen sind Subventionen, die gewährt werden, um Agrarprodukte aus der EU in Drittländern zu Weltmarktpreisen absetzen zu können.

Grundpreis: Was versteht man darunter?
Der Grundpreis ist bei Schweinen sowie bei Obst und Gemüse für den Beginn von Entlastungskäufen maßgeblich, die beschlossen werden können, wenn die Marktpreise die festgelegten Grundpreise unterschreiten.

Intervention: Was versteht man darunter?
Unter Intervention versteht man in der Wirtschaftspolitik Eingriffe zur Regulierung des Marktes durch Ankäufe der Interventionsstellen oder der Erzeugerorganisationen. Sie zielen darauf ab, ein wirtschaftlich nicht vertretbares Absinken der Erzeugerpreise für landwirtschaftliche Produkte zu verhindern. Diese Eingriffe können obligatorisch, also verpflichtend sein, oder fakultativ, also nach jeweils entsprechenden Beschlüssen.

Interventionspreis: Was versteht man darunter?
Denjenigen Preis, zu dem die Interventionsstellen oder Erzeugerorganisationen die Waren aus dem Markt nehmen. Der EU-Ministerrat legt sie jährlich zum 1. 8. für das folgende Wirtschaftsjahr für die einzelnen Marktorganisationen fest.

Orientierungspreis: Was versteht man darunter?
Der Orientierungspreis dient bei der Marktordnung zur Festsetzung der Preisschwelle für den Beginn von Außenschutzmaßnahmen und der Intervention.

Richtpreis: Was versteht man darunter?
Die obere Grenze des Richtpreisniveaus auf der Großhandelsstufe. Er ist z. B. bei Zucker wichtig für die Preishöhe.
Bei Milch ist er der Erzeugerpreis frei Molkerei für Milch mit 3,7 % Fett und 3,4 % Eiweiß. Er ist weder ein Festpreis noch ein Garantiepreis, sondern er soll im Durchschnitt der Gemeinschaft durch die Verkaufserlöse auf dem Markt erwirtschaftet werden.

Referenzpreis: Was versteht man darunter?
Den Preis, mit dem die Entwicklung der Marktpreise verglichen wird. Er bezieht sich auf einen bestimmten Zeitraum und auf bestimmte Märkte. Wenn er unterschritten wird, beginnt die Erhebung von Ausgleichsabgaben.

Zusatz-Abschöpfung: Was versteht man darunter?
Dies sind Außenschutz-Regelungen gegenüber Drittländern, die zusammen mit Abschöpfungen den EU-Binnenmarkt vor Einfuhren zu Weltmarktpreisen schützen sollen, sobald diese unter dem Einschleusungspreis liegen.

Ordnungsgemäße Landbewirtschaftung – Was versteht man darunter?
Nach einem Beschluss der Agrarminister des Bundes und der Länder von 1987 hat »die ordnungsgemäße Landbewirtschaftung das Ziel, gesundheitlich unbedenkliche und qualitativ hochwertige sowie kostengünstige landwirtschaftliche Produkte zu erzeugen. Dabei sind gleichzeitig die Bodenfruchtbarkeit und die Leistungsfähigkeit des

Bodens als natürliche Ressource nachhaltig zu sichern und gegebenenfalls zu verbessern.« (Siehe »gute fachliche Praxis« Seite 54.)

Warenterminbörse – Wie funktioniert sie?

Eine Warenterminbörse ist ein zentralisierter organisierter Markt, auf dem Terminkontrakte gehandelt werden. Er wird auch als »Papiermarkt« bezeichnet, weil keine physische Ware gehandelt wird. Der Terminkontrakt ist ein standardisierter, börsengehandelter, rechtlich bindender Vertrag zwischen zwei Parteien. Er verpflichtet zu einem vereinbarten Preis an einem bestimmten Termin die Ware auszutauschen. In den Spezifikationen des Vertrages sind Menge, Qualität, Erfüllungsort und Erfüllungszeit festgelegt.

Dumping – Was versteht man darunter?

Unter Dumping versteht man Angebote zu Preisen, die unter den Produktionskosten der Anbieter liegen.

Handelsverträge – Was heißt »bilateral« bzw. »multilateral«?

Bilateral = zweiseitig = zwischen zwei Staaten,
multilateral = mehrseitig = zwischen mehreren Staaten.

Meistbegünstigung: Was versteht man darunter?

Man versteht darunter die Verpflichtung eines Landes, sämtliche handelspolitischen Vergünstigungen, die es irgendeinem Staat eingeräumt hat, auch allen anderen Ländern zu gewähren, mit denen Meistbegünstigung vereinbart wurde.

Kontingente: Was versteht man darunter?

Kontingente sind wert- oder mengenmäßige Quoten zur Begrenzung eines Warenangebotes, z. B. im Rahmen von Handelsverträgen.

Präferenz: Was versteht man darunter?

Mitglieder einer Zoll- oder Wirtschaftsunion räumen sich auf Gegenseitigkeit handels- und zollpolitische Vergünstigungen im Warenverkehr gegenüber Drittländern ein, die man als Präferenzen bezeichnet.

Preisschere – Was versteht man darunter?

Wenn die Preise für die landwirtschaftlichen Betriebsmittel rascher steigen als die Preise der landwirtschaftlichen Erzeugnisse, dann spricht man von einer zu Ungunsten der Landwirtschaft geöffneten Preisschere. Der Aussagewert der Preisschere ist begrenzt.

Subventionen – Was versteht man darunter?

Staatliche Leistungen in Form von direkten Zuwendungen aus dem Haushalt oder von Einnahmeverzichten, z. B. bei der Steuer. Sie dienen zur Unterstützung einzelner

Wirtschaftsbereiche (z. B. Kohle, Stahl, Landwirtschaft) wie auch des Verbrauchers (z. B. Sicherung der Versorgung mit Nahrungsmitteln, Förderung des Erwerbs von Eigenheimen, Gewährung von Wohngeld, BAFöG). Subventionen (in gezielter und dosierter Form) sind Bestandteil der sozialen Marktwirtschaft und Wirtschaftspolitik aller Staaten.

Zölle – Was versteht man darunter?

Es sind Abgaben für Waren, die aus dem Ausland eingeführt werden und dort billiger als im Inland sind bzw. billiger angeboten werden. Dadurch wird die einheimische Produktion gegen übermäßige Konkurrenz geschützt. Zölle werden im Wesentlichen nur bei gewerblichen Erzeugnissen erhoben (siehe Gegensatz bei Abschöpfungen). Der Staat hat dadurch zusätzliche Einnahmen.

Wodurch wird deren Höhe bestimmt?

Die Höhe des Zolles ist entweder nach Gewicht oder Wert im Zolltarif festgelegt.

GATT – Was versteht man darunter?

GATT = **G**eneral **A**greement on **T**arifs and **T**rade = Allgemeines, internationales, multilaterales Zoll- und Handelsabkommen. Es trat 1948 in Kraft zum Abbau internationaler Handelsbeschränkungen und verbietet Diskriminierungen aller Art im Welthandel. Aus GATT entstand die WTO.

WTO – Was ist das?

Die seit 1. 1. 1995 verwirklichte »Welthandelsorganisation« (WTO für **W**orld **T**rade **O**rganization) als GATT-Nachfolgerin hat größere Vollmachten. Ihr gehören 137 Vertragsstaaten an, zahlreiche weitere Staaten wollen Mitglieder werden. Mehr als $\frac{2}{3}$ der WTO-Mitglieder sind Entwicklungsländer.
Die WTO hat die Aufgabe, die internationalen Handelsbeziehungen aufgrund von verbindlichen Regelungen zu organisieren, Handelspraktiken zu überprüfen und bei Handelskonflikten Streitereien zu schlichten.

Blue-Box: Was bezeichnet man so?

Dies ist ein Sammelbegriff für Maßnahmen zur Legalisierung von bestimmten Agrarsubventionen in Form von direkten Einkommens-Beihilfen aus der EU-Kasse für die EU-Mitgliedstaaten im WTO. Diese Subventionen sind zwar Handel verzerrend, im Rahmen der WTO aber zugelassen.

Green-Box: Was ist damit gemeint?

Dieser Sammelbegriff aus den WTO-Verhandlungen gilt einer Auflistung von EU-Subventionen ohne handelsverzerrende Wirkung (z. B. Beihilfen für Umwelt und Forschung). Auch diese Maßnahmen will die EU im Rahmen der WTO erhalten und ausbauen.

Wirtschaftssysteme – Welche kennen wir?

Marktwirtschaft (freie Marktwirtschaft, soziale Marktwirtschaft), Zentralverwaltungswirtschaft (Planwirtschaft).

Welches System hat Deutschland?

Die soziale Marktwirtschaft. Sie sichert durch ein Mindestmaß an staatlichen Eingriffen und gesetzlichen Regelungen die Funktionsfähigkeit des Marktes. Darüber hinaus gewährleistet sie, dass alle an der Einkommens- und Wohlstandsentwicklung in gerechter Weise teilhaben.

Was ist die Grundlage unseres Wirtschaftssystems?

Garantie und soziale Verpflichtung des Eigentums, freie Wahl des Arbeitsplatzes, Tarifautonomie der Sozialpartner (Unternehmer und Gewerkschaften) sowie möglichst wenig Eingriffe des Staates in die Wirtschaft.

Nachwachsende Rohstoffe – Was versteht man darunter?

Nachwachsende Rohstoffe sind im Gegensatz zu den begrenzt verfügbaren fossilen Rohstoffen wie Erdöl, Erdgas und Kohle organische Stoffe pflanzlichen oder tierischen Ursprungs, die ständig neu gebildet werden.
Projekte für nachwachsende Rohstoffe sind z. B. Energiegewinnung aus Biomasse-Verbrennung und Verwendung von Industriepflanzen wie Raps als Treibstoff oder Rohstoff für z. B. Schmierstoffe oder auch zur Herstellung von Grundstoffen für Verpackungsmaterial, z. B. aus Stärke.
Nachwachsende Rohstoffe dürfen auf Stilllegungsflächen angebaut werden (siehe Seite 28).

C_4-Pflanzen: Wodurch zeichnen sie sich aus?

C_4-Pflanzen weisen eine höhere Produktivität der CO_2-Assimilation auf als unsere Getreide- und Gräserarten, die als C_3-Pflanzen bezeichnet werden. Unter gleichen Wachstumsbedingungen bilden C_4-Pflanzen wesentlich mehr Biomasse als C_3-Pflanzen. Als wichtige C_4-Pflanze gilt das Chinaschilf *(Miscantus sinensis giganteus)*.

Elefantengras: Was ist das?

Als Elefantengras wird Chinaschilf wegen seines hohen Wuchses bezeichnet. Es kann unter entsprechenden guten Bedingungen im 3-jährigen Aufwuchs 20–30 dt/ha Trockenmasse bringen. Es eignet sich daher für die Erzeugung von Biomasse, der Anbau gilt jedoch als unwirtschaftlich.

Natur- und Umweltschutz

Naturschutz und Landschaftspflege – Was versteht man darunter?

Das Bundes-Naturschutz-Gesetz (BNatSchG) von 1976 in der Fassung von 1987, geändert 1990, novelliert 1998, neu gestaltet 2002, und die entsprechenden Gesetze der Länder enthalten die grundlegenden Regelungen und Bestimmungen zur Erhaltung einer vielfältigen Tier- und Pflanzenwelt und einer intakten Naturlandschaft. Von Bedeutung sind außerdem das Wasser-, Pflanzenschutz-, Düngemittel- und Abfallrecht, das Bundes-Waldgesetz, das Bundes-Jagdgesetz, die Artenschutz-Verordnung für die am meisten gefährdeten Tiere und Pflanzen, die Erhaltung von Feuchtgebieten für Watt- und Wasservögel sowie die Förderung von Naturparken.
Weitere Änderungen des Gesetzes von 1998 bestanden u. a. in einer neu formulierten Landwirtschaftsklausel, in der Einführung eines finanziellen Ausgleichs für durch den Naturschutz bedingte Nutzungsänderungen und einer neuen Planungskategorie »Biosphären-Reservat«. Die Neugestaltung des BNatSchG 2002 geht über die Novellierungsregelungen von 1998 weit hinaus.

Bundes-Naturschutz-Gesetz 2002: Was kommt auf die Landwirtschaft zu?

Die Ausgleichsregelung sieht nun vor, dass über den Ausgleich für Nutzungsbeschränkungen allein von den Bundesländern entschieden wird. Außerdem werden neue Anforderungen an die gute fachliche Praxis gestellt, deren Grundsätze erstmalig im Naturschutz-Gesetz verankert sind (siehe unten). Als weitere Neuerung wird ein bundesweites Biotop-Verbundsystem eingeführt, das mindestens 10 % der Landesfläche umfassen soll, sowie eine regionale Mindestdichte von Saumstrukturen wie Hecken und Feldrainen.

Landwirtschaftsklausel: Was beinhaltet sie?

Mit diesem Begriff ist die in § 8 des Bundes-Naturschutz-Gesetzes von 1998 enthaltene Formulierung gemeint. Sie enthält das Zugeständnis, dass eine der »guten fachlichen Praxis« entsprechende land-, forst- und fischereiwirtschaftliche Bodennutzung in der Regel nicht als Eingriff in Natur und Landschaft anzusehen ist.

Gute fachliche Praxis: Was bedeutet das?

Bodenbearbeitung, Pflanzenschutz und Düngung dürfen nur nach guter fachlicher Praxis durchgeführt werden. Dies dient der Gesundheit von Pflanzen und Umwelt und der Abwehr von Gefahren, die durch unsachgemäße Anwendung von Pflanzenschutz- oder Düngemitteln für die Umwelt entstehen könnten.

Gute fachliche Praxis: Welche Neuerungen fordert das Naturschutz-Gesetz 2002?

Standortangepasste Bewirtschaftung muss nachhaltige Bodenfruchtbarkeit und langfristige Nutzbarkeit der Flächen gewährleisten.

Vermeidbare Beeinträchtigungen von vorhandenen Biotopen sind zu unterlassen, die zur Biotop-Vernetzung nötigen Landschaftselemente zu erhalten bzw. zu vermehren.
Grünlandumbruch darf nicht mehr erfolgen auf erosionsgefährdeten Hängen, in Überschwemmungsgebieten, auf Standorten mit hohem Grundwasserstand sowie auf Moorstandorten.
Die natürliche Nutzflächenausstattung (Boden, Wasser, Fauna, Flora) darf nicht über das zur Erzielung eines nachhaltigen Ertrages erforderliche Maß hinaus beeinträchtigt werden.
Über den Einsatz von Dünge- und Pflanzenschutzmitteln muss eine schlagspezifische Dokumentation geführt werden.
Die Tierhaltung muss in einem ausgewogenen Verhältnis zum Pflanzenbau stehen, schädliche Umweltwirkungen müssen vermieden werden.

Gute fachliche Praxis: Was müssen die Bundesländer tun?
Sie müssen allgemeine Formulierungen des Gesetzes wie »vermeidbare Beeinträchtigung«, »über das erforderliche Maß hinaus« oder »Tierhaltung im ausgewogenen Verhältnis zum Pflanzenbau« landesrechtlich konkretisieren, damit dieses Rahmengesetz innerhalb von 3 Jahren in Landesrecht umgesetzt werden kann.

Vertrags-Naturschutz: Was heißt das?
Es ist die gesetzlich verankerte Möglichkeit für Naturschutz- und Landwirtschaftsbehörden, mit Landwirten (und Forstwirten) Verträge über die Bewirtschaftung von Flächen nach naturschutzfachlicher bzw. landschaftspflegerischer Zielsetzung abzuschließen und für solche vertraglichen Naturschutz-Maßnahmen Ausgleichszahlungen zu gewähren.

Vertrags-Naturschutz: Warum sollte das neue Naturschutz-Gesetz verordnungsrechtliche Maßnahmen enthalten?
Um über den Vertrags-Naturschutz den Arten- und Naturschutz voranbringen zu können, ohne der Land- und Forstwirtschaft einseitig die damit verbundenen Lasten aufzubürden und damit auch betriebswirtschaftliche Erfordernisse berücksichtigt werden können.

Pflanzenschutz: Welche Bestimmungen bestehen für die »gute fachliche Praxis«?
Anwendung von Pflanzenschutzmitteln im Rahmen der rechtlichen Vorschriften.
Gezielter und sachgerechter Einsatz durch sachkundige Personen (Sachkunde-Nachweis!) und geprüfte Geräte (Prüfplakette!).
Berücksichtigung der Grundsätze des Integrierten Pflanzenschutzes (siehe Seite 201).
Aufzeichnung aller durchgeführten Maßnahmen in den betrieblichen Unterlagen.

Düngung: Welche Bestimmungen bestehen für die »gute fachliche Praxis«?
Laut Dünge-Verordnung »dient die gute fachliche Praxis insbesondere der Versorgung der Pflanze mit notwendigen Nährstoffen sowie der Erhaltung und Förderung der Bo-

denfruchtbarkeit, um insbesondere die Versorgung der Bevölkerung mit qualitativ hochwertigen, preiswerten Erzeugnissen zu sichern.«
Dazu gehören die Grundsätze der Düngemittelanwendung, der Ermittlung des Düngebedarfs (siehe Seite 119) und der Vergleiche über Nährstoffzu- und -abfuhr.

Gute fachliche Praxis: Wird die Einhaltung überprüft?
Das Einhalten von Bestimmungen der guten fachlichen Praxis der Düngemittel-VO und des Pflanzenschutzrechts wird jährlich bei 5 % der Betriebe überprüft, die Ausgleichszulage oder Fördermittel im Rahmen von Agrar-Umweltmaßnahmen beziehen. Diese Überprüfung erfolgt nach einem für alle Bundesländer einheitlichen Verfahren.

Landschaftsplan: Was versteht man darunter?
Der Landschaftsplan weist alle im öffentlichen Interesse zu schützenden Flächen und Landschaftsbestandteile aus, z. B. Bäume, Baumgruppen, Hecken, Quellen, Felsen.

Ökologie: Was versteht man darunter?
Das ist die Lehre von Wechselwirkungen der Lebewesen untereinander und zu ihrer Umwelt.

Ökosystem: Was versteht man darunter?
Man versteht darunter die Wechselwirkungen der natürlichen Faktoren und der Pflanzen und Tiere eines Standorts.

Agrarökosystem: Was versteht man darunter?
Das ist das Zusammenspiel der landwirtschaftlichen Nutzpflanzen und Nutztiere mit den natürlichen Gegebenheiten eines Standorts.

Biotop – Was versteht man darunter?
Einen geschlossenen Lebensraum, in dem bestimmte Tiere und Pflanzen vorkommen, aber auch den Lebensraum einer einzelnen Art.

Feuchtbiotop: Was ist das?
Feucht- und Streuwiesen und kleine Teiche; sie sind besonders wichtig für die Erhaltung zahlreicher bedrohter Tier- und Pflanzenarten.

Feuchtgebiet: Was versteht man darunter?
Gewässer, Sümpfe, Moore, Brüche und Feuchtwiesen (auch nach teilweiser Entwässerung).

Saumstruktur: Was bedeutet dieser Begriff des BNatSchG?
Dies sind naturnahe Kleinbiotope, z. B. Hecken und Feldsäume, Feldgehölze, Wiesen, Sümpfe, kleine Moore.

Biosphären-Reservat: Was ist das?
Das Biosphären-Reservat besteht nicht als eigene Schutzkategorie im deutschen Naturschutzrecht. Es sind jedoch Gebiete, die durch bestehende deutsche Schutzgebietskategorien (§ 12 Bundes-Naturschutz-Gesetz) ausgewiesen sind, und für die der international geforderte Schutz gewährleistet wird. Biosphären-Reservate werden auf Antrag der Länder von der UNESCO im Rahmen ihres MAB-Programmes anerkannt.

FFH-Richtlinie – Wofür steht diese Abkürzung?
Sie steht für Fauna-Flora-Habitat-Richtlinie, eine EU-Richtlinie, die alle Mitgliedstaaten verpflichtet, der EU-Kommission Vorschläge für eine Anzahl schützenswerter Gebiete auf ihrem Landesgebiet zu unterbreiten, aus denen dann die eigentlichen FFH-Gebiete ausgewählt werden.

Natura 2000: Wofür steht dieser Begriff?
Die FFH-Richtlinie ist die Grundlage zum Konzept Natura 2000, einem Naturschutznetz, das EU-weit aufgebaut wird. Dieses Konzept greift erstmals den Lebensraumschutz auf, d. h. nicht nur Schutz von Tier- und Pflanzenarten, sondern auch von Lebensräumen und der darin enthaltenen Arten. Neu ist, dass seltene und gefährdete Arten erst danach bewertet werden, wie häufig sie in Europa vorkommen und sie dann dort geschützt werden sollen, wo der Schutz am sinnvollsten und erfolgversprechendsten ist. Auswahlkriterien und Erhaltungsmaßnahmen unterliegen einer Dokumentationspflicht. Auf welche Weise ein Bundesland ein Natura-2000-Gebiet schützt (z. B. Naturschutz-Gebiet, Nationalpark), bleibt ihm so lange überlassen, wie das Schutzziel nicht gefährdet ist. Alle 6 Jahre müssen die Naturschutz-Behörden eine Erfolgskontrolle durchführen.

Nachhaltigkeit: Was wird damit bezeichnet?
Nachhaltig zu wirtschaften bedeutet vereinfacht ausgedrückt, nicht mehr zu entnehmen als nachwächst. Nachhaltige Landwirtschaft umfasst mehrere Komponenten: Ressourcen-Schonung (= Erhalt der Produktionsgrundlage); Erhalt der biologischen Vielfalt; sozioökonomische Komponenten (= Sicherstellung der Existenzfähigkeit landwirtschaftlicher Betriebe bzw. Arbeitsplätze); gesamtgesellschaftliche Verantwortung (= Sicherstellung der Nahrungsversorgung und Nahrungsqualität). Nachhaltige Entwicklung ist ein fortlaufender Prozess, dessen 3 Säulen ökonomischer Wohlstand, ökologische Stabilisierung sowie soziale Sicherheit sind.

FNL: Wofür steht dies und was ist das?
Die Abkürzung steht für **F**ördergemeinschaft **n**achhaltige **L**andwirtschaft, die die nachhaltige Entwicklung in der Landwirtschaft unterstützt. Sie fördert dazu z. B. das Stadt-Land-Verhältnis, das Image landwirtschaftlicher Produkte, die rasche Wissensvermittlung zwischen Forschung und landwirtschaftlicher Praxis. Die FNL setzt sich vor allem auch für eine verantwortungsbewusste Nutztierhaltung ein gemäß dem Grundsatz, dass die Verpflichtung, Tiere artgemäß und tiergerecht zu halten, aus grundsätzlichen Erwägungen und moralischen Gründen unverzichtbar ist.

Umweltschutz – Was versteht man darunter?
Alle Maßnahmen zum Schutz der natürlichen Lebensgrundlagen und zur Erhaltung einer lebenswerten Umwelt.

Recycling: Was versteht man darunter?
Die Rückgewinnung und Wiederverwendung von Rohstoffen aus Abfällen aller Art.

Welche Bereiche des Umweltschutzes sind für die Landwirtschaft von Bedeutung?
Naturschutz, Landschaftspflege, Pflanzen- und Tierschutz, Immissions- und Gewässerschutz, Abfallbeseitigung.

Emission – Was versteht man darunter?
Luftverunreinigungen, Geräusche, Erschütterungen, Licht, Wärme und Strahlen, die von einer Anlage ausgehen.

Ozon: Was ist das?
Ein agressives oxidierendes Gas aus drei Sauerstoffatomen (O_3). Es entsteht bei Lichteinfluss besonders in schadstoffhaltiger Luft und kann Mensch, Tier und auch das Wachstum der Pflanzen schädigen.

Treibhauseffekt: Was meint man damit?
So wird die Erwärmung der Atmosphäre durch den steigenden CO_2-Gehalt bezeichnet. Die Temperatur steigt als Folge der in den letzten Jahren rasant gestiegenen Verbrennung von fossilen Brennstoffen (Erdöl, Erdgas, Kohle). Nachwachsende Rohstoffe tragen nicht zum Treibhauseffekt bei, weil beim Aufbau der Pflanzen entsprechende Mengen Kohlendioxid verbraucht werden.

Klimawandel: Was ist damit gemeint?
Eine sich auf der Erde seit einigen Jahrzehnten vollziehende Klimaveränderung, bedingt durch einen Anstieg der weltweiten Mitteltemperatur (seit Beginn der systematischen Temperaturaufzeichnungen 1870 bis ins Jahr 2000 um 0,7 °C). Dieser Anstieg war nicht gleichmäßig, sondern vollzog sich immer schneller.

Klimawandel: Wodurch entsteht er?
Es gibt natürliche Gründe wie die veränderte Sonneneinstrahlung, aber in erster Linie (zu 70–80 %) entsteht er durch den vom Menschen verursachten Anstieg so genannter Treibhausgase in der Atmosphäre. Neben Wasserdampf ist Kohlendioxid ein bedeutender »Klimakiller.« An der Freisetzung des Treibhausgases Methan ist die Landwirtschaft durch Nassanbau von z. B. Reis sowie durch Rinderhaltung beteiligt.

Klimawandel: Wie kann man ihn feststellen?
Die klimatischen Veränderungen in Europa lassen sich wissenschaftlich nachweisen. Aber auch jeder Laie kann sie in der Natur beobachten. Denn heute blühen hiesige

Blütenpflanzen deutlich früher als noch vor 50 Jahren, Waldbäume treiben im Schnitt 5 Tage früher aus, Vögel beginnen früher mit dem Brüten oder Pflanzen und Tiere aus südlicheren Regionen wandern nordwärts in neue Lebensräume.

Immission – Was versteht man darunter?

Unter Immission versteht man auf Menschen, Tiere, Pflanzen oder andere Sachen (z. B. Gebäude) einwirkende Luftverunreinigungen (u. a. Rauch, Staub, Gase, Dämpfe, Geruchsstoffe), Geräusche, Erschütterungen und ähnliche Einwirkungen.

Immissionsminderung: Wodurch ist die Landwirtschaft betroffen?

- Durch die in der zum Bundes-Immissionsschutz-Gesetz (BImSchG) erlassene Verordnung über genehmigungsbedürftige Anlagen (siehe unten);
- das Umwelt-Verträglichkeits-Prüfungs-Gesetz (UVPG, siehe Seite 60);
- die Technische Anleitung zur Reinhaltung der Luft (TA-Luft, siehe unten).

Immissionsschutz: Inwieweit betrifft er die Landwirtschaft?

Grundlage ist das Bundes-Immissionsschutz-Gesetz (BImSchG) von 1974. Es enthält keine Spezialregelungen für die Landwirtschaft, seine allgemeinen Bestimmungen betreffen aber auch von landwirtschaftlichen Betrieben ausgehende Geruchs- oder Lärmbelästigungen. Wegen solcher Belästigungen sind nach einer Verordnung zu diesem Gesetz Tierhaltungsanlagen ab bestimmten Größen genehmigungspflichtig.
Durch die geänderte Technische Anleitung zur Reinhaltung der Luft und den Erlass einer Großfeuerungsanlagen-Verordnung soll u. a. die Hauptursache des sog. sauren Regens beseitigt, der Schutz von Pflanzen und Tieren vor Luftverunreinigungen verbessert werden. Die Bundesregierung verschärfte sowohl das UVPG als auch das BImSchG.

Genehmigungsbedürftigkeit nach BImSchG: Welche Schwellenwerte gibt es?

Die Genehmigungsgrenzen für Tierhaltungsanlagen wurden 2002 angehoben und Anlagen zur Haltung von Rindern und Kälbern sowie Pelztieren neu aufgenommen. Genehmigungspflichtig sind:

- Anlagen mit mehr als 15 000 Legehennen- oder Truthühnerplätzen,
- Anlagen mit mehr als 30 000 Junghennen- oder Mastgeflügelplätzen,
- Anlagen zum Halten oder zur Aufzucht von Schweinen mit mehr als 560 Sauen-, 4500 Ferkel- bzw. 1500 Mastschweineplätzen,
- Anlagen mit mehr als 250 Rinder- bzw. 300 Kälberplätzen,
- Anlagen größer als 50 GV, wenn der Flächenbesatz größer ist als 2 GV/ha,
- einzeln stehende Güllebehälter ab 2500 m^3 Lagerkapazität.

TA Luft: Was regelt diese »Technische Anleitung«?

Das Regelwerk TA Luft vom 27. 2. 1986 regelt z. B. für die Landwirtschaft die Mindestabstände zwischen Tierhaltungsbetrieben (Hühner und Schweine) und vorhandenen oder in einem Bebauungsplan festgesetzten Wohnbaugebieten. Es fordert grundsätzlich Güllelagerkapazitäten von 6 Monaten und außerhalb des Stalles geschlossene Behälter.

TA-Luft: Welche Änderungen bringt die Neufassung 2002?

Diese Neufassung stellt höhere Anforderungen beim Stallbau, wodurch die Genehmigungsverfahren für Tierhaltungsanlagen aufwändiger wurden. Sie regelt, in welchem Ausmaß Anlagen zur Tierhaltung (Stallungen, Güllebehälter, Festmist-Lagerstätten) die Luft mit Ammoniak, Stickstoff, Schwebstaub und Gerüchen belasten dürfen. Betroffen sind genehmigungsbedürftige Anlagen nach dem Bundes-Immissionsschutz-Gesetz (siehe Seite 59), aber in kritischen Fällen auch Stallbauten, für die eine Genehmigung nach Baurecht ausreicht.

TA-Luft: Gilt sie auch für genehmigte BImSchG-Anlagen?

Ja, spätestens ab dem Jahr 2007 müssen diese Stallbauten auf dem Stand der Technik von Neubauten sein.

Umwelt-Verträglichkeits-Prüfung (UVP): Was ist das?

Gesetzlich ist vorgeschrieben, dass bei größeren Planungsvorhaben wie z. B. im Straßenbau, aber auch beim Bau landwirtschaftlicher Großanlagen in der Tierhaltung überprüft wird, ob das geplante Vorhaben mit den Belangen des Umweltschutzes vereinbar ist. Die EU-UVP-Richtlinie wurde 1997 erlassen. Sie soll den zuständigen Behörden Informationen über geplante Umweltauswirkungen eines Projekts liefern und sieht für bestimmte Schweine- und Geflügelanlagen eine UVP vor. Dabei liegen die entsprechenden Mindestgrößen bei 3000 Mastschweinen, 900 Sauen, 60 000 Hennen und 85 000 Stück Mastgeflügel. Die Umsetzung dieser EU-Richtlinie in nationales Recht erfolgte 2001.

UVP: Wie läuft ein Genehmigungsverfahren ab?

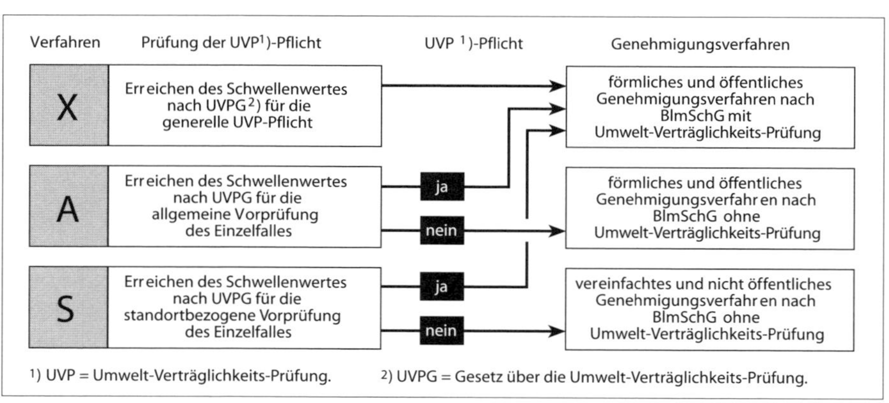

[1]) UVP = Umwelt-Verträglichkeits-Prüfung. [2]) UVPG = Gesetz über die Umwelt-Verträglichkeits-Prüfung.

UVP: Welche Anlagen sind UVP-pflichtig?

Die Größenwerte, die eine Pflicht zur UVP festlegen, orientieren sich in Deutschland stark an den Schwellenwerten zur Genehmigungsbedürftigkeit nach BImSchG (siehe Seite 59). Für die generelle UVP-Pflicht liegen die Schwellenwerte bei:

1500 Mastschweine,
560 Sauen,
4500 Ferkel,
250 Rinder,
300 Kälber,
15 000 Legehennen/Mastputen,
30 000 Junghennen/Mastgeflügel,
750 Pelztiere.
Die Anzeigepflicht besteht generell bei Überschreiten von 50 GV und 2,0 GV/ha. Betroffen sind auch bereits genehmigte Altbetriebe, der Bestandsschutz wird also aufgeweicht.

Bodenschutz-Gesetz – Wozu dient es?

Das Bundes-Bodenschutz-Gesetz vom 1. 9. 1998 regelt Grundsätze und Pflichten zum Schutz des Bodens. Die Nutzung des Bodens darf nur so erfolgen, dass keine schädlichen Bodenveränderungen entstehen. Das Gesetz enthält Vorschriften zur Sanierung, für die Pflicht zur Vorsorge, die Behandlung von Altlasten, die Eindämmung der Bodenversiegelung sowie speziell für die Landwirtschaft die Umschreibung des Begriffes der »guten landwirtschaftlichen Praxis« bei der Bodenbearbeitung. Dadurch wird eine landwirtschaftliche Bodennutzung und den Landwirten ein standortangepasstes und flexibles Handeln ermöglicht.

Gewässerschutz – Betrifft er die Landwirtschaft?

Für den Gewässerschutz bedeutsam ist das Wasserhaushalts-Gesetz. Danach hat der Schutz des Wassers als wichtigstes Lebensmittel oberste Priorität. Unbefugtes Einleiten wird u. a. mit Geldbußen geahndet. Die Veränderung der physikalischen, chemischen oder biologischen Zusammensetzung der Gewässer verpflichtet zum Schadenersatz. In Wasser-Schutzgebieten kann zur Verringerung der Nitratbelastung das Düngen beschränkt oder verboten werden. Die Verwendung von Pflanzenschutzmitteln kann generell verboten werden.

Wasserschutzzonen: Was sind das?

Im Wasserhaushalts-Gesetz von 1990 wurden Schutzzonen festgelegt:
Zone I ist der sog. Fassungsbereich, in dem keinerlei Nutzung stattfinden darf.
Zone II umfasst einen Bereich, von dem das Grundwasser 50 Tage bis zum Erreichen des Fassungsbereichs benötigt. Hier gibt es starke Nutzungseinschränkungen.
Zone III umfasst das gesamte Wassereinzugsgebiet bis zur unterirdischen Wasserscheide. Sie ist in die *Zone III a* und *III b* mit unterschiedlichen Einschränkungen gegliedert.

Risiko-Minderung: Was bedeutet das neue Punktesystem?

Seit Mai 2000 gilt für neu zugelassene Pflanzenschutzmittel bei der Ausbringung kein starrer Mindestabstand zu Gewässern mehr. Für den Abstand ist in einem neuen Punktesystem die Art des Gewässers, die Umgebung und die Ausbringungstechnik ausschlaggebend. Anwendungsbedingungen mit ähnlichem Risiko werden in 4 Kategorien (A bis D) eingeteilt, für die von der BBA eine Tabelle mit einem Punktesystem für unterschiedlichste Anwendungsbedingungen ausgearbeitet wurde. Die zusammengezählten Punkte ergeben die jeweilige Kategorie, der wiederum ein Abstand zum Gewässer zugeordnet ist. Damit lässt sich vom Landwirt der einzuhaltende Mindest-Abstand für seine speziellen Bedingungen selbst errechnen. Punktetabellen können z. B. im Internet (*www.bba.de*) abgerufen werden.

Entschädigungsbedürftige Einflüsse der Wasserschutzzonen: Was sind das?
Gülle muss u. U. auf weiter entfernte Flächen als bisher ausgebracht werden. Der organische Dünger kann u. U. nicht mehr voll im eigenen Betrieb verwertet werden. Es sind u. U. zusätzliche Investitionen für spezifische Sicherheit in Gebäuden erforderlich. Die betriebliche Flexibilität wird eingeschränkt. Die einschränkenden Auflagen bedeuten eine Wertminderung und damit einen Vermögensverlust.

Eutrophierung der Gewässer: Was ist das?
Ein Gewässerzustand, der durch hohen Nährstoffgehalt und ein dadurch verursachtes üppiges Auftreten von Wasserpflanzen und Algen gekennzeichnet ist. Meist entsteht eine Eutrophierung durch hohe Phosphatzufuhr, welche vor allem durch Siedlungsabwässer (Waschmittel) und Düngungsfehler in der Landwirtschaft bedingt ist.

Trinkwasser-Verordnung: Was beinhaltet sie?
In 1 l Trinkwasser dürfen höchstens 50 mg Nitrat bzw. 0,1 mg Nitrit enthalten sein. Die Grenzwerte für jeden einzelnen Wirkstoff betragen 0,0001 mg/l Trinkwasser; alle Wirkstoffe insgesamt dürfen 0,0005 mg/l nicht überschreiten.

Nitratauswaschung: Wie kann man sie vermindern?
Durch Anpassen der Stickstoffdüngung an den Bedarf der Pflanze und Vermeiden von Überdüngung;
durch Berücksichtigung des Stickstoffvorrates im Boden;
durch Düngen zur richtigen Zeit in der richtigen Menge (geteilte Düngergaben);
durch die Wahl der richtigen Düngerform;
durch das richtige Verwenden der Wirtschaftsdünger;
durch den Anbau von Zwischenfrüchten und Vermeiden von Schwarzbrache.

Düngemittel-Gesetz: Wozu dient es?
Es ist die gesetzliche Grundlage für den Vertrieb von Düngemitteln und dient der Angleichung der entsprechenden Bestimmungen an EU-Recht.

Dünge-Verordnung: Wozu dient sie?
Es ist eine VO »über die Grundsätze der guten fachlichen Praxis beim Düngen« mit dem Ziel, beim Düngen Nährstoffverluste zu vermeiden und langfristig Nährstoffeinträge in Gewässer und andere Ökosysteme zu verringern.
Die Dünge-VO schreibt Aufzeichnungspflichten vor, mit deren Hilfe eine Dünge-

bedarfsermittlung (siehe Düngebedarfsermittlung Seite 119) erstellt wird. Exakte Datenerfassung ist vorteilhaft für die Düngeplanung und dient als Nachweis für eine ordnungsgemäße Wirtschaftsweise.

Die Dünge-VO von 2005/2006 engt auch das Ausbringen von Wirtschaftsdüngern ein (z.B. max. 170 kg N/ha aus Wirtschaftsdünger; generelle Sperrfrist für das Ausbringen von Gülle und anderen Wirtschaftsdüngern mit hohem N-Gehalt auf Ackerland vom 1.11. bis 31.1., auf Grünland vom 15.11. bis 31.1.; bei Düngern mit wesentlichen N- oder P-Gehalten muss bei Geräten ohne genaue Dünger-Platzierung ein Abstand von 3 m zu Gewässern, auf stark geneigten Flächen (über 10 %) von 10 m eingehalten werden; Ausbringungsverbot N-haltiger Düngemittel auf mit Wasser gesättigten, tiefgefrorenen oder mit Schnee bedeckten Böden).

Dungeinheit (DE): Was versteht man unter einer DE?

1 DE entspricht einem Tierbesatz, der keine größere Düngermenge als 80 kg Gesamt-Stickstoff oder 70 kg Gesamt-Phosphat aus Wirtschaftsdünger tierischer Herkunft absetzt.

Tierart	Zahl der Tiere/DE
Rinder über 2 Jahre	1,5
Kälber bis 3 Monate	9,0
Schweine über 20 kg	7,0
Legehennen	100,0
Masthähnchen	300,0

Verursacherprinzip – Was versteht man darunter?

Den für Produzenten und Konsumenten in allen Umweltbereichen geltenden Grundsatz, dass derjenige die Kosten für die Folgen seines Umwelt belastenden Verhaltens tragen soll, der sie verursacht hat.

Umwelthaftungs-Gesetz – Was bedeutet es für den Landwirt?

Das Gesetz über die Umwelthaftung sieht in der Landwirtschaft Regelungen für sog. »Umwelt gefährdende Anlagen« vor. In der EU einigte man sich 2004 auf eine Umwelthaftungs-Richtlinie, wonach künftig alle Landwirte unabhängig von einem Verschulden für Umweltschäden haften, wenn sie Tätigkeiten ausüben, die als gefährlich gelten.

Umwelthaftungs-Richtlinie: Welche Tätigkeiten gelten als gefährlich?

- Das Ausbringen von Pflanzenschutzmitteln;
- das Freisetzen von gentechnisch veränderten Organismen;
- das Ausbringen von Klärschlamm;
- das Führen eines Intensivhaltungsbetriebes (Schweine/Hühner) mit mehr als 40 000 Plätzen für Geflügel, 2000 Plätzen für Mastschweine und 750 Plätzen für Zuchtsauen.

Umwelthaftungs-Versicherung: Warum braucht sie der Landwirt?
Landwirte, die unter die Regelungen des Umwelthaftungs-Gesetzes fallen, müssen diese Versicherung abschließen, weil die Betriebs-Haftpflicht-Versicherung keine Umweltschäden abdeckt. Die Umwelt-Haftpflicht deckt Schäden am Boden, an den durch die Flora-Fauna-Habitat-Richtlinie (siehe Seite 57) oder die Vogelschutz-Richtlinie geschützten Arten sowie an Gewässern ab.

Verbraucherschutz – Was versteht man darunter im Ernährungsbereich?
Seit der Gesamtreform des Lebensmittelrechts im Jahre 1975 gilt in Deutschland eines der strengsten Lebensmittelgesetze Europas. Der Schutz des Verbrauchers vor Schadstoffen bzw. Rückständen in Lebensmitteln ist in sog. Höchstmengen-Verordnungen festgelegt.
Auch nach dem Futtermittel-Gesetz von 1975, das 1992 geändert wurde, dürfen den Futtermitteln nur ausdrücklich zugelassene Zusatzstoffe zugesetzt werden sowie nur bestimmte Schadstoff-Höchstgehalte in diesen enthalten sein.

Produkthaftungs-Gesetz – Was regelt dieses Gesetz?
Das Gesetz soll den Verbraucher vor Schäden an seinem Körper, seiner Gesundheit und/oder seinem Eigentum schützen, die aufgrund fehlerhafter Produkte entstanden sind. Als Folge des BSE-Skandals wurde das Landwirtschafts-Privileg (landwirtschaftliche Urprodukte wie Milch, Fleisch, Eier, Getreide, Obst waren bis dahin von der Produkthaftung ausgenommen) durch eine EU-Richtlinie aufgehoben. Ein Landwirt muss also als Erzeuger dafür haften, wenn ein Verbraucher durch den Verzehr eines seiner Agrarprodukte zu Schaden kommt.

Produkthaftungs-Gesetz: Kann sich der Landwirt absichern?
Jeder Landwirt sollte jedes Lebensmittel möglichst sicher produzieren. Er sollte unbedingt seine Versicherungssumme in der Betriebs-Haftpflicht auf eine höhere Summe aufstocken. Wichtig ist zudem eine genaue Dokumentation über die eingesetzten Betriebsmittel und die Art der durchgeführten Tätigkeiten. Damit kann der Landwirt in einem Streitfall nachweisen, dass sein Betrieb nicht der Schadensverursacher im Sinne des Produkthaftungs-Gesetzes ist, damit die Versicherung den Schaden reguliert.
Dokumentationen im Rahmen von Management- oder Qualitätssicherungs-Systemen sind zur Nachweisführung eines möglichen Ausschlusses der Ersatzpflicht zielgerichtet und Erfolg versprechend.

BSE-Skandal: Welche Konsequenzen wurden gezogen?
Auf Bundesebene wurde das bisherige Bundes-Landwirtschaftsministerium (BMELF) umstrukturiert und umbenannt in Bundesministerium für Verbraucherschutz, Ernährung, Landwirtschaft und Forsten (BMVEL bzw. seit 2005 BMELV). Einer seiner Arbeitsschwerpunkte ist ein verstärkter Verbraucherschutz; vorsorgender Verbraucherschutz soll künftig eine Aufgabe der gesamten Bundesregierung werden. So will man durch 2 Qualitätszeichen (eines für konventionellen, eines für ökologischen Landbau)

eine bessere Orientierungsmöglichkeit geben. Beide Zeichen sollen dem Verbraucher eine Reihe von Mindest-Standards bei der Lebensmittelproduktion garantieren. Das BMVEL wurde 2005 umbenannt in BMELV (Bundesministerium für Ernährung, Landwirtschaft und Verbraucherschutz).

Toleranzwert: Was versteht man darunter?
Den durch die Höchstmengen-Verordnung in ppm (parts per million) festgelegten Rückstandswert in Lebensmitteln, der nicht überschritten sein darf, wenn die Ware in den Verkehr kommt.

ADI-Wert: Was versteht man darunter?
Das ist die »täglich erlaubte Dosis« (accetable daily intake) z. B. eines Wirkstoffes, der während eines Menschenlebens ohne Risiko aufgenommen werden kann.

»Qualität« von Nahrungsmitteln: Was versteht man unter diesem Begriff?
Die Qualitätsbestimmung von Nahrungsmitteln erfolgt nach den Kriterien:
Genusswert, z. B. Form, Farbe, Festigkeit, Geruch und Geschmack;
Nährwert;
Gebrauchswert, dazu gehören insbesondere Verarbeitungs- und Lagerungsverhalten;
Gesundheitswert, das ist Freiheit von schädlichen Rückständen;
Mineralstoff- und Vitamingehalt;
ideeller Wert, der sich nicht messen lässt.

Fleischhygiene-Verordnung: Was besagt sie?
Seit dem 1. 1. 1997 gibt es keine Freibanken mehr. Das Fleisch von kranken bzw. verletzten Tieren darf nur noch über zugelassene Abgabestellen direkt an den Verbraucher für den eigenen Verzehr abgegeben werden, sofern es durch einen amtlichen Tierarzt als Lebensmittel freigegeben wurde.
Nicht transportfähige Tiere müssen im Herkunftsbestand von einem Metzger oder Tierarzt getötet werden, aber nur nach vorangegangener Lebendbeschau durch den Amtstierarzt. Für Not- und Krankschlachtungen gelten strengere Maßstäbe.

Pflanzenschutz – Welche Ziele hat er?
Das Pflanzenschutz-Gesetz verfolgt zwei Ziele: Den Schutz der Pflanzen vor Schädigungen und Krankheiten sowie den Schutz der Menschen, der Tiere, der Pflanzen und der Umwelt vor schädlichen Auswirkungen von Pflanzenschutzmitteln.

LD 50: Was versteht man darunter?
Die letale (tödliche) Dosis eines Präparates, bei der bei einmaliger Behandlung 50 % der Versuchstiere sterben.

Tierschutz – Welche Ziele hat er?

Das Tierschutz-Gesetz dient dem Schutz des Lebens und Wohlbefindens der Tiere. Es setzt unter anderem auch den Rahmen für die tierschutzgerechte Haltung der Nutztiere in der Landwirtschaft. In Deutschland ist Tierschutz zum Staatsziel erhoben worden.
In der sog. Tierhalternorm werden vom Halter die erforderlichen nachweislichen Kenntnisse über Haltung und Pflege vorgeschrieben. Für den gewerblichen Tiertransport ist eine tierschutzrechtliche und behördliche Erlaubnis erforderlich.

Tierschutz-Transport-Verordnung: Was bezweckt sie?

Diese VO dient dem besseren Schutz von Tieren beim Transport und enthält folgende Regelungen: Nutztiertransporte in der EU sind auf höchstens 9 Stunden begrenzt, danach müssen die Tiere entladen, gefüttert und getränkt werden, der Transport darf frühestens 12 Stunden später fortgesetzt werden.
Eine EU-Verordnung, die in allen EU-Staaten gelten soll, fordert weiterhin: Jungtiere (z. B. Ferkel unter 4 Wochen, Kälber unter 2 Wochen) dürfen nicht weiter als 100 km transportiert werden. Alle Tiere müssen während des gesamten Transports Zugang zu Tränkevorrichtungen haben. Je nach Tierart muss mehr Platz als bisher zur Verfügung stehen (z. B. Schweine +40 %, Rinder + 16 %). Die geplante Verschärfung der EU-Vorschriften wurde noch nicht umgesetzt.

Tierschutz-Transport-Verordnung: Was gilt in Deutschland?

In Deutschland ist der Transport von Schlachttieren in Normalfahrzeugen auf insgesamt 8 Stunden beschränkt, nur in Spezialfahrzeugen dürfen Nutztiere länger transportiert werden. Dabei müssen enge Tränk- und Fütterungsintervalle sowie Ruhezeiten eingehalten werden.

Tierschutz-Schlacht-Verordnung: Was ist ihr Ziel?

Eine umfassende Neuregelung des Schlachtens und Tötens von Tieren, wobei auch die erforderlichen bautechnischen und personellen Anforderungen (z. B. Sachkunde-Bescheinigung) festgelegt sind.

Gentechnik – Was versteht man darunter?

Unter Gentechnik (auch Gentechnologie) versteht man die gezielte Veränderung der Erbinformationen eines Lebewesens. Gentechnik umfasst alle biologisch-technischen Verfahren, die auf diese gezielte Veränderung am Erbgut in einer Zelle ausgerichtet sind.

Gentechnik: Was erwartet man sich davon?

Man erwartet sich mit ihrer Hilfe größere Erfolge besonders in der Pflanzenzüchtung, z. B. in Form einer übertragenen Resistenzsteigerung gegen Krankheiten und Schädlinge, wodurch der Einsatz chemischer Pflanzenschutzmittel verringert werden könnte. Weitere positive Aspekte werden im Hinblick auf die Qualität der Lebensmittel erwartet, z. B. Verringerung des Nitrat-Gehalts bestimmter Gemüsesorten. Im Bereich der Tiergesundheit können bessere Impfstoffe gewonnen werden. Ein wichtiger Punkt

ist die Bedeutung der Gentechnik bei der Sicherung der Ernährung für die ständig wachsende Weltbevölkerung.
»Grüne« Gentechnik steht als Bezeichnung für Gentechnologie-Anwendungen im Bereich der Landwirtschaft, »rote« Gentechnik für Anwendungen im Bereich der Medizin.

Grüne Gentechnik: Was ist das und wo wird sie eingesetzt?
Grüne Gentechnik bezeichnet alle Gentechnik an/mit Pflanzen (Gegensatz: rote Gentechnik, die sich mit Tieren bzw. mit dem allgemeinen Medizinbereich befasst). Grüne Gentechnik wird daher in der Pflanzenzucht eingesetzt, wo man versucht, durch das Züchten krankheits- und schädlingsresistenter Pflanzen den Einsatz von Pflanzenschutzmitteln zu verringern.

Gentechnik: Bestehen Bedenken?
Gegen die Gentechnik bestehen in Teilen der Bevölkerung ethische Bedenken. Daher müssen bei allen Gentechnik-Vorhaben der Schutz von Leben und Gesundheit bei Mensch und Tier stets Vorrang haben, um Vertrauen aufzubauen und zu erhalten. Langzeitwirkungen von gentechnisch veränderten Organismen (GVO) auf die Umwelt sind noch wenig erforscht. Besondere Bedenken bestehen in großen Teilen der Bevölkerung, ob gentechnisch veränderte Lebensmittel Gefahren für die Gesundheit von Tier und Mensch darstellen können. Problematisch ist auch die Frage des Nebeneinanders von GVO und Nicht-GVO im Falle der Freisetzung, da noch unklar ist, wie eine wesentliche Beeinträchtigung durch GVO in Form von Auskreuzungen zwischen benachbarten Feldern vermieden werden kann.

Gentechnik-Gesetz: Was enthält das geplante Gesetz?
Mit diesem Gesetz soll die EU-Freisetzungs-Richtlinie für GVO in nationales Recht umgesetzt werden. Im Mittelpunkt stehen Regelungen zur Koexistenz von GVO und Nicht-GVO, in denen der Schutz der gentechnikfreien Landwirtschaft gewährleistet werden soll. Kernpunkte sind Vorsorgepflicht von GVO-Verwendern zur Vermeidung wesentlicher Beeinträchtigungen, die mit Vorschriften zur guten fachlichen Praxis präzisiert werden sollen. Weitere Punkte sind ein Standortregister über den Anbau gentechnisch veränderter Pflanzen sowie eine Konkretisierung der bestehenden zivilrechtlichen Haftungsregelungen.
Während Gentechnik-Befürworter von einem »Verhinderungs-Gesetz« sprechen, da es ein Gesetz zum Schutz des gentechnikfreien Anbaus ist, sind seine Gegner gegen jede Abweichung vom bisherigen Anbauverbot. Landwirte wehren sich mit freiwillig vereinbarten gentechnikfreien Anbauzonen, vor allem wegen der umstrittenen Haftungsfragen.

GVO-Kennzeichnung: Was bedeutet das?
Seit dem 18. 4. 04 besteht eine EU-weite Kennzeichnungspflicht für GVO, bei der jedem GVO ein Erkennungscode zugeordnet werden soll. Sowohl gentechnisch veränderte Futtermittel als auch Lebensmittel, in denen die GVO nicht mehr nachweisbar sind, müssen gekennzeichnet werden (»genetisch verändert« oder »aus genetisch

verändertem ...«). Damit soll eine Rückverfolgbarkeit von GVO möglich gemacht werden.

Biotechnologie: Was ist das?
Biotechnologie ist ein Teil der Biowissenschaften. Der Begriff wird offiziell wie folgt definiert: »Biotechnologie ist die integrierte Anwendung von Biochemie, Mikrobiologie und Verfahrenstechnik mit dem Ziel der technischen Nutzung des Potentials von Mikroorganismen, Zell- und Gewebekulturen sowie Teilen davon«.

Transgene Tiere: Was versteht man darunter?
Dies sind Tiere, in deren Genom (Erbsubstanz) durch Gentransfer ein fremdes Gen eingeschleust worden ist.

Klonen: Was ist das?
Durch Klonen entstehen Lebewesen gleicher Erbmasse. In der Biotechnologie werden zwei Verfahren angewandt: Die Vermehrung (Klonung) durch Teilung von befruchteten Zellen vor dem Achtzellenstadium (Zellspaltung) oder durch die Übertragung von Körperzellen in entleerte Eizellen.

Klonen: Was kann man davon erwarten?
Als Reproduktionsverfahren führt Klonen zwar zu genetischer Einheitlichkeit, doch ergeben (viele) identische Kopien keinen Zuchtfortschritt, da der Klon eines Spitzentieres nicht zwangsläufig eine Spitzenleistung bringt. Speziell bei den Merkmalen der Fruchtbarkeit und der Krankheitsresistenz sind erhebliche phänotypische (also das Leistungsvermögen betreffende) Unterschiede zwischen »identischen Kopien« von Tieren zu erwarten, da auch ein geklontes Tier von seiner Umwelt beeinflusst wird, nicht nur von seinen Erbanlagen.

Chimären: Was versteht man darunter?
Durch Zusammenbringen von embryonalen Zellen zweier Tiere verschiedener Art (z. B. Schaf, Ziege) entstehen Chimären (Artbastarde), die jeweils 2 Väter und 2 Mütter haben.

Integrierter Landbau – Was versteht man darunter?
Der Integrierte Landbau ist die Zielsetzung einer Landbewirtschaftung unter ausgewogener Beachtung ökologischer und ökonomischer Erfordernisse. Dabei sind alle Maßnahmen des integrierten Pflanzenschutzes und der integrierten Pflanzenproduktionssysteme in eine gesamtbetriebliche Betrachtungsweise einzuordnen und in die Praxis umzusetzen.

Ökologischer Landbau – Was versteht man darunter?
Dieser Begriff ist durch die EU-Verordnung vom 22. 7. 91 geschützt. Die Bezeichnung »ökologisch« tritt an die Stelle von »alternativ« und »biologisch«. In Deutschland wird

er im Rahmen folgender Verbände praktiziert, die ursprünglich unter der »Arbeitsgemeinschaft ökologischer Landbau« (AGÖL) zusammengeschlossen waren. Die AGÖL löste sich 2002 auf. Der neu gegründete Spitzenverband ist der BÖLW (**B**und **ö**kologische **L**ebensmittelwirtschaft).

BÖLW: Wer steht dahinter?

Nach der Gründung des BÖLW war zunächst die gesamte Wertschöpfungskette vom Acker bis zur Ladentheke mit den diversen ökologischen Anbauverbänden, Bundesverbänden von Herstellung und Handel vertreten. Nach einer Neudefinition des BÖLW als Verband der Verbände können Unternehmen nicht mehr direkt Mitglieder sein, einige Anbauverbände traten aus (Biokreis und Ecovin) oder bestehen nicht mehr (Ökosiegel), andere sind Fördermitglieder (z.B. Alnatura, Stiftung Ökologie und Landbau SÖL).

BÖLW: Welche Ziele verfolgt er?

Wichtigstes Anliegen der BÖLW ist das Mitgestalten politischer Rahmenbedingungen, um damit die Entwicklung des Ökologischen Landbaus weiter voranzubringen. Wichtige Themen sind auch die Grüne Gentechnik (siehe Seite 67) und Maßnahmen zur Vermeidung der Kontamination von Bio-Produkten mit gentechnisch veränderten Organismen (GVO).

Ökologischer Landbau: Welche Grundprinzipien hat er?

Leitgedanke im Ökologischen Landbau (ÖL) ist das Wirtschaften im Einklang mit der Natur und in Form eines möglichst geschlossenen Betriebskreislaufs.

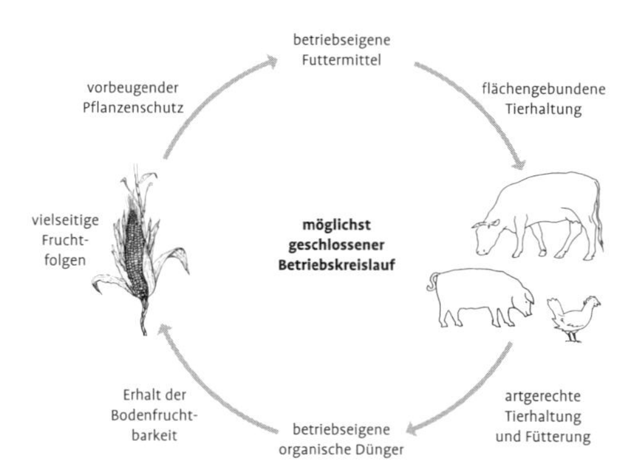

Ökologischer Landbau: Welche Ziele haben die Anbauverbände?

Die Öko-Verbände berücksichtigen den Zusammenhang zwischen landwirtschaftlicher Produktion, dem Wunsch nach gesunder Ernährung und Erhalt der Kulturlandschaft, wobei sämtliche Betriebsflächen und -zweige (auch die Tierhaltung) nach ökologischen

Grundsätzen bewirtschaftet werden. Wesentlicher Grundsatz ist der Verzicht auf chemisch-synthetische Pflanzenschutzmittel und Stickstoffdünger sowie sonstige leicht lösliche Mineraldünger mit dem Ziel, gesunde Lebensmittel zu erzeugen und gleichzeitig Bodenfruchtbarkeit und Artenvielfalt zu erhalten und das Grundwassser vor Belastungen durch Nitrat und Pflanzenschutzmittel zu schützen. So sollen die natürlichen Lebensgrundlagen Boden, Wasser und Luft bewahrt und durch aktiven Umwelt-, Natur- und Artenschutz soll zum Erhalt dieser natürlichen Lebensgrundlagen beigetragen werden. Ein wesentliches Ziel des ÖL ist zudem das Halten und Füttern landwirtschaftlicher Nutztiere nach deren artgemäßen Bedürfnissen (siehe unten).

Ökologischer Landbau: Welche Bedeutung hat er?
Die Bedeutung des ökologischen Landbaus steigt und soll deutlich weiter steigen. Mit der 2001 beschlossenen Agrarwende (siehe Seite 71) über eine Neuausrichtung der Agrarförderung wird der ökologische Landbau intensiver gefördert als bisher und soll bis 2011 auf 20 % Marktanteil ausgeweitet werden. Geförderte Investitionen werden an artgemäße und flächengebundene Tierhaltung geknüpft. Prämien für die Umstellung und Beibehaltung des ökologischen Anbaus werden deutlich erhöht, zusätzlich wird die Förderung von Verarbeitung und Vermarktung ökologisch und regional erzeugter Produkte wesentlich verbessert, speziell durch Unterstützung von Erzeugerzusammenschlüssen.

Ökologische Tierhaltung: Welche Unterschiede bestehen zur konventionellen Haltung?
Bei der Futterproduktion werden keine Pflanzenschutzmittel und keine Mineraldünger eingesetzt, der Energieverbrauch ist um 25 % geringer, die Stickstoff-Einträge in Gewässer sind um mehr als 75 % geringer. Das bedeutet, dass die ökologische Tierhaltung, speziell die Mastschweinehaltung, letztendlich billiger ist als konventionelle, da bei der konventionellen Tierhaltung die Kosten der Umweltbelastungen von der Allgemeinheit getragen werden und diese Kosten z. B. beim »Billigschnitzel« nicht mit eingerechnet werden. Müsste der Verursacher (hier der herkömmliche Schweinemäster) die Umweltbelastungen in seine Kalkulation einbeziehen, müsste jedes konventionell erzeugte Mastschwein etwa 50 Euro mehr kosten.

Kontrollierter Anbau – Was versteht man darunter?
Vertragsanbau mit genauen Regelungen und Kontrollen hinsichtlich Düngung und Pflanzenschutz. Spritzen ist verboten.

Artgemäße Tierhaltung – Was versteht man darunter?
Dieser Begriff stammt aus dem Tierschutz-Gesetz. Er beschreibt eine in diesem Gesetz verankerte Nutztierhaltung, die sich bei ihren Anforderungen an die Haltungssysteme an den natürlichen Bedürfnissen und Verhaltensweisen der jeweiligen Nutztiere orientiert.

In den letzten Jahren wurden bereits viele diesen Vorgaben entsprechende und wirtschaftliche Haltungsalternativen entwickelt, z. B. Außenklimaställe für Rinder und Schweine, Tretmistställe für Rinder oder die Volierenhaltung für Geflügel. In der Regel stehen einem höheren Arbeitsaufwand geringere Investitionen, gesündere Tiere und eine geringere Umweltbelastung gegenüber.

Agrarwende – Was versteht man unter diesem Begriff?

Dieser Begriff steht für eine nach der BSE-Krise 2000/01 in Deutschland eingeleitete Landwirtschaftspolitik, die Teil einer ökologischen Modernisierung des Landes sein soll. Diese neu formulierte Politik zielt u. a. darauf ab, dass Landwirte und Verarbeiter auf »Klasse statt Masse« setzen können, wobei es ausdrücklich nicht um große bzw. kleine Betriebsstrukturen oder um ökologischen bzw. konventionellen Landbau geht. Statt dessen sollen gerade die Bauern klare Zukunftsperspektiven erhalten. Markenzeichen und Eckpunkt der Agrarwende ist dabei vor allem die Nachhaltigkeit in der Landwirtschaftspolitik, weitere Kennzeichen sind die erneuerbaren Energien, der Agrar-Tourismus, die regionalen Strukturen und besonders die artgemäße Tierhaltung. Angestrebt wird ein Ausbau des ökologischen Landbaus auf 20 % Marktanteil bis 2010.
Den Verbrauchern, die künftig besser geschützt werden sollen, dienen 2 Qualitätszeichen als Orientierung: eines für ökologischen Landbau, eines für konventionelle Landwirtschaft, kombiniert mit einer „gläsernen" Produktion von den Ställen bis zur Ladentheke.

Gütezeichen: Welche gibt es für die Landwirtschaft?

Gütezeichen sollen einen bestimmten Qualitätsstandard oder eine bestimmte Eigenschaft garantieren. Sie werden von Gütezeichen-Gemeinschaften, Verbänden, Einrichtungen des Gemeinschafts-Marketings oder vom Staat zur Kennzeichnung bestimmter Produkte an Unternehmen vergeben.
Das Bundes-Landwirtschaftsministerium vergibt seit 2002 das Bio-Siegel. Die QS-GmbH vergibt im Rahmen des »QS – Qualität und Sicherheit«-Programms das QS-Zeichen (siehe Seite 44).

Das Bio-Siegel aus dem Bundesministerium für Ernährung, Landwirtschaft und Verbraucherschutz.

Landwirtschaftliche Buchführung und Steuer

Buchführung – Wozu dient die landwirtschaftliche Buchführung?
Als Grundlage für betriebswirtschaftliche Kalkulationen, Betriebsüberwachung und Betriebsvergleich,
als Hilfsmittel für Beratung und Agrarpolitik,
als Voraussetzung für die Gewährung von Förderungsmitteln,
als Nachweis für die Kreditfähigkeit,
als Richtmaß zur steuerlichen Veranlagung.
Buchführung ist ein Instrument der Betriebskontrolle, das Fehlentwicklungen vermeiden hilft oder eine Korrektur möglich macht. Die notwendigen Daten stehen nur über eine ordnungsgemäße Buchführung zur Verfügung.

Gewinnermittlungs-Methoden: Welche gibt es für Land- und Forstwirtschaft?
Buchführung,
Überschuss-Rechnung,
Gewinnermittlung nach Durchschnittsätzen (13a-Landwirt), Schätzung des Gewinns (Schätzungs-Landwirt).

Buchführungspflicht: Wann besteht sie?
Wenn der Wirtschaftswert
- der selbst bewirtschafteten Fläche 25 000 €
- oder der Umsatz 350 000 € im Kalenderjahr
- oder der Gewinn 30 000 € im Kalenderjahr

überschritten hat und das Finanzamt dies dem Landwirt mitteilt.

Überschuss-Rechnung: Für welche Betriebe kommt sie in Frage?
Die Überschuss-Rechnung ist eine vereinfachte Buchführung und wird zur Pflicht, wenn die gesetzlichen Grenzen zur Buchführungspflicht noch nicht überschritten sind, der Betrieb jedoch über den Grenzwerten zur Gewinnermittlung nach Durchschnittsätzen im Sinne § 13a Einkommensteuer-Gesetz (Durchschnittsatz-Landwirte, siehe unten) liegt.
Für eine Überschuss-Rechnung müssen Inventarlisten angelegt und die laufenden Einnahmen und Ausgaben aufgeschrieben werden. Es wird jedoch keine Bilanz erstellt.

Gewinnermittlung nach Durchschnittsätzen (GnD): Wann erfolgt sie?
Mit der Neuregelung (gültig seit dem Wirtschaftsjahr 1999/2000) ist der Gewinn eines Betriebes der Land- und Forstwirtschaft zu ermitteln, wenn keine Buchführungspflicht besteht, die selbst bewirtschafteten Flächen der landwirtschaftlichen Nutzung ohne Sonderkulturen 20 ha nicht überschreitet, und der Tierbestand insgesamt 50 VE nicht

überschreitet und der Wert der selbst bewirtschafteten Sondernutzungen nicht mehr als 2000 DM/Sondernutzung beträgt.

Durchschnittsatz-Landwirt: Was ist damit gemeint?
Er entspricht dem 13a-Landwirt, da bei Betrieben, die weder zur Buchführung noch zur Überschuss-Rechnung verpflichtet sind, der steuerliche Gewinn vom Finanzamt gemäß § 13a des Einkommensteuer-Gesetzes nach Durchschnittsätzen ermittelt wird.

Schätzungslandwirt: Was ist das?
Bei Landwirten, die ihre Buchführungspflicht nicht oder nicht ordnungsgemäß erfüllen, kann die Finanzbehörde den Gewinn gemäß § 162 AO durch Schätzung ermitteln. Die Schätzung wird auch durchgeführt, wenn unter die Überschuss-Rechnung fallende Steuerpflichtige keine entsprechenden Aufzeichnung vorlegen können.

»Einfache Buchführung«: Was versteht man darunter?
Bei einfacher Buchführung wird jede Einnahme oder Ausgabe nur einmal (einfach) gebucht. Eine Einnahme aus z. B. Getreideverkauf wird entweder nur im Finanzkonto (Bank usw.) oder nur im Sachkonto (Getreide) gebucht. Sie hat in der Praxis keine große Bedeutung mehr.

»Doppelte Buchführung«: Was versteht man darunter?
Bei der doppelten Buchführung wird jeder Vorgang zweimal (doppelt) gebucht. Einnahmen aus z. B. Getreideverkauf werden im Konto »Bank« wie auch im Konto »Getreide« gebucht. Dadurch wird festgehalten *woher* das Geld gekommen ist (Getreideverkauf), und *wohin* es geflossen ist (Bankkonto).

Inventur: Was ist das?
Die körperliche Bestandsaufnahme aller Vermögensgegenstände, die zu Beginn und am Ende eines jeden Wirtschaftsjahres erfolgen muss. Das Ergebnis wird im Inventur- oder Vermögensverzeichnis festgehalten und in der Bilanz übersichtlich zusammengestellt.

Wirtschaftsjahr: Wann beginnt es?
Das Wirtschaftsjahr umfasst einen Zeitraum von 12 Monaten und geht nach §4 des Einkommensteuer-Gesetzes vom 1. 7.–30. 6. des darauf folgenden Jahres. Für einzelne Gruppen von Landwirten sind auch noch andere Zeiträume möglich (z. B. bei reiner Forstwirtschaft vom 1. 10.–30. 9. des Folgejahres).

Bilanz: Was versteht man darunter?
Die Bilanzaufstellung besteht im Erfassen, Bewerten und Zusammenstellen des Betriebsvermögens und der Betriebsschulden zu einem bestimmten Stichtag, das heißt die Bilanz ist das Kernstück jeder kaufmännischen Buchführung, da sie eine geordnete Zusammenstellung des Vermögens, der Schulden und des Eigenkapitals ist. Dabei ste-

hen auf der linken Seite die Aktiva (darunter ist das gesamte Betriebsvermögen zusammengefasst) und auf der rechten Seite die Passiva (die sich aus Fremd- und Eigenkapital zusammensetzen).
Die rechte Seite gibt Auskunft über die Herkunft der im Betrieb eingesetzten Mittel. Die Bilanz ist ein Finanzierungsnachweis, die Bilanzgleichung »Summe der Aktiva = Summe der Passiva« muss ausgeglichen sein, da für jeden Aktivposten ein entsprechender Passivposten vorhanden sein muss.

Wirtschaftswert: Was ist das?
Das ist der Einheitswert der selbst bewirtschafteten Flächen (einschließlich Pachtflächen) abzüglich des Wohnungswerts.

Buchführung: Wer hilft dem Landwirt dabei?
Die landwirtschaftlichen Buchstellen, die im **H**auptverband der **l**andwirtschaftlichen **B**uchstellen und **S**achverständigen (HLBS) zusammengeschlossen sind.

Buchführungsjahr: Wann beginnt es?
Es beginnt in den meisten landwirtschaftlichen Betrieben am 1. Juli,
in Grünlandbetrieben teilweise am 1. Mai,
in Gartenbaubetrieben überwiegend am 1. Januar.
Die Zeitpunkte liegen so, dass die Vorräte jeweils am geringsten sind.

Ordnungsgemäße Buchführung: Welche Grundsätze und Anforderungen müssen erfüllt werden?
Der Begriff »Grundsätze Ordnungsgemäßer Buchführung« (GoB) umfasst alle Ordnungsregeln der laufenden Buchführung, der Inventur und des Jahresabschlusses. Die wichtigsten Grundsätze sind: Klare Aufzeichnungen sollen einem sachverständigen Dritten (z. B. Betriebsprüfer des Finanzamts) einen Überblick über die Lage des Unternehmens vermitteln. Alle Buchungen /Aufzeichnungen müssen vollständig, richtig, zeitgerecht und geordnet erfolgen. Bücher können als geordnete Beleg-Ablage oder auf Datenträgern geführt werden. Zu jeder Buchung muss ein Beleg vorhanden sein. Aufbewahrungsfristen von 10 Jahren bestehen für z. B. Buchungsbelege, Bücher, Aufzeichnungen, Inventar, Jahresabschlüsse, Eröffnungsbilanzen; von 6 Jahren für z. B. Kassenzettel, Lohnabrechnungen, Handels- und Geschäftsbriefe.
Vermögensausweis, der das landwirtschaftliche Vermögen enthält und jährlich einmal, jeweils zu Beginn des Buchführungsjahres, aufgestellt wird. Er enthält auch das Grundstücks-, Anbau- und Ernteverzeichnis.
Natural- und Viehbericht, der die Naturalentnahme für die Besitzerfamilie und fremde Arbeitskräfte festhält sowie die monatlichen Veränderungen der Naturalien und des Viehbestandes aufzeichnet.
Kassenbericht, in dem die täglichen baren und unbaren Einnahmen und Ausgaben verbucht werden.
Haushaltsbuch und ein Buch für private Einnahmen und Ausgaben als Ergänzung.

Eröffnungsbilanz: Was versteht man darunter?
Das Aufstellen einer Bilanz zu Beginn der Buchführung, in der das gesamte Vermögen des Betriebes zusammengefasst und bewertet sowie das Fremdkapital aufgeführt wird.

Bilanz: Was besagt die linke, was die rechte Seite?
Linke Seite: Sie gibt an, wie das Kapital verwendet bzw. festgelegt ist. Sie wird auch als Aktiva bezeichnet.
Rechte Seite: Hier wird verzeichnet, woher das Kapital stammt bzw. wie das Vermögen finanziert ist. Sie wird mit Passiva bezeichnet.

Bilanz: Welches Prinzip muss bewahrt werden?
Nach dem Prinzip der Waage muss die Summe auf der Aktiv- und Passivseite immer gleich groß sein, und zwar sowohl in der Anfangsbilanz als auch nach jedem einzelnen Geschäftsvorgang.

Aktivvermögen (Aktiva): Wie wird es gegliedert?
A. Ausstehende Einlagen,
B. Anlagevermögen,
C. Tiervermögen,
D. Umlaufvermögen,
E. Rechnungs-Abgrenzungsposten,
F. Sonderverlustkonto aus Rückstellungsbildung,
G. Nicht durch Eigenkapital gedeckter Fehlbetrag.

Passivvermögen (Passiva): Wie wird es gegliedert?
A. Eigenkapital,
B. Einlagen der stillen Gesellschafter,
C. Nachrangiges Kapital,
D. Sonderposten mit Rücklageanteil,
E. Rückstellungen,
F. Verbindlichkeiten,
G. Rechnungs-Abgrenzungsposten.

Buchführungsstufen: Welche gibt es?
Stufe 1: Vermögensstatus
Stufe 2: Geldüberschuss-Rechnungen und Gewinn- und Verlustrechnung
Stufe 3: Erfolgsrechnung mit teilweiser Mengenrechnung
Stufe 4: Erfolgsrechnung mit laufender Mengenrechnung
Stufe 5: Erfolgsrechnung mit Teilkostenrechnung für einzelne Betriebszweige
Stufe 6: Erfolgsrechnung mit leistungsbezogener, erweiterter Teilkostenrechnung oder Vollkostenrechnung

Buchführungsstufen: Welche hat die größte Bedeutung und was beinhaltet sie?
Stufe 3; sie wird von den meisten landwirtschaftlichen Buchführungen erfüllt und bei gewissen staatlichen Förderungsmaßnahmen verlangt.
Bei Stufe 3 besteht der Abschluss aus Untergliederung des Erfolgskontos nach Ertrags- und Aufwandsarten; Berechnung von Rohertrag und Aufwand; Erfassen des Anbaues, des durchschnittlichen Viehbestandes, der Erträge, Leistungen, Verkaufsmengen und Naturalentnahmen.
Heute gewinnen doppelte Buchführung und Überschussrechnung zunehmend an Bedeutung.

Buchführungsabschluss: Was bedeutet er für den Betrieb?
Der Buchführungsabschluss eröffnet die Möglichkeit,
- Schwachstellen in der Unternehmensführung aufzudecken;
- Ansatzpunkte für Rationalisierungsreserven zu finden;
- Daten für zukunftsorientierte Entscheidungen zu gewinnen.

BML-Jahresabschluss – Was ist das? Wozu dient er?
Unter Federführung des damaligen Bundes-Ministeriums für Ernährung, Landwirtschaft und Forsten (BML) wurde 1994 der einheitliche Jahresabschluss für land- und forstwirtschaftliche Betriebe neu geordnet und herausgebracht. Ziel dabei war die Vereinheitlichung von Bilanzgliederungen und inhaltlichen Begriffen. Seit dieser Novellierung entspricht der BML-Jahresabschluss den Vorschriften des Handelsgesetzbuches und kann damit sowohl von Einzelunternehmen wie von Personengesellschaften und juristischen Personen genutzt werden.

Steuer – Welche Steuern sind vom Landwirt zu entrichten?
Einkommensteuer,	Umsatzsteuer,	Kfz-Steuer,
Grundsteuer,	eventuell Erbschaftsteuer,	eventuell Körperschaftsteuer,
Kirchensteuer,	eventuell Hundesteuer,	Umlage der Landwirtschaftskammer.

Landwirtschaftskammer: Wo wird diese Umlage erhoben?
Die in den Bundesländer außer in Baden-Württemberg, Bayern und Hessen bestehenden Landwirtschaftskammern erheben als Körperschaften des öffentlichen Rechts eine jährliche Umlage, um ihre Aufgaben durchführen zu können. Diese Umlage beruht auf dem Einheitswert und wird von den Finanzämtern eingezogen. In einigen Kammerbezirken beträgt sie 6 ‰, in anderen ist sie höher.

Einkommensteuer: Wie wird sie errechnet?
1. Gewinnermittlung aufgrund ordnungsgemäßer Buchführung.
2. Gewinnermittlung durch Überschuss-Rechnung (Einnahmen-Ausgaben-Rechnung).
3. Gewinnermittlung nach Durchschnittsätzen.
4. Gewinnermittlung durch Schätzung.

Vorsteuerpauschale: Was versteht man darunter?
Landwirte, die nicht für die Anwendung des normalen Mehrheitssteuersystems »optiert« haben, werden nicht zur Mehrwertsteuer veranlagt. Sie müssen die bezahlten »Vorsteuern« nicht nachweisen und dürfen ihren Abnehmern pauschale Mehrwertsteuer (Vorsteuerpauschale) berechnen. Zum 1. 7. 98 wurde die Vorsteuerpauschale für die Landwirtschaft von 9,5 auf 10% und für die Forstwirtschaft von 5 auf 6% angehoben. Seit dem 1. 4. 99 beträgt die Vorsteuer 9% für die Landwirtschaft und 5% in der Forstwirtschaft. Zum 1.1.2007 erhöht sich die Pauschale für landwirtschaftliche Betriebe von 9,0 auf 10% und für Forstbetriebe von 5 auf 5,5%.

Grundsteuer: Wer erhebt sie und wie wird sie errechnet?
Die Grundsteuer erhebt die Gemeinde. Sie wird aus dem Einheitswert errechnet.

Wer erhebt die anderen Steuern?
Das zuständige Finanzamt.

Welche sonstigen öffentlichen Abgaben sind vom landwirtschaftlichen Betrieb zu entrichten?
Beitrag für die landwirtschaftliche Berufsgenossenschaft,
Beitrag für die landwirtschaftliche Alterskasse,
Beitrag zur landwirtschaftlichen Krankenkasse.

Stabilität eines Unternehmens: Was versteht man darunter?
Die Erhaltung der Existenzfähigkeit durch Vermeiden von Überschuldung und Verlust von Eigenkapital.

Liquidität: Was versteht man darunter?
Die Fähigkeit, den Zahlungsverpflichtungen fristgemäß nachkommen zu können.

Insolvenz: Was versteht man darunter?
Das ist die Zahlungsunfähigkeit eines Betriebes. Sie führt zu einem Vergleichs- oder Konkursverfahren und damit zur Umwandlung oder Auflösung eines Unternehmens.

Steuernachteile: Wie werden sie ausgeglichen?
Steuerliche Nachteile lassen sich in der Landwirtschaft durch geschickte Vertragsgestaltung bei Kooperationsformen teilweise vermeiden. Der Bereich der überbetrieblichen Zusammenarbeit bietet in Form von Nachbarschaftshilfe über Personengesellschaften bis zu Kapitalgesellschaften viele rechtliche Gestaltungsmöglichkeiten. Vor der Bildung solcher Gesellschaftsformen sollten insbesondere langfristige Verträge zur Zusammenarbeit nur mit Unterstützung der Beratungsstellen und einem Steuerberater abgeschlossen werden.

Geld und Kredit – Geldanlage: Welche Möglichkeiten gibt es?

Sparkonto, Sparbriefe
Pfandbriefe,
Aktien, Investmentzertifikate
Kauf von Grundstücken,
Bau von Wohnungen,
Kauf von Fondsanteilen.

Kredit: Welche Formen gibt es?

Kontokorrentkredit (laufende Rechnung, tägliche Kündigung),
kurzfristige Kredite (Laufzeit unter 1 Jahr),
mittelfristige Kredite (Laufzeit 1 bis unter 10 Jahre),
langfristige Kredite (Laufzeit mehr als 10 Jahre),
Personal- und Hypothekarkredit.

Kredite: Welche eignen sich für die Landwirtschaft?

Langfristige für Gebäude und Kauf von Grundstücken.
Mittelfristige für den Maschinenkauf (dabei ist aber schon Vorsicht geboten).
Von kurzfristigen Krediten sollte der Landwirt wegen des relativ hohen Zinssatzes nur in begrenztem Umfang Gebrauch machen.

Kreditfinanzierung: Wie hilft der Staat dabei?

Im Rahmen verschiedener Programme gewährt der Staat Hilfen in Form von Zinsverbilligung für Kapitalmarkt- bzw. öffentliche Darlehen oder in besonderen Fällen als Zuschüsse. Am bedeutungsvollsten ist das Einzelbetriebliche Förderungsprogramm im Rahmen der Gemeinschaftsaufgabe »Verbesserung der Agrarstruktur und des Küstenschutzes«.
Daneben können Kredite aus dem Agrarkreditprogramm in Anspruch genommen werden. Außerdem können die Landwirte Investitionskredite aus den Mitteln der Kreditanstalt für Wiederaufbau, der Landwirtschaftlichen Rentenbank und der Siedlungs- und Rentenbank in Anspruch nehmen. Auskunft erteilen die Landwirtschaftsämter bzw. Landwirtschaftskammern und Wirtschaftsberatungsstellen.

Kapitaldienstgrenze: Was versteht man darunter?

Die Kapitaldienstgrenze ist die nachhaltig tragbare Belastung des Betriebes zur Verzinsung und Tilgung aufgenommenen Fremdkapitals. Dabei sind die festen Ausgaben des Betriebes einschließlich der Privatentnahmen sowie ein Risikozuschlag für Einkommensschwankungen während der gesamten Belastungsperiode zu berücksichtigen.

Rentabilitätsgrenze: Was versteht man darunter?

Die jeweilige Rentabilitätsgrenze von Investitionsvorhaben wird im Wesentlichen bestimmt durch das Investitionsvolumen, das Verhältnis des dafür eingesetzten Fremd- und Eigenkapitals, die Zinsen bzw. Zinssätze für das Fremd- und Eigenkapital und das Mehreinkommen durch die Investition. Eine Investition kann nur dann rentabel sein, wenn die dadurch zu erwartenden Mehreinnahmen höher sind als die kalkulierten Mehrausgaben.

Beleihungsgrenze: Was versteht man darunter?
Die dingliche Sicherheit eines Kredites unabhängig von der Einkommenslage des Kreditnehmers. Für landwirtschaftliche Betriebe liegt sie bei etwa 50 % des Verkehrswertes; sie ist flexibel.

Rating: Was besagt dieser Begriff?
Im Zusammenhang mit der Kreditvergabe der Banken wird mit Rating ein standardisiertes statistisches Beurteilungsverfahren bezeichnet. Mit seiner Hilfe wird die Bonität eines Betriebes beurteilt, indem der Kreditkunde eine Benotung (englisch Rating) darüber erhält, wie gut oder wie schlecht er seine Finanzen im Griff hat. Damit gewinnt eine aktuelle und aussagekräftige Buchführung sowie eine frühzeitig mit der Bank abgeklärte Finanzierung zunehmend an Bedeutung.

Bonität: Ist sie allein für Kreditkonditionen wichtig?
Nein, erst die Bonitätseinstufung gemeinsam mit der Bewertung der Sicherheiten lässt eine abschließende Beurteilung des jeweiligen Kreditrisikos durch die Bank zu.

Degressive Abschreibung: Was ist das?
Dabei werden bewegliche Güter nicht gleichmäßig über die ganze Nutzungsdauer, sondern mit von Jahr zu Jahr verringerten Beträgen abgeschrieben, weil mit dem gleichen Prozentsatz nicht von den Anschaffungskosten, sondern vom jeweiligen Buchwert abgeschrieben wird.

Lineare Abschreibung: Was ist das?
Dabei wird Jahr für Jahr mit dem gleichen Prozentsatz von den Anschaffungskosten abgeschrieben.

Buchwert: Was ist das?
Das ist der Wert, mit dem die Vermögen- und Schuldteile in den Geschäftsbüchern erscheinen. Er liegt zwischen dem Verkehrswert und dem meist wesentlich niedrigeren Ertragswert. Er richtet sich beim Landwirt nach den Anschaffungskosten der einzelnen Wirtschaftsgüter (Grund und Boden, Gebäude, Maschinen), verändert um die Abschreibungen. Grundstücke, die am 1. 1. 1970 zum Betrieb gehörten, werden meist pauschal mit der 8fachen Ertragsmesszahl bewertet.

Flurstück, Feldstück, Schlag: Was versteht man darunter?
Flurstücke sind die im Grundbuch und in der amtlichen Flurkarte des Vermessungsamtes mit einer »Flurstücksnummer« eingetragenen Grundstücke.
Zu einem *Feldstück* werden oft mehrere Flurstücke, zu einem *Schlag* im Rahmen der Fruchtfolge häufig mehrere Flurstücke, öfters aber auch mehrere Feldstücke zusammengefasst.

Warenwechsel: Was ist das?
Diese Wechsel sind eine von der Landwirtschaft wenig benutzte, aber nicht immer ungünstige Finanzierungsmöglichkeit. Sie laufen in der Regel 90 Tage und müssen nach Ablauf mit absoluter Sicherheit eingelöst werden können.

Tilgungsdarlehen: Wie läuft das ab?
Sie werden über die ganze Laufzeit mit der gleichen Rate getilgt, während der Zinsanteil jährlich fällt, wodurch die jährliche Gesamtbelastung für den Schuldner mit zunehmender Laufzeit zurückgeht.

Annuitätendarlehen: Was ist das?
Sie werden über die ganze Laufzeit mit dem gleichen Betrag (Zinsen und Tilgung) bedient. Dabei ist der Zinsanteil anfangs sehr hoch und die Tilgung sehr niedrig. Mit der Zeit kehren sich die Anteile um.

Festdarlehen: Wie wird es getilgt?
Es wird am Ende der Laufzeit in einem Betrag getilgt. Der Kreditbetrag muss daher über die ganze Laufzeit in voller Höhe verzinst werden.

Lastschriftverfahren: Was versteht man darunter?
Der Inhaber eines Bank- oder Postscheckkontos gestattet durch das Erteilen einer »Einzugsermächtigung«, ständig wiederkehrende Zahlungen wie Telefon-, Strom- und andere Rechnungen von seinem Konto zugunsten des Zahlungsempfängers abzubuchen. Diese Ermächtigung kann jederzeit und bis zu 6 Wochen rückwirkend widerrufen werden.

Fremdkapital: Wann ist es kritisch?
Fremdkapital sollte im Vergleich zum eigenen Vermögen beurteilt werden. Die »goldene Bilanzregel« fordert: Das Fremdkapital darf nicht höher sein als der Wert des Maschinen-, Vieh- und Umlaufvermögens. Ist das Fremdkapital im Vergleich zum Vermögen sehr hoch, leidet darunter die Wirtschaftlichkeit und Flexibilität des Betriebes.

Testament – Was ist zu beachten?
Man kann das Testament beim Notar erstellen lassen, man kann es aber auch eigenhändig schreiben. Es muss dann aber ganz handschriftlich gefertigt, mit vollem Namen unterschrieben und handschriftlich mit Ort und Datum versehen sein.
Ein maschinengeschriebenes Testament ist ungültig. Man kann das Testament selbst aufbewahren oder beim Notar, beim Amtsgericht, bei der Gemeindeverwaltung oder bei einem Rechtsanwalt hinterlegen.

Grundbesitz – Grundbuch: Wo wird es geführt und was enthält es?
Das Grundbuch wird beim zuständigen Amtsgericht (Grundbuchamt) geführt. Der Kauf oder Verkauf von Grundstücken ist nur gültig nach notarieller Beurkundung und

Eintragung in das Grundbuch. Die einzelnen Grundbuchblätter sind nach Gemarkungen geordnet und in Bände zusammengefasst. Jedes Grundstück hat ein eigenes Grundbuchblatt mit Titelblatt und den Abteilungen I, II und III.
Die Eintragungen im Grundbuch genießen öffentlichen Glauben, d. h. sie gelten ohne weitere Nachprüfung als vollständig und richtig.

Grundstücksverzeichnis: Was enthält es?
Das Grundstücksverzeichnis enthält sämtliche Grundstücke, die zu einem Betrieb gehören, mit Grundstücks-Nummer, Gewanne-Bezeichnung, Größe, und zwar geordnet nach Nutzungs- und Eigentumsverhältnissen. Buchführungspflichtige Betriebe sind gesetzlich verpflichtet, das Grundstücksverzeichnis stets zu aktualisieren.

Liegenschaftskataster: Wo wird er geführt und was enthält er?
Der Liegenschaftskataster wird beim zuständigen Vermessungsamt geführt. Er besteht aus:
dem *Flurbuch* mit Flurstücks-Nummern, Lage- und Gebäudebesatz, Nutzungsart, Größe der Einzelflächen, Klassenbeschrieb, Wertzahlen, Ertragsmeßzahlen und Gesamtfläche des Flurstückes für alle Grundstücke einer Steuergemeinde;
dem *Liegenschaftsbuch,* in dem die einem Eigentümer gehörenden Flurstücke auf Bestandsblättern zusammengefasst sind.

Rechte und Lasten: Welche können auf Grundbesitz lasten?
Rechte: Forstrecht, Wegerecht, Weiderecht, Steuerrecht.
Lasten: Hypotheken und Grundschulden, Dienstbarkeiten.

Erbbaurecht: Was bedeutet das?
Mit dem Erbbaurecht räumt ein Grundeigentümer einem anderen das Recht ein, auf einem Grundstück ein Gebäude zu errichten. Die Einzelheiten werden im Erbbauvertrag geregelt. Die Laufzeit beträgt meist 99 Jahre.

Gutachten – Wer fertigt für den Landwirt Gutachten an und führt Schätzungen durch?
Die von den zuständigen amtlichen Stellen »öffentlich bestellten und vereidigten landwirtschaftlichen Sachverständigen«. Bei den Geschäftsstellen der Bauernverbände, den Landwirtschaftsämtern und den landwirtschaftlichen Beratungsstellen liegen Listen der Sachverständigen auf.

HLBS – Was ist das?
Der **H**auptverband **l**andwirtschaftlicher **B**uchstellen und **S**achverständiger ist der Zusammenschluss der zugelassenen landwirtschaftlichen Buchstellen und der öffentlich bestellten Sachverständigen.

Betriebswirtschaft

Betriebssysteme bzw. Betriebsformen – Wie teilt man die Betriebe nach Standard-Deckungsbeiträgen ein?

Marktfrucht-Betriebe (M), M-Spezialbetriebe (M 1, MIM, MIX), M-Verbundbetriebe (M 2, M-F, M-V, M-D)

Futterbau-Betriebe (F), F-Spezialbetriebe (F 1, FMI, FR), F-Verbundbetriebe (F 2, F-M, F-V, F-D)

Veredlungs-Betriebe (V), V-Spezialbetriebe (V 1, VSW, VGE), V-Verbundbetriebe (V 2, V-M, V-F, V-D)

Überblick zur EU-Betriebssystematik

Allgemeine Ausrichtung	Betriebsgruppe Bezeichnung	Abk.	Anteil von ... am SDB des Betriebes > 66 %
spezielle Ackerbau-betriebe (A)	Getreide	A-GETR	Getreide, Ölsaaten, Eiweißpflanzen
	Hackfrucht	A-HACK	Hackfrüchte
	Ackerbau gemischt	A-GEM	Feldgemüse, Tabak, Hopfen, *Ackerbaubetriebe ohne besonderen Schwerpunkt*
spezielle Gartenbau-betriebe (G)	Gemüse	G-GEM	Gemüse und Erdbeeren im Freiland oder unter Glas
	Blumen und Zierpflanzen	G-ZIER	Blumen und Zierpflanzen im Freiland oder unter Glas
	Baumschulen	G-BS	Baumschulen[1]
	sonstiger Gartenbau	G-SO	*Gartenbaubetriebe ohne besonderen Schwerpunkt*
spezielle Dauerkultur-betriebe (D)	Weinbau	D-WB	Rebanlagen
	Obstbau	D-OB	Obst- und Beerenobstanlagen
	Dauerkultur gemischt	D-SO	Reb- und Obstanlagen
spez. Futter-baubetriebe (Weidevieh) (F)	Milchvieh	F-MI	Milchkühe und Aufzucht
	sonstiger Futterbau	F-SO	Sonstige Rinder, Schafe, Ziegen, *Futterbaubetriebe ohne besonderen Schwerpunkt*
spezielle Veredelungs-betriebe (V)	Schweine	V-SW	Schweine
	sonstige Veredlung	V-SO	Geflügel, *Veredlungsbetriebe ohne besonderen Schwerpunkt*
Verbund-betriebe (VB)	Pflanzenbau-Verbund	VB-PFL	Anteil einzelner Betriebszweige am gesamten SDB < 66 %
	Milchvieh-Verbund	VB-MI	
	Veredlungs-Verbund	VB-V	
	sonstige Verbund	VB-SO	

[1] Laut Entscheidung 85/377/EWG gehören Reb- und Baumschulen zu den spezialisierten Dauerkulturbetrieben

Dauerkultur- D-Spezialbetriebe (D 1, DOB, DWE, DHO),
Betriebe (D), D-Verbundbetriebe (D 2, D-M, D-F, D-V)
Landwirtschaftliche Gemischtbetriebe (XLA mit XLM, XLF, XLV, XLD)
Bisher wurden die Betriebe jeweils der Betriebsform zugeordnet, bei der der Standard-Deckungsbeitrag (SDB) des Betriebszweiges dieser Betriebsform mind. 50 % des Gesamt-SDB ausmacht. Gemischtbetriebe erreichen in keinem Betriebszweig diese 50 %.

Betriebstypisierung: Welche ist aktuell?
Mit dem Wirtschaftsjahr 2002/2003 wurde in einigen Bundesländern die Buchführungsstatistik auf die EU-Typisierung umgestellt. Diese unterscheidet sich deutlich in den Abgrenzungskriterien von der alten Systematik. Die Grenze von 50 % des SDB wird der zunehmenden Spezialisierung in der Landwirtschaft nicht mehr gerecht.

EU-Betriebstypisierung: Worauf basiert sie?
Die Grundlage bildet ebenfalls der SDB, jedoch ohne Berücksichtigung der veränderlichen Maschinen-, Reparatur- und Treibstoffkosten. Gerechnet wird mit dem Durchschnitt der SDB der letzten 3 Jahre. Betriebe werden erst dann zu Spezialbetrieben, wenn der SDB einer betrieblichen Ausrichtung 66 % des Gesamt-SDB beträgt.

Produktionsfaktoren – Welche sind entscheidend im landwirtschaftlichen Betrieb?

Die Grundlage jeder Erzeugung von Gütern oder Dienstleistungen sind die Produktionsfaktoren Boden, Arbeit, Kapital und Management.
Unter *Boden* sind dabei nicht nur die Bodenfläche, sondern auch Bodenschätze, Naturkräfte und Wirtschaftsraum zu verstehen.
Arbeit umfasst jede körperliche und geistige Leistung eines Menschen, die der Produktion dient.
Unter *Kapital* versteht man volkswirtschaftlich gesehen den Gesamtwert aller Güter, mit denen im Betrieb gewirtschaftet wird, also z. B. Gebäude, Maschinen, Vieh- (= Sachkapital) sowie Geldkapital.
Das *Management* umfasst Planung, Lenkung, Leitung und Verwaltung eines Unternehmens.
Die wichtigsten landwirtschaftlichen Produktionsfaktoren teilt man in drei Gruppen ein:
Güter (Sachgüter): Boden, Bodenverbesserung, Gebäude und bauliche Anlagen, Maschinen und Geräte, Dauerkulturen, ein- und mehrjährige Kulturen, Vieh, Feldinventar, Finanzvermögen.
Dienste: Dienstleistungen und Arbeit
Rechte: Weide- und Nutzungsrechte, Lizenzen, Brenn- und Lieferrechte (Kontingente) u. a.

Welche Faktoren beeinflussen die Erzeugung außerdem?
Innere und äußere Verkehrslage,
Markt- und Absatzmöglichkeiten,
Stand der volkswirtschaftlichen Entwicklung,

Stand der landwirtschaftlichen Produktionstechnik,
agrarpolitische Maßnahmen.

Innere Verkehrslage: Was versteht man darunter?
Das ist die Lage der Grundstücke zueinander und zum Hof und wird als innere Verkehrslage bezeichnet. (Arrondierte Betriebe haben eine sehr gute innere Verkehrslage.)

Äußere Verkehrslage: Was versteht man darunter?
Das ist die Entfernung des Betriebes zu Stadt, Bahn, Schule, vor allem aber zu seinen Bezugs- und Absatzmärkten, z. B. Lagerhaus.

Klima – Wie wirkt es sich aus?
Durch die vier Komponenten Wärme, Feuchtigkeit, Luft und Licht wird weitgehend die Art der landwirtschaftlichen Nutzung bestimmt, z. B. Ackerland, Grünland, Sonderkulturen (Wein, Tabak).

Klimazonen: Welche herrschen in Deutschland vor?
Alpenklima: 190–200 Wachstumstage, 3–5 °C mittlere Jahrestemperatur und über 1400 mm Jahresniederschläge.
Voralpen- und Mittelgebirgsklima: 190–210 Wachstumstage, 5–7 °C mittlere Jahrestemperatur, 800–1400 mm Jahresniederschläge.
Flachlandklima: 200–220 Wachstumstage, 7–8 °C mittlere Jahrestemperatur, 650–900 mm Jahresniederschläge.
Seeklima: Hohe Niederschläge, mehr als 1100 mm und lange Wachstumszeit, 220–260 Wachstumstage, viel Wind; mittlere Jahrestemperatur in Norddeutschland 8–9 °C.

Klimatypen: Welche sind wichtig?
Maisklima, 10 °C mittlere Jahrestemperatur, ca. 290 frostfreie Tage, mittlere Julitemperatur 19 °C,
Weinklima, 9 °C mittlere Jahrestemperatur, ca. 260 frostfreie Tage, mittlere Julitemperatur 18 °C,
Wintergetreideklima, 8 °C mittlere Jahrestemperatur, ca. 180 frostfreie Tage, mittlere Julitemperatur 16 °C,
Sommergetreideklima, 6 °C mittlere Jahrestemperatur, ca. 120 frostfreie Tage, mittlere Julitemperatur 15 °C.

Bodennutzung – Betriebsfläche: Was gehört zur BF?
Als Betriebsfläche gilt die gesamte von einem landwirtschaftlichen Betrieb bewirtschaftete Fläche: Betriebsfläche = Eigentumsfläche + Pachtfläche – verpachtete Fläche.

Kulturfläche: Was gehört zur KF?
Zur Kulturfläche gehören die landwirtschaftliche und die forstwirtschaftliche Nutzfläche sowie bewirtschaftete Gewässer.

Landwirtschaftliche Nutzfläche: Was wird als LN bezeichnet?
Das ist die landwirtschaftlich genutzte Fläche, Ziergarten- und Rasenfläche, die nicht genutzte, aber landwirtschaftlich nutzbare Fläche (Sozialbrache). Sie errechnet sich aus der LF, HF, ZF und GF.

Landwirtschaftlich genutzte Fläche: Wie errechnet sich die LF?
LF = LN – Sozialbracheflächen (1 Jahr nicht bewirtschaftet).

HF: Was versteht man darunter?
Die Haupt-Futterfläche; dazu gehören Dauergrünland (ohne Streuwiesen) und Ackerfutter (z. B. Klee, Mais).

ZF: Was versteht man darunter?
Die Zusatz-Futterfläche, dazu gehören Marktfrüchte, die als Nebennutzung Futter liefern (z. B. Zuckerrüben, Grassamenbau) und Zwischenfrüchte.

GF: Was versteht man darunter?
Die Gesamt-Futterfläche, bestehend aus HF und ZF.

Nutzflächen-Verhältnis: Was versteht man darunter?
Den Anteil der einzelnen Flächen (z. B. Acker, Dauergrünland-, Obstfläche) an der gesamten landwirtschaftlich genutzten Fläche (LF).

Kulturflächen-Verhältnis: Was drückt es aus?
Es gibt Auskunft über den Anteil der einzelnen Flächen (z. B. landwirtschaftliche Nutzfläche, forstwirtschaftliche Nutzfläche) an der gesamten Kulturfläche.

Anbau-Verhältnis: Was wird so bezeichnet?
Das ist der prozentuale Anteil der auf dem Ackerland angebauten Feldfrüchte: z. B. 66 % Getreide, 20 % Hackfrucht, 14 % Feldfutterbau.

Grünlandanteil: Was versteht man darunter?
Das ist der prozentuale Anteil des Grünlandes an der LF in Prozenten: z. B. 33 % eines Betriebes ist Dauergrünland.

Ödland (Unland) – Was versteht man darunter?
Nicht kultiviertes, ertragsloses und daher nicht genutztes Land.

Bewertung – Wie wird die Ertragsmesszahl ermittelt?
Durch folgende Rechnung:

$$\text{Fläche in m}^2 \times \frac{\text{Ackerzahl bzw. Grünlandzahl}}{100}$$

Landwirtschaftliche Vergleichszahl: Was ist die LVZ?
Das ist die Reinertrags-Verhältniszahl bezogen auf 1 ha der landwirtschaftlichen Nutzung einschließlich anteiliger Hof- und Gebäudeflächen, die alle natürlichen und wirtschaftlichen Ertragsbedingungen des Bewertungsobjektes berücksichtigt.

Vergleichswerte je ha: Wie wird der Hektarsatz ermittelt?
Durch Multiplikation der LVZ mit dem 100 Vergleichszahlen entsprechenden Ertragswert (= 37,26 DM für die Hauptfeststellung zum 1. Januar 1964).

Ertragswert: Wie wird er berechnet?
Der Ertragswert ergibt sich aus der Ertragsfähigkeit des Betriebes. Bei der Berechnung ist »der bei ordnungsgemäßer und schuldenfreier Bewirtschaftung mit entlohnten fremden Arbeitskräften gemeinhin und nachhaltig erzielbare Reinertrag« zugrunde zu legen. Entscheidend für die Höhe des Ertragswertes ist der Kapitalisierungsfaktor.

Einheitswert: Was versteht man darunter?
Das ist ein steuerrechtlicher Begriff; er wird verwendet zur Berechnung der Grundsteuer, zur Feststellung von Grunderwerbs-, Erbschafts- und Kirchensteuer und zur Einkommensermittlung nicht buchführungspflichtiger Landwirte.
Einheitswertermittlung siehe Seite 90.

Verkehrswert: Was versteht man darunter?
Das ist der Wert, den eine Sache für »jedermann« hat; er entspricht dem Marktwert und ist schwierig zu ermitteln, da er von Angebot und Nachfrage abhängt. Dabei spielen Bodenspekulation und Bautätigkeit eine wichtige Rolle. Außerdem wird seine Höhe stark vom jeweiligen Standort und den konjunkturellen Entwicklungen beeinflusst.

Erfolgsbegriffe – Wie wird der Arbeitsertrag der nichtentlohnten AK des Betriebes berechnet?
Er berechnet sich aus dem Betriebsertrag – Betriebsaufwand – Zinsansatz (eventuell Pachtansatz) für das gesamte Kapital des Betriebes.

Betriebsaufwand – Was ist das?
Der Betriebsaufwand eines landwirtschaftlichen Betriebes entspricht der Summe aus festen und variablen Kosten einschließlich aller Kosten aus eventuell vorhandenem Forst und Nebenbetriebszweigen.

Betriebsaufwand: Wie setzt er sich zusammen?
Betriebsmittelaufwand = Ausgaben für Materialien und Vieh, Minderbestand an zugekauftem Material und Vieh abzüglich Mehrbestand an zugekauftem Material und Vieh, Ausgaben für Unterhalt an Gebrauchsgütern und Abschreibungen für Gebrauchsgüter.
Aufwand für Dienstleistungen:

Lohnaufwand = Ausgaben für Löhne und Gehälter, Wert der Naturallöhne und Mietwert der Werkwohnungen;
Aufwand für Versicherungen und Rechte;
Aufwand für Steuern und andere Abgaben;
zeitraumfremder Aufwand.

Betriebsertrag: Wie setzt er sich zusammen?
Hauptertrag = Einnahmen für Verkaufsgüter und Mehrbestand an selbst erzeugten Gütern und Vieh abzüglich Minderbestand an selbst erzeugten Gütern und Vieh sowie aktivierte Eigenleistungen und Zuschreibungen;
Ertrag an Dienstleistungen;
Wert der Naturallöhne;
Ertrag aus Versicherungen und Rechten;
Wert der Naturalentnahmen;
zeitraumfremder Ertrag.

Betriebskontrolle: Wodurch wird sie möglich?
Durch Buchführung und durch Betriebsvergleich.

Reineinkommen (Gewinn): Was versteht man darunter?
Das Reineinkommen wird auch als Gewinn bezeichnet. Es umfasst das Entgelt für nichtentlohnte Arbeit des Unternehmens und seiner mitarbeitenden Familienangehörigen, für eingesetztes Eigenkapital und für unternehmerische Tätigkeit. Es steht für die Privatentnahme des Unternehmers (persönliche Steuern, Lebenshaltung, Altersversicherung, Altenteilslasten, Erbabfindungen, private Vermögensbildung usw.) und für die Eigenkapitalbildung des Unternehmens (Nettoinvestitionen, Tilgung von Fremdkapital) zur Verfügung.

Reineinkommen (Gewinn): Wie wird es berechnet?
Betriebseinkommen abzüglich Fremdlöhne einschließlich der Beiträge zur Sozial- und Unfallversicherung, Betriebshaushalt und Wert des Naturallohns, Aufwendungen für zugepachtete Flächen und Gebäude, Zinsen für Fremdkapital des Unternehmens zuzüglich vom Verpächter getragener Aufwand, Einnahmen aus verpachteten Flächen und Gebäuden des Unternehmens und Zinsen und Dividenden für Finanzvermögen des Unternehmens.
Aus dem Gewinn müssen familieneigene Arbeit, das Eigenkapital und der eigene Grund und Boden entlohnt werden, er ist somit die wichtigste Einkommensgröße im Familienbetrieb.

Roheinkommen: Wie setzt es sich zusammen?
Roheinkommen = Betriebsertrag – Betriebsaufwand.
Es ist der Arbeits- und Kapitalertrag des schuldenfreien Betriebs und damit für Familienbetriebe die wichtigste Rentabilitäts-Kennzahl im Betriebsvergleich.

Roheinkommen: Eignet sich der Begriff auch als Vergleichsmaßstab?
Dem Familienbetrieb entspricht das Roheinkommen als Maßstab am besten, weil es sowohl den Lohnanspruch als auch den Unternehmergewinn (Reinertrag) umfasst und eine tatsächliche Leistungssteigerung ausweist.

Reinertrag: Wie setzt er sich zusammen?
Der Reinertrag wird berechnet: Betriebsertrag – Betriebsaufwand – Lohnansatz für nichtentlohnte AK des Betriebes.

Reinertrag: Wie hoch soll er sein?
Mindestens 10–15 % des Betriebsertrages.

Vergleichsgewinn: Was versteht man darunter?
Er errechnet sich aus dem Gewinn zzgl. 35 % Zuschlag zum Wert des Eigenverbrauchs.

Gewinnrate: Was ist das?
Sie ist das Verhältnis von Gewinn zum Ertrag, ausgedrückt in Prozent des Ertrages.

Betriebseinkommen: Welche Bedeutung hat es?
Das Betriebseinkommen leitet sich ab vom Gewinn + Pachtaufwand + Zinsaufwand + Personalaufwand und steht somit zur Entlohnung aller im Betrieb eingesetzten Produktionsfaktoren zur Verfügung. Das Betriebseinkommen gibt darüber Auskunft, wie erfolgreich der Betriebsleiter wirtschaftet.

Eigenkapitalbildung: Wie wird sie berechnet?
Sie errechnet sich aus dem Eigenkapital (= Vermögen – Fremdkapital) am Ende, abzüglich Eigenkapital am Beginn eines Wirtschaftsjahres.
Die Berechnung des Eigenkapitals ist oft problematisch, da die Vermögensbewertung, besonders bei Grund und Boden, nicht einheitlich geregelt ist.

Eigenkapitalbildung: Was sagt sie aus?
Sie ist ein wesentlicher Maßstab für die Beurteilung der Unternehmensentwicklung und zeigt an, ob die Unternehmerfamilie im Wirtschaftsjahr ärmer oder reicher geworden ist. Sie ist somit die wichtigste Kennzahl für die Stabilität eines Unternehmens.

Eigenkapitalquote: Was versteht man darunter?
Das Eigenkapital in % des Bilanzkapitals.

Produktivität – Flächenproduktivität: Was ist das?
Das ist die Erzeugungsleistung je ha LF.

Arbeitsproduktivität: Was ist das?
Das ist die Erzeugungsleistung je AK.

Intensive Wirtschaft: Was versteht man darunter?
Das bedeutet hohe Aufwendungen an Betriebsmitteln und Arbeit, um hohe Erträge zu erzielen, z. B. intensivste Ackernutzung durch Feldgemüsebau.

Extensive Wirtschaft: Was versteht man darunter?
Das Gegenteil von intensiv, d. h. geringe Aufwendungen und dadurch meist auch geringere Erträge. Das gilt vor allem für Betriebe, die großflächig wirtschaften können, z. B. die Weidebetriebe der Prärie in den USA.

Planungsbegriffe – Programmplanung: Was versteht man darunter?
Unter diesem Namen werden mehrere Systeme der modernen Betriebsplanungsmethoden, die mit Deckungsbeiträgen arbeiten, zusammengefasst.

Deckungsbeitrag: Was versteht man darunter?
Wenn man von der Marktleistung eines Produktionsverfahrens alle veränderlichen (variablen) Kosten, die man ihm zuordnen kann, abzieht, erhält man den Deckungsbeitrag.

Nutzungskosten: Was versteht man darunter?
Dieser Begriff wird bei der Bewertung der innerbetrieblichen Wettbewerbskraft der einzelnen Betriebszweige verwendet. Soll eine Frucht durch eine andere ersetzt werden, dann bezeichnet man den Deckungsbeitrag der aufzugebenden Frucht als Nutzungskosten, die durch die neue Frucht mindestens gedeckt, besser übertroffen werden sollen. Nutzungskosten entsprechen dem entgangenen Nutzen des ausgetauschten Produktionsmittels.

Erlösdifferenz: Was ist das?
Dies ist der Unterschied zwischen dem Verkaufserlös (z. B. eines Mastbullen) und dem Einkaufspreis für das Kalb oder den Fresser. Zum Erfolgsvergleich wird sie auf einen Masttag umgerechnet.

Veredlungswert: Was ist das?
Zur Errechnung des Veredlungswertes des verfütterten Getreides werden die variablen Kosten, z. B. eines Mastschweines, ohne die Kosten des verfütterten Getreides und die Festkosten vom Verkaufserlös des Schweines abgezogen. Die Differenz, umgerechnet auf 1 dt, ergibt den Veredlungswert, der mit dem Marktpreis des verfütterten Getreides zu vergleichen ist. Der Unterschied ergibt den positiven oder negativen Veredlungsgewinn.

Standard-Deckungsbeitrag: Was bedeutet er?
Der **S**tandard-**D**eckungs**b**eitrag (SDB) ist eine Rechengröße, die speziell für die Eingruppierung der Betriebe nach Betriebssystemen ermittelt wird. Er gibt an, welcher Deckungsbeitrag bei ordnungsgemäßer und standortgerechter Bewirtschaftung im Durchschnitt der Betriebe erzielt werden kann.

Standard-Betriebseinkommen: Wie wird es berechnet?
Das **S**tandard-**B**etriebs**e**inkommen (SBE) wird nicht für einzelne Betriebszweige, sondern nur für den Gesamtbetrieb ermittelt. Die Berechnung geht von durchschnittlichen Erträgen und Aufwendungen aus. Das SBE ist ein kalkuliertes Betriebseinkommen, das vom tatsächlich erzielten abweichen kann. Das SBE ergibt sich, indem man vom Standard-Deckungsbeitrag des Betriebes die festen, nicht zurechenbaren Spezialkosten und die Gemeinkosten abzieht und die »sonstigen Erträge«, wie Aufwertungsausgleich u. a. nicht betriebsgebundene Einnahmen, hinzurechnet.

Pacht – Pachtvertrag: Wie lange soll er laufen?
Mindestens 9 Jahre.

Grenzertrag – Was versteht man darunter?
Den durch die jeweils zuletzt gegebene Aufwandseinheit erzielten Mehrertrag bezeichnet man als Grenzertrag, in Geld ausgedrückt als Grenzgewinn.

Grenzkosten – Was vesteht man darunter?
Jede zusätzlich erzeugte Ertragseinheit (z. B. 1 dt/ha Getreide) ist mit (steigenden) Grenzkosten z. B. für Dünger belastet. Eine Steigerung der Düngerintensität ist so lange richtig, wie der in Geld bewertete Grenzertrag über den Kosten der letzten Düngereinheit liegt.

Boden-Melioration – Was versteht man darunter?
Ödlandkultivierung, Ent- und Bewässerung, Entsteinen, Planieren.

Meliorationskosten: Wie setzen sie sich zusammen?
Verzinsung, Abschreibung, Betriebs- und Unterhaltungskosten. Sie können bei Flusskorrekturen (Pumpwerke), Wildbachverbauung sehr hoch sein.

Bodenschätzung – Bodenbewertung: Wie hat sie sich entwickelt?
1861–1864 wurden die ersten Grundlagen für eine Bodenbewertung geschaffen. Das Reichsbewertungs-Gesetz vom 10. August 1925 schuf eine einheitliche Bewertungsgrundlage zur Ermittlung des Einheitswerts. Dieser ist die Grundlage für die steuerliche Veranlagung (z. B. Grund-, Vermögen-, Erbschaft- und Schenkungsteuer). 1934 wurde das Gesetz über die Schätzung des Kulturbodens (= Bodenschätzungs-Gesetz), 1965 ein Änderungsgesetz zum Reichsbewertungs-Gesetz erlassen. Auf Grund dieses Änderungsgesetzes wurden die neuen Einheitswerte ab 1. Januar 1974 eingeführt.

Einheitswert: Wie wird er ermittelt?
Es wird von Bewertungsstützpunkten (Haupt-, Landes- und Ortsbewertungsstützpunkten) ausgegangen. Als Spitzenwert ist ein nachhaltig erzielbarer Reinertrag von 207 DM/ha festgelegt. Dieser Spitzenwert erhält die Wertzahl 100. Dieser Reinertrag wird mit dem Faktor 18 multipliziert (kapitalisiert): 207 × 18 = 3726 DM; das ist der Einheitswert je ha beim Spitzenbetrieb. Der Faktor 18 ergibt sich aus dem Zinsfuß von

5,56 %. Der ermittelte DM-Betrag wird auf volle 100 DM abgerundet, dann in € umgerechnet und auf volle € abgerundet. Erste Anwendung seit 1. Januar 2002.

Bodenschätzung: Wie erfolgte sie?
Die Schätzung erfolgte als Reinertragsschätzung. Dabei erhielt jedes Grundstück eine Wertzahl. Diese Wertzahl gibt an, in welchem Verhältnis der Reinertrag des geschätzten Grundstückes zum Reinertrag des Vergleichsbodens mit der höchsten Wertzahl (100) liegt. Grundlage für die Schätzung war der Acker- und Grünlandschätzungsrahmen. Zur Wertermittlung benutzten die Schätzer Bodenbohrer und Grablöcher.

Schätzungsrahmen – Was enthält er?
Bodenart: S – SI – IS – SL – sL – L – LT – T – Mo,
Entstehung: Diluvial (D), Löss (Lö), Aluvial (Al) – Verwitterung (V), Verwitterungsgestein (Vg).
Zustandsstufen: Es werden 7 Zustandsstufen = Tiefe der Ackerkrume, Humusgehalt usw. unterschieden.

Ackerzahl: Was besagt sie?
Die Wertzahlen (Ackerzahl) liegen zwischen 7–100.
Zu- und Abschläge gibt es für Ertragsunterschiede, die auf Klima, Geländegestaltung und anderen natürlichen Ertragsbedingungen beruhen.

Grünlandzahl: Was berücksichtigt sie?
Bei der Ermittlung der Grünlandzahlen werden berücksichtigt: Bodenart, Bodenstufe, Klima und Wasserführung. Die Grünlandzahlen reichen von 7–88.

Bodenklimazahl: Was sagt sie aus?
Sie ist die Summe der Ertragsmesszahlen geteilt durch die Gesamtfläche des Betriebes; sie bringt die natürlichen Ertragsbedingungen im Verhältnis zum Spitzenbetrieb zum Ausdruck.

Ertragsmesszahlen: Was sagen die EMZ aus?
Sie sind die betriebsgebundenen Wertzahlen. Zur Berechnung wird die Acker- bzw. Grünlandzahl mit der Fläche der in einem Klassenbeschrieb liegenden Parzelle in Ar vervielfacht.

Ackerbau – Schlagkartei: Was versteht man darunter?
Über jeden Schlag werden auf einem eigenen Karteiblatt genaue Aufzeichnungen über alle Vorgänge im Laufe eines Jahres und über Jahre hinweg gemacht. Die Auswertung solcher langjähriger Aufschreibungen ermöglicht interessante Aufschlüsse (vertikaler Schlagvergleich) und den Vergleich mit anderen Schlägen (horizontaler Schlagvergleich). Für das Grünland wird eine Grünlandschlagkartei geführt. Heute kann man Schlagkarteien im PC bearbeiten.

Getreidebau: Welche Bedeutung hat er?
Der Getreidebau (Brot-, Industrie-, Futtergetreide) bringt eine hohe Marktleistung und hohe Deckungsbeiträge je AK. Er lässt sich leicht mechanisieren, so dass der Arbeitsaufwand stark zurückgegangen ist. Das Stroh dient im Vieh haltenden Betrieb als Einstreu, sonst verbessert es direkt die Humusversorgung.

Hackfruchtbau: Welche Bedeutung hat er?
Der Hackfruchtbau liefert eine sehr hohe Marktleistung und hohe Deckungsbeiträge je ha. Er verlangt jedoch hohen Arbeits- und Betriebsmittelaufwand. Außerdem ist er aus Gründen der Fruchtfolge und Bodenfruchtbarkeit wichtig. Intensive Betriebe haben 25–40 % Hackfruchtanteil.

Zwischenfruchtbau: Welche Bedeutung hat er?
Zusätzliche Futterbeschaffung, Gründüngung, Erhaltung der Bodengesundheit, insbesondere Erhaltung der Gare und Vermeidung von Fußkrankheiten.

Crop-Sharing: Was ist das?
Das ist ein in den USA übliches Verfahren der Zusammenarbeit zwischen Landwirten. Dabei verrichtet ein anderer Landwirt die gesamten Arbeiten auf einer bestimmten Ackerfläche gegen Beteiligung am Ertrag dieser Fläche, während der Besitzer dieser Fläche völlig auf eigene Maschinen verzichtet. Es wird in Form eines Werkvertrages abgewickelt.

Gewanne-Bewirtschaftung: Was versteht man darunter?
Mit Gewanne bezeichnet man einen von natürlichen Grenzen umschlossenen Flurteil, der aufgrund von unterschiedlichen Besitz- und Nutzungsverhältnissen in mehrere Schläge unterteilt ist.
Gewanne-Bewirtschaftung heißt, gemeinsame Bewirtschaftung der Fläche eines Gewannes über die Besitzgrenzen der Teilschläge hinweg. So können auch kleinere Betriebe die Kostendegression großer Flächenbewirtschaftung ohne Durchführen einer Flurbereinigung nutzen. Dazu müssen sich die am Gewanne beteiligten Landwirte auf eine gemeinsame Fruchtfolge und einheitliche Zeitpunkte für das Durchführen aller Maßnahmen der Bodenbearbeitung und Kulturpflege bis hin zur Ernte einigen.

Fruchtfolge – Welche Systeme sind üblich?
1. Fruchtwechsel: Blattfrucht – Halmfrucht (je 50 %);
2. Dreifelderwirtschaft: Blattfrucht – Halmfrucht – Halmfrucht (67 % Halmfrüchte);
3. Vierfelderwirtschaft: Blattfrucht – Halmfrucht – Halmfrucht – Halmfrucht (75 % Halmfrüchte);
4. Fünffelderwirtschaft: Blattfrucht – Halmfrucht – Halmfrucht – Halmfrucht – Halmfrucht (80 % Halmfrüchte);
5. Körnerfruchtfolgen: Nur Getreide oder Getreide im Wechsel mit Raps oder Mais (75–100 % Halmfrüchte).

Fruchtfolge: Was ist bei der Aufstellung zu beachten?
Ausnutzung und Erhaltung der Bodenfruchtbarkeit, Arbeitsverteilung, Vorfruchtwirkung, Unkraut- und Schädlingsbekämpfung.

Dreifelderwirtschaft: Beispiel!
1. Hackfrucht (Kartoffel oder Rüben)
2. Roggen
3. Hafer mit Klee-Einsaat
4. Klee
5. Weizen
6. Futtergerste

Fruchtwechselfolge: Beispiel!
1. Rotklee (½), Winterraps (½)
2. Weizen
3. Zuckerrüben, Kartoffeln, Futterrüben, Mais
4. Sommergerste (½), Gersthafer mit Klee-Einsaat (½).

Grünlandnutzung – Welche Möglichkeiten gibt es?
Mähnutzung (einschürig = extensiv, mehrschürig = intensiv);
Weidenutzung (Hutung, Standweide = extensiv, Umtriebs-, Portionsweide = intensiv).

Getreideeinheit (GE) – Was versteht man darunter?
Die Getreideeinheiten werden nach einem Umrechnungsschlüssel berechnet, bei dem insbesondere der Netto-Energiewert berücksichtigt wird; sie ermöglichen eine Umrechnung der landwirtschaftlichen Produkte in naturale Gesamtzahlen. Ein Mensch verzehrt jährlich etwa 11,2 GE.

Arbeitswirtschaft – AK-Besatz: Was versteht man darunter?
Die Zahl der vorhandenen Arbeitskräfte (AK) auf 100 ha LF, z. B. 5 AK/100 ha.

Arbeitskraft: Wie wird sie berechnet?
Eine Arbeitskraft (AK) entspricht einer voll arbeitsfähigen männlichen oder weiblichen Person, die dem Betrieb voll zur Verfügung steht (kalkulatorische Einheit).

Voll-AK (1 Person, 16–65 Jahre)	1,0 AK = 2300 AKh/Jahr
Teil-AK (14–16 Jahre)	0,5 AK
Teil-AK (über 65 Jahre)	0,3 AK
Teilzeit-AK	0,1 AK je 190 AKh

AKh: Was ist das?
Die Arbeitskraftstunde (AKh) ist ein Zeitmaß für eine Arbeitskraft. Dabei wird die dauerhafte Arbeitsleistung einer geübten und geeigneten AK einschließlich Pausen unterstellt, was dem Leistungsgrad von 100 % entspricht.

Arbeitszeitbedarf: Was versteht man darunter?
Dies ist der kalkulatorische Zeitbedarf einer oder mehrer AK für das Erledigen aller erforderlichen Tätigkeiten einer Arbeitsaufgabe.

Arbeitsleistung: Was versteht man darunter?
Die kalkulatorisch ermittelte Leistung je AKh, z. B. Flächenleistung, (ausgedrückt als ha/AKh) oder Melkleistung (ausgedrückt in GV/ AKh).

Jahresarbeitseinheit: Was versteht man unter JAE?
1 JAE ist die Arbeitsleistung einer vollzeitlich im Betrieb beschäftigten Person. Betriebswirtschaftlich rechnet man normalerweise mit 2000 AKh je Jahr und AK im Familienbetrieb, bzw. 1700 AKh je Jahr und AK bei Tarif-Arbeitskräften (laut Tarif 40 Stunden/Woche bei Vollzeit).

AK-Besatz: Wie ist er zu beurteilen?
Über 6 AK/100 ha = hoher AK-Besatz,
2–6 AK 100 ha = mittlerer Besatz,
unter 2 AK/100 ha = niedriger AK-Besatz.

AK-Besatz: Was bedingt ihn?
Zahl der vorhandenen Arbeitskräfte und ihre Leistung,
Mechanisierung und Organisation,
Betriebsgröße und Betriebstyp.

Formen der Arbeit: Welche gibt es im landwirtschaftlichen Betrieb?
Produktive Arbeiten, z. B. Melken.
Unproduktive Arbeiten, z. B. Rüstarbeit, Reinigen von Geräten.

Leistungsfähigkeit des Arbeiters: Was beeinflusst sie?
Können und Ausbildung,
geistige und körperliche Frische,
Zeitpunkt der Arbeit,
Arbeitsfreude und Arbeitswille,
Beschaffenheit des Arbeitsplatzes,
Arbeitsgeräte,
Arbeitsvorbereitung, Arbeitseinteilung, Arbeitsverfahren.

Arbeitsanfall: Wie kann er berechnet werden?
Anhand der arbeitswirtschaftlichen Richtzahlen lässt sich der Arbeitsanfall errechnen und ein Arbeitsvoranschlag machen. (Wertvolle Daten hierfür im KTBL-Taschenbuch für Arbeits- und Betriebswirtschaft.)

Zeitspannen: Was versteht man darunter?
Das ist die Zahl der Arbeitstage, in denen bestimmte Arbeiten zu erledigen sind (z. B. Frühjahrsbestellung, Hackfruchtpflege, Heuernte).

Lohnhöhe in der Landwirtschaft: Wodurch wird sie bestimmt?
Durch Tarifverträge, die zwischen dem landwirtschaftlichen Arbeitgeberverband und den landwirtschaftlichen Gewerkschaften geschlossen werden.

Lohnanspruch der Besitzerfamilie: Was versteht man darunter?
Im Betrieb tätige Angehörige der Besitzerfamilie haben, wenn sie nicht wie fremde Arbeitskräfte entlohnt werden, einen Lohnanspruch für ihre geleistete Arbeit. Um die Vergleichsbasis der Betriebe untereinander aufrechtzuhalten, wird dieser Lohnanspruch nach bestimmten Richtlinien alljährlich dem allgemeinen Lohnspiegel angeglichen. Maßgebend sind Alter, Geschlecht und Arbeitszeit der jeweiligen familieneigenen Arbeitskraft. Für die Tätigkeit im Privathaushalt erfolgt bei den weiblichen Arbeitskräften ein Abzug.

Lohnformen: Welche sind üblich?
Geldlohn als Zeitlohn (Stunden-, Wochen- oder Monatslohn),
Stücklohn (Akkord),
Naturallohn als Deputat.

Maschineneinsatz – Welche Gesichtspunkte sind bei der Maschinenanschaffung zu beachten?

Abstimmen auf die Betriebsgröße, Angebote von Maschinenring und Lohnunternehmern berücksichtigen; auf die natürlichen Standortbedingungen achten; den vorhandenen Maschinenpark berücksichtigen; die Bearbeitungsfläche und die Anzahl der verfügbaren Arbeitstage miteinander abstimmen; auf DLG-Anerkennung, Einhalten der Normen, Sicherheitsbestimmungen und Wiederverkaufswert achten.

Überbetrieblicher Maschineneinsatz: Welche Formen kennen wir?
Nachbarschaftshilfe, gemeinschaftliche oder genossenschaftliche Maschinenhaltung, Maschinenringe, Maschineneinsatz der Lohnunternehmen.

Maschinenring: Was ist das?
Das ist ein freiwilliger Zusammenschluss von Landwirten zum gegenseitigen Vermitteln und Ausleihen ihrer Maschinen für eine bestmögliche Ausnutzung freier Kapazitäten mit bargeldloser Verrechnung der Kosten. Grundvoraussetzungen: hauptamtlicher Geschäftsführer, eine gemischte Betriebsgrößenstruktur, Flurbereinigung, zuverlässige Arbeitserledigung, gezielte Maschinenanschaffung.

Traktorenkosten: Wie hoch sind sie?
Das hängt von der Größe (kW- bzw. PS-Zahl), dem Anschaffungspreis, der jährlichen Auslastung und Nutzungsdauer des Traktors ab.

Bei einem 75-kW-Traktor (101 PS) mit 12-jähriger Nutzungsdauer und einer jährlichen Einsatzzeit von 600–800 Stunden kann mit etwa 22–26 € Kosten je Traktorstunde (ohne Fahrer) gerechnet werden.

Maschinenkosten: Wie setzen sie sich zusammen?

Kapitalkosten: Abschreibung etwa 10 % | Zinsanspruch etwa 4 % des Anschaffungswertes
Betriebsstoffkosten (z. B. Kraftstoff, Strom)
Reparaturkosten
Unterbringungs- und Versicherungskosten (etwa 1–2 %).
Die festen Kosten einer Maschine belaufen sich jährlich auf etwa 15 % des Anschaffungswertes.

Maschinenkosten: Wie lassen sie sich senken?

Durch gute Wartung und Pflege,
durch überlegten Maschineneinsatz,
durch überbetriebliche Maschinennutzung (Maschinenring, Gemeinschaftsmaschinen, Lohnunternehmen).

Maschinen: Welche rentieren sich am wenigsten?

Maschinen, die zeitlich nur sehr begrenzt einsetzbar sind, z. B. Mähdrescher und andere Vollerntemaschinen für wenige ha Fläche.

Leasing: Was versteht man darunter?

Unter Leasing versteht man die Vermietung oder Verpachtung von im Wesentlichen gewerblich genutzten beweglichen und unbeweglichen Anlagegütern (Autos, Gebäude, Maschinen usw.) durch Spezialunternehmer oder durch den Hersteller. Die Anlagegüter werden durch die Leasingfirma finanziert. Der Leasingnehmer spart dadurch Eigenkapital und meist auch Steuern.

Lebensdauer einer Maschine: Wie lässt sie sich verlängern?

Holz- und Metallteile schützen (Farbe, Lack, unterstellen),
regelmäßig warten und pflegen,
zweckentsprechend einsetzen (d. h. nicht überlasten),
Abstimmen auf Betriebsgröße.

Sachgemäße Pflege: Welche Vorteile bringt sie?

Nach langjährigen Erfahrungen können durch gute Maschinenpflege 25 % der Reparaturkosten eingespart werden.

Arbeitskette: Was versteht man darunter?

Die Vollmechanisierung bestimmter Arbeitsgänge, z. B. Heuernte mit Ladewagen und Rollboden, Automatikwagen, Annahmegebläse und Unterdachtrocknung.

Zugkrafteinheit: Was versteht man unter ZK?
Einen Begriff, den es offiziell nicht mehr gibt. Früher: die Leistung eines mittleren Pferdes bzw. 700–800 kg Treibstoffverbrauch.

Veredlungswirtschaft – Welche Bedeutung hat die Viehhaltung?
Die Viehhaltung ist in einem Großteil der landwirtschaftlichen Betriebe (bäuerliche Vollerwerbsbetriebe) sehr bedeutend, da auf sie etwa 75–80 % der Verkaufserlöse entfallen. Sie dient zur Verwertung der Bodenproduktion (Veredelung) und liefert über den Wirtschaftsdünger (Jauche, Gülle, Stallmist) Humus und Nährstoffe.

Viehbesatz: Was versteht man darunter?
Der Viehbesatz bezeichnet die Anzahl GV auf 100 ha LF.
Es ist bei über 200 GV/100 ha = sehr hoch,
150–200 GV/100 ha = hoch,
100–150 GV/100 ha = mittel,
50–100 GV/100 ha = schwach,
unter 50 GV/100 ha = sehr schwach.

Viehbesatz: Wonach richtet er sich?
Nach Betriebsgröße und Betriebsform (Grünlandbetriebe starker, Getreidebetriebe schwacher Besatz, reiner Veredlungsbetrieb) sowie nach Arbeitskräften und Marktlage.

Veredelungsbetriebe: Was ist bei der Viehbewertung zu beachten?
Betriebsleiter müssen für die Buchführung wählen, ob sie bei der Bewertung ihrer Nutztiere (Bewertungsmaßstab ist die Vieheinheit, siehe unten) die Einzelbewertung oder Gruppenbewertung wählen.
Die Einzelbewertung erfolgt für jedes Tier als betriebsindividuelle Wertermittlung, über Werte aus vergleichbaren Musterbetrieben oder über Richtwerte.
Bei der Gruppenbewertung gelten die gleichen Verfahren der Wertermittlung, bei der die am Bilanzstichtag vorhandenen Tiere in Gruppen zusammengefasst werden, die nach Tierarten und Altersklassen gebildet werden.

Vieheinheiten: Was sind VE?
1 VE nach dem Bewertungsgesetz entspricht 1 Tier mit einem Futterbedarf von etwa 20 Getreideeinheiten (GE)/Jahr (20 dt GE/Jahr). Der Umrechnungsschlüssel wird vor allem von den Finanzämtern zu steuerlichen Zwecken verwendet.
Beispiele des VE-Schlüssels:

a) Tiere nach dem Durchschnittsbestand	in VE
Damtiere unter 1 Jahr	0,04
Damtiere 1 Jahr und älter	0,08
Legehennen (einschließlich der Aufzucht zur Bestandsergänzung)	0,02
Legehennen aus zugekauften Junghennen	0,0183
Zuchtputen, -enten, -gänse	0,04

Pferde unter 3 Jahren und Kleinpferde	0,70
Pferde 3 Jahre und älter	1,10
Kälber und Jungvieh unter 1 Jahr (einschließlich Mastkälber, Starterkälber und Fresser)	0,30
Jungvieh 1–2 Jahre alt	0,70
Färsen (älter als 2 Jahre)	1,00
Masttiere (Mastdauer unter 1 Jahr)	1,00
Kühe (Mutter- und Ammenkühe einschließlich der Saugkälber)	1,00
Schafe unter 1 Jahr (einschließlich Mastlämmer)	0,05
Schafe 1 Jahr und älter	0,10
Zuchtschweine (einschließlich Jungzuchtschweine über 90 kg)	0,33
b) Tiere nach der Jahreserzeugung	in VE
Jungmasthühner:bis zu 6 Durchgänge pro Jahr	0,0017
mehr als 6 Durchgänge pro Jahr	0,0013
Junghennen	0,0017
Mastenten	0,0033
Mastputen aus selbsterzeugten Jungputen	0,0067
Mastputen aus zugekauften Jungputen	0,0050
Jungputen (bis etwa 8 Wochen)	0,0017
Mastgänse	0,0067
Mastkaninchen	0,0025
Rindermast, Mastdauer über 1 Jahr und mehr	1,00
leichte Ferkel (bis etwa 12 kg)	0,01
Ferkel (12–20 kg)	0,02
schwere Ferkel (20–30 kg)	0,04
Läufer (30–45 kg)	0,06
schwere Läufer (45–60 kg)	0,08
Mastschweine	0,16
Jungzuchtschweine bis etwa 90 kg	0,12

VE-Grenzen: Wo sind sie zwischen Landwirtschaft und Gewerbe?

Die Einkünfte aus der Tierzucht und Tierhaltung gehören zur Landwirtschaft, wenn im Wirtschaftsjahr

für die ersten 20 ha	nicht mehr als 10 VE,
für die nächsten 10 ha	nicht mehr als 7 VE,
für die nächsten 20 ha	nicht mehr als 6 VE,
für die nächsten 50 ha	nicht mehr als 3 VE
und für die weitere Fläche	nicht mehr als 1,5 VE

je ha der regelmäßig landwirtschaftlich genutzten Fläche gehalten oder erzeugt werden.

Großvieheinheit: Was ist eine GV?

1 Großvieheinheit = 1 Tier mit 500 kg Lebendgewicht, das ganzjährig im Betrieb gehalten wird.

Beispiele: 1 Kuh mit 500 kg Lebendgewicht = 1,0 GV, eine Kuh mit 600 kg = 1,2 GV, 1 Mastschwein mit 25 kg Anfangsgewicht und 110 kg Endgewicht bei einer Mastdauer von 120 Tagen (etwa 2,6 Umtriebe pro Jahr) = 0,05 GV, das entspricht etwa 0,13 GV/Mastplatz.

GV-Schlüssel: Welche gibt es?
Neben dem betriebswirtschaftlichen GV-Schlüssel gibt es noch den GV-Schlüssel nach der Agrarstatistik und den GV-Schlüssel nach der EU-Verordnung.

GV-Schlüssel der Agrarstatistik: Wie lautet er?

Pferde unter 3 Jahre	0,70 GV	Schafe, 1 Jahr und älter	0,10
Pferde 3 Jahre und älter	1,10	Ziegen	0,08
Ponys und Kleinpferde	0,70	Ferkel	0,02
Kälber und Jungrinder unter 1 Jahr	0,30	Jungschweine bis unter 50 kg	0,06
Jungrinder, 1 bis unter 2 Jahre	0,70	Mastschweine, 50 kg und mehr	0,16
Rinder, 2 Jahre und älter	1,00	Zuchtschweine, 50 kg und mehr	0,30
Schafe unter 1 Jahr	0,05	Geflügel	0,004

GV-Schlüssel für Förderzwecke: Wie lautet er?
a) Tiere, die nach dem Durchschnittsbestand zu erfassen sind:

Rinder von 6 Monaten bis 2 Jahren	0,6	Zuchtschweine	0,3
Rinder von mehr als 2 Jahren	1,0	Geflügel	0,004
Mastkälber	0,4	Pferde unter 6 Monaten	0,7
Kälber und Jungvieh unter 6 Monaten	0,3	Pferde von mehr als 6 Monaten	1,0
		Mutterziegen, Mutterschafe	0,15

b) Tiere, die nach der Erzeugung zu erfassen sind:

Ferkel	0,02	Schlachtschweine über 50 kg	0,16
Läufer (20–50 kg)	0,06		

Milcherzeugung – Ab wann wird sie wirtschaftlich?
Etwa ab 5000 Liter Milch je Kuh und Jahr; betriebliche Gegebenheiten sind aber sehr entscheidend.

Milcherzeugungskosten: Wodurch lassen sie sich senken?
Durch leistungsfähige Kühe (Zucht),
durch gutes, wirtschaftseigenes Futter,
durch ausgeglichene Fütterung,
durch gute Vorbereitungsfütterung,
durch überlegte Leistungsfütterung,
durch gezielten Einsatz von Kraftfutter,
durch Arbeit sparenden Stall,
durch ausreichende Bestandsgröße.

Was wird von einer guten Milchkuh erwartet?
Hohe Milch-, Fett- und Eiweißleistung,
gute Futterverwertung,
Langlebigkeit, Fruchtbarkeit und Gesundheit.

HF je GV: Wie groß ist sie?
Zwischen 30–60 a/GV.

Arbeitsbedarf je Kuh und Jahr: Wie hoch ist er?
Er schwankt je nach Aufstallung und technischer Ausstattung zwischen 40–100 Arbeitsstunden (AKh).

Rindermast – Was kennzeichnet sie?
Geringer Arbeitsaufwand,
geringere Ansprüche an den Stall,
langsamer Kapitalumsatz.

Mutterkuhhaltung: Was bedeutet das?
Die Freilandhaltung von Fleischrindern, eine extensive Form der Landnutzung mit Hilfe dafür besonders geeigneter Rinderrassen. Dabei bleiben die Tiere möglichst lange, teilweise auch im Winter, auf der Weide. Die Milch wird nicht gemolken, sondern von den Kälbern direkt gesaugt. Die Mutterkuhhaltung erfordert geringen Arbeitsaufwand, ist besonders artgemäß und wird von der EU gefördert.

Schweinemast – Welche Bedeutung hat sie im Betrieb?
Verwertung des wirtschaftseigenen Getreides (Veredelung) und z. T. der Kartoffeln (Bedeutung nimmt ab). In der Mastschweinehaltung 2–2,4facher Umtrieb / Jahr und damit relativ rascher Kapitalumsatz.

Rentabilität: Wovon hängt sie ab?
Vom Ferkelpreis,
von Qualitätsklassifizierung,
vom Marktpreis,
von den Futter- und Betriebskosten,
von der täglichen Zunahme.

Scharrel-Schweine: Was sind das?
Scharrel-Schweine werden unter mehr natürlichen Bedingungen – beginnend von der Ferkelerzeugung bis zur Mast – unter Kontrolle erzeugt. Sie erzielen bei einem eng begrenzten, aber wachsenden Verbraucherkreis einen höheren Preis. Ihr Marktanteil ist allerdings minimal.

Vorräte – Warum sind sie wichtig?
Zur reibungslosen Bewirtschaftung, Krisenfestigkeit. Frühbezug und Bezug größerer Mengen ergibt Rabatte (z. B. Handelsdünger).

Eiererzeugung – Wovon hängt die Rentabilität ab?
Ausreichende Bestandsgröße
geringe Verluste,
hohe Eierleistung,
guter Absatz,
niedrige Kosten.

Damtierhaltung – Was ist das?
Das ist eine – wie es in den Verordnungen heißt – nutztierartige Wildtierhaltung, die bei einem entsprechenden Besatz einen höheren Deckungsbeitrag ergeben kann als Mutterkuh- oder Koppelschafhaltung.

Versicherungen – Welche sind unbedingt erforderlich oder Pflicht?
Gebäudebrandversicherung,
Haftpflichtversicherung,
Unfallversicherung (Berufsgenossenschaft),
Kranken- und Altersversicherung,
Kraftfahrzeug-Haftpflichtversicherung,
Tierseuchenkasse.

Welche sind außerdem nötig?
Betriebshaftpflicht,
Hagelversicherung, Sturm- und Glasversicherung,
Hausratversicherung,
Familien-Unfallversicherung,
Viehversicherung,
Schlachtviehversicherung,
Versicherung von Traktoren und Maschinen,
Kraftfahrzeug-Teilkaskoversicherung,
Einbruchs- und Diebstahlversicherung,
Waldversicherung.

Voranschläge – Welche sind notwendig?
Anbau- und Düngungsplan,
Futter-, Vieh- und Naturalvoranschlag,
Arbeitsvoranschlag,
Geldvoranschlag,
Investitionsvoranschlag.

Gebäude – Was bedingt deren Umfang?

Klima, Betriebsgröße, Betriebstyp (Futterbau- oder Getreidebaubetrieb), Absatzverhältnisse.

Wirtschaftsgebäude: Welche sind im herkömmlichen Betrieb notwendig?

Ställe, Bergeräume für Erntegüter (Scheunen, Silos usw.), Maschinenhallen und Garagen, Werkstätten.

Welche Anforderungen sind zu stellen?

Sie sollen zweckmäßig sein,
sie dürfen nicht zu teuer sein,
sie sollen arbeitssparend und -erleichternd sein,
sie sollen Betriebsumstellungen ohne große Umbauten und Kosten zulassen.

Siloraum: Wie viel soll zur Verfügung stehen?

8–12 m³/RGV

Baukosten-Index: Wie hoch ist er?

Der Baupreis-Index für die »Verbundene Wohngebäudeversicherung« des Verbandes der Sachversicherer, berechnet auf der Basis von 1914, betrug 1993 = 19,3, der Prämienfaktor 24,1, die Baukosten-Richtzahl stieg auf 24,4. 2001 lag der Index bei 25,8 (für DM). Mit der Basis 1995 steht der Index 2004 bei 13,3 (für €).

Gebäudekosten: Wie berechnen sie sich?

Abschreibung	2–4 %	(bei Spezialgebäuden der Viehhaltung etwa 6 %)
Zinsanspruch	4 %	
Unterhaltung, Reparatur	1 %	
Versicherung	0,2 %	
Das sind etwa	7–10 %	des Neubauwertes.

Wie hoch ist der Wert der Wirtschaftsgebäude je ha LF im landwirtschaftlichen Bilanzvermögen?

Er schwankt zwischen 1550–6100 €/ha.

Restgebäude-Verwertung: Was versteht man darunter?

Das ist die Möglichkeit, vorhandene Betriebsgebäude bei Änderung der Betriebsorganisation (z. B. Spezialisierung oder Übergang zum Nebenerwerbsbetrieb) durch eine der Umstellung angepasste Nutzviehhaltung ohne größere Investitionen weiter zu nutzen.

Modernes Betriebs-/Datenmanagement – **Welche Bedeutung hat es für die Zukunft der Landwirtschaft?**

Wirtschaft, Politik und Verbraucher zwingen landwirtschaftliche Unternehmer permanent dazu, die Entwicklungsmöglichkeiten ihres Betriebs zu überprüfen, neu zu planen und Entscheidungen möglichst rasch umzusetzen. Ohne Nutzung des technischen Fortschritts im Sinne der Effizienzsteigerung ist das unmöglich.

Computer – **Braucht das ein Landwirt?**

Ein moderner landwirtschaftlicher Betrieb kann künftig nur noch mit Hilfe von Computerprogrammen erfolgreich geführt werden.

Bits und Bytes: Was sind das?

Bit ist die konstante technische Einheit im Rahmen des Computerrechensystems mit 0 und 1. 8 Bits bilden ein *Byte*. Das Byte 0100001 steht in diesem System für den Buchstaben A. Ein Kilobyte (KB) hat 1024 Byte, das ist die 10. Potenz von 2. Ein Megabyte (MB) hat 1 048 576 Byte; das ist die 20. Potenz von 2.

MS-DOS: Was ist das?

MS-DOS steht für das von der US-Fa. **M**icro**s**oft entwickelte »**D**isc**o**perating-**S**ystem«. Es ist das am weitesten verbreitete Betriebssystem von Software. Mit einem solchen System wird der Computer in Betrieb gesetzt. Erst dann können Anwendungsprogramme gestartet werden.

Windows: Was ist das?

Eine auf MS-DOS aufbauende sog. graphische Benutzeroberfläche, die der Arbeitserleichterung dient. Nachteil: Sehr speicherhungrig.

Anwendungsprogramme: Was sind diese?

Das sind speziell für die jeweiligen Anwender für bestimmte Zwecke geschriebene Computer-Programme. In der Landwirtschaft z. B. Buchhaltungsprogramme, Programme für Düngung, Pflanzenschutz, Pflanzenbau, Tierhaltung und Fütterung.

Diskette: Was ist das?

Disketten sind das am meisten benutzte Speichermedium für Heim- und Personal-Computer (PC). Sie können einfach gelöscht und neu beschrieben werden.

Hardware: Was ist das?

Alle elektronischen und mechanischen Bestandteile eines Computersystems bilden die Hardware, d. h. alles, was man am Computer anfassen kann.

Software: Was ist das?

Als Software wird, etwas grob gesagt, alles um den Computer bezeichnet, was man nicht anfassen kann, z. B. Programme, Daten, also die reinen Informationen.

Computer-Viren: Was versteht man darunter?
Computer-Viren sind einfache, kleine Programme, die von Menschen programmiert, anschließend in Wirtsprogramme eingesetzt und mit diesen durch Disketten oder über Festplatten verbreitet werden und Störungen verursachen. Es gibt verschiedene Abwehrmöglichkeiten.

Telefax: Was ist das?
Beim »Faxen« werden über die Telefonleitung schriftliche Vorlagen als Bilder übertragen; es handelt sich dabei um »Fernkopieren«. Der Empfänger druckt die empfangenen Daten wieder als Bild aus.

Home-Banking: Was ist das?
Das Erledigen von Bankgeschäften von zu Hause aus per PC. Viele Banken und andere Geldinstitute werben damit, Home-Banking sei kostengünstig und biete dem privaten Nutzer weitere Vorteile wie 24-Stunden-Zugang zum Konto. Für Bankgeschäfte per PC von zu Hause aus benötigt man neben einem Telefonanschluss und einem PC ein Modem oder eine ISDN-Karte sowie einen Online-Zugang über das Telefonnetz und Software der jeweiligen Bank. Auch unter Landwirten wächst die Zahl der Nutzer, denn gerade hier ist die nächste Bankfiliale nicht gleich ums Eck!

t-online: Was ist das?
Das ist ein Ersatz und eine Erweiterung des früheren btx-Angebots. Die Nutzung der t-online-Dienste erfordert einen mit dem Telefonnetz verbundenen PC, damit sowohl nationale als auch internationale Informationen abgerufen werden können.
Abgewickelt werden diese Dienste über das *Internet*, das neben der Nutzung eines weltweiten Informationssystems auch zur Übertragung von Dateien, Programmen, Videos oder der sog. elektronischen Post *(E-Mail)* genutzt werden kann. Der bekannteste Internet-Dienst ist das *World Wide Web (www)*. Die Benutzung des Internet ist aber mit Kosten verbunden: Zum einen für die Nutzung der Telefonleitung, zum anderen oft für das Bereitstellen und Abrufen der Informationen.

Präzisions-Landwirtschaft: Wofür steht dieser Begriff?
Es ist ein Oberbegriff für verschiedene Technologien, um technische Fortschritte zur Produktionsoptimierung in prinzipiell allen Bereichen der Landwirtschaft zu realisieren.

Präzisions-Landwirtschaft: Welche Bereiche fasst dies zusammen?
Dazu gehören Precision Farming, das für eine Bewirtschaftung landwirtschaftlicher Flächen innerhalb gegebener Schlag- oder Flurgrenzen steht, also von Teilflächen gleicher Bodenfruchtbarkeit bzw. Ertragsleistung.
Auch Precision Livestock Farming (Präzisions-Tierhaltung) – auch elektronisch unterstützte Tierhaltung genannt – fällt unter den Oberbegriff der Präzisions-Landwirtschaft.

Diese Technologien stützen sich in der Außenwirtschaft unter anderem auf satellitengestützte Ortungssysteme (GPS siehe Seite 28) und in der Tierhaltung auf Einzeltiererkennung.

Präzisions-Tierhaltung: Was ist ihre Basis und welche Bedeutung hat sie?
Ihre Basis ist das Identifizieren des Einzeltieres an allen Orten gängiger Haltungssysteme (z. B. beim Melken, bei der Kraftfuttervorlage). Die große künftige Bedeutung liegt in der Möglichkeit, an Einzeltieren oder Tiergruppen gewonnene Daten oder Erkenntnisse sowie Daten aus Produktionsprozessen und vor- und nachgelagerten Bereichen zu gewinnen und mit dem Ziel zu verknüpfen, den Produktionsprozess im Hinblick auf Produktivität, Tiergerechtheit und Umweltverträglichkeit zu optimieren.

Elektronische Tierkennzeichnung: Was ist das?
Die Identifizierung einzelner Tiere mittels elektronischer Hilfsmittel wie Transponder, Injektaten oder Bolus. Welches Verfahren auch angewendet wird: Stets muss das Einzeltier, der entsprechende Betrieb und das Aufenthaltsland sowie der Weg während des Tierlebens lückenlos dokumentiert sein (siehe HIT Seite 29).

E-Business: Was versteht man darunter?
Jegliche Art geschäftlicher Transaktionen, bei der die Beteiligten auf elektronischem Weg Geschäfte abwickeln. Dazu gehören z. B. das Home-Banking und die Nutzung der HIT-Datenbank.

ISO-Bus: Was ist das?
Eine Normungsgruppe, in der die maßgeblichen Maschinen-, Elektronik- und Software-Hersteller der Technikbranche zusammenarbeiten und die sich mit der elektronischen Steuerung von Landmaschinen befasst.
ISO-Bus-Systeme dienen der Steuerung und Koordination zwischen Traktor und Geräten, aber auch von z. B. Fütterungs- und Lüftungsanlagen sowie Herdenmanagement. Sie sind damit Bestandteil der Präzisions-Landwirtschaft.

Bodenkunde

Bodenbeurteilung – Welche Bedeutung hat der Boden für den Landwirt?

Der Boden ist die natürliche Grundlage für die landwirtschaftliche Produktion.
Wir kennen verschiedene Böden, z. B. leichte, schwere, humose, lehmige, tonige usw. und meinen damit die Bodenarten.
Erfolg und Misserfolg in der Landwirtschaft sind auch oft von der natürlichen Fruchtbarkeit eines Standortes abhängig.

Muttergestein: Was ist das?

Der Boden entsteht aus dem Muttergestein, das ist das jeweils anstehende geologische, Boden bildende Ausgangsgestein. Es sind dies Mineralien wie Feldspat, Apatit, Quarz, Glimmer oder Calcium- und Magnesiumkarbonate.

Verwitterungsarten: Welche kennen wir?

Die *physikalische Verwitterung*: Durch Einwirken von Hitze, Frost und Wasser entstehen Risse im Gestein.
Die *chemische Verwitterung*: Durch die lösende Wirkung des Wassers, das Kohlensäure und Salze gelöst enthält, werden die Mineralien angegriffen; auch die salpetrige und schweflige Säure der Luft und des Regens wirken mit. Sehr leicht löst sich Kalkstein. Kalkgebirge verwittern rascher als Urgestein (z. B. Granit).
Die *organische Verwitterung*: Sie entsteht durch Pflanzen; Wurzeln scheiden Säuren aus und setzen sich in feinen Spalten fest.

Hauptbodenarten: Wie werden sie eingeteilt (Bodenschätzung)?

Bodengruppe	Bodenart	Zeichen	abschlämmbare Bestandteile (unter 0,02 mm, in %)	mittlere Bodenzahl
Sandböden	Sand	S	unter 10	25
	anlehmiger Sand	Sl	10–13	30
	lehmiger Sand	lS	14–18	45
Lehmböden	stark lehmiger Sand	SL	19–23	55
	sandiger Lehm	sL	24–29	65
	Lehm	L	30–44	85
Tonböden	schwerer Lehm	LT	45–60	65
	Ton	T	über 60	55
Humusböden	Moor	Mo		30

Bodenbestandteile: Wie werden sie bezeichnet?

Bestandteil			Durchmesser
Blöcke		Bodengerüst	über 200 mm Durchmesser
Geschiebe, Steine, Kies		Bodengerüst	200 bis 6 mm
Feinkies, Grus		Bodengerüst	6 bis 2 mm
Grobsand			2 bis 0,6 mm
Mittelsand		Feinboden	0,6 bis 0,2 mm
Feinsand		Feinboden	0,2 bis 0,02 mm
Schluff	abschlämmbare Bestandteile	Feinboden	0,02 bis 0,002 mm
Ton	abschlämmbare Bestandteile	Feinboden	unter 0,002 mm

Humus: Was ist das?

Alle im Boden abgebauten oder noch nicht zersetzten organischen Stoffe. Er entsteht aus abgestorbenen Wurzeln und tierischen Ausscheidungen, die den Bodenorganismen als Nahrung dienen.

Der Humusanteil schwankt bei den einzelnen Böden außerordentlich (Löss 2 %, Schotterböden 4 %, Kalkhumusböden bis etwa 8 %, Moorböden ab 15 %). Durch Humus werden schwere Böden lockerer und sandige Böden bindiger.

Kolloide: Was sind das?

Kolloide sind Bodenteilchen von 0,0001–0,000001 mm Größe mit der Eigenschaft, im Wasser aufzuquellen;

sie haben eine große Oberfläche und vermögen damit Pflanzennährstoffe festzuhalten, aber auch wieder freizusetzen;

sie werden schmierig, gallertartig, knetbar und zerfließen, verhalten sich ähnlich wie Leim;

sie spielen beim Basenaustausch eine große Rolle und haben für die Struktur der Böden große Bedeutung (Krümel- und Einzelkornstruktur).

Bodenbildungsfaktoren – Welche gibt es?

Die Entstehung der Bodentypen (siehe Seite 109) hängt von folgenden Einflussfaktoren ab: Ausgangsmaterial (Gestein), Klima, Vegetation, Relief (Oberflächengestaltung), Wasser, Einfluss der Zeit und des Menschen.

Bodenuntersuchung – Was wird durch sie erreicht?

Die chemische Bodenuntersuchung gibt Auskunft über die Nährstoffverhältnisse des Bodens; daraus lassen sich Schlüsse für die Düngebedürftigkeit ziehen.

Wer führt sie durch?

Die Landwirtschaftlichen Forschungs- und Untersuchungsanstalten; sie sind im VDLUFA (**V**erband **D**eutscher **L**andwirtschaftlicher **U**ntersuchungs- und **F**orschungs**a**nstalten) zusammengeschlossen.

Bodenreaktion – Wie wird sie bezeichnet?

pH von 3,0–3,9	sehr stark sauer,
pH von 4,0–4,9	stark sauer,
pH von 5,0–5,9	sauer,
pH von 6,0–6,9	schwach sauer,
pH von 7,0	neutral,
über pH 7,1–8,0	alkalisch.

Bodenreaktion: Was versteht man darunter?
Die Bodenreaktion zeigt den Basen- oder Säuregehalt des Bodens an.
Sie wird vom Kalkgehalt wesentlich beeinflusst und in pH-Werten ausgedrückt.

pH-Wert: Was versteht man darunter?
Er zeigt die Wasserstoffionen-Konzentration im Boden und damit den Reaktionszustand an. Ein hoher pH-Wert bedeutet alkalische, ein niederer pH-Wert sauere Bodenreaktion.

Kalk im Boden: Wie lässt er sich nachweisen?
Durch Aufträufeln von Salzsäure; Aufbrausen zeigt Kalkgehalt an; durch chemische Bodenuntersuchung.

N_{min}-Methode – Was versteht man darunter?

Bei dieser Methode wird der Boden auf mineralisierten, d. h. pflanzenverfügbaren Stickstoff (daher N_{min}) bis 90 cm Tiefe untersucht. Kurz vor dem ersten Düngetermin (Ende Februar) soll festgestellt werden, welchen Vorrat der Boden an direkt aufnehmbaren, mineralisiertem Stickstoff aus dem letzten Winter mitbringt. Diese Methode hat sich in der Praxis zur gezielten Stickstoffdüngung sehr bewährt.

Bodenproben – Wann und wie sollen sie genommen werden?

Am besten nach der Ernte oder im zeitigen Frühjahr eine Mischprobe (größere Schläge sind zu unterteilen) aus ca. 20–30 Einzelproben, vom Ackerland aus Pflugtiefe, vom Grünland aus den oberen 10 cm. Die Proben im Umfang von 250–500 g luftgetrocknet und sorgsam verpackt mit einheitlichem Vordruck an die zuständige landwirtschaftliche Untersuchungsanstalt senden.

Was bedingt die Qualität des Bodens?
Die Zusammensetzung und Mächtigkeit der Krume,
der Untergrund und seine Beschaffenheit,
die Gleichmäßigkeit des Bodens,
die Lage des Bodens,
der Nährstoffgehalt,
der Humusgehalt.

Bodenverbesserung – Was versteht man darunter?
Ent- und Bewässerung, Durchlüftung (Tiefbodenbearbeitung, Tiefenkalkung, Einbringung von Styropor), Humusanreicherung, Nährstoffanreicherung.

Drainage (Dränage, Drainung): Was bewirkt sie?
Das wichtigste und zuverlässigste Verfahren zur Senkung des Grundwasserstandes im Ackerland ist die *Rohrdrainung*. Auf schweren Böden hat auch die rohrlose *Maulwurfsdrainung* eine gute Wirkung; sie hält allerdings nicht so lange vor. Auf Böden mit verdichteten, Wasser stauenden Schichten hat die *Tiefenlockerung* eine gute Wirkung.

Bodentypen – Was versteht man darunter?
Der Bodentyp kennzeichnet den entwicklungsbedingten Zustand des Bodens einschließlich der klimatisch bedingten Verwitterungs-, Umwandlungs- und Wanderungsvorgänge.

Bodentypen: Welche wichtigen Typen kennen wir?
Bleicherde (Podsol): Sie kommt im feuchtkühlen Klima auf basenarmen Gestein vor und hat stark saure Reaktion. Auf saurem Gestein, vor allem auf Granit, trifft man meist bewaldete Podsolböden (Bayerischer Wald).
Braunerde: Sie ist in Mitteleuropa der am meisten verbreitete Bodentyp. Braunerde entsteht im niederschlagreichen Klima auf sehr verschiedenem, jedoch nicht ganz basenarmem Gestein. Die Bodenreaktion ist neutral bis schwach sauer.
Steppenschwarzerde (Tschernosem): Dies ist der wertvollste Bodentyp. Er entsteht nur bei einem Klima mit weniger als 500 mm Jahresniederschlägen, bei kaltem, schneereichem Winter und trockenem Sommer. Bekannt sind die Schwarzerdeböden der Ukraine und in der Magdeburger Börde.
Kalkböden:
I. Als Rendzinen, schwärzlichgraue, flachkrumige Böden,
II. als Kalksteinbraunlehm, toniger Verwitterungsrückstand des Kalkes.
Nass- oder Gleyböden: Sie entstehen im Bereich der Wasserstauung, entweder bei Grundwasser oder bei oberflächlicher Wasserstauung. Wir unterscheiden deshalb Oberwassergleyböden oder Grundwassergleyböden.
Parabraunerden aus Löss zählen zu den fruchtbarsten Böden mit hoher Wasserspeicherfähigkeit.
Pelosole: Schwer zu bearbeitende Böden.

Bodenprofil: Was ist das?
Das ist die Schichtung, die beim senkrechten Anschnitt des Bodens sichtbar wird. Die verschiedenen Schichten werden Horizonte genannt.
A-Horizont = Krume
B-Horizont = Unterboden
C-Horizont = Untergrund (Muttergestein)
D-Horizont = weitere Gesteinsschicht.

Bodennährstoffe – Welche sind die wichtigsten?

Stickstoff (N), Calcium (Ca),
Phosphor (P), Magnesium (Mg),
Kalium (K), verschiedene Spurenelemente.

Nährstoffe: Wie verhalten sie sich im Boden?

Der *Stickstoff* durchwandert den Boden. Von den Pflanzen nicht aufgenommene Stickstoffmengen gehen teils durch Denitrifikation in die Luft und teils durch Auswaschen in den Untergrund verloren. Die Geschwindigkeit dieser Wanderung ist nach Bodenart (Lehmboden – Sandboden, Luft- und Wasserhaushalt) sowie nach Düngeform (Kalkstickstoff – Kalksalpeter) und Niederschlagsmengen unterschiedlich.
Phosphor und *Kalium* sind im Boden nur wenig beweglich. Sie werden im Boden gespeichert, weshalb die Düngung mit Phosphor und Kali nachhaltig wirkt. Bei Phosphor treten praktisch keine Verluste durch Auswaschen auf. Kali wird ebenfalls im Boden gebunden und daher vor Auswaschen geschützt (außer auf sehr leichten und anmoorigen Böden).
Der *Kalk* stumpft (puffert) die Säuren im Boden ab und trägt zur Krümelung bei. Dabei wird ein Teil der zugeführten Kalkmenge gebunden, ein anderer Teil durch Umsetzungen in eine leicht lösliche und auswaschbare Form überführt.
Auch in den Mehrnährstoffdüngern haben die einzelnen Nährstoffe die aufgeführten Eigenschaften.

Nährhumus: Was ist das?

Als Nährhumus bezeichnet man organische Stoffe, die im Boden als Nahrungsquelle durch die Bodenorganismen rasch abgebaut werden. Dazu gehören z. B. eingearbeitete Ernterückstände, wirtschaftseigener Dünger, Gründünger.

Dauerhumus: Was ist das?

Er entsteht aus organischen Stoffgruppen durch die Tätigkeit der Bodentiere und Mikroorganismen. Er bildet zusammen mit dem Ton die Koloidsubstanz des Bodens und wird nur langsam abgebaut.

Pufferung: Was versteht man darunter?

Das ist die Fähigkeit kolloid- und humusreicher Böden, einen schädlichen Überfluss an Säuren oder Basen unwirksam zu machen.

Bodenlebewesen – Was versteht man darunter?

Die *Kleintiere* (am wichtigsten sind die Regenwürmer) zerkleinern organische Abfälle und verarbeiten sie zu Humus. Des Weiteren tragen sie wesentlich zur Lockerung und Durchlüftung des Bodens bei.
Die *Mikroorganismen* (Bakterien, Pilze, Algen). Am wichtigsten sind die Bakterien. Unter günstigen Bedingungen befinden sich in 1 g Erde bis zu einigen Milliarden Bakterien. Durch Bakterien werden die Humusstoffe vollständig zersetzt. Es gibt Stickstoff

Rechts oben: Regenwurmkot – Bereicherung der Bodenfruchtbarkeit.
Rechts unten: Regenwurmröhren im Untergrund (hier ca. 400/m²).

Unten: Mittlere Zusammensetzung des Bodenlebens bis 20 cm Tiefe (in Gew.-%).

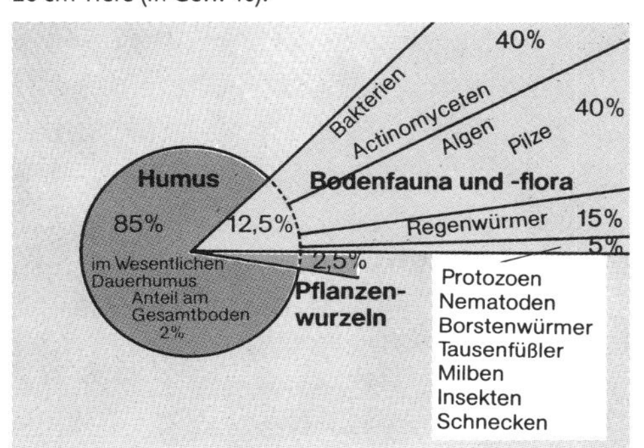

sammelnde Bakterien, z. B. den frei lebenden Azotobakter und die Knöllchenbakterien an den Wurzeln von Leguminosen. Schimmelpilze und Algen sind wichtig für sog. Lebendverbauung (Krümelstruktur-Gare).

Zeigerpflanzen – Was versteht man darunter?

Das sind Pflanzen, die auf bestimmte Eigenschaften oder Zustände eines Bodens hinweisen; sie geben jedoch nur einen Anhalt, eine Groborientierung! Genaue Werte gibt nur die Bodenuntersuchung.

Stickstoffmangel: Welche Pflanzen zeigen das an?

Schachtelhalm, Blaues Kopfgras, Pfeifengras, Zittergras, Aufrechte Trespe, Fiederzwenke, Ruchgras, Gemeines Borstgras, Riedgräser, Kleiner Sauerampfer, Blutwurz, Kleine Bibernelle, Arnika, Habichtskräuter, Senf, Wucherblume, Heidekrautgewächse.

Stark saurer Boden: Welche Pflanzen zeigen das an?

Acker-Spörgel, Kleiner Knäuel, Weiches Honiggras, Kleiner Sauerampfer, Preiselbeere, Heidelbeere.

Saurer Boden: Welche Pflanzen zeigen das an?

Hederich, Acker-Hundskamille, Krötenbinse, Dreiteiliger Ehrenpreis, Heidekraut.

Schwach saurer bis alkalischer Boden: Welche Pflanzen zeigen das an?

Ackersenf, Persischer Ehrenpreis, Erdrauch, alle Saudistel-Arten, Ackerwinde.

Neutraler bis alkalischer Boden: Welche Pflanzen zeigen das an?
Haftdolde, Feld-Rittersporn, Venuskamm, Adonisröschen.

Staunässe: Welche Pflanzen zeigen das an?
Die Pflanzen der Kriechhahnenfußgruppe weisen auf Staunässe im Bereich der Pflugsohle hin: Kriechender Hahnenfuß, Ackerminze, Sumpfziest, Gemeine Rispe, Wasserpfeffer, Gänsefingerkraut.
Nässe in 1–2 m Tiefe zeigt der Acker-Schachtelhalm an.
Huflattich wächst sowohl auf feuchtem, tonigem wie auf kalkreichem Untergrund.

Bodenbearbeitung

Bodenbearbeitung – Was ist ihre Aufgabe?

Ein krümeliges Saatbett zu bereiten,
für Durchlüftung zu sorgen,
Wärme und Feuchtigkeit zu regulieren,
die Gare zu fördern und zu erhalten,
das Unkraut zu bekämpfen,
Düngemittel und Pflanzenrückstände unterzubringen.

Bodenverkrustung, der größte Feind für junge Pflanzen.

Bodengare: Was ist das?
Ist ein Boden locker und krümelig, dann spricht man von Gare. Das Entstehen und Erhalten der Gare ist im Wesentlichen von den Kleinlebewesen sowie dem Kalk- und Humusgehalt im Boden abhängig. Es gibt die Frostgare, Schattengare, Bearbeitungsgare.

Boden in Krümelstruktur, Ergebnis optimaler Landbewirtschaftung.

Bodenbearbeitungsgeräte – Was ist beim Einsatz grundsätzlich zu beachten?

Nur bei richtigem Feuchtigkeitszustand (nie bei Nässe) arbeiten, wenn möglich mehrere Geräte koppeln, um die Fahrspuren zu verringern, im Frühjahr den Boden nur so oft und so tief wie unbedingt nötig bearbeiten (Wasser schonend).

Welche Geräte werden verwendet?
Pflüge, Grubber, Eggen, Scheibeneggen, Schleppen, Walzen, Fräsen, Kreiseleggen,

Rechts oben: Scheibenschälpflug mit gezackten Scheiben als sog. Paraplow.
Rechts: Drehpflug mit Streifenpflugkörper und Paarpflug.

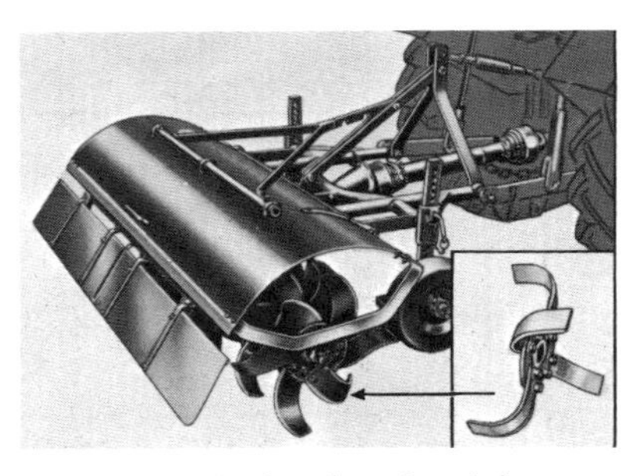

Oben rechts: Ackerfräse (Rotorkrümler) – Werkzeugmesserplatte.

Walzeggen und Packer in den verschiedensten Formen und Kombinationen.

Pflügen: Worauf ist dabei besonders zu achten?

Auf gleichmäßige Furchen,
Einhalten der Furchentiefe,
richtiges Einsetzen und Ausheben,
vollkommenes Wenden, sauberes Unterbringen von Stoppeln und dergleichen,
gute Bröckelung (höhere Geschwindigkeit bringt bessere Bröckelung),
guten Furchenschluss, zwischen den Furchenstreifen dürfen keine Spalten und Löcher klaffen,
Vermeiden von Verdichtungen in der Pflugsohle.

Scheibenegge: Wozu eignet sie sich?

Die Scheibenegge hat eine schneidende und mischende Wirkung. Zur flachen Einarbeitung von gehäckseltem Stroh u. a.,
zum Stoppelsturz,
zur Saatbettbereitung auf schwerem Boden.

Grubber: Welche Wirkung hat er?

Er wühlt und ist deshalb eine gute Ergänzung zum Pflug (eventuell auch Ersatz), zerkleinert Schollen und beseitigt größere Hohlräume, er lockert und krümelt eine stark verdichtete Pflugsohle, wirkt Unkraut bekämpfend und durchmischt die oberen Bodenschichten.

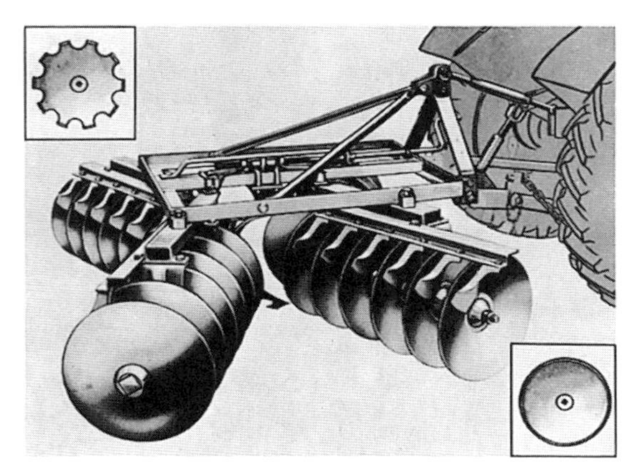

Scheibeneggen-Formen
V-förmig: kein Mitteldamm, seitlich verstellbar (z. B. Obstbau).
X-förmig: leichtes Handhaben, gutes Anpassen an Bodenunebenheiten.
Gezackte Scheiben: bessere Schneid- und Krümelwirkung bei trockener Stoppelbearbeitung und verfilzten Narben.
Glatte Scheiben: günstig bei Strohrückständen und feuchten Verhältnissen.

Egge: Welche Aufgaben hat sie?
Durch das Eggen wird die Verdunstung gemindert und die Bodenfeuchtigkeit erhalten. Die Egge ebnet die Ackeroberfläche ein; sie ist für die Herrichtung eines feinen Saatbettes unerlässlich und leistet gute Arbeit bei der Unkrautbekämpfung.

Grubber mit Rüttelegge.

Schleppe: Wie wirkt sie?
Die Schleppe glättet und ebnet den Boden. Durch die Schleppe wird ein schnelleres und gleichmäßigeres Abtrocknen des Bodens erreicht.

Walze: Welche Aufgaben hat sie?
Der Wert der Walze ist infolge ihrer verdichtenden Wirkung umstritten. Walzen sind nützlich zum Zerschlagen grober Schollen (Kluten) und zur Förderung des durch Frost gestör-

Spatenrollegge

Rechts: Die gekoppelte Notzonegge (Sternwälzegge) spart Arbeitsgänge.
Oben: beim Zerstören einer Bodenkruste;
unten: Als Pflugnachläufer verdichtet sie den Boden und schafft eine feinkrümelige Oberfläche.

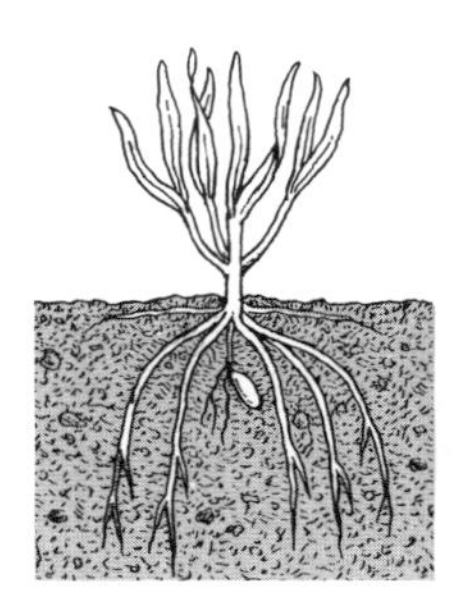

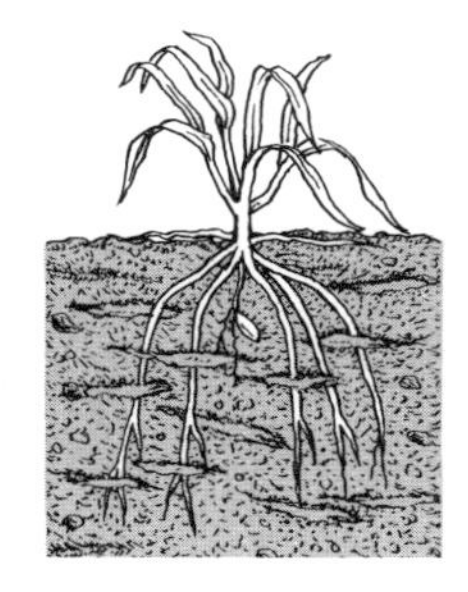

Walzen schafft für aufgefrorene Pflanzen wieder Bodenschluss.

ten Bodenschlusses. Walzen zur unrechten Zeit kann aber einen großen Verlust von Bodenfeuchtigkeit nach sich ziehen.

Packer (Krumenpacker): Wozu dient er?
Packer sind Oberflächen-Nachbearbeitungsgeräte, die die Absetzvorgänge im Boden sowie das Verdichten von Hohlräumen im Krumenbereich mechanisch unterstützen. Sie schaffen dabei eine feinkrümelige Bodenoberfläche und verringern somit den Aufwand für das Nachbearbeiten.
Packer werden als Kombination für Grundbodenbearbeitung und Stoppelbearbeitung eingesetzt, z. B. als Pflugnachläufer.

Zapfwellengetriebene Bodenbearbeitungsgeräte: Welche Wirkung haben sie?
Besserer Zerkleinerungserfolg,
besseres Anpassen an die Bodenverhältnisse,
Saatbettbereitung in einem Arbeitsgang,
intensives Vermischen der organischen Substanz mit dem Boden, Traktorleistung wird über Zapfwelle zu mehr als 80 % ausgenutzt, Kombination mit Sä- und Pflanzmaschinen möglich.

Pfluglose Bodenbearbeitung (konservierende Bodenbearbeitung): Welche Bedeutung hat sie?
Die Bodenbearbeitung ohne Einsatz des Pfluges wird auch »konservierende Bodenbearbeitung« genannt und ist gekennzeichnet durch das Belassen der Ernterückstände der Vor- und/oder Zwischenfrucht nahe bzw. auf der Bodenoberfläche sowie durch

Geräte-Kombination, ausgerüstet mit Löffeleggen und Walzenkrümlern, Arbeitsbreite 5,50 m.

Einschränkung der üblichen Bearbeitungsintensität (Direktsaat, Mulchsaat). Die pfluglose Bodenbearbeitung spart Kosten, verbessert die Befahrbarkeit des Bodens, mindert die Bodenerosion und fördert das Bodenleben. Die Erosionsminderung ist wiederum eng mit der Wasserinfiltration und damit mit dem Hochwasserschutz verbunden.
Ein weiterer Vorteil der konservierenden Bodenbearbeitung liegt in der geringen Freisetzung von Nitrat und dessen Austrag in das Grundwasser. Daher gibt es Bundesländer, wo in Wasserschutzgebieten mit Nitrat-Problemen nach stickstoffreicher Vorfrucht (z. B. Leguminosen, Winterraps, Zuckerrüben ohne Blattabfuhr) sowie nach Mais das Wintergetreide nur mit Mulch- oder Direktsaat angebaut werden darf.

Pfluglose Bodenbearbeitung: Was ist zu beachten?
Bei konsequent pfluglosem Ackerbau müssen strikte Pflanzenschutz-Strategien angewendet werden, um die Bekämpfung von Ungräsern (Quecke, Trespe) und den Durchwuchs der Vorfrucht zu beherrschen. Zudem wird das Entstehen von Fusarium-Pilzen gefördert (siehe unten). In der Praxis wird daher oftmals ein Wechsel von wendender und pflugloser Bodenbearbeitung angewendet.

Pfluglose Bodenbearbeitung: Was meint das Magisches Dreieck?
Konservierende Bodenbearbeitung, Boden- und Wasserschutz sowie Mykotoxinbildung stehen in einer Wechselbeziehung zueinander (siehe Abb.). Durch die pfluglose Bodenbearbeitung wird nicht nur der Boden- und Gewässerschutz gefördert, sondern auch das Entstehen von Fusarium-Pilzen in der Ähre und damit der Mykotoxine.

Magisches Dreieck: Ist dieser Konflikt lösbar?
Für die Problemlösung gibt es gute praktische Ansätze:
- Anbau von gegen Ährenfusarien wenig anfälligen Getreidesorten,
- Vermeiden zu starker Wachstumsregulierung,
- Auswahl wirkungsvoller Fungizide,

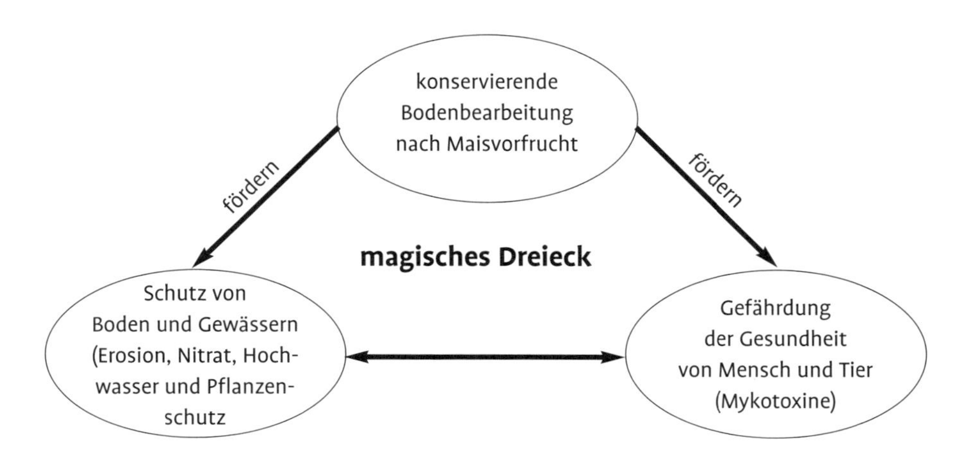

- unbedingtes Fördern der Verrottung der Ernterückstände durch Zerkleinern, ihr gleichmäßiges Verteilen über die gesamte Fläche, gutes, flaches Einarbeiten bei optimalem Vermischen mit dem Boden, Zugabe von 30 kg Harnstoff/ha,
- Vermeiden von Mattenbildung organischer Substanz.

Der Begriff Magisches Dreieck steht auch noch für ein Maisanbau-System (siehe Seite 153).

Bodenerosion – Was versteht man darunter?

Den Bodenabtrag durch Wind (Winderosion) und durch Abschwemmung (Wassererosion; Letztere richtet bei uns mehr Schäden an).
Man bekämpft sie z. B.
durch Querpflügen am Hang und ständige Begrünung;
durch Kalkung und Zufuhr von organischer Substanz;
durch angepasste Bodenbearbeitung und Fruchtfolge;
Windschutzstreifen gegen Winderosion.

Klimadaten – Welche sind wichtig?

Luftfeuchtigkeit, absolute und relative,
Sonnentage,
Frosttage,
Eistage,
Tagesmitteltemperatur,
Jahresmitteltemperatur,
Mikroklima.

Strohdüngung – Wo ist sie angebracht?

In viehlosen Betrieben wird das Stroh, abgesehen von einer eventuellen Verwendung zu Heizzwecken und sofern es nicht lohnend verkauft werden kann, am besten zur Humusergänzung auf dem Acker gelassen. Bei technisch sachgemäßer Durchführung der Einarbeitung in den Boden und gesteuerter Stickstoff-Ausgleichsdüngung ist die Strohdüngung die beste Verwendung für nicht verwertbare Strohüberschüsse.

Strohverbrennung – Was ist davon zu halten?

Bei mehrfach wiederholter Strohdüngung kann es in Trockengebieten zu Verzögerungen im Strohabbau und damit zu Schwierigkeiten bei der Bestellung kommen; auch die Schädlingsvermehrung kann u. U. gefördert werden. In solchen Fällen kann bei Fehlen anderweitiger Strohverwertung die Strohverbrennung gerechtfertigt sein.

Strohverbrennung: Wann ist sie zulässig?

Nach Anmeldung und Genehmigung durch die Kreisverwaltungsbehörde. Dabei sind besondere Vorsichtsmaßnahmen und die Vorschriften der jeweiligen Landesbehörden zu beachten. Zur Vermeidung gefährlicher Feuer- und Rauchentwicklung ist zu empfehlen, das Stroh auf der Fläche verteilt zu verbrennen.

Düngung

Düngung – Was versteht man darunter?

Die Zufuhr von Nährstoffen in den Boden, um ein ungestörtes Pflanzenwachstum und damit möglichst optimale Pflanzenerträge zu erreichen;
Zufuhr von Humus zum Erhalten und Verbessern der Bodenfruchtbarkeit und des Garezustandes.
Die Düngemittel werden entsprechend ihrer Herkunft in Wirtschaftsdünger und Handelsdünger eingeteilt.

Düngebedarf: Wie hoch ist er?
Er richtet sich nach dem Nährstoffgehalt des Bodens, dem Nährstoffentzug durch die anzubauende Frucht bzw. der Früchte im Verlauf einer Fruchtfolge, den standorttypischen bzw. bewirtschaftungsabhängigen Faktoren und den Nährstoffverlusten.

Düngebedarfsermittlung: Welche Grundsätze gelten?
Um Umwelt belastende Nährstoffüberhänge zu vermeiden, fordert die Dünge-VO eine Bedarfsermittlung für jeden einzelnen Schlag der landwirtschaftlichen Nutzfläche, d. h. für jede räumlich zusammenhängende, einheitlich bewirtschaftete und mit der gleichen Pflanzenart bestellte Einzelfläche von max. 5 ha Größe.

Dünge-VO: Welche Punkte sind zu berücksichtigen?
Nährstoffbedarf des Pflanzenbestandes,
Nährstoffgehalt des Bodens
Nährstoff-Nachlieferung aus dem Boden,
pH-Wert bzw. Kalk- und Humusgehalt des Bodens
Nährstoffgehalt eventueller weiterer aufgebrachter Stoffe außer Düngern, z. B. von Kompost,
Anbaubedingungen, z. B. Bodenbearbeitung, Vorfrüchte.

Nährstoff-Bilanzierung: Wie oft muss sie erfolgen?
Die Dünge-VO schreibt einen langfristigen Vergleich von Nährstoffzu- und -abfuhr vor für alle Betriebe über 10 ha LF bzw. über 1 ha Sonderkulturen. Dieser Vergleich muss jährlich für N und P per Flächen- oder Schlagbilanz, alle 3 Jahre für K_2O erfolgen. Alle zur Düngebedarfsermittlung und zum Nährstoffvergleich benötigten Unterlagen und Nachweise sind 9 Jahre lang aufzubewahren (Aufzeichnungs-/Aufbewahrungspflicht).

Nährstoff-Saldierung: Wie erfolgt sie?
Für die praktische Düngebedarfsermittlung wird die Nährstoffabfuhr aus Basisdaten-Tabellen entnommen, festgelegte bzw. ausgewaschene Bodennährstoffe werden über

Bodenproben von LUFA's oder privaten Labors ermittelt. Bei deutlichen Abweichungen von den Tabellen-Soll-Werten müssen z. B. spezielle Bodengegebenheiten, klimatische Bedingungen durch Zu- oder Abschläge berücksichtigt werden.
Der Nährstoffvergleich auf Einzelschlag-Basis ist vor allem für viehlose Betriebe geeignet. Sein Bezugszeitraum ist das Kalenderjahr. Die Nährstoffvergleiche auf Feld-Stall- bzw. auf Hoftor-Basis erstrecken sich jeweils über das Wirtschaftsjahr (1. 7.–30. 6.). Diese Vergleiche lassen sich am besten mit Hilfe der EDV bzw. des PC erstellen.

Düngemittel: Was versteht man darunter?
Nach § 1 Absatz 1 Nr. 1 des Düngemittel-Gesetzes sind Düngemittel Stoffe, die dazu bestimmt sind, unmittelbar oder mittelbar Nutzpflanzen zugeführt zu werden, um ihr Wachstum zu fördern, ihren Ertrag zu erhöhen oder ihre Qualität zu verbessern.

Düngemittel-Verordnung: Was bringt der Neuentwurf 2004?
Der Regelungsentwurf beschränkt sich nicht nur auf Düngemittel, sondern deckt auch die Gruppe der Boden-Hilfsstoffe, Kultursubstrate und Pflanzen-Hilfsmittel mit ab. Es werden neue Düngemittel zugelassen, jedoch wird die Anzahl der Düngemitteltypen verringert; das hohe Qualitäts- und Schutzniveau wird ausgebaut. Eine umfassendere Kennzeichnung von Düngemitteln, auch von Wirtschaftsdüngern, wird vorgeschrieben.

Dünge-Verordnung: Was betrifft die praktische Düngung?
- Künftig muss man zu Gewässern, aber auch zu Nachbarflächen 3 m Abstand einhalten;
- bei Temperaturen über 25 °C sollen einige Mineraldünger (z. B. Harnstoff) auf unbestelltem Ackerland noch am gleichen Tag, Gülle innerhalb von 2 Stunden eingearbeitet werden;
- bei Temperaturen über 30 °C soll das Ausbringen von Gülle und mineralischen Ammonium- und Harnstoffdüngern verboten werden;
- bei tierischen Wirtschaftsdüngern soll der N-Ausnutzungsgrad von der Verwaltung festgelegt werden;
- organische Düngung darf auf Ackerland nur noch vom 1.11. bis 31.1., auf Grünland vom 15.11. bis 31.1. ausgebracht werden;
- für alle Flächen besteht künftig eine Aufzeichnungspflicht;
- die Hoftor-Bilanz wird Pflicht;
- Prallteller werden weitgehend verboten;
- ab 2011 sollen nur noch folgende Nährstoffverluste geduldet werden: 35 kg N/ha im Ackerbau, 70 kg N/ha in Betrieben mit bis zu 100 kg N/ha in Wirtschaftsdüngern oder 90 kg N/ha in Betrieben mit über 100 kg N/ha in Wirtschaftsdüngern.

»Gesetz vom Minimum«: Was besagt es?
Auch wenn mehrere Nährstoffe in unbeschränktem Umfang zur Verfügung stehen, ist eine Ertragssteigerung nur bis zu der Höhe möglich, die ein anderer, in geringerem Umfang vorhandener Nährstoff zulässt. Alle Nährstoffe müssen entsprechend ihrer Notwendigkeit in einem harmonischen Verhältnis im Boden vorhanden sein oder zu-

geführt werden. Mit anderen Worten: Einseitig hohe Handelsdüngergaben sind gleichbedeutend mit Geldverschwendung.

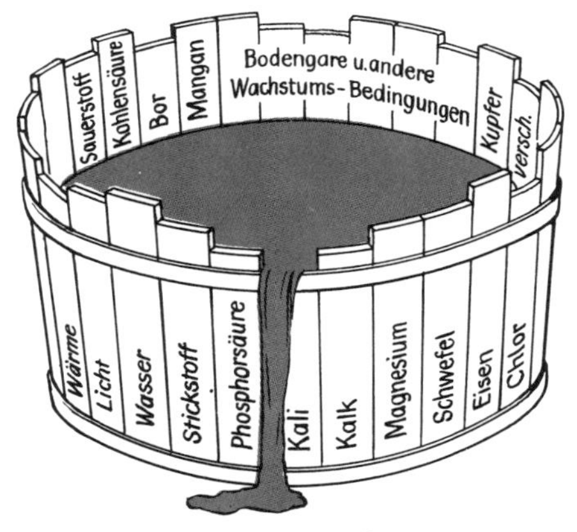

Gesetz vom Minimum. Hier ist Kali im Minimum und begrenzt die Ertragssteigerung.

»Gesetz vom abnehmenden Ertragszuwachs«: Was besagt es?
Die Erträge auf Grünland und Acker können trotz bester Bearbeitung und höchster Wirtschafts- und Handelsdüngergaben nicht ins Unendliche gesteigert werden. Ertragssteigerungen werden mit zunehmender Höhe der Düngergaben, nachdem ein gewisser optimaler Ertrag erreicht ist, immer geringer. Alle Aufwendungen, die über diese Höchstleistungen noch gemacht werden, sind unwirtschaftlich; sie werden nicht durch entsprechende Ertragssteigerungen gelohnt.

Nährstoffmangel: Woran lässt er sich bei Getreide erkennen?
Stickstoff-Mangel: Hellgrüne Verfärbung, mangelhafte Bestockung, schwache Entwicklung der Halme, flache Körner.
Phosphor-Mangel: Dunkelgrüne Blätter, die vom Rand her vertrocknen. (Die Blattadern der vertrockneten Blätter bleiben noch einige Zeit grün.)
Kali-Mangel: Bildung von roten Flecken (Trockenflecken), die sich vom Rand aus oder von der Spitze her über das ganze Blatt ausbreiten.

Harmonische Düngung – Was versteht man darunter?
Düngung darf nicht einseitig, sondern muss ausgewogen sein. Sie soll alle Bodennährstoffe in ausreichender Höhe, in der zweckmäßigsten Form und zum richtigen Zeitpunkt ergänzen. Eine ausgewogene Nährstoffversorgung bedeutet zudem, die Voraussetzungen für bestmögliche Verwertung der vorhandenen und gedüngten Nährstoffe zu schaffen.

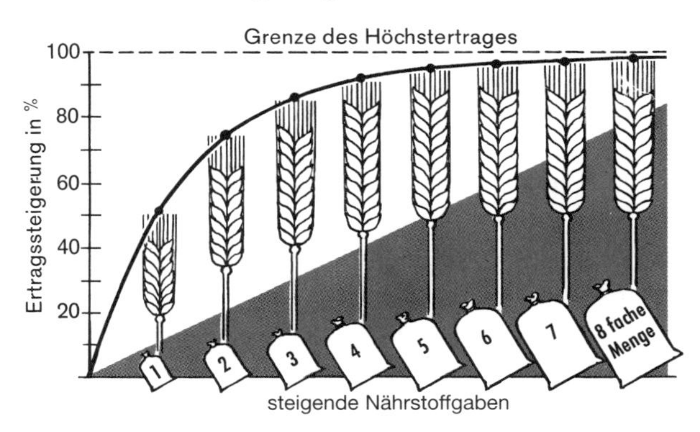

Ertragskurve: Der Ertrag wächst nicht gleichmäßig mit dem Aufwand.

Ausgewogene Düngung: Wie kann man produktionstechnisch die Effizienz der Nährstoffversorgung beeinflussen?
Durch Bodenbearbeitung, Sortenwahl und Pflanzenschutz. Speziell das exakte Verteilen der Düngernährstoffe erhöht die Effizienz.

Grunddüngung – Was versteht man darunter?

Das Ausbringen der Pflanzennährstoffe Phosphat (P) und Kali (K), eventuell mit einer Stickstoffgabe (N), entweder im Herbst oder im Frühjahr; sie wird mit Egge, Grubber oder Krümler usw. gleichmäßig eingearbeitet und gut verteilt.

Kopfdüngung – Was versteht man darunter?

Sie wird in den wachsenden Bestand ausgebracht und soll die Pflanzen während eines bestimmten Entwicklungsabschnittes besonders gut mit den notwendigen Nährstoffen versorgen. Kopfdünger werden auf trockene Bestände gegeben, um Verätzungen zu vermeiden. Bei Verwenden von gekörnten Düngemitteln ist diese Gefahr geringer (Achtung: Mais!).
Kopfdüngung kann eine Grunddüngung nicht ersetzen, sie ist eine zusätzliche Düngungsmaßnahme.

Spätdüngung – Was versteht man darunter?

Eine Stickstoffgabe (30–50 kg N/ha) zum Ährenschieben bzw. zur Blüte bei Getreide. Sie trägt zur Ertrags- und Qualitätsverbeserung bei.

Banddüngung – Was versteht man darunter?

Das Ausbringen des Handelsdüngers direkt neben oder unter die Drill- und Saatreihen (Reihendüngung bzw. Unterfußdüngung) mit Spezialgeräten.

Blattdüngung – Was versteht man darunter?

Die Pflanzen können Nährstoffe auch über die Blätter aufnehmen und zwar wesentlich rascher als über die Wurzeln. Die Nährstoffe müssen jedoch vollständig wasserlöslich und chloridfrei sein. Am häufigsten wird Blattdüngung zum Beheben bereits sichtbarer Mangelerscheinungen (Mangan, Bor, Eisen) angewandt.

Abfallbeseitigung (Klärschlamm) – Klärschlamm-Verordnung: Was bezweckt sie?

Die Klärschlamm-VO vom 15. 12. 1992 regelt die Entsorgung der Rückstände aus Kläranlagen durch die landwirtschaftliche Nutzung von Klärschlamm. Vorgeschrieben werden dabei unter anderem Aufbringungsverbote und Beschränkungen, Aufbringmenge, Nachweispflichten, regelmäßige Schlamm- und Bodenuntersuchungen, Grenzwerte im Klärschlamm und im Boden für Schwermetalle wie Blei und Cadmium, halbjährliche Untersuchungen des Klärschlamms auf Nährstoffgehalte wie Stickstoff, Phosphor und Calcium sowie generelle Aufbringungsverbote auf Gemüse- und Obstanbau-Flächen, auf Dauergrünland, forstlich genutzten Flächen, in Natur- und Wasser-Schutzgebieten.

Klärschlamm-Entschädigungsfonds: Wozu dient er?
Am 1. 1. 1999 trat die Klärschlamm-Entschädigungsfonds-VO in Kraft mit dem Ziel, mehr Sicherheit bei der landwirtschaftlichen Verwertung von Klärschlamm zu gewährleisten, indem alle eventuellen Stoffrisiken des Klärschlammes abgesichert werden. Zudem werden aus dem Fonds die durch landbauliche Verwertung von Klärschlämmen möglichen entstehenden Schäden an Personen und Sachen sowie Folgeschäden ausgeglichen. Die Beiträge zum Fonds sind von allen Klärschlammherstellern zu leisten.

Sekundär-Rohstoffdünger – Was ist das?
Alle landwirtschaftlich verwertbaren Rest- und Abfallstoffe. Sie benötigen eine Zulassung als Düngemitteltyp nach der Düngemittel-VO. In der Klärschlamm-VO wird die landwirtschaftliche Verwertung hinsichtlich Aufwandmenge, zulässigen Schadstoffgehalts und Untersuchungspflicht geregelt.

Wirtschaftsdünger – Was versteht man darunter?
Sie werden in der Landwirtschaft selbst erzeugt und enthalten organische Substanzen und Nährstoffe, je nach Herkunft, Lagerung und Pflege. Sie liefern vor allem Nahrungsstoffe für die Kleinlebewesen und tragen deshalb besonders zur Humus- und Garebildung bei.

Welche sind die wichtigsten?
Stallmist – Jauche – Gülle – Flüssigmist – Kompost – Gründüngung / Stroh.

Stallmist – Woraus besteht er?
Der Stallmist ist ein Gemisch von Tierkot und Einstreu. Der Nährstoffgehalt hängt von der Art der Einstreu, der Tierart und dem Grad der Verrottung ab.

Stallmist: Wie setzt sich guter Stallmist zusammen?
Aus etwa 25 % Trockensubstanz (besonders Humus bildende Stoffe) und 75 % Wasser.

Stallmist: Welche Nährstoffe sind in 100 dt enthalten?
Je nach Art und Rottezustand etwa 50 kg Stickstoff, etwa 25 kg Phosphat, etwa 60 kg Kali und etwa 40–80 kg Kalk.

Stallmist: Wie hoch ist der Ausnutzungsgrad der Nährstoffe?
Stickstoff etwa 25–30 %, Phosphat etwa 30–35 %, Kali etwa 50–70 %.

Nährstoffversorgung: Kann Stallmist allein sie sichern?
Stallmistdüngung allein genügt für die Nährstoffversorgung nicht; Stallmist ist vorwiegend Humusdünger.

Strohbedarf: Wie hoch ist er je GV?

Schweine	1–2 kg/Tier und Tag	ca. 4–8 dt/Jahr
Rinder (Tieflaufstall)	10–15 kg/Tier und Tag	ca. 36–55 dt/Jahr

Rinder (Anbindestall)	2–7kg/Tier und Tag	ca. 7–25 dt/Jahr
Pferde	2–4 kg/Tier und Tag	ca. 7–14 dt/Jahr
Schafe	0,2 kg/Tier und Tag	ca. 0,8 dt/Jahr

Frischmist: Wie viel Frischmist fällt durchschnittlich pro GV im Jahr bei mittlerer Einstreu an?

Kühe bei Stallhaltung	100–140 dt,
Kühe bei Weidehaltung	80–100 dt,
Schweine	20 dt,
Pferde	80– 90 dt,
100 Hennen	60 dt Feuchtkot.

Rotteverluste: Wie hoch sind sie?
Je nach Lagerung und Pflege 20–40 % des Frischmistes.

Jauche – Woraus besteht sie?
Aus dem Harn der Haustiere und einem sehr unterschiedlichen Anteil von Wasser.

Jauche: Welche Nährstoffe sind in 10 m³ enthalten?
Je nach Zusammensetzung etwa: Stickstoff 10–30 kg, Phosphat 1 kg, Kali 40–80 kg.

Jauche: Wie viel fällt pro GV im Jahr durchschnittlich an?

Kühe bei Stallhaltung	etwa 3–4 m³ (360 Tage),
Kühe bei Weidehaltung	etwa 2–3 m³ (180 Tage),
Schweine	etwa 5 m³,
Pferde	etwa 1 m³.

Einseitige Jauchedüngung auf Grünland: Was ist die Folge?
Überhandnehmen von Korbblütler-Unkräutern (Kälberkropf, Kerbel, Bärenklau, Löwenzahn).

Gülle (Flüssigmist) – Was versteht man darunter?
Gülle ist ein Gemisch aus Kot und Harn. Je nach Beigabe von Wasser und gegebenenfalls von Einstreu spricht man von Dick- (bis 10 % T) oder Dünngülle (bis 5 % T), Schwemmmist oder Flüssigmist. Im Gegensatz zu Stallmist steht bei Gülle der größte Teil des Stickstoffs den Pflanzen unmittelbar zur Verfügung.

Gülle: Welche Mengen fallen an?
Die täglichen Ausscheidungen an Kot und Harn betragen beim Rind 8 %, beim Schwein im Mittel der Mastperiode etwa 6 % des Körpergewichts. Das natürliche Kot-Harn-Gemisch (ohne Wasserzusatz) hat einen durchschnittlichen Trockensubstanzgehalt von 10–11 % beim Rind und beim Schwein von 9–10 %. Der tatsächliche Gülleanfall hängt von der Wasserbeimischung ab.

Gülle: Welche Nährstoffe sind enthalten?

Der Nährstoffgehalt von Gülle schwankt je nach Tierart, Fütterung, Haltungsverfahren und Verdünnung in weiten Grenzen. Bei etwa 90 % Wasser (10 % T) sind enthalten pro m^3 (Werte der LK Weser-Ems, Oldenburg):

Gülleart	TS in %	N in kg	NH_4-N in kg	P_2O_5 in kg	K_2O in kg
Milchkuh	10	4,7	2,6	1,9	6,2
Kälber	3	3,6	2,0	1,5	3,7
Bullen	10	4,7	2,6	2,2	5,5
Schweine	6	5,6	3,9	3,1	3,0
Sauen	4	3,8	2,6	2,3	2,1
Ferkel	4	3,2	2,2	1,9	2,1
Hühner	12	11,8	7,0	8,7	6,0

Gülleausbringung: Welche Vorgaben macht die Dünge-VO?

- Ausbringverbot vom 1.11. bis 31.1. (Ackerland) bzw. 15.11. bis 31.1. (Grünland),
- Ausbringverbot auf tief gefrorene, stark schneebedeckte oder wassergesättigte Böden,
- Ausbringen nur auf aufnahmefähige Böden,
- Pflicht zum unverzüglichen Einarbeiten auf unbestelltem Ackerland,
- Begrenzung auf 80 kg Gesamt-N/ha bzw. 40 kg NH_4-N/ha bei Ausbringen nach der Ernte,
- Ausbringen nur nach der Ernte nach Feldgras, Grassamen, Herbstaussaaten, Zwischenfrüchten oder zur Strohdüngung,
- Anwendung auf sehr hoch mit Phosphat oder Kali versorgten Böden nur bis zur Höhe des P- oder K-Entzuges, der Nährstoffgehalt muss vor dem Ausbringen ermittelt werden,
- zeitliches und mengenmäßiges Ausbringen nur so, dass die Nährstoffe von den Pflanzen weitestgehend ausgenützt werden können und Nährstoffverluste sowie eventuelle Einträge in Gewässer weitestgehend vermieden werden.

Kompost – Woraus entsteht er?

Aus Wirtschafts- und Siedlungsabfällen (grünes Unkraut, Laub, Blätter, Stroh usw.) durch Verrottung. Verrotteter Kompost wird als Humusdünger im Garten- und Obstbau verwendet.

Welche Nährstoffe enthält er?

Das richtet sich nach den Bestandteilen der Komposterde. Als durchschnittlicher Anhalt gelten: Stickstoff etwa 0,10–0,30 %, Phosphor etwa 1,20 %, Kali etwa 0,25 %, Kalk etwa 3,75 %.

Ökologischer Landbau – Wie steht er zur Düngung?

Alle ökologischen Verbände lehnen den üblichen Gebrauch von Handelsdüngemitteln und Pflanzenschutzmitteln ganz oder teilweise ab und arbeiten stark mit Kompost und Humusdüngern.

Zur Stickstoff-Versorgung steht an erster Stelle der Leguminosen-Anbau, meist als mehr- oder überjähriger Feldfutterbau. Bei Rinder haltenden Betrieben fließt der Stickstoff als Mist, Kompost oder Gülle in den Kreislauf zurück. Bei viehlosen Betrieben werden Leguminosen im Zwischenfruchtbau als N-Lieferanten verwendet.
In Betrieben mit Viehhaltung ist die Düngung mit P, K, Ca und Mg durch den Nährstoff-Kreislauf eher gesichert als in viehlos wirtschaftenden. Daher ist in den Erzeugungs-Richtlinien der Einsatz bestimmter mineralischer Dünger wie Roh-Phosphate, Kali-Rohsalze und Kalk nach Bodenanalyse zugelassen.
Bei allen Systemen sind wasserlösliche Handelsdünger verboten; gewisse Mengen von Gesteinsmehlen, Algenmehlen, Kohlensaurem Düngekalk, Spurenelementdüngern sind erlaubt.
Bei der biologisch-dynamischen Wirtschaft haben noch gewisse Präparate eine bestimmte Bedeutung (z. B. Kiesel, Hornmist).

Gründüngung – Was versteht man darunter und welche Bedeutung hat sie?

Gezielter Anbau und Unterpflügen grüner Pflanzenbestände.
Sie liefert organische Substanz und wertvolle Stoffe für die Ernährung der Mikroorganismen.
Gründüngung erfolgt vorwiegend in Form von Zwischenfruchtbau. Sehr wertvoll sind Leguminosen, da sie mit Hilfe von Knöllchenbakterien den Boden mit Stickstoff anreichern.

Gründüngungspflanzen: Welche sind üblich?

Stickstoffsammler wie Lupinen, Wicken, Serradella, Gelbklee, Bohnen, Weißklee, Schwedenklee, Wicken-Bohnen-Gemenge.
Stickstoffzehrer wie Grünraps, Sommerraps, Winterraps, Senf.

Handelsdünger – Warum wird er benötigt?

Die Wirtschaftsdünger bringen in der Regel nur einen Teil der Nährstoffmengen in den Boden zurück, die ihm über die Ernten entzogen werden. Ein größerer Teil verlässt in Form von Fleisch, Milch und Verkaufsfrüchten den Hof und geht dem Boden verloren.

Handelsdünger: Welche Arten gibt es?

Stickstoffdünger,
Phosphatdünger,
Kalidünger,
Kalk- und Magnesiumdünger,
Mehrnährstoffdünger,
Düngemittel mit Spurennährstoffen,
organische und organisch-mineralische Düngemittel.

Stickstoffdünger – Wie heißen die wichtigen?

Gebräuchliche N-Düngemittel

Düngerform	Düngemittel (Beispiel)	Durchschnitts-gehalt % N	Beschaffenheit
Salpeterdünger	Natronsalpeter	16	weiß, weißgrau, feinkörnig
	Kalksalpeter	15	grobkörnig
Ammoniakdünger	Schwefelsaures Ammoniak	21	weißgrau, kristallin
	Flüssiges Ammoniak	82	verflüssigtes, wasserfreies Gas
Ammonsalpeter-dünger	Kalkammonsalpeter	27,5	weißgrau
	Ammonsulfatsalpeter	26	gelbbräunlich, gekörnt
	Stickstoffmagnesia	22	gelbbräunlich, gekörnt
Amiddünger	Harnstoff	46	weiß, gekörnt bzw. geperlt
	Ammonnitrat-Harnstoff	28	druckfreie N-Lösung
	Kalkstickstoff	21	blauschwarz, gemahlen, geperlt
dicyandiamidhaltige Dünger	Dicyandiamid plus Ammonnitrat-Harnstoff-Lösung	28	flüssig
	Dicyandiamid plus Ammonsulfatsalpeter	25	gelbbräunlich, gekörnt
	Dicyandiamid plus Ammonsulfat	25	

Außerdem gibt es viele stickstoffhaltige Mehrnährstoffdünger.

Was ist bei ihrer Anwendung zu beachten?

Salpeter ist rasch wirksam und eignet sich deshalb als Kopfdünger. Ammoniak wirkt langsamer, aber nachhaltiger.
Kalkstickstoff muss zur Vermeidung von Keimschäden mindestens 14 Tage vor der Saat ausgebracht werden, er eignet sich im ungeölten Zustand auch zur Unkrautbekämpfung.
Durch den Zusatz von Dicyandiamid zu ammoniumhaltigen Düngern wird die Nitrifikation im Boden verlangsamt, d. h die Gefahr des Nitrateintrags ins Grundwasser verringert.
Mehrnährstoffdünger enthalten Stickstoff in verschiedener Form.

Stickstoff: Welche Aufgabe hat er in der Pflanze?

Aufbau der Pflanzensubstanz; Stickstoff ist der wichtigste Eiweißbaustein; ohne Stickstoff ist kein Pflanzenwachstum möglich.

Stickstoffnachlieferung des Bodens: Was versteht man darunter?
Die ca. 25 cm mächtige Krume eines normalen Ackerbodens (organische Substanz 1,8–2,2 % bzw. 0,10–0,13 % N) enthält ca. 4000–5000 kg N/ha. Davon werden jährlich im Durchschnitt 1–3 % mineralisiert, d. h freigesetzt. Diese Vorgänge beginnen erst bei 8–10 °C Bodentemperatur. Die N-Nachlieferung erreicht ihr Maximum auf gut durchlüfteten, kalkversorgten, warmen und ausreichend feuchten Standorten.

N-Stabilisatoren (Denitrifikationshemmer): Was machen sie?
Sie hemmen die Aktivität der Bakterien, die im Boden Ammonium in Nitrat verwandeln. Dadurch wird z. B. bei Gülledüngung die N-Auswaschung vermindert. Die Gülle kann bei Beigabe von Stabilisatoren einige Wochen früher ausgebracht werden.

Verlagerungsrisiko leicht löslicher Nährstoffe: Was meint man damit?
Besonders auf leichten Böden kann es auf Weiden in den Wintermonaten zur Anreicherung leicht löslicher Nährstoffe kommen, besonders von Nitrat, also zu einer schädlichen N-Anreicherung im Boden.

Nitrifikation: Was versteht man darunter?
Die Umwandlung von Ammoniak-Stickstoff aus dem Eiweißabbau abgestorbener Pflanzen und Kleinlebewesen zu Nitrat im Boden mithilfe von nitrifizierenden Bakterien.

Nitrate: Was versteht man darunter?
Wichtige Stickstoffdünger für die Landwirtschaft, bei denen bei unsachgemäßer Anwendung jedoch die Gefahr einer Nitrat-Belastung für das Grundwasser besteht und die Wasserqualität beeinträchtigt werden kann.

EU-Nitrat-Richtlinie: Wozu dient sie?
Sie reguliert unter anderem die Dungausbringung und das Erstellen von Nährstoff-Bilanzen und dient damit dem Gewässerschutz vor Nitrat-Verunreinigungen.

Phosphatdünger – Welche Aufgabe hat der Phosphor in der Pflanze?
Phosphor ist ebenfalls ein wichtiger Bestandteil des Eiweißes. Bei Phosphor-Mangel verzögern sich Wachstum und Reife. Die Ausbildung der Körner und Früchte wird ungünstig beeinflusst. Bei starkem Phosphormangel verfärben sich die Blätter schmutziggrün.

Phosphatdüngemittel: Was ist bei der Anwendung zu beachten?
Phosphat ist in verschiedenen Düngemitteln unterschiedlich löslich.
Am raschesten löslich und wirksam ist es im Superphosphat; es folgen Thomasphosphat und schließlich Hyperphos und – je nach Form – die Mehrnährstoffdüngemittel.

Phosphatdüngemittel: Wie heißen die wichtigen?

Gebräuchliche Phosphatdüngemittel

Düngemittel Handelsname (Typen-bezeichnung)	**∅-Gehalt % P_2O_5**	**Art des Aufschlusses**	**Löslichkeit**	**Neben-bestandteile**
Superphosphat	18	Schwefelsäure	wasser- und ammon-citratlösliches P_2O_5, davon mind. 93 % wasserlöslich	
Triple-Superphosphat	46	Phosphorsäure	wasser- und ammon-citratlösliches P_2O_5, davon mind. 93 % wasserlöslich	
Thomas-phosphat	10–12	thermischer Aufschluss und Bindung mit Kalk und Silizium	zitronensäure-lösliches Phosphat	45 % basisch wirksamer Kalk, Mg, Mn, Zn, Cu
Novaphos (teilaufgeschlossenes Rohphosphat)	23	mit Schwefelsäure teilaufgeschlossenes, weicherdiges Rohphosphat	mineralsäure-lösliches P_2O_5 (Gesamt-Phosphat), mind. 40 % wasser-löslich	Calciumsulfat (13 % basisch wirksamer Kalk)
Hyperphos (weicherdiges Rohphosphat)	26–32	feinste Vermahlung	mineralsäurelösliches P_2O_5 (Gesamt-Phosphat), mind. 55 % ameisensäure-löslich	Calciumcarbonat (33–38 % basisch wirksamer Kalk), Zn
Dolophos (Kohlensaurer Kalk mit weicherdigem Rohphosphat)	15	feinste Vermahlung	mineralsäurelösliches P_2O_5 (Gesamt-Phosphat), mind. 55 % ameisensäure-löslich	Calciumcarbonat (40 % basisch wirksamer Gesamt-Kalkgehalt), 7 % MgO

Außerdem gibt es zahleiche phosphathaltige Mehrnährstoffdünger.

P-Düngewirkung: Was ist für optimale Wirkung im Boden nötig?

Als Grundvoraussetzung muss eine gute Bodenstruktur vorliegen, eine optimale Bodenreaktion gegeben sein und eine hohe biologische Aktivität vorliegen.

Kalidünger – Welche Aufgaben hat das Kali in der Pflanze?

Die Umwandlung von Zucker in Stärke wird wesentlich von Kali beeinflusst. Bei Kali-

Mangel wird die Assimilation beeinträchtigt, das Wachstum wird gehemmt; Folge: Kümmerkorn und Notreife. Auf den Blättern treten rote Flecken auf, die braun und brüchig werden. Kali-Mangel gefährdet die Standfestigkeit bei Getreide, die Früchteausbildung und die Lagerfähigkeit beim Obst.

Kalidüngemittel: Wie heißen die wichtigen?

Wichtige Kali-Düngemittel

Düngemittel	**Durchschnitts-gehalt % K_2O**	**Kaliform**	**Beschaffenheit, Nebenbestandteile**
Korn-Kali	40	Kaliumchlorid	graubraun, grobkörnig 6 % MgO als Magnesiumsulfat, 3 % Na als Natriumchlorid, 4 % Schwefel als Sulfat
Kaliumsulfat	50	Kaliumsulfat	weißgrau, grobkörnig 18 % Schwefel als Sulfat
60er Kali	60	Kaliumchlorid	weißgrau, grobkörnig
Patentkali (Kali-magnesia)	30	Kaliumsulfat	weißgrau, grobkörnig 10 % MgO als Magnesiumsulfat, 17 % Schwefel als Sulfat
Magnesia-Kainit	11	Kaliumchlorid	grauweiß bis rötlich braun 5 % MgO als Magnesiumsulfat, 20 % Na als Natriumchlorid, 3 % Schwefel als Sulfat

Außerdem gibt es zahleiche Mehrnährstoffdünger mit K_2O-Gehalt.

Kalidünger: Was ist bei der Anwendung zu beachten?

40er- und 50er-Kalistandards können zu allen Pflanzen verwendet werden, mit Ausnahme von chloridempfindlichen wie Kartoffeln, Tomaten, Tabak, Wein. Für diese Pflanzen eignen sich besonders sulfathaltige Kalidünger wie Kalimagnesia und Kaliumsulfat. Magnesia-Kainit, Kalimagnesia und 50er-Kali-Standard enthalten den wichtigen Pflanzennährstoff Magnesium.

Die Mehrnährstoffdünger mit Kali haben ein breites Anwendungsfeld.

Kalkdünger – Welche Aufgaben hat der Kalk?

Er ist wichtig für die Gesunderhaltung der Böden; er ist in erster Linie ein Bodendünger. Er wirkt bei der Eiweißbildung und der Kohlenhydratumsetzung in den Pflanzen mit.

Kalkdünger: Was ist bei der Anwendung zu beachten?

Kohlensaurer Kalk wirkt langsam und mild; er ist für Grünland und leichte Böden zu verwenden.

Branntkalk wirkt sehr rasch und intensiv und ist für schwere Böden geeignet.

Kalkdünger: Wie heißen die wichtigen?
Form, Gehalt und Nebenbestandteile wichtiger Kalkdünger

Düngemittel	Kalkform	Kalkgehalt berechnet als CaO (%)	Nebenbestandteile	Wirkung
Kohlensaurer Kalk	$CaCO_3$	42–53	$MgCO_3$	langsam
Kohlensaurer Mg-Kalk	$CaCO_3$ + $MgCO_3$	42–53	z.T. mit P_2O_5	langsam
Branntkalk	CaO	65–95		rasch
Magnesium-Branntkalk	CaO + MgO	65–95		rasch
Löschkalk	$Ca(OH)_2$	60–70		rasch
Mischkalk	CaO + $CaCO_3$	60–65		rasch und langsam
Hüttenkalk	Ca_2SiO_4	40–50	MgO, Spurennährstoffe, z.T. P_2O_5	langsam
Konverterkalk	CaO + Ca_2SiO_4	35–50	z.T. P_2O_5; z.T. MgO, Spurennährstoffe	rasch und langsam
Rückstandkalk	$CaCO_3$, CaO	>30	z.T. N, P_2O_5, MgO	meist langsam
Carbokalk	$CaCO_3$	>25	N, P_2O_5, MgO	langsam

Kalkung: Wie wird sie angewandt?
Als Gesundungs-, Erhaltungs- und Meliorationskalkung.

Meliorationskalkung: Wann ist sie anzuwenden?
Wenn auf Grund einer Bodenuntersuchung erheblicher Kalk-Mangel festgestellt wird zur grundlegenden Bodenverbesserung.

Erhaltungskalkung: Welchen Zweck hat sie?
Die Ergänzung der durch die Ernten und die Auswaschung dem Boden entzogenen Kalkmengen. Schaffen eines Kalkvorrats für einen Fruchtfolge-Umlauf durch Kalkgabe zur geeignetsten Pflanze.

Gesundungskalkung: Wozu dient sie?
Sie soll einen versauerten Boden durch eine hohe 1- bis 2-malige Kalkgabe in den optimalen Reaktionszustand bringen.

Kalkbedarf: Wie kann man ihn bewerten?
Der Bewertung der Kalkversorgung eines Bodens werden künftig ph-Klassen von A bis

E zugrunde gelegt, wobei für diese Bewertung der Bodenfruchtbarkeit, der Bodenstruktur und der Nährstoff- und Schwermetall-Verfügbarkeit besondere Bedeutung zukommen.

pH-Klassen: Wie lautet ihre neue Definition für die Kalkversorgung?

pH-Klasse Kalkversorgung	Zustand	Maßnahme
A sehr niedrig	erhebliche Beeinträchtigung der Bodenstruktur und Nährstoffverfügbarkeit; deutliche Ertragsverluste bei fast allen Kulturen; stark erhöhte Verfügbarkeit von Schwermetallen im Boden	sehr hoher Kalkbedarf. Kalkung weitgehend unabhängig von der Kultur; Kalken hat Vorrang vor allen anderen Düngemaßnahmen.
B niedrig	noch keine optimalen Bedingungen für Bodenstruktur und Nährstoffverfügbarkeit; meist noch deutliche Ertragsverluste bei kalkanspruchsvollen Kulturen: erhöhte Verfügbarkeit von Schwermetallen im Boden	Aufkalken innerhalb der Fruchtfolge bevorzugt zu kalkanspruchsvollen Kulturen
C anzustreben	optimale Bedingungen für Bodenstruktur und Nährstoffverfügbarkeit; kalken bringt wenig Mehrerträge	Aufkalken innerhalb der Fruchtfolge zu kalkanspruchsvollen Kulturen.
D hoch	Bodenreaktion ist höher als anzustreben	keine Kalkung
E sehr hoch	Bodenreaktion ist wesentlich höher als anzustreben und kann die Nährstoffverfügbarkeit sowie den Pflanzenertrag negativ beeinflussen	kein Kalken; keine Anwendung alkalisch wirkender Düngemittel

Magnesiumdünger – Welche Aufgabe hat Mg in der Pflanze?

Magnesium (Mg) ist zentraler Baustein im grünen Pflanzenfarbstoff Chlorophyll, beeinflusst den Wasserhaushalt des Pflanzengewebes, ist Bestandteil zahlreicher wichtiger Enzyme. Mg-Mangel verzögert das Abreifen.
Bei Mg-Mangel kommt es zu charakteristischen Aufhellungen (Chlorosen) zwischen den Blattadern, die aber selbst grün bleiben.

Magnesiumdünger: Was ist die wirksamste Zufuhr?

Die wirksamste Mg-Zufuhr erfolgt durch Bodendüngung, wobei die mit der organischen Düngung zugeführten Mg-Mengen gleichermaßen gut für die Pflanzen sind wie die der Mineraldünger.

Magnesium-Düngemittel: Welche sind wichtig und welche Eigenschaften habe sie?
Wichtige Magnesium-Düngemittel

Düngemittel	**MgO-Gehalt (%)**	**Bindungsform**	**Eigenschaften, Nebenbestandteile**
Kieserit	25–28	Magnesiumsulfat	gut löslich
Bittersalz	16	Magnesiumsulfat	gut löslich, 13 % Schwefel
Mg-Branntkalk Kohlensaurer Mg-Kalk	10–35	Magnesiumoxid oder Magnesiumcarbonat	schnell wirkend langsam wirkend
Magnesium-Gesteinsmehl	20	Magnesiumsilikat	schwer löslich, langsam wirkend
Patentkali (Kalimagnesia)	10	Magnesiumsulfat	30 % K_2O, 17 % S als Sulfat
Stickstoff-magnesia	7	Magnesiumsulfat, Magnesiumcarbonat	20 % N (7–10 % Nitrat, 10–13 % Ammonium)
Magnesia-Kainit	5	Magnesiumsulfat	11 % K_2O, 20 % Na
PK-Dünger mit Magnesium	3–10	Magnesiumsulfat, Magnesiumphosphat	
Hüttenkalk	7	Magnesiumsilikat	47 % CaO
Korn-Kali	6	Magnesiumsulfat	40 % K_2O
NPK-Dünger mit MgO	2–4	Magnesiumsulfat, Magnesiumcarbonat	
Thomasphosphat	2	Magnesiumphosphat, Magnesiumsilikat	15 % P_2O_5
Thomaskali	3–6	Magnesiumphosphat	8–12 % P_2O_5, 11–20 % K_2O

Schwefeldünger – Hat er heute eine Bedeutung?

Der Schwefel-Eintrag in die Atmosphäre hat sich durch die Rauchgas-Entschwefelung in Kraftwerken so deutlich verringert, dass bei Pflanzen ein Schwefel-Mangel auftreten kann. Dieser führt bei betroffenen Pflanzen zu einer verminderten Verwertung von Düngerstickstoff; auch eine durch Schwefelmangel verursachte Zunahme von Pflanzenkrankheiten, insbesondere von Pilzerkrankungen, wurde festgestellt.

Schwefel-Mangel: Wie äußert er sich bei Pflanzen?
Schwefel-Mangel bei Getreide zeigt sich zuerst an jüngeren Blättern durch Gelbverfärbung, Wachstumsrückstand, dann vermindertem Kornansatz. Schwefel-Mangel ist frühzeitig nur schwer erkennbar. Auf gefährdeten Standorten (Böden mit Strukturschäden oder eingeschränkter Wassernachlieferung aus dem Grundwasser) empfehlen sich eigene Düngungsversuche (z. B. Düngefenster). In einem überwiegend aus Grundwasser versorgten Bestand ist Schwefel-Mangel eher unwahrscheinlich.

Spuren- oder Mikronährstoffe – Was sind Spurenelemente?

Elemente, die neben den in größeren Mengen in Boden und Pflanzen vorkommenden Hauptnährstoffen nur in Spuren vorhanden sind; ihr Fehlen ruft Mangelkrankheiten und Wachstumsstörungen hervor. In größeren Mengen wirken sie meist giftig. Man nennt sie auch Mikronährstoffe. Die wichtigsten sind Bor (B), Kupfer (Cu), Mangan (Mn), Molybdän (Mo), Kobalt (Co), Lithium (Li), Zink (Zn), Eisen (Fe), Jod (J).

Spurenelemente: Welche Bedeutung haben sie?

Spurenelemente sind wichtig für das Wachstum der Pflanzen und die Gesundheit von Mensch und Tier. Bei Auftreten oder zur Vorbeuge von Mangelkrankheiten werden Spuren-Nährstoffdünger ausgebracht (bei akutem Mangel auch gespritzt). Die Grenzen zwischen Nutz- und Schadwirkung für Pflanzen sind bei einigen Spurenelementen sehr eng.

Bor: Welche Aufgabe hat es?

Es ist für die Pflanzenentwicklung unentbehrlich. Bor-Mangel verursacht Herz- und Trockenfäule bei Zucker- und Runkelrüben, die Glasigkeit oder Braunherzigkeit bei Kohlrüben.

Kupfer-Mangel: Was ist dabei zu beachten?

Auf Moor- und Heideböden wird Hafer infolge Kupfer-Mangel weiß-spitzig, weil die Blattgrünbildung gestört ist.

Mangan-Mangel: Was ist dabei zu beachten?

Mangan beeinflusst die Bildung des Blattgrüns. Bei Mangan-Mangel erkrankt z. B. der Hafer an Dörrfleckenkrankheit.

Kieselsäure – Welche Bedeutung hat sie?

Kieselsäure wird in den letzten Jahren immer mehr positiv beurteilt. Sie macht die Nährstoffe im Boden besser pflanzenaufnehmbar, stärkt die Widerstandskraft der Pflanzen gegen Krankheiten und macht Getreide standfester. Damit werden Erfahrungen der alternativ wirtschaftenden Betriebe, die schon seit langem Urgesteinsmehl mit hohem Kieselsäuregehalt anwenden, genutzt.

Gesteinsmehle – Was sind das?

Als solche bezeichnet man Mehle, die durch Zerkleinern silikatischer Produkte aus Basalt oder Diabas entstehen. Sie werden als »Bodenhilfsstoffe« eingestuft. Ihr Nährstoffgehalt ist gering. Es werden ihnen zahlreiche, nicht immer nachweisbare Wirkungen auf Boden, Pflanzen, Futterqualität, Stallhygiene, Mist- und Kompostverbesserung sowie auf Tiergesundheit und Fruchtbarkeit zugesprochen.

Gesteinsmehle: Was können sie?

Von Gesteinsmehlen wird weniger eine Nährstoffwirkung erwartet als eine Verbesserung der Bodenstruktur und des Nährstoff-Nachlieferungsvermögens.

Einbringen von Ammoniak mit einem Spezialgrubber.

Düngerbezug – Was ist beim Bezug von Handelsdünger zu beachten?

Den Frühbezugs- und Mengenrabatt ausnützen,
Handelsdünger rechtzeitig bereitstellen,
Preis je Nährstoffeinheit vergleichen,
Kostenvergleich von losem / abgesacktem Dünger anstellen.

Handelsdünger: Was ist bei der Lagerung zu beachten?

Handelsdünger trocken lagern, gegen Boden- und Wandfeuchtigkeit schützen, nicht in offenen Schuppen lagern, mit Folien abdecken, die einzelnen Düngerarten gut trennen (Brand- und Giftrauchgefahr, besonders bei ammoniumnitrathaltigen Düngern).

Flüssigdüngung – Was versteht man darunter?

Das Ausbringen von Düngerlösungen anstelle von festen Salzen ermöglicht ein genaues Dosieren. Man unterscheidet:

1. Ammoniumgas unter hohem Druck (bis 20 bar, Wasserfreies Ammoniak mit ca. 80 Gew.-% N); Ausbringung nur mit Spezialgeräten.
2. Druckfreie Ammoniumnitrat-Harnstoff-Lösungen (AHL) mit 28 Gew.-% N (¼ als Salpeter-N, ¼ als Ammoniak und ½ als Harnstoff-N); druckfreie NP-Lösung mit 10 Gew.-% N und 34 Gew.-% P_2O_5; Ausbringung mit korrosionsfesten Pflanzenschutzspritzen.

Lose-Dünger-Kette (LDK): Welche Vorteile hat diese?

Arbeitserleichterung,
Arbeitsersparnis,
Verbilligung durch Wegfall der Verpackungskosten und einfache Lagermöglichkeiten.

Getreidebau

Anbau – Wo kann Getreide angebaut werden?

Der Getreideanbau stellt gewisse Anforderungen an Boden und Klima. In niederschlagsreichen Höhenlagen lohnt sich oft der Aufwand für die Getreideerzeugung nicht mehr. Roggen und Hafer stellen geringere Ansprüche an Boden und Klima als Weizen, Gerste und Mais.

Qualitätsgetreide: Was ist beim Anbau zu beachten?

Richtige Sorten-, Saatgut- und Standortwahl,
günstige Stellung in der Fruchtfolge,
Schutz vor Krankheiten und Schädlingen,
ausreichende und harmonische Düngung,
Ernte zur rechten Zeit.

Saat – Saatbett: Wie soll es beschaffen sein?

Gut abgesetzt, damit die Keimung nicht durch Störungen in der Wasserversorgung beeinträchtigt wird. Nicht zu grob, aber auch nicht zu fein, da sonst Verschlämmungen auftreten.

Fahrgassen: Was versteht man darunter?

Beim Drillen von Getreide werden »Gassen« freigelassen, mit deren Hilfe genaues Düngen und exakter Pflanzenschutz, vor allem das Vermeiden von Überlappen möglich ist.

Bandsaat: Was versteht man darunter?

Ein Saatverfahren mit speziellen Drillmaschinen oder Frässaatmaschinen, bei dem ein etwa 4 cm breites Saatband entsteht.

Minimal-Bestelltechnik (MBT): Was versteht man darunter?

Das ist das Zusammenfassen von Bodenvorbereitung und Saat in einer Maschine oder Maschinenkombination und damit in einem Arbeitsgang.

Direktsaat: Was versteht man darunter?

Das ist ein Saatverfahren in weitgehend unbearbeiteten, ungepflügten Boden mit Spezial-Drillmaschinen (Reihenfräsen oder Scheiben-Drillmaschinen) oder mit Scheibenscharen, die das Saatgut in durch ein Scheibensech geöffnete Bodenschlitze ablegen. Pflanzenreste müssen vorher entfernt oder fein gehäckselt werden.

Aufgang der Saat: Wodurch wird sie ungleichmäßig?

Ungleichmäßiger Boden, ungenügende Feuchtigkeit und ungünstige Temperatur,
Bodenverkrustung,

schlecht keimfähiges Saatgut mit geringer Triebkraft,
Fehler in der Beizung,
Fehler bei der Saat (z. B. durch zu tiefe Saatgutablage).

Bestockung: Was versteht man darunter?
Das Verzweigen an der Basis der Getreidepflanzen. Die meisten der sich am Bestockungsknoten bildenden Halme tragen zur Reifezeit Ähren.

Was sind Keimwurzeln und was Kronenwurzeln?
Keimwurzeln (bei Getreide 5–7) bilden eine in größere Tiefe reichende, verzweigte, bis zur Reife funktionsfähige Hauptwurzel.
Kronenwurzeln (Sekundärwurzeln) bilden sich aus dem unteren Halmknoten (Bestockungsknoten); sie durchwurzeln die Krume horizontal.

Keimfähigkeit: Was versteht man darunter?
Das Saatgut muss eine gute Keimfähigkeit besitzen, d. h. es sollen möglichst alle Getreidekörner in einer bestimmten Zeit keimen.
Bei Zertifiziertem Getreidesaatgut muss die Mindest-Keimfähigkeit 85 % betragen.

Triebkraft: Was versteht man darunter?
Es ist die Fähigkeit des Keimlings, den Boden und eventuell oberflächliche Verkrustungen zu durchstoßen.

BBCH-Code – Was versteht man darunter?
Die einzelnen Wachstumsabschnitte von Getreide und Mais wurden 1994 bundeseinheitlich in einzelne Entwicklungsabschnitte eingeteilt und mit dem BBCH-Code,

Rechts: Bestockung des Getreides.

Unten: Die Keimprobe gibt über die Keimfähigkeit des Saatgutes Aufschluss.

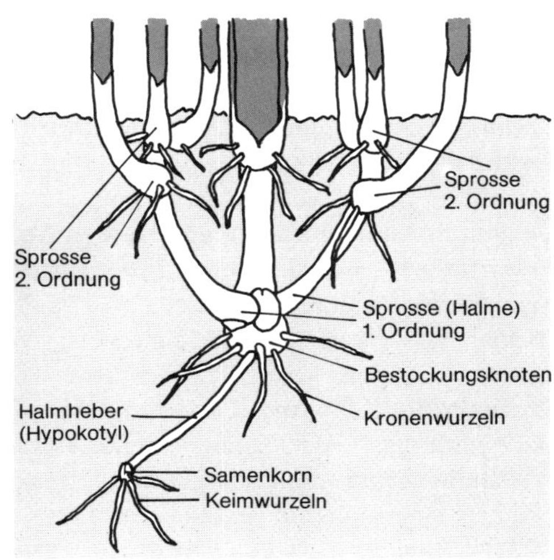

einem Nummerierungsschlüssel, versehen. Damit können die einzelnen Pflanzenstadien für alle produktionstechnischen Maßnahmen genau angesprochen werden.

Sorten – Sortenwahl: Welche Gesichtspunkte sind von Bedeutung?
Standortverhältnisse,
Standfestigkeit,
Ertragssicherheit,
Qualität,
Widerstandsfähigkeit gegen Krankheiten und Schädlinge,
Winterfestigkeit,
Auswuchs- und Ausfallfestigkeit.

Auswinterung – Welches sind die Ursachen?
Schneeschimmelbefall bei zu dichter Saat und zu lang andauernder Schneedecke,
ungenügende Kältefestigkeit der Sorte,
fehlende Frühjahrsfestigkeit (Zerreißen der Wurzeln bei Temperaturschwankungen.
Fehler bei den Bestellungsarbeiten.

Lagerfrucht – Wodurch kann dem Lagern vorgebeugt werden?
Keine zu hohe Saatmenge und Bestandsdichte,
geteilte Stickstoffgaben in richtiger Dosierung,
reichliche Kalidüngung zur Gewebestärkung,
Anbau standfester Sorten,
Anwendung von Halmverkürzungsmitteln,
rechtzeitige Unkraut- und Krankheitsbekämpfung.

Unkrautbekämpfung – Wie wird sie durchgeführt?
Vorbeugend durch gute Saatgutreinigung und sorgfältige Bodenbearbeitung.
Mechanisch durch entsprechende ackerbauliche Maßnahmen, z. B. Blindeggen nach der Saat und Striegeln.
Chemisch mit Herbiziden oder *biologisch* bzw. *biotechnisch,* um andere Maßnahmen zu ergänzen.

Bekämpfungsmethoden: Wann werden sie angewandt?
Eggen vor und nach der Saat und ab 3. Blattstadium,
Kalkstickstoff ab 3. Blattstadium,
Boden- und Kontakt-Herbizide als Vorsaat-, Vorauflauf- und Nachauflaufmittel.

Wuchsstoffmittel: Worauf ist beim Anwenden zu achten?
Bei Abdrift durch Wind können Nachbarkulturen geschädigt werden. Es ist daher bei Windstille mit geringem Druck und niedrig gestelltem Düsenrohr zu arbeiten.

Quecke: Wie kann sie wirksam bekämpft werden?
Mechanisch mit Grubber und Egge,
durch Anbau von krautwüchsigen Kartoffelsorten,
mit chemischen Mitteln.

Krankheiten – Welche Maßnahmen dienen zur Verhütung der wichtigsten Krankheiten und Schädlinge im Getreidebau?
Verwenden von gesundem, gebeiztem Saatgut,
gutes Vorbereiten des Saatbettes,
richtige Aussaatzeit und richtige Saatstärke,
Anbau von widerstandsfähigen Sorten,
ausgeglichene Düngung,
geordnete Fruchtfolge,
Ausschalten von Zwischenwirten,
entsprechende Pflegemaßnahmen.

Beizverfahren: Welches sind die wichtigsten?
Die Trockenbeize,
die Nassbeize (Tauchverfahren, Benetzungsverfahren, Kurznassbeizverfahren),
Puder- und Inkrustierungsverfahren.

Getreidekrankheiten: Welche lassen sich durch Trockenbeize bekämpfen?
Schneeschimmel,
Streifenkrankheit der Gerste,
Netzflecken-Krankheit,
Brandkrankheiten (Weizensteinbrand, Gestenhartbrand, Weizen-, Gersten- und Haferflugbrand).

Schneeschimmel-Befall: Welche vorbeugenden Maßnahmen lassen sich durchführen?
Abtöten des Pilzes durch Beizen,
Vermeiden einer zu frühen Saat im Herbst,
Saatstärke richtig bemessen (nicht zu dicht).

Fußkrankheiten: Welche Ursachen haben sie?
Überdauern von Schadpilzen auf Stoppelresten, ungünstige Fruchtfolge, schlechter Stoppelumbruch und -rotte, mangelhaftes Beseitigen des Ausfallgetreides, zu frühe und zu dichte Saat.

Rostkrankheiten: Welche treten bei Getreide auf?
Schwarzrost, Gelbrost, Braunrost und Kronenrost.

Rostbefall: Wie kann man ihm vorbeugen?
Vernichten des Ausfallgetreides, Sortenwahl, Trennen von Sommerung und Winterung, keine überhöhte N-Düngung, nicht zu dichte Bestände.

Viren: Was versteht man darunter?
Viren sind die Erreger zahlreicher Krankheiten bei Menschen, Tier und Pflanze. Sie gelten als die kleinsten und einfachsten, sich selbst reproduzierenden Einheiten in der Natur. Sie haben keinen eigenen Stoffwechsel und brauchen zu ihrer Vermehrung die lebende Zelle des Wirts. Sie sind nicht wie Bakterien mit chemotherapeutischen Mitteln zu bekämpfen.

Getreidevirosen: Was kann man dagegen tun?
Bei Viruserkrankungen können nur die Überträger (Vektoren) bekämpft werden, d. h hier die Getreide-Blattläuse (auch Zikaden sind Vektoren, dürfen aber nicht bekämpft werden). In Befallsgebieten muss durch regelmäßige Zählung der Blattlausflug im Bestand überwacht werden, wodurch man die Entwicklung des Blattlausbefalls kontrollieren kann. Berücksichtigen muss man dabei aber stets, dass dies nur eine Schätzung der Befallswahrscheinlichkeit sein kann, eine zuverlässige Prognose ist bei uns zurzeit nicht möglich, da z. B. Witterungsbedingungen wesentlich sind.
In Dauerbefallslagen sind daher routinemäßige Behandlungen sinnvoll, bei sporadischem Befall sollte man unter Ausnutzung aller Daten (Warndienst) in den als gefährdet eingestuften Zeiten gezielte Einzelanwendungen (z. B. Herbst und/oder Frühjahr) vorziehen.
Vektoren können nach der Indikationszulassung in Getreide mit einem Beizmittel und einem Spritzmittel mit 2 verschiedenen Wirkstoffen (beides Pyrethroide) bekämpft werden.

Fritfliegen-Befall: Wodurch kann ihm entgegengewirkt werden?
Richtiger Zeitpunkt der Aussaat (frühe Saat bei Sommerung, späte Saat bei Winterung),
gutes Vorbereiten des Saatbettes,
richtige Sortenwahl,
pudern des Saatgutes.

Ernte – Welches sind die einzelnen Reifestadien?
Milchreife: Blattknoten sind noch grün, Körner enthalten milchige Flüssigkeit.
Gelbreife: Gelbfärbung der Blätter und Halme ist abgeschlossen, die Körner sind zäh und lassen sich über den Nagel brechen.
Vollreife: Die Pflanzenteile sind abgestorben, die Körner mehlig, glasig, hart, die Halmknoten abgetrocknet.
Totreife: Das Stroh ist brüchig und spröde, die Körner sind sehr hart und fallen leicht aus.
Notreife: Ähren sind nicht voll ausgereift, Körner sind klein und geschrumpft.

Mährdruschreife: Wie kann man sie annähernd ermitteln?
Durch die Daumennagel-Probe,
durch ein Feuchtigkeits-Schnellmessgerät,
durch die Backrohr-Probe.

Mähdrusch: Worauf kommt es an?
Das Getreide soll voll- bis totreif sein, weil sonst der Drusch erschwert wird und der Feuchtegrad der Körner steigt.
Das Getreide soll möglichst trocken sein, weil bei zu hohem Wassergehalt Feuchtigkeitsabschläge gemacht werden oder künstliche Trocknung erforderlich wird.

Körnerverluste: Wodurch entstehen sie beim Mähdrusch?
Durch falsch eingestellte Mähbalken oder Haspel,
durch zu niedrige Drehzahl der Trommel oder Überlastung,
durch zu eng oder zu weit gestellten Dreschkorb,
durch Überlastung und Verstopfung der Reinigung,
durch zu späten Erntezeitpunkt.

Strohbergung: Was ist dabei zu beachten?
Es ist zu prüfen, ob sich die Bergung lohnt oder ob sich Strohdüngung durch Unterpflügen empfiehlt.
Das Bergen ist mit geringstem Aufwand durchzuführen (Langgut- oder Häckselkette).
Strohverbrennen bedeutet Verlust organischer Masse (Auflagen strikt beachten!).

Wodurch lassen sich Schäden und Verluste beim Aufbewahren des Erntegutes vermeiden?
Schutzmaßnahmen gegen z. B. Kornkäfer und Kornmotte vor dem Einlagern anwenden,
Korn und Stroh trocken lagern,
frisches Korn häufig wenden oder im Silo belüften,
Getreide nicht zu hoch schütten (bis 1 m),
zu feuchtes Getreide künstlich trocknen.

Getreidekonservierung: Welche Verfahren gibt es?
Getreidetrocknung,
Getreidekühlung,
Feuchtgetreide-Konservierung.

Trocknungsverfahren: Welche kommen zur Anwendung?
Die Belüftungstrocknung,
die Warmluft-Satztrocknung,
die Umlauftrocknung,
die Durchlauftrocknung.

Weizen

Sorten – Welche Arten von Weizen werden angebaut?
Winterweizen (WW), Sommerweizen (SW) und Wechselweizen.

Weichweizen: Welche Bedeutung hat er?
Weichweizen, auch Nackt- oder Saatweizen genannt, kommt als WW oder SW vor und ist die Getreideart mit der international größten Anbaufläche. Alle hier genannten produktionstechnischen Angaben beziehen sich auf Weichweizen.

Hart-(Durum-)Weizen: Was versteht man darunter?
Hartweizen wird zur Herstellung von Teigwaren verwendet und unterscheidet sich vom Backweizen vor allem durch die für die Teigwarenherstellung erwünschte Glasigkeit. Das bewirkt, dass der Teig nicht zerkocht. Dem Hartweizen fehlen im Unterschied zum Brotweizen die Kleber bildenden Proteine, die die Backqualität bedingen.

Wechselweizen: Was versteht man darunter?
Sommerweizensorten, die auch für den Anbau im Spätherbst geeignet sind. Sie haben Bedeutung, wenn es zu einer stark verspäteten Winterweizenaussaat kommt.

Dinkel: Was ist das?
Eine Weizenform und eine der ältesten Brotgetreidearten mit sehr guten ernährungsphysiologischen Eigenschaften. Er wird von Naturkostanhängern hoch geschätzt und daher in den letzten Jahren wieder angebaut. Seine Erträge sind niedriger als die des Weizens.

Weizensorten: In welche Qualitätsgruppen werden sie eingeteilt?

Qualitätsgruppe	**abgelöste Klassifizierung**	**Verwendung, Eigenschaften**
E Eliteweizen	A 9 A 8	höchster Aufmischwert
A Qualitätsweizen	A 7 A 6	geringerer Aufmischwert
B Backweizen	B 5 B 4 B 3	Grundlage für Backmischungen, meist aufmischbedürftig
C sonstiger (F) Weizen	C 2 C 1	Einsatz in der Fütterung, keine Backfähigkeit
K Keks-Weizen		Rohstoff für industrielle Keksherstellung

Backqualität des Weizens: Was ist dabei wichtig?
Der Klebergehalt und die Kleberqualität. Qualitätsweizen liefert ein Mehl besserer Backfähigkeit. Bäcker bevorzugen kleberreichen Weizen.
Das Erzeugen von Backweizen ist deshalb für die Konkurrenzfähigkeit der deutschen Landwirte von Bedeutung.

Backversuch mit geringer (links) und hoher Backqualität (rechts).

Anbau – Was ist beim Weizenanbau zu beachten?

Weizen ist die anspruchsvollste Getreideart, sowohl hinsichtlich des Bodens als auch des Klimas.
Er verträgt Kälte weniger gut als Roggen.
Er braucht mehr Feuchtigkeit und Wärme, ist aber nicht empfindlich gegen lange Schneebedeckung.
Die besten Weizenböden sind kalkhaltige, humusreiche, milde Lehmböden (typische Weizenböden).
Weizen lohnt eine bevorzugte Stellung in der Fruchtfolge.

Sommerweizen: Wo verdient er den Vorzug?
Bei sehr später Herbstbestellung (z. B. nach spät geernteten Zuckerrüben) und in Auswinterungsfällen.

Saat – Was ist bei der Bestellung zu beachten?

Das Saatbett soll gründlich bearbeitet und gut abgesetzt sein, aber nicht zu feinkrümelig. Eine gröbere Oberfläche bildet Schutz gegen Witterungsunbilden.

Weizen: Wann wird er gesät?
Winterweizen wird von Ende September bis Dezember (in der Regel Mitte Oktober bis Ende Oktober) gesät. Sommerweizen wird möglichst zeitig gesät, um eine möglichst lange Vegetationszeit zu erreichen.

Saatmengen: Welche werden benötigt?
Winterweizen: 320–380 Körner/m^2 (TKG 40–53 g), das sind 130–210 kg/ha;
Sommerweizen: 400–450 Körner/m^2 (TKG 35–45 g), das sind 160–220 kg/ha.

Reihenentfernungen: Welche sind üblich?
12–14 cm (Ziel: möglichst eng drillen).

Saattiefen: Welche sind üblich?
2–4 cm.

Optimale Bestandsdichte: Welche ist anzustreben?
450–600 Ähren tragende Halme/m².

Düngung – Welchen Nährstoffbedarf haben Sommer- und Winterweizen?

Nährstoff	Düngeempfehlung kg Reinnährstoff/ha	
P_2O_5		110–130
K_2O		140–170
N (Brot-/Futterweizen)	1. Gabe	50– 80
	2.Gabe	0– 50
	Spätdüngung	30– 50
(Eliteweizen)	1. Gabe	40– 80
	2. Gabe	0– 50
	Spätdüngung	60– 80

Handelsdünger: Wann wird er gegeben?
Zu *Winterweizen* wird die Stickstoffdüngung zur Hälfte im Frühjahr vor Vegetationsbeginn gegeben, die andere Hälfte in 2 Teilgaben als Spätdüngung im Frühjahr zum Schossbeginn und vor dem Ährenschieben. Die Phosphat- und Kalidüngung wird in der Regel vor der Saat gegeben.
Zu *Sommerweizen* werden in der Regel Stickstoff, Phosphat und Kali vor der Saat verabreicht. Eine PK-Düngung ist aber auch schon im Herbst möglich. Die N-Düngung wie bei Winterweizen aufteilen.

Halmverkürzungsmittel – Was versteht man darunter?
Sie werden frühzeitig bei einer Bestandshöhe von 10–20 cm gespritzt, machen den Weizen standfester und ermöglichen höhere N-Gaben und höhere Erträge.

Krankheiten und Schädlinge – Welches sind die wichtigsten Krankheiten?
Halmbruch-Krankheiten, Schwarzbeinigkeit, Stein-, Zwergstein- und Weizenflugbrand, Gelb- und Braunrost, Echter Mehltau, Helminthosporium-Blattdürre, Septoria-Blattdürre, Blatt- und Spelzenbräune, Fusarien.

Halmbruch: Wieso kommt diese Krankheit zurück?
Seit Jahren nehmen Befallshäufigkeit und -stärke bei Winterweizen wieder zu. Die Ursache dafür liegt in der früheren Aussaat, den milden Wintern und der zunehmenden Mulchsaat.

Halmbruch: Woran ist er zu erkennen?
Typisch sind die ovalen braunen Medaillonflecken an der Halmbasis. Kurze Zeit später lagert das Getreide in alle Richtungen. Eine wirksame Bekämpfung mit Fungiziden muss erfolgen, bevor der Befall erkennbar wird, jedoch beschränkt sich ein sinnvoller

Einsatz auf Flächen, für die mehrere Risikofaktoren gleichzeitig zusammentreffen. Dazu unbedingt die Informationen der regionalen Warndienste über wettergestützte, aktuelle Infektions-Wahrscheinlichkeiten nutzen.

Tierische Schädlinge: Welches sind die wichtigsten?
Blattläuse, Getreidezystenälchen, Gelbe Weizenhalmfliege, Brachfliege, Weizengallmücke, Sattelmücke, Getreidewickler, Ährenwickler, Drahtwürmer, Engerlinge, Feldmäuse.

Ernte – Wann wird der Weizen geerntet?
Beim Drusch ist mindestens die Vollreife, besser die Totreife abzuwarten.

Durchschnittserträge: Wie hoch liegen sie bei Weizen?

Kornertrag	Sommerweizen	Winterweizen
Futter-/Brotweizen	60–55 dt/ha	70–80 dt/ha
Eliteweizen	50–55 dt/ha	65–75 dt/ha
Korn : Stroh-Verhältnis	1 : 1,1–1,4	1 : 1,1–1,3

Gerste

Anbau – Welche Arten von Gerste werden angebaut?
Wintergerste und Sommergerste.

Wintergerste: Wozu wird sie verwendet?
Zur Fütterung.

Sommergerste: Wozu wird sie verwendet?
Als Braugerste und zur Fütterung.

Sommergerste: Wie ist ihre Stellung in der Fruchtfolge?
Sommergerste ist mit sich selbst besser verträglich als Wintergerste und Winterweizen. Vor Weizen fördert sie die Fußkrankheiten. Am besten steht Gerste nach Hackfrüchten, in getreidestarken Fruchtfolgen am besten nach Weizen.

Wintergerste: Was ist beim Anbau zu beachten?
Winterfeste Sorten,
frühe Saat (erste Septemberhälfte),
gute Düngung, guter Kalkzustand des Bodens.

Saat – Saatmengen: Welche werden benötigt?

Wintergerste:	6-zeilig	∅ 350 Körner/m² (TKG 41 g)
	2-zeilig	400 Körner/m² (TKG 48 g)
Sommergerste:		300–400 Körner/m² (TKG 44 g).

Saatweiten: Welche sind üblich?

Wintergerste 8–12 cm, Sommergerste 8–12 cm, möglichst eng.

Saattiefen: Welche sind üblich?

Wintergerste 4–5 cm; Sommergerste 2–4 cm.

Optimale Bestandsdichte: Welche ist anzustreben?

Wintergerste: mehrzeilige Sorten 450 Ähren tragende Halme/m², zweizeilige Sorten 800–900 Halme/m²;
Sommergerste: 700 Halme/m².

Düngung – Nährstoffbedarf: Wie hoch ist er?

Nährstoff	Düngeempfehlung[1] kg/ha		
	Wintergerste		Sommergerste
	6-zeilig	2-zeilig	2-zeilig
N	130–150	130–150	70
N-Spätdüngung	50–60	30–40	–
P_2O_5	100–120	100–120	90–100
K_2O	150–200	150–200	120–150
CaO + MgO (Erhaltungskalkung)	500	500	400

[1]) Bei mittlerer Versorgung und Stohabfuhr.

Krankheiten und Schädlinge – Welches sind die wichtigsten?

Typhula-Fäule, Fusarien, Schwarzbeinigkeit, Netzflecken, Streifenkrankheit, Rhynchosporium-Blattflecken-Krankheit, Echter Mehltau, Gelb- und Zwergrost, Flugbrand, Gelbmosaik-Virus, viröse Gelbverzwergung;
Fritfliege, Minierfliege, Blattläuse, Sattelmücke.

Gelbmosaik-Virus: Welche Besonderheit hat diese Krankheit?

Das Gelbmosaik-Virus, das im Gegensatz zu anderen Virosen nicht durch Insekten, sondern durch einen Bodenpilz übertragen wird, ist in Deutschland die häufigste Krankheit bei Wintergerste. Jedoch wurde rasch eine sehr gute Zuchtresistenz bei allen Sorten entwickelt, so dass sich selbst auf hochgradig verseuchten Flächen gesunde Pflanzen mit hohen Erträgen entwickelten. Seit kurzem gibt es eine neue Variante des Gelbmosaik-Virus, die diese Zuchtresistenz durchbrechen kann. Da das Auftreten eines weiteren Virus-Typs Wissenschaftler und Züchter nicht überraschen konnte, wird es wohl bald auch dagegen resistente Sorten geben.

Ernte – Wintergerste: Wann wird sie geerntet?
In der Totreife.

Sommergerste: Wann wird sie geerntet?
Braugerste nur in der Totreife.

Durchschnittserträge: Welche liefert die Gerste?

Wintergerste	6-zeilig	60–90 dt/ha,
	2-zeilig	55–90 dt/ha,
Sommergerste	2-zeilig	45–60 dt/ha.

Braugerste – Welche Eigenschaften werden verlangt?
Vollbauchigkeit,
gleichmäßiges Korn,
gute Keimenergie und Keimfähigkeit,
gute Spelzenbeschaffenheit,
beste Sortierung und Reinigung,
niedriger Eiweißgehalt (nicht über 11,5 %),
gute Lagerfähigkeit (nicht über 16,0 % Wassergehalt).

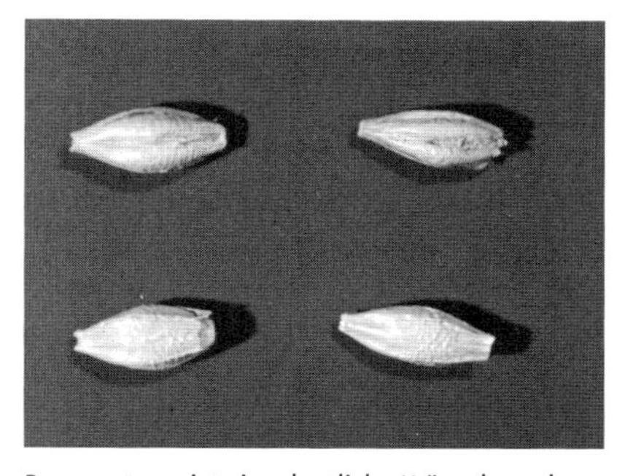

Braugerste weist eine deutliche Kräuselung der feinen Spelzen auf.

Braugerstenanbau: Was ist zu beachten?
Richtige Sortenwahl (Qualitätssorten),
frühe Saat (kurze Wachstumsdauer),
unkrautfreies, fein hergerichtetes Saatbett ist wichtig,
gute Kali-, Phosphat-, richtig dosierte Stickstoffdüngung,
der Kalkzustand muss in Ordnung sein (neutrale Reaktion).

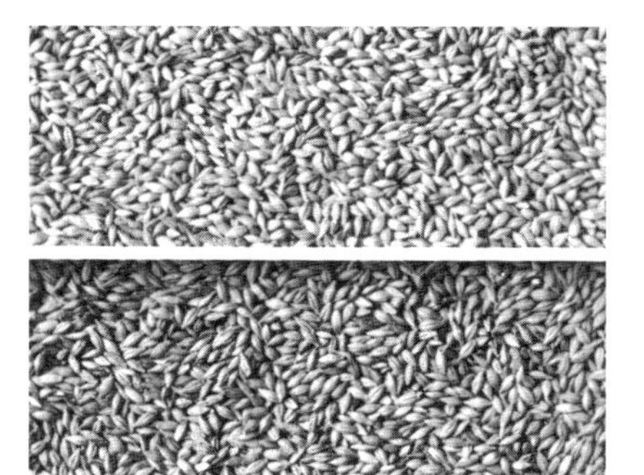

Oben: Ausstichgerste;
unten: weniger gute Braugerste.

Bonitierung: Nach welchen Gesichtspunkten erfolgt sie?
Eiweißgehalt,
Vollgerstenanteil,
Spelzenbeschaffenheit,
Farbe, Glanz,
Verunreinigung,
Geruch,
Auswuchs,
Spelzenverletzungen.

Einheitssortenanbau: Was versteht man darunter?
Die Mälzereien und Brauereien benötigen größere Gerstenpartien gleicher Sorte und Qualität. Um den Absatz der heimischen Erzeugung zu sichern, sollten deshalb die Betriebe einer Gemeinde oder eines Gebietes die gleiche Gerstensorte oder Sorten mit gleich hohen Qualitätseigenschaften anbauen (Erzeugerringe).

Roggen

Anbau – Welche Arten von Roggen kennen wir?
Winterroggen, Sommerroggen und Hybridroggen.

Hybridroggen: Welche Bedeutung hat er?
Geeignete Sorten sind seit 1984 auf dem Markt. Sie bringen bei entsprechender Düngung und richtigem Pflanzenschutz deutlich höhere Erträge. Die Stand- und Auswuchsfestigkeit wurde in den letzten Jahren deutlich verbessert. Die Saatgutkosten sind infolge des höheren Preises und des erforderlichen jährlichen Saatgutwechsels höher.

Roggenanbau: Worin liegt seine Bedeutung?
Er stellt geringe Ansprüche an Boden und Klima, ist frosthart und verträgt Kälte bis −25 °C. Roggen kann nach allen Früchten gebaut werden und ist mit sich selbst verträglich. Seine Bedeutung als Brotgetreide ist wachsend; über 50 % der Erntemenge wird als Futtergetreide verwendet.

Saat – Roggenbestellung: Was ist dabei zu beachten?
Frühzeitige Stoppelbearbeitung der Vorfrucht,
ein gut abgesetztes Saatbett (guter Bodenschluss),
eine gute Krümelstruktur, trockener Boden,
Saatstärke nicht zu hoch, da sonst Schneeschimmelgefahr,
flache Saat (»Roggen will den Himmel sehen«).

Roggen: Wann wird er gesät?
Winterroggen wird im September, spätestens anfangs Oktober gesät, bei Fritfliegengefahr ist ein späterer Saattermin vorzuziehen.
Sommerroggen soll wie jedes Sommergetreide möglichst früh ausgesät werden, damit die Winterfeuchtigkeit gut genutzt werden kann.

Roggen: Warum ist rechtzeitiger Saatgutwechsel nötig?
Roggen ist ein Fremdbefruchter und baut deshalb frühzeitig ab.

Saatmenge: Welche wird bei Roggen benötigt?
280–300 Körner/m^2 (TKG 30–38 g) oder 75–100 kg/ha.

Saattiefe: Welche liebt der Roggen?
Winter- und Sommerroggen 2–3 cm.

Reihenentfernung: Welche ist für Roggen günstig?
Winter- und Sommerroggen 12–18 cm (möglichst eng).

Optimale Bestandsdichte: Welche ist anzustreben?
400–500 Ähren tragende Halme/m^2.

Düngung – Wie wird Roggen gedüngt?
N: 70 kg/ha, davon 1. Gabe 40 kg; 2. Gabe 30 kg/ha, 80 kg P_2O_5/ha, 140 kg K_2O/ha.

Handelsdünger: Wann wird er zu Roggen gegeben?
Phosphat und Kali zweckmäßig vor der Saat (Winterfestigkeit). Stickstoffdüngung folgt zur Hälfte im zeitigen Frühjahr, der Rest in Teilgaben zum Schossbeginn und kurz vor oder zum Ährenschieben. Auf sehr leichten Böden ist eine Stickstoffdüngung (ca. 20–30 kg N/ha) im Herbst vor der Saat zu geben, das regt die Bestockung an.

Krankheiten – Welches sind die wichtigsten Krankheiten?
Schneeschimmel, Roggenstängelbrand, Halmbruchkrankheit, Echter Mehltau, Mutterkorn.

Ernte – Wann kann der Roggen geerntet werden?
Die höchste Backqualität hat Roggen in der Übergangsphase von der Gelb- zur Vollreife (Kornfeuchte 16–20 %).

Durchschnittserträge: Welche liefert der Roggen?
65–80 dt/ha; Korn : Stroh-Verhältnis 1 : 1,2–1,5.

Triticale – Was ist das?
Triticale ist eine Kreuzung aus Weizen und Roggen, die vor allem als Futtergetreide angebaut wird. Sie ist energiereich, der Rohfasergehalt liegt deutlich unter dem von Gerste oder Hafer. Triticale konkurriert mit Futterweizen, Futterhafer, Futtergerste sowie Futterroggen und ist an den meisten Standorten diesen Futtergetreidearten wegen höherer Erträge überlegen.

Saatmengen: Welche sind nötig?
300–350 Körner/m^2; Saatstärke: 140–160 kg/ha

TKG: Wie hoch soll es sein?
Ø 43 g

Saattiefe: Welche ist erforderlich?
3–4 cm

Kornertrag: Mit welchem Ertrag ist zu rechnen?
55–80 dt/ha

Düngung: Wie muss sie erfolgen?
Jede Düngung muss die Nährstoffentzüge und die Nährstoffzufuhr bilanzieren. Als Bedarf sind bei Triticale zu berücksichtigen:

N-Düngung	kg Reinnährstoff/ha	120–180
P_2O_5-Düngung	kg/ha	60– 90
K_2O-Düngung	kg/ha	140–180

Hafer

Anbau – Welche Bedeutung hat der Haferanbau heute?
Hafer wird als Futtermittel sowie als Nahrungsmittel benötigt. In der Fruchtfolge getreidestarker Betriebe ist er fast unentbehrlich.

Haferarten: Welche haben Bedeutung?
Weißspelzige Hafersorten
Gelbspelzige Hafersorten } heute meist Kreuzungen zwischen beiden
Hafer hat eine lange Wachstumszeit und soll deshalb im Frühjahr zeitig gesät werden.

Fruchtfolge: Welche Bedeutung hat Hafer?
Hafer wird in der Regel als abtragende Frucht angebaut,
er ist mit sich selbst nicht verträglich,
er eignet sich als 3. Getreideart in der Fruchtfolge nach Weizen und Gerste; er ist für diese aber auch eine gute Vorfrucht.

Saat – Wann wird Hafer gesät?
Er wird in der Regel in der zweiten Märzhälfte bestellt.

Wie wird Hafer gesät?
Saattiefe 4–6 cm,
Reihenentfernung 12–15 cm (möglichst eng),
Saatmenge 300–340 Körner/m^2 (TKG 35–37 g) oder 120–140 kg/ha;
optimale Bestandsdichte: 400–500 Rispen tragende Halme/m^2.

Düngung – Welche Düngergaben benötigt Hafer?
50–70 kg N/ha, 60–100 kg P_2O_5/ha, 120–140 kg K_2O/ha.

Krankheiten – Welches sind die wichtigsten Krankheiten?
Flugbrand, Kronenrost, Dörrflecken-Krankheit (Mangan-Mangel), Heidemoor-Krankheit (Kupfer-Mangel).

Schädlinge – Welches sind die wichtigsten Schädlinge?
Fritfliege, Getreidezystenälchen, Stockälchen.

Oben: Haferkörner; unten: Flughafersamen.

Ernte – Wann wird Hafer geerntet?
Überreifer Hafer fällt beim Mähen und durch Wind stark aus. Mähdrusch erfolgt in der Voll- bis Totreife.

Durchschnittserträge: Welche bringt Hafer?
Kornertrag 50 – 65 dt/ha, Korn : Stroh-Verhältnis 1 : 1,5.

Welche Eigenschaften hat Hafer als Futtermittel?
Hafer ist bekömmlich und schmackhaft.
Hafer ist ein ausgezeichnetes Futtermittel für alle Tierarten und eignet sich vorzüglich für die Aufzucht.

Mais

Anbau – Welche Ansprüche stellt der Mais an das Klima?
Der Mais stellt hohe Ansprüche an die Temperatur (Keimtemperatur 9 °C),
er ist frostempfindlich,
die Ansprüche an die Niederschlagsmenge sind weniger hoch, er hat aber zur Zeit des Fahnenschiebens bis zur Milchreife einen hohen Wasserbedarf.

Wie sind seine Ansprüche an Boden und Bodenbearbeitung?
Der Mais gedeiht auf fast allen Bodenarten,
er verlangt eine gute Bearbeitung und tiefes Lockern des Bodens; Bodenerosion muss aber verhindert werden.

Welche Gesichtspunkte müssen besonders beachtet werden?
Gute Düngung,
Sortenwahl nach Reifezeit (Länge der Vegetationszeit),
richtige Standweite,
entsprechende Pflege, besonders Unkrautbekämpfung,
richtiger Erntezeitpunkt.

Nutzungsmöglichkeiten: Welche gibt es?
Silomais (SM): Silage aus den gesamten oberirdischen Pflanzenteilen, vorwiegend zur Rinderfütterung; Corn-cob-Mix (CCM): Silage aus dem Gemisch von Spindeln und Körnern, vorwiegend zur Schweinefütterung. Körnermais (KM): getrocknete, feucht konservierte oder silierte Maiskörner als Kraftfutter oder Verkaufsfrucht; Lieschkolbenschrot (LKS): Gemisch aus Maiskolben und Lieschen, die als Silage zur Rinderfütterung und abgesiebt zur Schweinefütterung verwendet wird.

Sorten – Sortenwahl: Welche Bedeutung hat sie?
Die Maissorten sind entsprechend ihrer Reifezeit in Reifegruppen eingeteilt,
je nach Reifegruppe und Klimazone kann Mais als Silo- oder Körnermais geerntet werden.

FAO-Zahlen: Was bedeuten sie?
Die FAO-Zahlen (= **F**ood and **A**gricultural **O**rganization, Organisation für Ernährung und Landwirtschaft der Vereinten Nationen, Sitz in Rom) sind Relativzahlen. Sie geben nicht, wie oft vermutet, die Tageszahl zwischen Auflaufen und Reife an.
Als Maßstab für das Einstufen in Reifegruppen (jeweils 50 FAO-Einheiten) dient der Blühzeitpunkt und der Trockensubstanzgehalt im Maiskorn zur Zeit der Ernte.

FAO-Reifegruppen: Welche sind bei uns bedeutsam?
Die FAO-Zahlen als internationaler Maßstab reichen von 100–900. Für Deutschland sind folgende Gruppen bedeutsam:

FAO-Zahl	Reifegruppe
bis 220	früh
230–250	mittelfrüh
260–290	mittelspät
300–340	spät

FAO-Zahlen: Sind sie übertragbar?
Die Bezeichnung der Reifegruppen (z. B. früh, spät) ist nicht international einheitlich. Darüber hinaus gelten FAO-Zahlen nur für bestimmte Klimaräume. So sind z. B. die FAO-Zahlen für französische Maissorten nicht uneingeschränkt auf unseren Klimaraum übertragbar.

Reifezahl: Was ist das?
Bei neuen Sortentypen entsprechen die bekannten FAO-Werte oft nicht mehr dem tatsächlichen Reifeverhalten. Daher erfolgte 1999 eine Umstellung der Bewertungskriterien. Als Startpunkt für diese Umstellung von FAO-Zahl auf Reifezahl wurde für die Berechnung der neuen Zahlen das Mittel der FAO-Zahl aller zugelassenen Sorten gewählt. Das neue System der Reifebeschreibung mit 2 voneinander vollkommen unabhängigen Reifezahlen für Silo- und Körnermais entspricht eher den Bedürfnissen der Praxis und erlaubt eine genauere Einstufung extremer Sortentypen.

Hybridmais: Was versteht man darunter?
Hybridmais entsteht durch kontrollierte Kreuzung von genetisch verschiedenen Erbkomponenten (meist Inzuchtlinien), nur die erste Kreuzungsgeneration (1. Bastardgeneration) hat die gewünschten Eigenschaften eines hohen Ertrages (siehe Seite 204).

Saat – Wie wird Silomais gesät?
Reihenentfernung 60–80 cm,
Pflanzenzahl/m^2: 9–12,
Saatmenge 2,2–2,9 Einheiten/ha,
Saattiefe 3–7 cm.

Wie wird Körnermais gesät?
Reihenentfernung 60–80 cm,
Pflanzenzahl/m^2: 9–11,
Saatmenge 2,2–2,6 Einheiten/ha
Saattiefe 3–7 cm.

Magisches Dreieck: Was bedeutet dies bei der Maissaat?
Dieses Maisanbau-System bedeutet sog. Engsaat oder Gleichstandsaat. Dabei haben die Pflanzen untereinander in alle Richtungen den gleichen Abstand zueinander, woraus sich ein gleichseitiges Dreieck mit den Pflanzen als Eckpunkten ergibt. Wesentliche ökologische und ökonomische Vorteile der Gleichstandsaat sind bessere Ausnutzung der Dünger, weniger Nitratbelastung, Schutz des Bodens vor Erosion sowie ein höheres Ertragspotenzial.
Der Begriff »Magisches Dreieck« wird auch für die Zusammenhänge zwischen konservierender Bodenbearbeitung, Boden- und Wasserschutz sowie Mykotoxin-Bildung (siehe Seite 117) verwendet.

Düngung – Welchen Nährstoffbedarf hat Mais?
Der Nährstoffbedarf wird über den Nährstoffentzug berechnet. Die entsprechenden Nährstoffe müssen dem Mais besonders in der Zeit Ende Juni bis Anfang August aus dem Boden und über die Düngung zur Verfügung stehen.

Nährstoff	Entzug [1] (kg)
N	11
P_2O_5	6
K_2O	15
CaO	3
MgO	2

[1]) Je 10 dt T/ha.

Bei einer erwarteten Trockenmasse-Ernte von z. B. 160 dt/ha sind demnach ca. 180 kg N, 95 kg P_2O_5 und 240 kg K_2O je ha nötig. Zur richtigen Bilanzierung des Nährstoffangebotes müssen die abtransportierten und die auf dem Feld verbleibenden Nährstoffmengen bekannt sein: Bei Silomais bleiben ca. 25 dt T/ha auf dem Feld, bei Körner- bzw. Kolbenmais zusätzlich 50–70 dt T/ha aus dem Maisstroh.

Krankheiten und Schädlinge – Welche treten bei Mais auf?

Maisbeulenbrand, Stängelfäule; Maiszünsler, Fritfliege, Drahtwurm, Ackerschnecke und Fasanen.

Krankheiten und Schädlinge: Welche treten neuerdings vermehrt auf?

Die Blattfleckenkrankheit Maisblattdürre (auch HT für *Helminthosporium turcicum*, oder Turcicum-Blattdürre genannt) wird durch einen Pilz verursacht. Anfällige Maissorten reagieren mit stark zusammenfließenden Flecken auf den Blättern. Direktes Bekämpfen ist bisher unmöglich, in Befallslagen hilft nur die Wahl richtiger, toleranter Sorten.
Der Maiswurzelbohrer ist seit kurzem in den USA der am meisten gefürchtete Schädling im Maisanbau und rückt bisher ungebremst auf Deutschland zu.

Ernte – Wann ist Silomais reif?

Die Silomaisreife ist gegeben, wenn der Korninhalt teigartig und der obere Kornteil in einer dünnen Schicht fest geworden ist.
Der Wassergehalt soll 80 % nicht übersteigen.

Wann wird Körnermais geerntet?

Körnermais wird möglichst in der Vollreife geerntet.

Wie wird Mais geerntet?

Mit dem Mähdrescher (Pflückvorsatz oder Mähvorsatz).
Mit der Kolbenpflückmaschine.
Mit dem Pflückrebbler.
Silomais mit dem Feldhäcksler.

Mais: Welche Erträge bringt er?

Silomais: 129 710 MJ ME/ha; 78 540 MJ NEL/ha;
Körnermais: Kornertrag schwankt stark von 40–120 dt/ha.

Körnermais: Welche Verwertungsmöglichkeiten bestehen?

Fütterung,
Herstellung von Stärke, Alkohol, Sirup, Zucker, Öl u. a.,
Verarbeitung in der Nährmittel-Industrie.

Hackfruchtbau

Kartoffeln

Anbau – Kartoffelbau: Welche Bedeutung hat er?
Die Kartoffel liefert hohe Erträge an Futterenergie und relativ hohe Deckungsbeiträge je ha bzw. Roheinnahmen beim Verkauf; sie ist als Blattfrucht ein wichtiges Glied in der Fruchtfolge und fördert als Hackfrucht die Bodenkultur und Unkrautbekämpfung. Dennoch ist der Anbau rückläufig auf Grund rückläufiger Nachfrage im Speisekartoffelverbrauch und der Umstellung von Kartoffel- auf Getreidemast bei der Schweinemast.

Welche Ansprüche stellt die Kartoffel an den Boden?
Leichtere, siebfähige Böden sagen ihr besonders zu, außerdem ist auf ihnen die Pflege und Ernte einfacher.
Die Kartoffel verträgt eine saure Bodenreaktion. Stark alkalische Reaktion ist für den Kartoffelanbau ungünstig und zeigt nachteilige Folgen (Schorfbildung).
Anbau nur alle 3–4 Jahre auf Grund der Krankheits- und Schädlingsanfälligkeit.

Sorten – Sortengruppen: Welche gibt es?
Nach der *Reifezeit:* Sehr frühreife Vorkeimsorten, frühe, mittelfrühe, mittelspäte und spät reifende Sorten.
Nach der *Verwendung:* Speisesorten und Wirtschaftssorten.
Nach der *Krankheitsresistenz:* krebs- und nematodenresistente Sorten.

Sorten: Welche soll man anbauen?
Je nach Verwertung (Speise-, Futterkartoffeln; Pflanzkartoffeln; Rohstoffe für Nahrungsmittelherstellung wie z. B. Knödel, Pommes frites; Rohstoff für Alkoholherstellung, nachwachsender Rohstoff);
je nach örtlicher Anbaueignung (Sortenversuche der landwirtschaftlichen Beratung beachten),
je nach Geschmacksrichtung der Verbraucher (Marktbedürfnisse).

Welche Eigenschaften werden von einer guten Speisekartoffel verlangt?
Guter Geschmack,
gute Kocheigenschaften,
flache Augen, gesunde Schalenfarbe,
gute Form, gleichmäßige Sortierung,
Gelbfleischigkeit,
Freiheit von Zwiewuchs, Schorf, Eisenflecken.

Stärkegehalt: Wovon hängt er ab?
Von der Sorte,
von Klima, Witterung und Bodenbeschaffenheit,
von der Vorfrucht,
von Größe und Form der Knollen,
von der Düngung (zu hohe N-Gaben und chloridhaltige Dünger können senken, hohe P-Gaben können erhöhen),
vom Reifezustand bei der Ernte,
vom Knollenertrag.

Stärkegehalt: Warum ist er wichtig?
Die Stärkeindustrie bezahlt nach Stärkegehalt. Er schwankt zwischen 12–23 %. Der Mindeststärkegehalt von Vertragsware muss 13 % betragen.
Der Masterfolg in der Schweinemast ist mit stärkereichen Kartoffeln um rund ⅓ höher als mit stärkearmen.

Pflanzung – Welche Vorteile hat enger Standraum?
Hoher Gesamtertrag,
frühzeitige Reife,
gleichmäßige Knollen,
zeitiges Schließen des Bestandes.

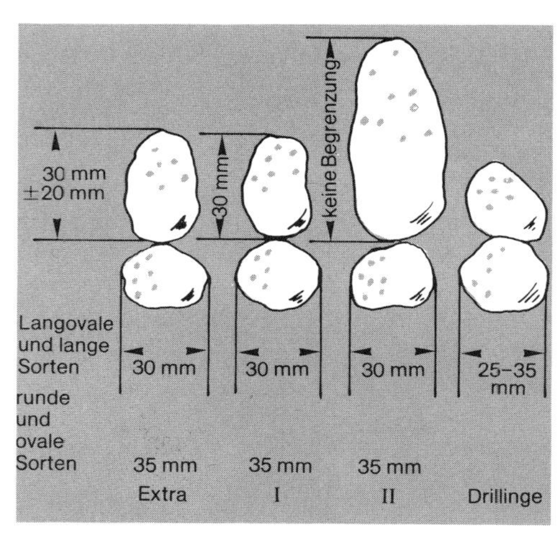

Die Handelsklassen für Speisekartoffeln weisen zwischen den kleinsten und größten Knollen zulässige Bandbreiten auf (= Größenunterschiede).

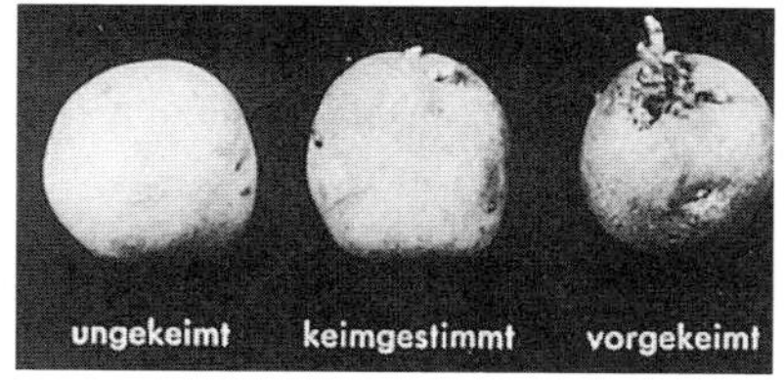

Entwicklung des Wurzelwerkes 10 Tage nach dem Auspflanzen (obere Reihe) in Abhängigkeit von der Pflanzgutvorbereitung (untere Reihe) bei gleichem Pflanztermin.

Welche Nachteile hat ein enger Standraum?
Wüchsige Sorten kommen nicht voll zur Geltung,
Knollen bleiben kleiner,
hoher Pflanzgutbedarf.

Reihenweite: Welche ist empfehlenswert?
Die 75-cm-Reihe ist optimal für alle Erzeugungsrichtungen. Als optimaler Legeabstand gelten für den

Speise- und Wirtschaftskartoffelbau	75 × 32 cm,
Pommes-frites-Kartoffelbau	75 × 41 cm,
Pflanzkartoffelbau	75 × 24 cm.

Pflanzzeit: Welche Auswirkung hat sie?
Zu frühes Pflanzen kann Auflaufschäden wegen Krankheitsbefall, aber auch Verluste durch Spätfrost zur Folge haben,
zu spätes Pflanzen führt zu Ertragsminderungen und ist Krankheit fördernd.
Dämme: Hohe und breite Dämme (18–20 cm hoch) verhindern Wachstumsstörungen in Nässeperioden.

Vorkeimen: Was versteht man darunter und wozu dient es?
Durch entsprechende Lagerung in Vorkeimkästen oder Vorkeimhäusern (Folie) werden die Kartoffeln dem Licht ausgesetzt und so zu rascher Keimung vor dem Auspflanzen veranlasst.
Durch das Vorkeimen werden schnellere Entwicklung, gesündere Bestände und höhere Erträge erzielt.

Düngung – Kartoffel: Wann verträgt sie eine Kalkung?
Nach dem Auflaufen als Kopfkalkung. Frische Kalkung vor dem Anbau führt zu verstärktem Schorfbefall.

Nährstoffbedarf: Wie hoch ist er?
Grundlage einer gezielten und sparsamen Düngung sind regelmäßige Bodenuntersuchungen. Die Versorgung mit P_2O_5, K_2O und MgO muss im Rahmen des Entzugs der gesamten Fruchtfolge erfolgen, die Nährstoffzufuhr aus Wirtschaftsdüngern muss voll berücksichtigt werden.
Je 100 dt Knollenertrag sind 16 kg P_2O_5, 70 kg K_2O und 12 kg MgO als Entzug anzusetzen.
Für die mineralische N-Gabe empfiehlt es sich, von einem N-Sollwert von 150 kg N/ha auszugehen. Eine N_{min}- Untersuchung vor dem Anbau (März) ergibt die endgültige Düngermenge.

Nährstoff: Welcher wird von der Kartoffel bevorzugt?
Die Kartoffel zählt zu den Kali liebenden Pflanzen.

Welche weiteren Nährstoffe bzw. Spurenelemente sind wichtig?
Magnesium; eine Düngung mit Spurenelementen (insbesondere Mangan, Kupfer, Bor) ist nur in Ausnahmefällen nötig (z. B. Mangan auf Niedermoorböden).

Pflegemaßnahmen: Welche Aufgaben haben sie?
Sie dienen zum Lockern des Bodens und sorgen damit für einen guten Luft-, Wasser- und Wärmehaushalt,
sie vernichten das Unkraut,
sie fördern den Knollenansatz und schützen die Knollen vor dem Ergrünen,
sie schaffen günstige Voraussetzungen für die Erntearbeiten.

Krankheiten – Welches sind die wichtigsten Krankheiten?

Kraut- und Knollenfäule (»Phytophthora«)
Eisenfleckigkeit,
Bakterienringfäule,
Dürrflecken-Krankheit (Alternaria solani),
Rhizoctonia,
Kartoffelkrebs (Anzeigepflicht!),
Schwarzbeinigkeit/Nassfäule,
Kartoffelschorf,
Trockenfäule (Fusarium),
Virus-Krankheiten,
Schleimkrankheit.

Virus-Krankheiten: Welches sind die bekanntesten?
Blattroll-Krankheit,
Mosaik-Krankheiten,
Strichel-Krankheit,
Bukett-Krankheit,
Stängelbunt-Krankheit,
(Rattle-Virus).

Virus-Krankheiten: Wodurch werden sie übertragen?
Durch mechanische Verletzungen,
durch Mensch, Tier und Arbeitsgerät (Verschleppung),
durch saugende Insekten, besonders die Pfirsichblattlaus.

Virus-Infektion: Wie lässt sie sich einschränken?
Durch Entfernen aller viruskranken Pflanzen aus den Beständen,
durch Verhindern der Virus-Abwanderung vom Stock in die Knolle(Frührodung, vorzeitiges Krautabtöten),
Gesundheitskontrolle beim Pflanzgut (Keimtest),
Pflanzgutwechsel.

Abbau: Was versteht man darunter?
Einen ständig fortschreitenden, durch wiederholtes Verwenden von nicht zertifiziertem Pflanzgut verursachten Ertragsrückgang, der auf zunehmender Krankheitsanfälligkeit beruht (Abbau durch Virus-Krankheiten).

Herkunftswert: Warum hat er so große Bedeutung?
Die Kartoffel leidet in manchen Lagen (Anbaugebieten) sehr stark, in anderen Lagen dagegen nur wenig unter Abbauerscheinungen. Der Abbau ist abhängig von Klima

und Boden, den Düngungs- und Kulturmaßnahmen und von den Infektionsmöglichkeiten durch Blattlausbefall.

Krautfäule: Wann besteht Gefahr durch sie?
Bei warmer Witterung (20–25 °C) und hoher Luftfeuchtigkeit (über 80 %). Der Befall ist bei einzelnen Sorten unterschiedlich.

Krautfäule: Wie wird sie bekämpft?
Nur Kartoffelsorten mit gleicher Reifezeit nebeneinander anbauen,
Kartoffeln frühzeitig legen (eventuell vorkeimen),
widerstandsfähige Sorten anbauen,
ausreichende Kali-und Phosphatdüngung,
Warndienst beachten,
mehrmaliges Spritzen mit den vom Pflanzenschutzamt empfohlenen Mitteln,
ständige Bestandskontrolle.

Schädlinge – Tierische Schädlinge: Welches sind die wichtigsten?
Kartoffelkäfer, Blattläuse, Erdraupen und Kartoffelnematoden. Letztere sind anzeigepflichtig. Das Auftreten von Nematoden ist umgehend dem zuständigen Pflanzenschutzdienst zu melden.

Kartoffelnematoden: Wie sind sie zu erkennen?
Kümmerwuchs, meist nesterweise beginnend. Blätter sind klein, vergilben von der Spitze her und sterben ab. An den Wurzeln finden sich ab Mitte Juni stecknadelkopfgroße, zunächst helle, später goldbraune bis dunkelbraune rundliche Kügelchen (Zysten). Nach der Ernte sind die Zysten nur noch mit speziellen Nachweisverfahren zu finden. Nematodenherde vergrößern sich ständig.

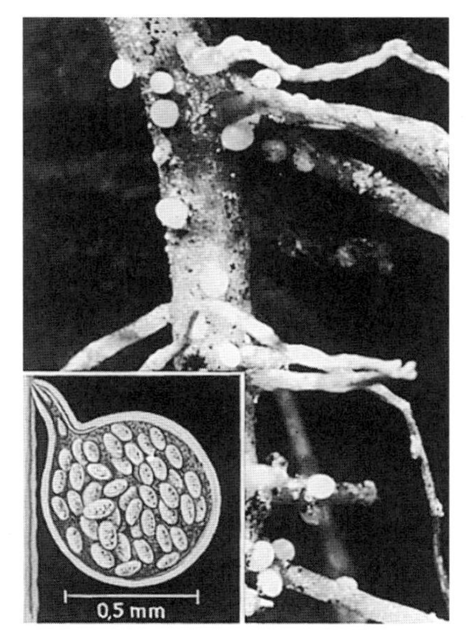

Zysten der Kartoffelnematoden (links unten Zystenanschnitt mit Eiern).

Nematodengefahr: Wie kann ihr vorgebeugt werden?
Höchstens alle 3 Jahre auf derselben Fläche Kartoffeln anbauen, Kartoffeldurchwuchs verhindern,
den Boden auf Nematoden untersuchen lassen,
Kartoffel nicht immer am gleichen Ort einmieten,
nematodenresistente Sorten anbauen.

Gesundes Pflanzgut – Wie wird es erzeugt?

In geschlossenen Anbaugebieten mit geringem Läusebefall, um Virus-Infektionen zu vermeiden,
Bekämpfung der Blattläuse,
Vermeiden zu hoher N-Gaben im Pflanzkartoffelbau,
Vorkeimen des Pflanzgutes.

Kartoffelbeizung: Ist das Beizen von Kartoffel-Pflanzgut sinnvoll?

Bei stärkerem Befall des Pflanzguts mit Pilzkrankheiten (besonders mit Rhizoctonia solani) kann das Beizen gegen Pflanzgut-abhängige Krankheiten sinnvoll sein, insbesondere dann, wenn für Speisekartoffeln oder industriell verwertete Kartoffeln hohe Qualitätsansprüche erfüllt werden müssen.
Bei optimalen Auflaufbedingungen ist aber nicht grundsätzlich eine positive Beizwirkung zu beobachten.

Ernte – Wann werden Kartoffeln geerntet?

Günstige Rodebedingungen liegen vor, wenn die Knollen schalenfest sind, die Bodenfeuchte ein leichtes Absieben der Erde gestattet und möglichst hohe Bodentemperaturen vorherrschen.

Reife: Woran ist sie zu erkennen?

Am Absterben des Laubes, am Lösen der Knollen von den Stolonen (unterirdische Stängel) sowie am Festwerden der Schale.

Erträge: Wie hoch sind sie?

Der Knollenertrag liegt bei Ø 360 dt/ha.

Ernteverfahren: Welche werden angewandt?

Sammelroder (Vollernter) mit oder ohne Bunker,
geteiltes Ernteverfahren.

Lagertemperatur: Welche ist optimal?

Pflanzkartoffeln:	
keimfreudige Sorten (kurze Ruheperiode)	2–4 °C
übrige Sorten	4–6 °C
Speise- und Wirtschaftskartoffeln	3–5 °C
Veredelungskartoffeln (Keimhemmer nötig)	6–8 °C

Verluste beim Einlagern frischer Kartoffeln: Wie groß sind sie?

In der Miete	10–15 %,
im Keller	20–30 %,
in der Kartoffelscheune	ca. 5 %,
beim Silieren	ca. 10 %.

Einsäuerung: Was ist bei ihr zu beachten?
Sauberes Waschen,
ausreichendes Dämpfen,
nicht zu heiß einlagern,
luftdichte Abdeckung.

Süßwerden: Wodurch wird es hervorgerufen?
In der Kartoffel wird nach dem Einlagern fortlaufend Stärke in Zucker umgewandelt. Der Zucker wird dann bei Temperaturen über 4 °C durch Atmung weiter abgebaut. Wird die Atmung bei niedriger Temperatur (zwischen 0 und 4 °C) behindert, so kann der Abbau nicht erfolgen. Die Kartoffel bekommt dadurch einen süßen Geschmack, der aber durch längeres Lagern bei höherer Temperatur wieder verschwindet. Kartoffeln sind sehr frostempfindlich.

Zuckerrüben

Anbau – Zuckerrübenanbau: Welche Bedeutung hat er?
Die Zuckerrübe bringt hohe Deckungsbeiträge je ha,
liefert wertvolles Zusatzfutter in Form von Blättern, Köpfen und Schnitzeln,
fördert die Bodenkultur und die Unkrautbekämpfung,
ist eine gute Vorfrucht für Getreide.
Eine Absatzgarantie infolge der Kontingente und verringerter Arbeitsaufwand durch verbesserte Produktionstechnik machen die Zuckerrübe zur wichtigsten Hackfrucht bei uns.

Zuckermarktordnung - Welche Ergebnisse hatte die Reform 2005?
Die 3 Eckpunkte der im November 2005 von den EU-Agrarministern verabschiedete Zuckermarkt-Reform sind Kürzungen des Garantiepreises für Weißzucker bis 2010/2011 um 36%, die Einführung entkoppelter Zucker-Beihilfen als Ausgleichszahlungen von 64,2% der Einkommensverluste und die Schaffung eines Restrukturierungsfonds, mit der der Zuckerwirtschaft die Produktionsaufgabe erleichtert werden soll.

Zuckerrübenbau: Unter welchen Voraussetzungen ist er zweckmäßig?
Wenn ein Anbaukontingent bzw. Anbau- oder Liefervertrag mit einer Zuckerfabrik besteht und die Standortvoraussetzungen (tiefgründige Böden) gegeben sind.

Bodenbearbeitung: Welche ist nötig?
Schälfurche im Sommer, gegebenenfalls Zwischenfruchtbau, tiefe Herbstfurche,
rechtzeitiges Abschleppen im Frühjahr,
sehr flaches Grubbern und Eggen zur Bestellung, eventuell ein Walzenstrich vor der Saat.

Düngung – Welcher Nährstoffbedarf besteht bei Rüben?

Der Nährstoffbedarf wird über den Nährstoffentzug ermittelt. Als Entzug werden die zum Zeitpunkt der Ernte in Rüben und Blatt vorhandenen Nährstoffmengen gewertet, d. h. die Höhe des Entzugs hängt stark von der gebildeten Blattmasse ab. Dabei schwankt das Verhältnis Rübe : Blatt erheblich und ist abhängig von z. B. Standort, Witterung, Sorte, Bestand oder N-Düngung. Daher sind Angaben zu Entzugswerten oder Düngeempfehlungen nur Anhaltspunkte.

Nährstoff	Entzug kg/ha			Düngeempfehlung [1] kg/ha	
	Rübe	Blatt	gesamt	Zuckerrübe	Futterrübe
N	18	28	46	70–120	110–160
P_2O_5	10	8	18	40– 70	40– 70
K_2O	25	50	75	130–170	130–170
MgO	8	7	15	10– 20	10– 20
Kalk (CaO)				20	
Natrium (NaO)				20	

[1]) Kleinere Angabe für Vieh haltende, größere für viehlose Betriebe.

Spurenelemente: Welche haben im Zuckerrübenbau eine besondere Bedeutung?

Bor; es verhindert die Herz- und Trockenfäule.
Auf leichten Böden kann auch Manganmangel auftreten.

Saat – Wie werden Zuckerrüben gesät?

Saatgutbedarf vor der Vereinzelung bei einem Reihenabstand von 45 cm (je nach Ablageweite) von 1,85–3,7 U[1])/ha, bei 50 cm 1,67–3,33 U[1])/ha.
Saatgutbedarf ohne Vereinzelung bei einem Reihenabstand von 45 cm 1,01–1,59 U[1])/ha, bei 50 cm 0,91–1,43 U[1])/ha.

[1]) 1 U = 1 Unit = 100 000 Stück.

Einzelkorn-Sägerät mit Bandspritzanlage.

Präzisions-Saatgut: Was versteht man darunter?
Ein Saatgut, bei dem die natürlichen Samenknäuel technisch zertrümmert wurden. Es besteht aus einzelnen Samenkörnchen (pilliert oder kalibriert). Wird nur noch gelegentlich im Futterrübenanbau verwendet.

Monogerm-Saatgut: Was versteht man darunter?
Genetisch einkeimig gezüchtetes Saatgut.

Monogermsaat: Welches sind ihre Vorteile?
Geringer Arbeitsaufwand beim Vereinzeln,
geringerer Saatgutbedarf.

Monogermsaat: Welche Voraussetzungen verlangt sie?
Guten Kulturzustand des Bodens,
Böden mit geringer Verschlämmungsgefahr,
geringe Verunkrautungsgefahr,
Saat mit Einzelkorn-Sägerät.

Einzelkornsaat: Welche Vorteile hat sie?
Man erreicht die erwünschte Gleichstandsaat und eine wesentliche Erleichterung des Vereinzelns.

Einkeimigkeit: Wie hoch ist sie?
Bei Präzisions-Saatgut mindestens 70 %
bei Monogerm-Saatgut mindestens 90 %.

Saat auf Endabstand: Was versteht man darunter?
Rübenbau ohne Vereinzelung mit ca. 80 000 Rüben/ha.

Sorten – Welche Sorten (Typen) sind bekannt?
Die früher übliche Einteilung in E = Ertragsrüben, N = normale Zuckerrüben und Z = zuckerreiche Rüben hat ihre Bedeutung verloren. Bei der Sortenliste unterscheidet man heute monogerme (genetisch einkeimige) und multigerme (mehrkeimige) Sorten.

Sorten: Nach welchen Kriterien werden sie beurteilt?
Rübenertrag, Zuckergehalt und bereinigtem Zuckerertrag, Gehalt an K und Na, schädlichem N, Blattertrag und Schosserneigung.

Pflege – Warum hat sie so große Bedeutung?
Sie erhält die Krümelstruktur und bewirkt damit eine gute Durchlüftung des Bodens, mit Hacken werden auch Unkräuter vernichtet, die sonst den Bestand überwuchern, die eigentliche Unkrautbekämpfung erfolgt heute fast ausschließlich durch Herbizide, außer beim ökologischen Landbau.

Pflegearbeiten: Welche sind besonders wichtig?
Rechtzeitiges Hacken und Vereinzeln der Rüben,
Unkrautbekämpfung,
intensiver Pflanzenschutz.

Schossen: Wodurch wird es bei Rüben verursacht?
Schosser bilden sich vielfach als Folge von Entwicklungshemmungen (durch Kältereiz u. a.), können aber auch sortenbedingt sein.

Rübenkrankheiten – Welches sind die gefährlichsten?

Blattkrankheiten; dazu gehören
- Cercospora,
- Bakterielle Blattfleckenkrankheit (Pseudomonas),
- Ramularia,
- Echter Mehltau,
- Rübenrost,

außerdem sind noch wichtig:
- Wurzelbrand (verschiedene pilzliche Erreger),
- Rizomania (Viröse Wurzelbärtigkeit),
- Virus-Krankheiten wie Vergilbungs-Krankheit und Rübenmosaik,
- Rhizontonia (Späte Rübenfäule),
- Herz- und Trockenfäule.

Krankheiten: Gegen welche wird gebeizt?
Wurzelbrand und Blattflecken-Krankheit.

Blattflecken-Krankheiten: Wie werden sie bekämpft?
Anbau von teilresistenten Sorten (Resistenzzüchtung),
Anwendung systemischer Fungizide (Warndienst beachten!),
Beseitigen infizierter Pflanzenrückstände.

Vergilbungs-Krankheit: Wie wird sie bekämpft?
Durch günstiges Saatbett und frühe Saat,
Verhindern von Infektionen durch Samenrüben oder Mietenplätze,
Spritzung mit systemischen Insektiziden gegen Blattläuse als Überträger.

Herz- und Trockenfäule: Wie entsteht sie?
Sie wird durch akuten Bor-Mangel im Boden verursacht. Daher soll man auf kalkreichen, trockenen Böden borhaltige Düngemittel verwenden.

Schädlinge – Tierische Schädlinge: Welches sind die bekanntesten?

Moosknopfkäfer, Rübenfliege, Blattläuse, Rübennematoden, Rübenkopfälchen, Rübenaaskäfer, Rüben-Rüsselkäfer.

Ernte – Wann werden die Zuckerrüben geerntet?
Zuckerrüben sind möglichst spät zu ernten (Oktober).

Erträge: Welche bringt die Zuckerrübe?
Der mittlere Rübenertrag liegt bei 512 dt/ha.

Ernteverfahren: Welche werden angewendet?
Köpf-Roder (Vollerntemaschine) mit oder ohne Bunker, ein- oder mehrreihig, gezogen oder selbst fahrend;
ein- und mehrphasige Verfahren mit und ohne Blattbergung.

Vollerntemaschine: Ab wie viel ha lohnt sie sich?
Das ist je nach Typ verschieden, streng ökonomisch nicht unter 30 ha; deshalb ist meist überbetrieblicher Maschineneinsatz ratsam.

Zuckergehalt: Wie hoch ist er durchschnittlich?
Zuckergehalt 15–20 %.

Zuckerrübenblatt: Wie kann es verwendet werden?
Frischverfütterung,
Gärfutterbereitung,
Trocknung (Troblako),
Unterpflügen.

Nebenprodukte der Zuckerindustrie – Welche fallen an und wie werden sie verwendet?
Rübenblätter (frisch oder siliert als Rinderfutter oder untergepflügt als Dünger);
Rübenschnitzel (Nassschnitzel mit 8–10 % T, Pressschnitzel mit mehr als 20 % T, Trockenschnitzel mit über 88 % T);
Melasse (wertvolles Futtermittel mit 42–46 % Zucker und 8–10 % Mineralstoffen);
Carbonationskalk (Kalkdünger);
Ethanol (Alkohol als Treibstoff und Rohstoff für die chemische Industrie).

Ölfrucht- und Hülsenfruchtbau

Raps

Anbau – **Welche Vorteile hat der Rapsanbau?**

Der Raps ist eine wirtschaftlich interessante Verkaufsfrucht: Nahrungsmittelsektor; industrielle Verwertung (nachwachsender Rohstoff für u. a. Kosmetika, Waschmittel, Schmierstoffe, »Biodiesel«); Futtermittel,
er ist eine gute Vorfrucht (Blattfrucht),
er räumt das Feld frühzeitig (Arbeitsausgleich),
günstige Mechanisierung.

Welche Risiken erschweren den Rapsanbau?

Auswinterungsgefahr in ungünstigen Lagen und bei sehr schwacher oder zu üppiger Vorwinterentwicklung.
Raps ist von vielen Krankheiten und Schädlingen bedroht.

Welche Ansprüche stellt der Raps an Klima und Boden?

Raps ist nur begrenzt winterfest,
er liebt tiefgründigen Boden (Pfahlwurzel),
verträgt keine stauende Nässe,
extreme Böden sind ungünstig,
der Kalkhaushalt muss in Ordnung sein.

Fruchtfolge: Welche Stellung nimmt der Raps ein?

Er steht häufig an Stelle von Hackfrucht, verlangt aber früh räumende Vorfrüchte.
Nach Raps kann Wintergetreide, Stoppelfrucht oder Winter-Zwischenfrucht folgen.

Ölgewinnung: Welcher Raps hat die größte Bedeutung?

Winterraps hat gegenüber Sommerraps und Rübsen die größte Bedeutung.

Sortenwahl: Was ist zu beachten?

Die Sortenwahl ist vom Verwendungszweck abhängig. Rapsöl für den Nahrungsmittelsektor muss einen sehr niedrigen Gehalt an gesättigten Fettsäuren (Erucasäure) enthalten, dafür einen hohen Anteil ungesättigter Ölsäure. Raps-Extraktionsschrot als Futtermittel muss arm an Glucosinolaten (Senfölen) sein.
In Deutschland werden inzwischen nur noch Doppel-Null-Sorten (00-Sorten) angebaut, mit Ausnahme einer speziellen Sorte im Vertragsbau mit hohem Erucasäure-Gehalt für die Waschmittel-Industrie.

Erucasäure-freier Raps: Was versteht man darunter?
In der Erbanlage verankerte Erucasäure-Armut (Erucasäure-Gehalt unter 2 %).

00-Raps: Was versteht man darunter?
Erucasäurefreie und glucosinolatarme Winterrapssorten.

Düngung – Welche Ansprüche stellt Raps an die Düngung?
Er verlangt neutrale Reaktion des Bodens (pH-Wert 6,5),
er hat einen hohen Stickstoffbedarf.

Nährstoffmengen: Welche sind nötig?
120–150 kg N/ha (verteilt auf mehrere Gaben)
60 kg P_2O_5/ha,
100 kg K_2O/ha,
20–40 kg S/ha.

Wirtschaftsdünger: Kann man ihn im Rapsbau verwenden?
Da Raps ein sehr gutes Nährstoff-Aneignungsvermögen besitzt, kann gut mit Rinder- oder Schweinegülle gedüngt werden. Im zeitigen Frühjahr können daher problemlos 25–40 m^3/ha ausgebracht werden. Bei der 2. Mineraldüngergabe wird dann der mit der Gülle ausgebrachte Stickstoff eingespart.

Winterraps: Wann soll er gesät werden?
Raps verlangt frühe Saat, er muss im Herbst bereits eine kräftige Rosette entwickeln. Die Entwicklung darf aber auch nicht zu weit voranschreiten (Ausfaulungsgefahr).
Die normale Aussaatzeit liegt um den 20.–25. August.

Saat – Was ist zu beachten?
Saatstärke: 75 Körner/m^2 (bei ca. 90 % Keimfähigkeit) gelten als Richtwert. Für frühe Saattermine sind Abschläge, für späte Zuschläge vorzusehen.
Saattiefe: flache Saat zwischen 2–3 cm.
Reihenabstände: 13–26 cm; der enge Abstand hat eine günstigere Saatgutverteilung.
Einzelkorn-Sägeräte können die Rapssaat optimieren.

Unkrautbekämpfung: Was sind die Besonderheiten?
Gezielte Bekämpfung ist erst ab dem Auflaufen möglich, dafür steht ein Schadschwellen-Modell zur Verfügung. In einem gut entwickelten, geschlossenen Rapsbestand kann oft auf Bekämpfungsmaßnahmen verzichtet werden.

Krankheiten – Welche gefährden den Raps?
Weißstängeligkeit (Rapskrebs),
Rapsschwärze,
Wurzelhals- und Stängelfäule *(Phoma lingam)*,
Rapswelke *(Verticillium longisporum)*.

Schädlinge – Schädlinge: Welche treten beim Rapsbau auf?

Rapsglanzkäfer,
Kohlschotenrüssler,
Rapsstängelrüssler,
Schwarzer Kohlerdfloh,
Kohlrüben-Blattwespe.

Schädlinge: Wie werden sie bekämpft?
Durch richtige Anbaumaßnahmen,
mit chemischen Mitteln (Stäuben und Spritzen).

Ernte – Reife: Woran ist sie bei Raps zu erkennen?
Die Reife zeigt sich am Braunwerden der Körner.

Raps: Wie wird er geerntet?
Mähdrusch vom Halm (Stängeldrusch) mit speziellem Schneidwerk, Mähen und Ablage in Schwad, Drusch aus dem Schwad mit Mähdrescher (geringste Verluste).

Erträge: Welche liefert Raps?
25–40 dt/ha Kornertrag (91 % T) bei Winterraps;
39–44 Ölgehalt (91 % T) bei Winterraps.

Sonnenblumen

Bedeutung – Welche Bedeutung haben Sonnenblumen?
Sie passen als Ölpflanzen gut in die Fruchtfolge zwischen zwei Getreidearten.

Anbaubedingungen – Welche Anbaubedingungen erfordert der Sonnenblumenanbau?
Leicht erwärmbaren Boden,
Durchschnittstemperatur in der Vegetationsperiode mindestens 15,5 °C,
ausreichende Wasserversorgung,
trockenes Wetter zur Erntezeit,
mindestens 4-jährige Anbaupause.

Sortentypen: Welche sind bedeutsam?
Anbaubedeutung für Deutschland haben nur die »Öltypen«.

Saat – Welche Saatzeit?
Ab 20. 4. bis Mitte Mai.

Welche Saattiefe?
2–4 cm.

Welche Saatstärke?
75 000 Körner/ha.

Welcher Reihenabstand?
55–75 cm (70 000–85 000 Pflanzen/ha).

Düngung – Welche Nährstoffe sind nötig?

Je nach Bodenuntersuchung:
40–80 kg N/ha,
60 kg P_2O_5/ha,
100 kg K_2O/ha.
Organischer Dünger führt zu Reifeverzögerung.
Ertrag 25–35 dt/ha.

Krankheiten: Welche sind gefährlich?
Grauschimmel, Weißfäule.

Topinambur – Welche Rolle spielt er?

Topinambur ist eine eng mit der Sonnenblume verwandte Nahrungs- und Futterpflanze, die in Deutschland aber nur eine geringe Anbaufläche aufweist. Dabei gibt es eine Vielzahl interessanter Verwendungsmöglichkeiten, z. B. als Grünfutter, Silage, Gesundheit förderndes Nahrungsmittel, zur Herstellung von Trocknungsmitteln, Gelen und Tensiden, zur Alkoholgewinnung oder als nachwachsender Rohstoff zur Zellulose- und Energiegewinnung.

Topinambur: Welche Anbaubedingungen erfordert er?
Der Anbau erfordert wenig Aufwand, allerdings ist der Wasseranspruch bei Topinambur in der Hauptwachstumszeit Juli bis Oktober sehr hoch. Topinambur ist frostfest bis −30 °C, hat einen guten Vorfruchtwert. Ein mehrmaliger Nachbau ist nicht ratsam.

Topinambur-Anbau: Wie erfolgt die Aussaat?
Im zeitigen Frühjahr werden mit herkömmlicher Kartoffel-Legetechnik 4–5 Knollen/m^2 in Dammkultur gepflanzt.

Topinambur-Düngung: Wie hoch ist die Abfuhr und der Stickstoff-Bedarf?
Die Abfuhr der Gesamtpflanze beträgt 0,23 kg N/dt; 0,11 kg P_2O_5/dt; 0,55 kg K_2O/dt; 0,05 kg MgO/dt; 0,22 kg CaO/dt.
Der N-Bedarf beträgt ca. 80 kg/ha.

Topinambur: Ist er anfällig für Krankheiten?
Die Pflanzen sind sehr gesund und konkurrenzstark, Herbizide werden nicht benötigt, sie sind besonders für den ökologischen Landbau geeignet.

Hülsenfrüchte (Körnerleguminosen)

Anbau – Welches sind die wichtigsten Hülsenfrüchte?
Erbsen, Ackerbohnen, Wicken, Lupinen, Sojabohnen.

Leguminosen in der Fruchtfolge: Welche Vorzüge haben sie?
Leguminosen sind *Pfahlwurzler;* sie lockern den Boden tiefgründig und tragen dank ihrer starken Bewurzelung zur Humusanreicherung bei. Durch Beschattung fördern sie die Bodengare.
Hülsenfrüchte sind *Stickstoffsammler.* Sie stehen in der Regel zwischen zwei Getreidearten, sind aber auch eine gute Vorfrucht für Hackfrüchte. Sie sparen N-Dünger ein.

Hülsenfrüchte: Welche Bedeutung haben sie als Futtermittel?
Wegen ihres hohen Eiweißgehaltes (Ackerbohnen ca. 30 %, Erbsen ca. 26 %, bezogen auf die T) sind sie ein wertvolles betriebseigenes Eiweißfutter. Es sind jedoch Rationsbeschränkungen zu beachten.

Standortansprüche: Welche haben sie?
Ackerbohnen brauchen eine gleichmäßige Wasserversorgung, d. h Standorte mit gleichmäßig verteilten Niederschlägen. Erbsen können auch auf trockeneren und höher gelegenen Standorten angebaut werden.

Saat – Hülsenfrüchte: Wann werden sie gesät?
Die Hülsenfrüchte verlangen eine frühzeitige Aussaat.
Ackerbohne und *Sommerwicke:* Februar/März,
Erbse: März/April,
Lupine: März/April.
Bewährt hat sich Einzelkornsaat (wichtig: tiefe Ablage).

Was ist bei erstmaliger Aussaat von Hülsenfrüchten zu beachten?
Das Gedeihen der Hülsenfrüchte ist abhängig von der Entwicklung der Knöllchenbakterien an den Wurzeln. Es muss die für die Hülsenfrüchte arteigene Bakterienrasse im Boden vorhanden sein; wo dies nicht der Fall ist, muss der Boden oder das Saatgut mit den Bakterien geimpft werden.

Hülsenfrüchte: Welche produktionstechnischen Daten sind zu beachten?

Hülsenfrucht	Korn-zahl/m²	TKG g	Düngemittel kg/ha K_2O	P_2O_5	MgO	Ertrag dt/ha
Ackerbohnen		350–550	150–200	50–70		50–60
Drillsaat	40–45					
Einzelkornsaat	30–35					
Erbsen	200–300	175–225	100–130		50–60	
Drillsaat	80–90					
Einzelkornsaat	60–70					
Lupinen			100–220	60–120	20–50	35–40
Weiße Lupinen	50–70	250–350				
Blaue/Gelbe Lupinen	80–100	120–160				
Wicken	140–160	40–80	100–120	40–60		10–16 (Sommerf.) 8–14 (Winterf.)
Sojabohnen	50–70	180–220	140–160	80–120	30–50	25–35

Krankheiten – Welche sind wichtig?

Schokoladenflecken an Ackerbohnen (Schadbild: Viele kleine, runde, braune Flecken mit hellen Zentren an den Blättern, meist nach der Blüte, hervorgerufen durch Pilzbefall; Bekämpfung kaum möglich).

Grauschimmel an Erbsen (Schadbild: Verbräunungen unter den Kelchblättern, eventuell auch an den Stängeln, mausgrauer Sporenbelag auf den Befallstellen; Bekämpfung ab der Vollblüte bei starkem Befall chemisch).

Brennflecken an Ackerbohnen und Erbsen (Schadbild: Fußkrankheit mit schwarzbraunen, fleckigen Verfärbungen von der Wurzel bis zur Stängelbasis. Bekämpfung durch Einsatz von zertifiziertem Saatgut und 5-jähriger Anbaupause).

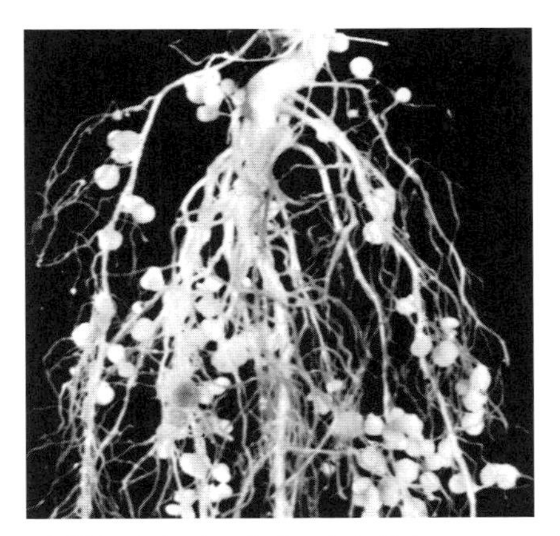

»Knöllchenbakterien« in Gewebsknötchen an Buschbohnenwurzeln.

Schädlinge – Welche sind wichtig?

Schwarze Bohnenlaus und Pferdebohnenkäfer bei Ackerbohnen, Grüne Blattläuse bei Erbsen.

Feldfutterbau

Formen – Anbauformen: Welche sind üblich?
Mehrjährige Nutzung, z. B. Luzerne;
überjährige Nutzung: Ansaatjahr und 1 Nutzungsjahr, z. B. Rotklee;
sommerjährige Nutzung: Nutzung nur während eines Sommers, z. B. Alexandriner Klee.

Feldfutterbau: Welche Ziele werden damit verfolgt?
Die gleichmäßige Versorgung der Tiere mit Grünfutter von gleichbleibender Qualität über möglichst lange Zeiträume, das Erhöhen der Schmackhaftigkeit des Futters und damit der Futteraufnahme.

Hauptfutterbau: Welche Bedeutung hat er?
Er garantiert eine sichere Futterversorgung.
Er sichert die Erhaltung der Bodenfruchtbarkeit als gute Vorfrucht im Rahmen der Fruchtfolge.
Besonders 2-jährige Futterpflanzen liefern in getreidestarker, stallmistfreier Fruchtfolge durch ihre Wurzelmassen den unentbehrlichen Dauerhumus.

Kleeartige Futterpflanzen: Welche sind wichtig?
Rotklee, Luzerne, Alexandriner Klee, Persischer Klee, Weißklee, Bastardklee, Inkarnatklee.

Kleeartige Futterpflanzen: Welche Besonderheiten haben sie?
Sie gehören wie die Hülsenfrüchte zu den Leguminosen und besitzen Knöllchenbakterien an ihren Wurzeln, sie sind also N-Sammler. Kleeartige Futterpflanzen sind für alle Pflanzen gute Vorfrüchte, die den im Boden angereicherten Stickstoff ausnutzen, z. B. Getreide.

Luzerne – Luzernebau: Welche Vorteile hat er?
Hohe Ertragsleistungen,
billiges und hochwertiges Futtereiweiß,
ausdauernde Futterpflanze (Ersparnis an Arbeit und Kapital),
günstige Arbeitsverteilung.

Ertragreicher Anbau: Was ist dafür nötig?
Richtige Wahl der Sorte bzw. Herkunft,
geeigneter Boden (keine Staunässe, kalkhaltiger Unterboden),
ausreichend Wärme, Wasser und Sonnenschein,
reichlich Pflanzennährstoffe (vor allem P und K),

Luzerne

keine Druckschäden,
keine starke Beschattung,
Luzerne muss mit ausreichenden Reservestoffen in den Winter gehen.

Fruchtfolge: Welche Stellung nimmt sie ein?
Luzerne ist nicht mit sich selbst verträglich, sie darf erst nach etwa 5–6 Jahren auf dem gleichen Feld wiederkehren. Luzerne ist eine gute Vorfrucht und eine Feindpflanze für Rübennematoden.

Luzerne-Gras-Gemisch: Wo ist es vorteilhaft?
Überall dort, wo Luzerne von Natur aus nicht vorherrschend ist,
bei zu feuchtem Klima,
auf flachgründigem Boden,
bei extremen Witterungsverhältnissen (strenge Winter),
wenn kein ertragssicheres Saatgut vorhanden ist.

Luzerne-Gras-Gemisch: Welche Gräser eignen sich dafür?
Knaulgras (geringe Mengen),
Glatthafer (geringe Mengen),
Wiesenlieschgras,
Wiesenschwingel.

Saat – Aussaatmöglichkeiten: Welche gibt es?
Als Untersaat im Frühjahr in Getreide (Gerste) oder Futterfrüchte (Erbse, Wicke),
Als Blanksaat im Frühjahr bis Juli, flach gedrillt.

Aussaatmenge: Welche ist angebracht?
25–30 kg/ha.

Krankheiten – Krankheiten und Schädlinge: Welche treten auf?
Welkekrankheit, Mehltau, Luzerneblattnager,
Wurzeltöter, Liebstöckelrüssler, Gallmücken.

Düngung – Luzerne: Welche Ansprüche stellt sie?
Sie verlangt nur eine Starthilfe mit N (30–40 kg N/ha) vor der Aussaat,
eine gute Vorratskalkung;
eine jährliche Kali-Phosphat-Düngung (0–30 kg N/ha, 80 kg P_2O_5/ha und 200 kg K_2O/ha).

Nutzung – Wonach richtet sich die Schnittzeit?
Nach der Entwicklung der Pflanze. Normal liegt sie zu Beginn oder Mitte der Blütezeit; einmal im Jahr soll die Luzerne zur Blüte kommen.

Was ist im Hinblick auf die Nutzung zu beachten?
Im 1. Nutzungsjahr nur 2–3 Schnitte,
der 1. Schnitt im Jahr möglichst früh,
der 2. Schnitt möglichst nach der Blüte,
zwischen dem vorletzten und letzten Schnitt soll ein längerer Zeitraum liegen,
den letzten Schnitt nicht zu tief nehmen.

Rotklee – Rotklee: Durch wen wurde er in Deutschland eingeführt?
Durch J. Chr. Schubart von Kleefeld
(1734–1787), der dafür geadelt wurde.

Rotklee

Anbau – Welches sind die Anbaubedingungen?
Rotklee liebt etwas schweren Boden, der auch dicht gelagert sein darf; in feuchten Lagen (Mittelgebirge, Küste) entwickelt sich Rotklee besonders günstig.

Rotklee: Wie steht er in der Fruchtfolge?
Der Rotklee ist mit sich selbst und mit anderen Kleearten (Schwedenklee, Gelbklee) nicht verträglich; er darf erst nach 5–6 Jahren wieder auf dem gleichen Acker folgen.

Kleemüdigkeit: Was versteht man darunter?
Das Nachlassen der Wüchsigkeit bei zu kurzen Anbauzwischenzeiten.

Saat – Saatgutbedarf: Wie groß ist er?
16–20 kg/ha.

Wann und wie wird gesät?
Drillsaat in Futtergetreide, so früh wie möglich (März), gleichzeitig mit Sommergetreide,
bei später Saat (im April) nach Aufeggen quer zu den Reihen eindrillen.
Als Hauptfrucht immer als Blanksaat!

Düngung – Rotklee: Welchen Nährstoffbedarf hat er?
0–30 kg N/ha,
80 kg P_2O_5/ha,
200 kg K_2O/ha.
Bodenuntersuchungsergebnisse besonders beachten!

Krankheiten und Schädlinge – Welche Krankheiten und Schädlinge treten auf?
Kleekrebs,
Stängelbrenner,
Wurzelbräune,
Blattschorf,
Stockälchen,
Stängelälchen.

Weitere Kleearten – Alexandriner und Persischer Klee: Welche Bedeutung haben sie?

Es sind schnellwüchsige, mehrschnittige, sommerjährige Kleearten.
Alexandriner Klee: 30–35 kg/ha bei Reinsaat,
Persischer Klee: 18–20 kg/ha bei Reinsaat.

Kleegras – Kleegrasbau: Welche Vorteile hat er?

Höhere Erträge und Ertragssicherheit,
ausgeglichenes Eiweiß:Stärke-Verhältnis,
geringere Verunkrautung,
wird weniger von Schädlingen befallen,
liefert höhere Wurzelrückstände.

Kleegras: Unter welchen Verhältnissen wird es bevorzugt?

Bei Fehlen ertragssicherer Kleeherkünfte,
unter extremen Verhältnissen,
in sehr graswüchsigen Lagen,
bei hohen Niederschlägen,
wenn es höhere Erträge erwarten lässt.

Kleegras-Gemische: Was sollte beachtet werden?

Je kurzfristiger die Nutzungsdauer ist, desto höher darf der Kleeanteil sein. Je kürzer die Nutzung, desto weniger Mischungspartner.
Rotklee, Luzerne, Weidelgras-Arten und Knaulgras sind verdrängend, Weißklee, Gelbklee und Lieschgras haben nur eine geringe Kampfkraft.

Zusammensetzung der Mischung: Wonach richtet sie sich?

Nach den Standortverhältnissen,
nach der Art der vorgesehenen Nutzung,
nach der Nutzungsdauer,
nach den Eigenarten der Klee- und Grasarten.

Zwischenfruchtbau – Welche Vorteile hat er?

Zusätzlicher und sehr gut verdaulicher Futterertrag,
Ersparnis an Hauptfutterfläche,
der Marktfruchtanteil kann ausgeweitet werden,
die Bodenfruchtbarkeit wird durch Gründüngung erhalten bzw. verbessert,
die Bodengesundheit wird erhöht,
Entstehen der Schattengare,
die Bodenerosion und die N-Auswaschung werden vermindert.

Worin liegt seine Bedeutung in getreidestarken Betrieben?
Im Schaffen von organischer Masse (Gründüngung oder Wurzelmasse), in verbesserten Vorfruchtbedingungen für Getreide nach Getreide.

Zwischenfruchtbau: Welche Formen gibt es?
Sommer-Zwischenfruchtbau als Stoppelsaaten oder Untersaaten; Winter-Zwischenfruchtbau, dessen abgewandelte Form die Mulchsaat ist.

Winter-Zwischenfrüchte: Welches sind die wichtigsten?

Landsberger Gemenge,	Inkarnatklee,
Wickroggen,	Grünroggen,
Winterrübsen,	Welsches Weidelgras,
Winterraps,	Winterwicke.

Untersaaten: Welche Vor- und Nachteile haben sie?
Vorteile: Geringer Arbeitsaufwand, geringe Kosten, sehr frühe Futternutzung; bestes Ausnutzen der Wachstumsfaktoren.
Nachteile: Probleme bei der chemischen Unkrautbekämpfung der Deckfrucht, zu hohe Stickstoffgaben für die Deckfrucht unterdrücken Untersaaten, bei lagernder Deckfrucht stören Untersaaten den Mähdrusch.

Klima und Boden: Welche Bedeutung haben sie?
Sie sind entscheidend für die Möglichkeit des Zwischenfruchtbaues, nur bei geordneten Luft- und Wasserverhältnissen im Boden gelingt der Zwischenfruchtbau, nur bei ausreichenden Niederschlägen sind die Zwischenfrüchte ertragssicher.

Landsberger Gemenge: Was versteht man darunter?
Das Landsberger Gemenge besteht aus etwa 20 kg Inkarnatklee, 20 kg Zottelwicken, 20 kg Welsches Weidelgras je ha. Es ist vielseitig verwendbar und ertragssicher.
Die Saatzeit liegt zwischen Mitte August und Anfang Dezember.

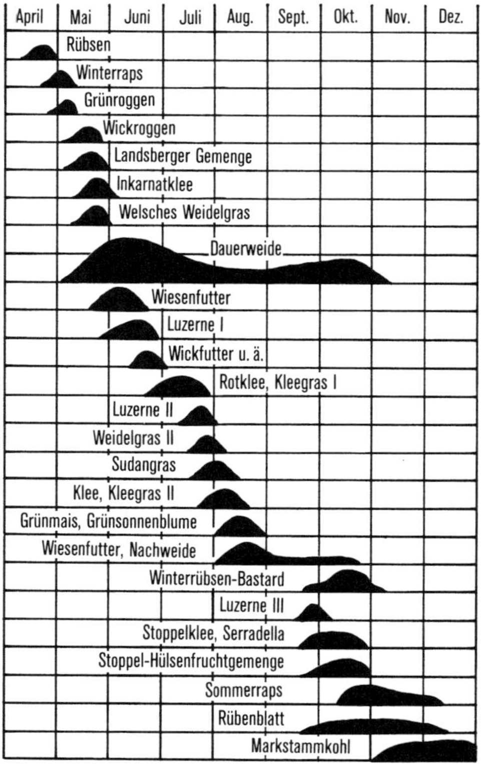

Futterkalender

Grünroggen: Was ist beim Anbau zu beachten?
Das Saatbett muss gut abgelagert sein.
Saatzeit: Ende September.
Erntezeitpunkt: Schossbeginn bis Grannenspitzen der Ähren.

Stoppelsaat: Welches sind die wichtigsten Früchte?
Weidelgräser, Herbstrüben, Gelbsenf, Wicken, Futterraps, Persischer Klee, Lupinen, Felderbsen, Ackerbohnen, Ölrettich, Markstammkohl, Phazelia, Inkarnatklee.

Stoppelsaaten: Was ist für das Gelingen entscheidend?
Frühe Saat nach frühreifer Vorfrucht,
ausreichende Niederschläge.
Für den Saattermin von Stoppelsaaten gilt: Ein Tag im Juli ist besser als eine Woche im August oder der ganze September.

Welche Pflanzen liefern das erste Grünfutter im Frühjahr?
Rübsen, Raps, Grünroggen, Wickroggen, Welsches Weidelgras, Landsberger Gemenge.

Welche Pflanzen liefern das letzte Grünfutter im Herbst?
Stoppelklee, Seradella, Stoppelhülsenfrucht, Grünsenf, Rübenblatt, Stoppelrüben, Markstammkohl.

Grünland und Gärfutterbereitung

Bedeutung – Welche Bedeutung hat Grünland in der Betriebsorganisation?
Grünland stellt die Futtergrundlage für die Viehhaltung in Grünlandgebieten dar. Über die Viehhaltung versorgt es den Betrieb auch mit Wirtschaftsdünger und wirkt so positiv auf den Nährstoffkreislauf.
Grünland eignet sich gut für extensive Nutzung, frei werdende Flächen können in staatlich geförderte Extensivierungs-Programme eingebracht werden. Es bietet einen ideellen Wert mit Erholungscharakter in Form einer vielfältig gegliederten Landschaft.

»Absolutes« Grünland: Was versteht man darunter?
Landwirtschaftliche Nutzflächen, die für die Ackernutzung zu nass sind, landwirtschaftliche Nutzflächen in niederschlagsreichem Klima, stark hängige oder sehr flachgründige landwirtschaftliche Nutzflächen.

Artenreichtum des Ökosystems Wiese – Welcher Grundsatz gilt?
Je geringer der Eingriff auf Dauergrünland durch Nutzung und Düngung, desto artenreicher ist es.

Nutzung – Welche Nutzungsarten sind üblich?
Wiese,
Weide,
Mähweide.

Was ist günstiger: Dauergrünland oder Feldgraswirtschaft?
Dauergrünland bringt höhere Erträge,
es spart Ansaatkosten,
es mindert das Ansaatrisiko und die Unkrautgefahr.
In Ackerbaubetrieben ist es zweckmäßig, die Wiesen so weit möglich durch Feldfutterbau zu ersetzen.

Pflanzen – Welche Pflanzenarten bilden die Narben des Grünlandes?
Gräser, Kleearten, Kräuter.

Wie werden die Gräser unterteilt?
In Untergräser und Obergräser.

Wie heißen die wichtigsten Kleearten des Grünlandes?
Wiesenrotklee, Weißklee, Schwedenklee, Hornschotenklee, Gelbklee u. a.

Kleearten: Welche eignen sich für die Weide?
Weißklee, Rotklee, Schwedenklee.

Wie heißen die wichtigsten Untergräser?

1 Deutsches Weidelgras:
a) Niedriger, blattreicher Horst,
b) Blattgrund mit deutlichen Öhrchen und kurzem Blatthäutchen,
c) Ährchen vielblütig, unbegrannt,
d) Schmalseite des Ährchens liegt der Spindel an.

2 Wiesenrispe:
a) dichter Rasen,
b) Blattgrund mit kleinem Blatthäutchen,
c) Blattspitze kahnförmig zugespitzt, »Schispur« auf der Blattmitte,
d) Ährchen klein, unbegrannt.

3 Weißes Straußgras:
a) Rasen mit unterirdischen Ausläufern,
b) Blattgrund mit langem, spitzem Blatthäutchen,
c) Ährchen sehr klein, einblütig, unbegrannt.

4 Rotschwingel (Ausläufer treibend):
a) Rasen mit unterirdischen Ausläufern,
b) Blattgrund mit kurzen, nach vorne gezogenen Blattöhrchen (Häutchen sehr kurz),
c) Ährchen begrannt.

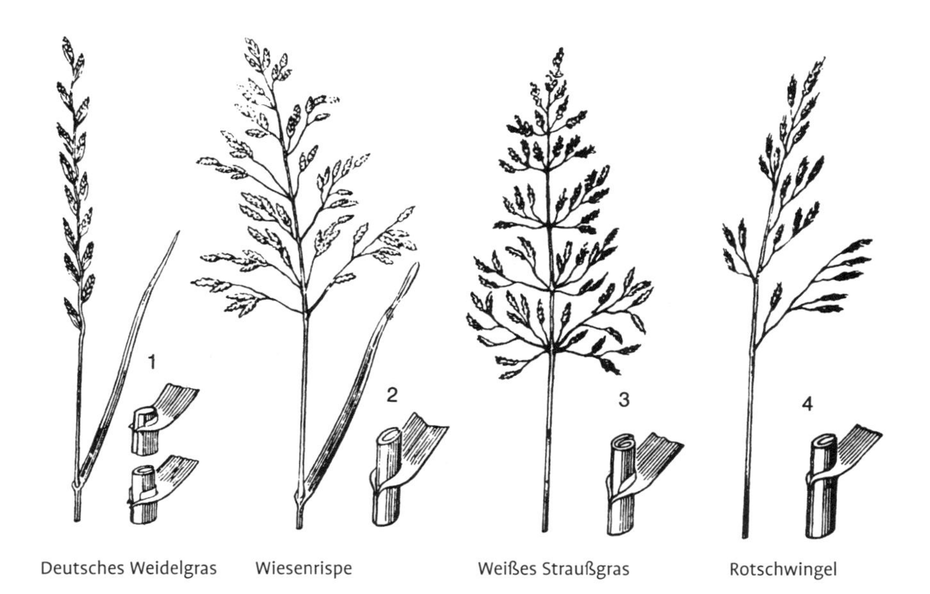

Deutsches Weidelgras Wiesenrispe Weißes Straußgras Rotschwingel

Wie heißen die wichtigsten Obergräser?

1 Rohrglanzgras:

a) Hoher, rohrartiger Wuchs,
b) Blatthäutchen, groß, spitz, Querverbindungen in der Blattscheide,
c) Ährchen (einblütig, unbegrenzt).

2 Wiesenfuchsschwanz:

a) Lockerer Horst,
b) Scheinähre,
c) Ährchen mit Granne,
d) Blattgrund mit abgestutztem Blatthäutchen.

3 Wiesenschwingel:

a) Lockerer Horst mit vielen Bodenblättern,
b) Blattgrund mit 2 großen, kahlen Blattröhrchen und sehr kurzem Blatthäutchen,
c) Ährchen unbegrannt.

4 Wiesenlieschgras:

a) Lockerer Horst,
b) kräftige Scheinähre,
c) Ährchen in 2 kurzen Spitzen endend,
d) Blattgrund mit langem zugespitzten Blatthäutchen.

5 Welsches Weidelgras:

a) Hoher, blattreicher Horst,
b) Blattgrund mit großen Blattröhrchen, kurzem Blatthäutchen,
c) Ährchen vielblütig, stark begrannt,
d) Schmalseite des Ährchens liegt der Spindel an.

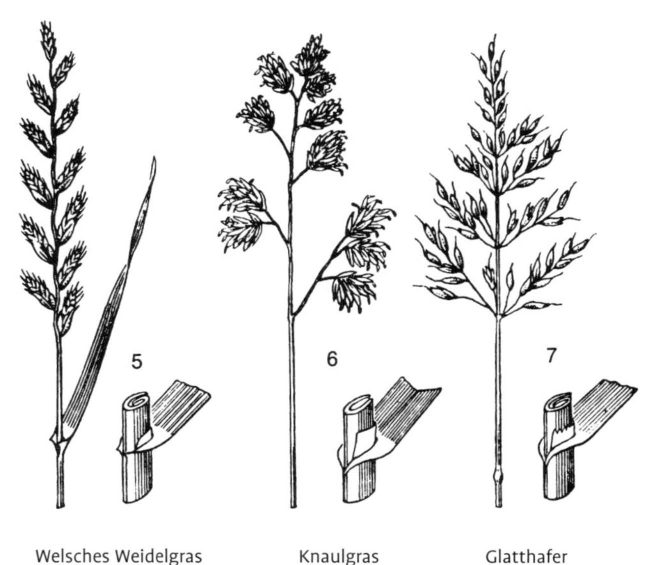

Welsches Weidelgras Knaulgras Glatthafer

6 *Knaulgras:*
a) Horst mit sehr hohen Halmen,
b) Blattgrund mit hohem, weißem Blatthäutchen,
c) Ährchen (3–4-blütig, grannenspitzig).

7 *Glatthafer:*
a) Horst mit sehr hohen Halmen,
b) Blattgrund mit fein gezähneltem Blatthäutchen; Spreite meist leicht behaart,
c) Ährchen groß, mit einer kräftigen, geknieten Granne.

Welche Gräser eignen sich besonders für die Weide?
Deutsches Weidelgras,
Wiesenrispe.

Wie heißen die wichtigsten Kräuter des Grünlandes?
Kümmel, Wiesenkerbel, Bärenklau, Löwenzahn, Wegerich, Schafgarbe, Wiesenbocksbart, Wiesenknopf, Ampfer u. a.

Wie sind die Kräuter zu beurteilen?
Hinsichtlich ihres Futterwertes sind die Kräuter unterschiedlich zu beurteilen. Durch ihren teilweise hohen Gehalt an Mineral-, Geschmacks- und Wirkstoffen wirken sie günstig für die Ernährung der Tiere. Ein Massenauftreten wirkt sich nachteilig aus, da sie die Gräser und Leguminosen verdrängen und somit zu Unkräutern werden.

Kräuteranteil: Wodurch lässt er sich vermindern?
Durch harmonische Düngung mit Stickstoff, Phosphat und Kali,
durch sachgemäße Grünlandpflege,
durch rechtzeitigen Schnitt,
durch Beweiden (Wechselnutzung).

Doldenblütler: Welche werden als Jauche-Unkräuter bezeichnet?

Wiesenkerbel,	Schafgarbe,
Bärenklau,	Kälberkropf.

Welche Pflanzen sind trittverträglich, welche trittempfindlich?

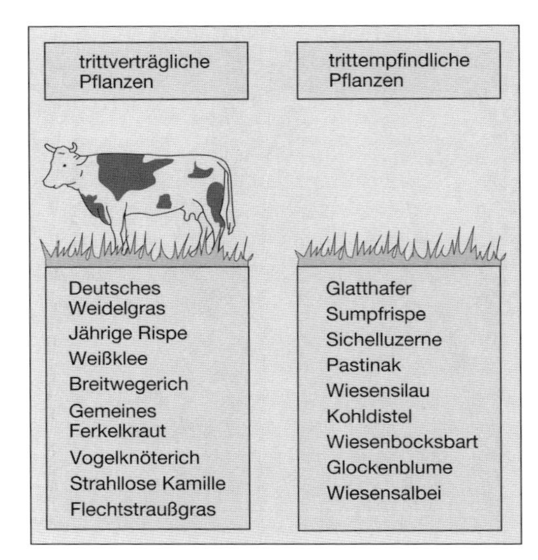

Mittlere Verträglichkeit der Nutzungshäufigkeit bei wichtigen Gräsern und Kleearten.

Düngung – Muss Grünland mit Stallmist gedüngt werden?

Auch für Grünland ist eine Stallmistdüngung günstig. Sie fördert das Bodenleben; strohiger Stallmist schützt die Grasnarbe vor Frost und Austrocknen. Im Frühjahr werden daher stallmistgedüngte Flächen schneller grün.
Stallmist und Kompost werden im Spätherbst und Winter in nicht zu großen Gaben von 150–200dt/ha ausgebracht (gut verrottet, gleichmäßig verteilt).

Was ist bei der Düngung mit Jauche oder Gülle zu beachten?

Jauche führt dem Boden überwiegend Stickstoff und Kali zu. Die Düngung mit Jauche und Gülle muss durch Phosphat ergänzt werden, da Rindergülle relativ phosphatarm ist, Schweine- und Hühnergülle phosphatreich, aber kaliarm sind.
Auf 10 m^3 Jauche sind (je nach Gehalt der Jauche) etwa 25–35 kg P_2O_5 nötig.
Gülle sollte nicht mehr als 7 % T-Gehalt haben, nicht bei sonnigem Wetter ausgebracht und möglichst bodennah verteilt werden. Beim Ausbringen sollte sie möglichst auf dem Boden abgelegt werden, ohne die Narbe zu verletzen (z. B. mit Schleppschuhen oder Schleppschläuchen).

Jauche bzw. Gülle: Wann soll sie ausgefahren bzw. gegüllt werden?

Bei regnerischem Wetter, aber noch befahrbarem Boden. Günstig ist es, Jauche oder Gülle unmittelbar nach einem Schnitt oder nach dem Abweiden einer Koppel auszubringen. Ausbringungsvorschriften nach der Dünge-VO sind zu beachten!

Gülle: Welche Menge gibt man auf 1 ha?

Etwa 15–30 m^3, je nach T-Gehalt.

Was passiert im Grünland bei einseitig hoher organischer Düngung?
Es treten hohe, grobstängelige, holzige Unkräuter auf (Doldenblütler, z. B. Wiesenkerbel, Bärenklau, Kälberkropf). Der Futterwert dieser Pflanzen ist sehr gering, solches Heu lässt sich schwer trocknen und die feinen Blätter bröckeln ab. Die Nährstoffe werden schlecht verwertet und zum Teil ausgewaschen.

Eine gesteigerte Flüssigmist-Düngung fördert besonders die Unkräuter (links).

Wie lassen sich Düngefehler vermeiden?
Durch regelmäßige Boden- und Gülleuntersuchungen.

Nährstoffe: Welche Wirkung haben sie im Grünland?
Stickstoff bringt mehr Grünmasse und Eiweiß, Phosphat und Kali wirken besonders günstig auf die Kleearten und beeinflussen so die Qualität des Heues.

Düngung: Welche ist bei Wiesen (3 Schnitte) üblich?
60 kg N/ha,
80 kg P_2O_5/ha,
120 kg K_2O/ha.
} nach Bodenuntersuchung und Entzug.

Ansaat – Was ist bei Neusaaten zu beachten?
Passende Gräser- und Kleemischung verwenden,
gute Düngung,
richtiger Aussaatzeitpunkt,
eventuelle Überfrucht rechtzeitig mähen,
neuen Bestand richtig nutzen.

Neusaat: Wann und wie wird sie angelegt?
Als Untersaat bei Getreide (besonders Sommergerste) 8 Tage nach der Getreideaussaat im Frühjahr; als Reinsaat im Frühjahr.
Es bürgert sich immer mehr die Drillsaat mit engstmöglichem Reihenabstand ein.
Zur Bestandserneuerung ist häufig eine Über- oder Nachsaat ausreichend.

Nachsaat: Wie wird sie durchgeführt?
Bei der Nachsaat beträgt die Aussaatmenge ca. 20 kg/ha. Am besten erfolgt sie mit speziellen Nachsaatmaschinen, aber auch mit Direktsaatmaschinen. Der Aufwand ist relativ hoch.

Übersaat: Wie wird sie durchgeführt?
Eine Übersaat kann mit einfachen Maschinen (z. B. Elektrostreuer oder Drillmaschine mit pneumatischem Saatguttransport) mehrmals jährlich erfolgen, die Aussaatmenge beträgt 5–10 kg/ha.

Samenmischung: Welche ist zu verwenden?
Im Fachhandel sind bewährte Mischungen erhältlich, die Wirtschaftsberatung hilft mit Informationen.

Welche Pflanzenzusammensetzung soll eine Wiese haben?
Der Ertragsanteil der Artengruppen soll etwa sein:

Obergräser	40–50 %,
Untergräser	20–30 %,
Kleearten und Kräuter	20–30 %.

Welche Pflanzenzusammensetzung soll eine Weide haben?

Obergräser	20–30 %,
Untergräser	40–50 %,
Kleearten und Kräuter	20–30 %.

Pflege – Welche allgemeinen Maßnahmen sind notwendig?
Vorhandene Gräben reinigen,
vorhandene Drainagen freihalten,
Eggen mit der Wiesenegge im Frühjahr bei Vermoosung,
Walzen auf anmoorigen und moorigen Böden im Frühjahr mit einer schweren Wiesenwalze,
Nachmähen von Geilstellen.
Unkräuter möglichst tief, überständiges Gras nicht tiefer als 8–10 cm mähen (z. B. mit einem Sichelmäher). Mit Schlägelmulchern lässt sich der Aufwuchs (sofern er nicht allzu hoch ist) intensiver zerkleinern, besonders auf stark verunkrauteten Standorten. Mit Schleppern und Striegeln Maulwurfhaufen planieren und verfilzte oder abgestorbene Gräser aus der Narbe kämmen.

Grünland-Pflege: Welche Ziele verfolgt sie?
Ziel aller Pflegemaßnahmen ist das Erhalten eines möglichst artenreichen Bestandes aus ertragreichen und schmackhaften Pflanzen sowie das Eindämmen von Platzräubern und Giftpflanzen.

Unerwünschte Pflanzen: Wie werden sie im Grünland bekämpft?
Ein rechtzeitiges Bekämpfen von Schadpflanzen soll deren Aussaat verhindern. Unerwünschte Pflanzen können durch Beweiden und gezielten Schnitt z. B. der verschmähten Pflanzen, richtige Geräteeinstellung oder auch durch Einzelpflanzenbekämpfung (z. B. mechanisch durch Ausstechen) zurückgedrängt werden. Der Her-

bizideinsatz auf Grünland muss stets eine Ausnahme sein und sollte sich auch nur gegen Einzelpflanzen richten, z. B. Ampfer.

Tierische Schädlinge: Welche kommen häufig vor und wie bekämpft man sie?
Maulwurf, Wühlmäuse, Feldmäuse, Larven der Wiesenschnake (Tipula).
Feld- und Wühlmäuse bekämpft man am besten durch Fördern ihrer natürlichen Feinde wie Greifvögel mit Hilfe von Aufsitzstangen.
Maulwürfe sind geschützt und dürfen nur mit Genehmigung der Naturschutzbehörde bekämpft werden.

Ernte – Welche Verfahren sind im Grünland üblich?
Langgut-Kette mit Auf- und Ablademaschinen und -geräten, Ladegitter, Ladewagen und Großraum-Ladewagen,
Langgut-Kette mit Heupressen, Rundballen-Pressen,
Häckselkette mit Häckslern und Häcksel-Ladewagen.
Alle Arbeitsketten müssen lückenlos und passend durchmechanisiert sein (Maschinenring oder Lohnunternehmer nutzen).

Futterkonservierung: Welche Möglichkeiten gibt es?
Bodentrocknung,
Gerüsttrocknung,
Bodentrocknung bis 40–45 % Wassergehalt und Nachtrocknen mit Kalt- oder Warmluftgebläse,
Heißlufttrocknung zu Grünmehl, Pellets, Briketts oder Cobs, Gärfutterbereitung.

Heu – Heubereitung: Worauf ist dabei besonders zu achten?
Auf Nährstoffverluste (besonders nachteilig sind Blattverluste durch Bröckeln); auf die Gefahr der Selbstentzündung (Messsonde!).

Nährstoffverluste: Wie hoch sind sie bei den verschiedenen Trocknungsverfahren?

Bodentrocknung, schlechtes Wetter	50–70 %
Bodentrocknung, sehr gutes Wetter	40–50 %
Gerüsttrocknung	30–45 %
Belüftungstrocknung	15–30 %
Warmlufttrocknung	10–20 %
Heißlufttrocknung	10 %

Schnittzeit: Welchen Einfluss hat sie auf den Wert des Heues?
Früher Schnitt (vor der Blüte) ergibt hohen Eiweiß- und Energiegehalt,
später Schnitt (nach der Blüte) ergibt hohen Rohfasergehalt und daher niedrigere Nährstoffkonzentration.

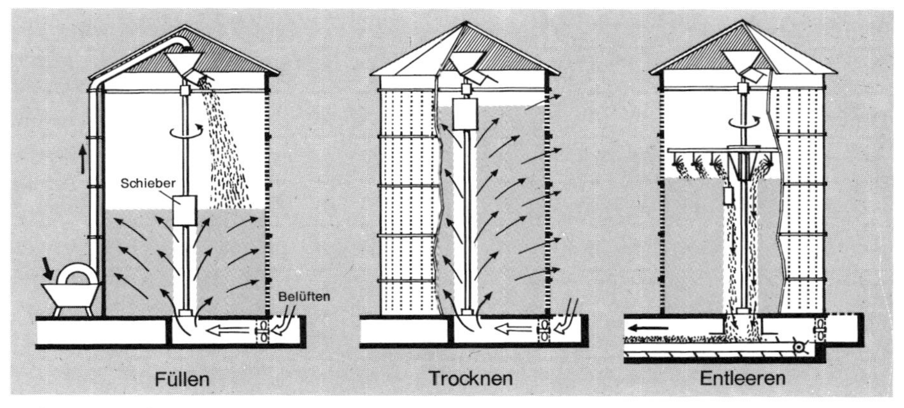

Funktionsweise des Heuturms.

Heuturm: Was versteht man darunter?
Einen Hochbehälter mit Luftschlitzen in der Außenwand, mit mechanischer Beschickungs- und Entnahmevorrichtung, Belüftung über ein Zentralrohr und eventuell mechanisierter Futtervorlage.

Selbstentzündung – Wann besteht bei Heu Gefahr?
Wenn das Heu Temperaturen zwischen 50 und 70 °C im Stock erreicht hat. In solchen Fällen ist die Temperatur des Heustockes mindestens alle zwei Stunden zu messen. Ab 70 °C besteht akute Brandgefahr.

Heutemperatur: Wie wird sie überwacht?
Durch Messen mit einer ausreichend langen Heumess-Sonde ab dem zweiten Tag nach dem Einlagern. Gefährdete Heustöcke sind 4 Monate lang alle 2 Tage zu messen.

Heuwehrgerät: Was ist das?
Es dient zur Abkühlung überhitzter Futterstöcke (Gebläseabkühl-Verfahren). Zahlreiche Feuerwehren sind damit ausgerüstet. Ein überhitzter Heustock darf nur im Beisein der Feuerwehr abgetragen werden!

Heustockbrand: Was ist bei Gefahr zu tun?
Feuerwehr alarmieren, Heuwehrgerät einsetzen, überhitzten Stock abtragen, Heu in genügendem Abstand von Gebäuden ins Freie bringen.

Trocknung – Heißlufttrocknung: Wozu eignet sie sich?
Vereinzelt für Genossenschaften, um hochwertiges Trockengrün in Form von Grünmehl, Pellets, Cobs oder Briketts herzustellen.

Belüftung – Belüftungstrocknung: Welche Systeme sind üblich?

Nach Art der Luftführung sind 2 Systeme zu unterscheiden:

- Die vertikale Luftführung über Flachrost und Kanäle (System Aulendorf).
- Die horizontale Luftführung, z. B. Heuturm (Druckluftanlagen mit liegendem Kanal).

Kaltbelüftung:	System Aulendorf und System Braunschweig;
Entlüftung:	System Hohenheim (Luft wird aus dem Heu abgesaugt, Frischluft dringt selbsttätig ein);
Heuturm:	Belüftung durch Zentralrohr;
Warmlufttrocknung:	Statt Kaltluft wird unterschiedlich stark aufgewärmte Luft eingeblasen.

Belüftungstrocknung: Welche Vorteile hat sie?

Verkürzen der Bodentrocknung auf mindestens 1½ Tage (Wetterrisiko!), das Erntegut kann mit 50–30 % Feuchtigkeit eingefahren werden, keine Blatt- bzw. Bröckelverluste (bessere Futterqualität), geringe Selbstentzündungsgefahr.

Belüftungstrocknung: Worauf ist dabei zu achten?

Überwachen der Anlage, der Feuchtigkeit, der Temperatur;
gleichmäßig lockeres Einlagern,
Überprüfen der Temperatur auch nach Abschluss der Belüftung,
Vermeiden von Lärm während der Nacht.

Belüftungstrocknung: Welche Luftmengen sind dabei nötig?

Je nach Klimagebiet und Verfahren je m^2 Grundfläche 0,12 bis 0,35 m^3 Luft/s.

Gärfutter (Silage) – Gärfutterbereitung: Welche Vorteile hat sie?

Gut gelungene Silage ist ein wertvoller Bestandteil vollwertiger Futterrationen. Mit dem Silieren von Gras usw. kann bereits frühzeitig im Mai begonnen werden. Die Vorteile sind: Junges, eiweißreiches Futter wird mit geringen Verlusten konserviert, die Raufutterernte wird zeitlich auseinander gezogen, Arbeitsspitzen werden vermieden und die Wetterabhängigkeit verringert.

Silieren: Was ist dabei zu beachten?

Rechtzeitiger Schnitt.
Eiweißreiche Futterarten müssen angewelkt werden, die Silierbehälter müssen sauber sein und luftdicht verschließbar, das Gärgut muss dicht lagern (Herauspressen der Luft). Silier- und Zusatzmittel vermindern das Risiko von Fehlgärungen.

Anwelken: Was heißt das?

Das Gärgut trocknet (welkt) nach dem Schnitt ½–1½ Tage an (Sinken des Wassergehaltes auf 60–70 %) und wird erst dann in den Silo gebracht.

Silos: Welche Arten gibt es?
Hochsilos, Tiefsilos, Flach-(Fahr-)silos (massiv oder aus Folien), Folienschlauchsilos, Großballen-Foliensilos.

Silos: Aus welchem Material werden sie gebaut?
Beton, Formsteinen, Holz, Metall, Kunststoff.

Silos: Wie kann man sie luftdicht abschließen?
Betonsilos werden innen mit einem säurefesten Anstrich versehen. Als Abschluss nach oben verwendet man Kunststofffolien, Tauchdeckel, massive Decken mit Luken oder Betonpressdeckel.
Alle sonstigen Abdeckungen ohne Folie sind sehr arbeitsaufwändig und fördern als Notbehelf die Verluste.

Umweltschutz: Was ist zu beachten?
Gärsaft, der beim Silieren von Pflanzen mit weniger als 30 %T entsteht, darf nicht in oberirdische Gewässer oder in das Grundwasser gelangen (Gefahr der Nitrat-Anreicherung!). Daher muss der Gärsaft in eine Jauchegrube oder einen wasserdichten Sammelschacht abgeleitet werden.

Unfallschutz: Was ist zu beachten?
Bei der Gärung bilden sich besonders in Hochsilos lebensgefährliche Gärgas-Konzentrationen (Kohlendioxid CO_2, Nitrose-Gase NO_x). CO_2 ist geruch- und farblos und wird daher nicht wahrgenommen, es verdrängt in geschlossenen Räumen oder Vertiefungen den lebensnotwendigen Sauerstoff. Damit besteht akute Lebensgefahr! Daher vor dem Betreten gefüllter Silos Lüftungsgebläse einschalten und erst einsteigen, wenn der Sauerstoff-Gehalt bei 21 % liegt (Messgerät benutzen).

Silier-Zusatzmittel: Welche Vorteile haben sie?
Die erwünschte Milchsäuregärung beginnt schneller,
die Gefahr von Fehlgärungen wird vermindert,
geringer Atmungsverlust;
auch Nasssilagen können damit noch gelingen,
leicht silierbare oder stärker angewelkte Pflanzen kann man ohne Zusätze silieren.

Siliermittel: Wann sind sie zu empfehlen?
Bei sehr eiweißreichen Futterpflanzen,
bei weniger als 35 % T,
bei verregnetem Futter (auch mit über 35 % T),
bei Futter, das länger als 3 Tage lag (auch bei über 35 % T),
bei stark verschmutztem Futter,
bei Silomais von über 30 % T,
bei Futter von 40–50 % T, wenn Nachgärungen zu befürchten sind.

Silieren: Welche Pflanzen eigenen sich besonders?
Junges Gras, Zuckerrübenblatt, Silomais, Landsberger Gemenge.

Gärfutter: Nach welchen Gesichtspunkten wird es beurteilt?
Schnittzeitpunkt, Farbe, Geruch, Gefüge, pH-Reaktion, Gehalt an Milch-, Essig- und Buttersäure (FLIEG-Punkte).
Die Silage soll frei von Buttersäure sein, der Essigsäureanteil unter 0,4 % liegen.

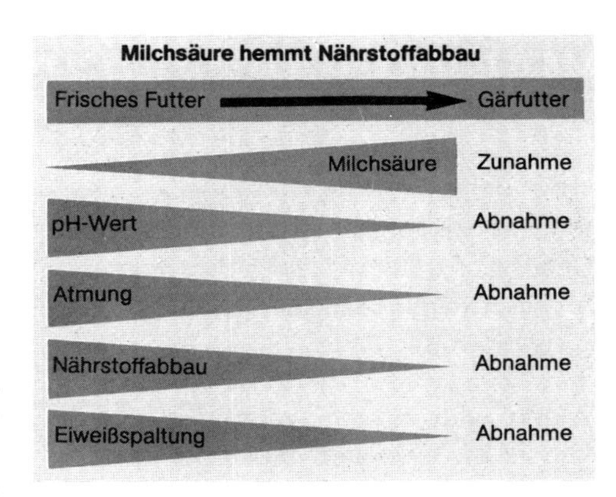

Einflüsse auf die Milchsäurebildung während des Gärprozesses (Schema).

Weidewirtschaft

Welche Vorteile hat Weidewirtschaft?
Hohe Nährstofferträge bei hoher Düngung,
Arbeitsersparnis bei arrondierter Lage,
gesunde Tierhaltung.

Weide: Welche Voraussetzungen sind dafür notwendig?
Geregelte Wasserverhältnisse,
ausreichende und regelmäßige Niederschläge,
am besten eignet sich ein Klima mit 800–1000 mm Jahresniederschlägen.
Die Sommerniederschläge (April–Ende September) sollen 400 bis 500 mm erreichen,
die mittlere Jahrestemperatur sollte 7–8 °C betragen.

Weide: Wie muss der Boden dafür beschaffen sein?
Trittfest; nasser Boden eignet sich nicht für eine Weide.

Weidezaun – Welche Formen sind üblich?
Fester Zaun und Elektrozaun.

Elektrozaun: Welche Vorteile hat er?
Leichte Verschiebbarkeit,
kosten- und arbeitssparend,
Stromstärke bei Berührung 0,1–0,3 A.

Weidegang – Wie werden die Tiere darauf vorbereitet?
Klauenpflege,
kurzes Austreiben vor dem Beginn der eigentlichen Weidezeit,
gesunde Stallhaltung mit Frischluft,
auch während des Winters an sonnigen Tagen die Tiere für kurze Zeit ins Freie lassen.

Was ist dabei zu beachten?
Gutes Vorbereiten der Tiere auf die Weide,
richtige Beifütterung (Eiweißausgleich!),
reichliche Tränkwasserversorgung,
Schutz vor Witterungsunbilden (z. B. Regen, Sonne),
ausbruchsicherer Zaun.

Beifutter: Welches brauchen die Tiere?
Das hängt von der Qualität der Weide ab. In den ersten Wochen der Weide und bei jungem, eiweißreichem Gras empfiehlt sich das Beifüttern von Heu oder Silage. Auf jeden Fall ist das Beifüttern von Mineralstoffen notwendig.

Weideformen – Welche sind üblich?
Extensive und intensive Standweide,
Umtriebsweide (Mähweide),
Portionsweide.

Wie hoch soll der Grasaufwuchs beim Austrieb sein?
15–25 cm ist die Regel. Beim ersten Auftrieb im Mai 15 cm.

Extensive Standweide: Wodurch ist sie gekennzeichnet?
Keine Koppeleinteilung,
keine oder geringe N-Düngung,
große tägliche Fressfläche je GV (etwa 0,5 ha),
große Weidefläche je GV (ca. 1 GV/ha),
kein Umtrieb,
Netto-Weideleistung 10 000–15 000 MJ NEL/ha.

Intensive Standweide: Wodurch ist sie gekennzeichnet?
Hohe Düngung (350–400 kg/ha und Jahr),
hoher Viehbesatz (5–6 GV/ha),
hohe Weidebelastung bei geringer Arbeitsbelastung,
Netto-Weideleistung 45 000–55 000 MJ NEL/ha.

Umtriebsweide: Wodurch ist sie gekennzeichnet?
9–25 Koppeln,
tägliche Fressfläche je GV etwa 0,03–0,07 ha,
Weidefläche je GV etwa 0,2–0,6 ha,
2–5 Umtriebe.

Derart hoher Futteraufwuchs bei extensiver Standweide bedeutet Futterverschwendung.

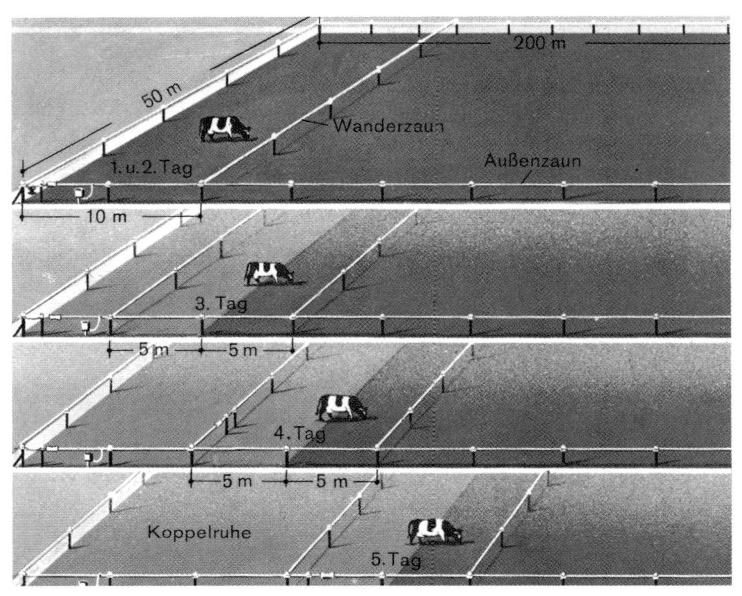

Nutzung einer Weidekoppel als Portionsweide.

Portionsweide: Wodurch ist sie gekennzeichnet?
Koppelunterteilung durch Elektrozaun,
tägliche Fressfläche je GV etwa 0,01 ha,
Weidefläche je GV etwa 0,2 ha,
5–6 Umtriebe.

Mähweidenutzung: Was kennzeichnet sie?
Der ständige Wechsel zwischen Tritt (Weiden) und Schnitt (Mähen).

Wie kann dieser Wechsel erreicht werden?
Durch zeitiges Silieren und entsprechend ausreichenden Siloraum – gegebenenfalls Belüftungstrocknung; den ganzen Sommer über neben Beweiden Gewinnen von Silage und Heu.

Wie wird die Weidenutzung vorgenommen?
Keine Mehrgruppennutzung, sondern möglichst auf den hofnahen Weiden das Milchvieh (intensive Nutzung), auf den hoffernen Weiden das Jungvieh (weniger intensive Nutzung).

Intensive Weidewirtschaft (Umtriebsweiden): Was kennzeichnet sie?
Hohe Besatzstärke (4–6 GV/ha),
hohe Stickstoffgaben (bis 300 kg/ha),
hohe Weideleistung,

rascher Umtrieb (4–6 mal),
kurze Fresszeiten (2–4 Tage),
lange Ruhezeiten (24–28 Tage).

Besatzdichte: Was heißt das?
Die Besatzdichte gibt an, wie viele GV je ha jeweils gerade auf einer Koppel aufgetrieben sind, d. h. Zahl der aufgetriebenen GV : zugeteilte Weidefläche in ha.

Besatzstärke: Was heißt das?
Die Besatzstärke gibt an, wie viele GV auf der vorhandenen Weidefläche während der ganzen Weidezeit gehalten werden, d. h. Zahl der aufgetriebenen GV : gesamte Weidefläche in ha.

Düngung – Weiden: Welche Düngergaben sind üblich?

	extensive Standweide	intensive Standweide
Besatzstärke in der Weidezeit	1 GV/ha	5–6 GV/ha
N-Düngung/Jahr	keine oder nur geringe Gabe	200–350 kg/ha

P_2O_5 und K_2O: Keine regelmäßige Düngung, jedoch bei extensiver Standweide niedrige, bei intensiver Standweide mittlere Gehaltswerte im Boden anstreben, alle 3–4 Jahre Boden untersuchen.

Mineraldünger: Wann sollten sie ausgebracht werden?
Stickstoffgaben im zeitigen Frühjahr und zwischen den Umtrieben bzw. nach dem ersten Mähen.
Phosphat- und *Kaligaben* am besten im Herbst als Grunddüngung.

Pflege – Weide: Wie wird sie gepflegt?
Jede Koppel soll mindestens 1- bis 2-mal nachgemäht werden. Außerdem Fladenverteilen mit einem am Traktor angebrachten Balken oder eisernen Wagenreifen.

Erträge – Weide: Welche Erträge liefert sie?
Gute Standweiden 44 000 MJ NEL/ha = 45– 70 dt als Heu/ha,
intensive Standweiden 45 000–55 000 MJ NEL/ha = 130–200 dt als Heu/ha,
gute Umtriebsweiden 46 000–59 000 MJ NEL/ha = 100–130 dt als Heu/ha,
gute Portionsweiden 49 500–91 800 MJ NEL/ha = 130–200 dt als Heu/ha,
extensive Standweiden 10 000–15 000 MJ NEL/ha = 30– 40 dt als Heu/ha.

Gefahren der Weide – Welche können auftreten?
Blähungen,
Weidetetanie,

Leberschädigungen.
Tierische Schädlinge, z. B. Dasselfliege, Infektionen mit Wurmlarven (z. B. Leberegel).

Älpung – Almwirtschaft: Was ist das?

Weidehaltung in den Bergen während der Sommermonate mit einer eigenen Stallung, der sog. Almhütte.

Älpung: Welche Formen gibt es?

Milchvieh-Älpung,
Jungvieh-Älpung,
Stier-Älpung.

Tüdern – Was ist das?

Tüdern ist ein Weideverfahren, bei dem das Weidetier, z. B. Ochsen, Bullen, Ziegen, früher auch Kühe, mit einer Kette/einem Seil an einem Pflock angebunden ist und nur im Umkreis um den Pflock weiden kann.

Pflanzenschutz

Begriffe – Pflanzenbehandlungsmittel: Was ist das?
Unter der Bezeichnung Pflanzenbehandlungsmittel werden Pflanzenschutzmittel und Wachstumsregler zusammengefasst.
Pflanzenschutzmittel werden zum Schutz der Pflanzen und Pflanzenerzeugnisse vor Schadorganismen und Krankheiten angewandt. Sie beeinflussen die Lebensvorgänge von Pflanzen, ohne ihrer Ernährung zu dienen.
Mit *Wachstumsreglern* kann das Pflanzenwachstum in bestimmter Weise beeinflusst werden (z. B. Halmfestigung, Bewurzelung, Fruchtabfall).

Pflanzenstärkungsmittel: Was ist das?
Dies sind Mittel, die die Widerstandsfähigkeit von Pflanzen gegen Schadorganismen stärken (sollen).

Pestizide: Was sind das?
Pestizide sind Wirkstoffe, die gegen schädliche, unerwünschte Mikroorganismen (Krankheiten und Schädlinge) angewandt werden. Im allgemeinen Sprachgebrauch werden jedoch außer Pflanzenschutz- und Schädlingsbekämpfungsmitteln auch Unkrautbekämpfungsmittel und Wachstumsregler als Pestizide bezeichnet.

Fungizide, Insektizide, Herbizide usw.: Was sind das?
Fungizide sind Mittel gegen Pilzkrankheiten,
Insektizide sind Mittel gegen Insekten,
Herbizide sind Mittel gegen Unkräuter,
Akarizide sind Mittel gegen Milben,
Nematizide sind Mittel gegen Nematoden,
Rodentizide sind Mittel gegen Nagetiere (Ratten und Mäuse),
Molluskizide sind Mittel gegen Schnecken,
Attractants sind Lockstoffe,
Pheromone sind Duft- und Warnstoffe,
Repellents sind Abwehrstoffe,
Sterilantien sind Mittel zur Unfruchtbarmachung,
Mykoherbizide sind Präparate, die mit Hilfe von speziellen Pilzen Unkräuter bekämpfen.

Chemischen Insektizide: Wie wirken sie?
Als Berührungs-, Fraß- oder Atemgifte.

Beizmittel: Wozu dienen sie?
Zur Bekämpfung von samenbürtigen Krankheiten wie Steinbrand, Zwergsteinbrand, Schneeschimmel am Saatgut. Beizen richtet sich zudem gegen Schadpilze in der Keimzone und teilweise gegen boden- und luftbürtige Krankheitserreger im Jungpflanzen-Stadium (z. B. Mehltau).

Saatgutpuder: Wozu dienen sie?
Sie enthalten insektizide Wirkstoffe z. B. gegen Drahtwürmer, Brachfliege, Tipula.

Saatgutpillierung: Was bedeutet das?
Das Umhüllen von Rüben-Saatgut (bzw. von kleinsamigem Gemüse-Saatgut) mit einer Pillierungsmasse aus Gesteinsmehl o.Ä., dem Fungizide und Insektizide beigemischt sind, um so einheitliche Korngrößen zu erzielen und gleichzeitig das Saatgut vor Schäden in der Zeit des Auflaufens zu schützen.

Pflanzgutbehandlung: Was bezweckt sie?
Sie soll Pflanzkartoffeln, Stecklinge und Jungpflanzen durch Einpudern oder Nassbehandlung mit chemischen Mitteln gegen Pilze, Bakterien oder tierische Schädlinge schützen.

Systemische Mittel – Was versteht man darunter?
Die sog. innertherapeutische Wirkung von Pflanzenschutzmitteln (Insektiziden, Fungiziden, aber auch Herbiziden), die von der Pflanze über die Blätter oder über das Wurzelsystem aufgenommen, im Saftstrom weitergeleitet werden und dadurch gezielt, z. B. gegen saugende Insekten, wirksam sind.

Organisch-synthetische Insektizidgruppen: Welches sind die bekanntesten?
Phosphorsäureester,
Carbamat-Insektizide,
synthetische Pyrethroide, Nitroguanidine.

Gefahren – Pflanzenschutzmittel: Worauf ist bei ihrem Einkauf zu achten?
Pflanzenschutzmittel müssen von der Biologischen Bundesanstalt für Land- und Forstwirtschaft (BBA) geprüft und zugelassen sein. Auf den Packungen aller zugelassenen Pflanzenschutzmittel ist das Zulassungszeichen und die Zulassungsnummer aufgedruckt.
Giftige Pflanzenschutzmittel dürfen an Kinder und Jugendliche unter 16 Jahren nicht verkauft werden.

Giftige Pflanzenschutzmittel: Wie sind sie gekennzeichnet?
Alle Pflanzenschutzmittel entfalten im weitesten Sinne eine Giftwirkung und können bei unsachgemäßer Anwendung zu Gesundheitsschäden führen.

Pflanzenschutzmittel sind dem Grad ihrer Gefährlichkeit entsprechend eingestuft (früher: Giftabteilungen) und werden – sofern Landesrecht es vorschreibt – mit den Gefahrensymbolen entsprechend einer EU-Richtlinie gekennzeichnet. Die Gefahrensymbole sind schwarz auf orangenem Untergrund. Ihre Bezeichnungen sind:

T Giftig
T+ Sehr giftig
Stoffe und Zubereitungen, die nach Einatmen, Verschlucken oder Aufnahme durch die Haut erhebliche Gesundheitsschäden oder den Tod verursachen können.

Xn Gesundheitsschädlich
Stoffe und Zubereitungen, die nach Einatmen, Verschlucken oder Aufnahme durch die Haut Gesundheitsschäden geringeren Ausmaßes verursachen können.

Xi Reizend
Stoffe und Zubereitungen, die, ohne ätzend zu sein, nach einmaliger oder wiederholter Berührung mit der Haut oder den Schleimhäuten sofort oder später deren Entzündung verursachen können.

C Ätzend
Stoffe und Zubereitungen, die bei Berühren mit lebendem Gewebe dessen Zerstörung verursachen können.

F Leicht entzündlich

Pflanzenschutzmittel: Welches Zeichen zeigt die amtliche Zulassung an?

Amtliches Zeichen des Bundesamtes für Verbraucherschutz und Lebensmittelsicherheit (BVL)/Biologische Bundesanstalt für Land- und Forstwirtschaft (BBA) für amtlich geprüfte und zugelassene Pflanzenschutzmittel.

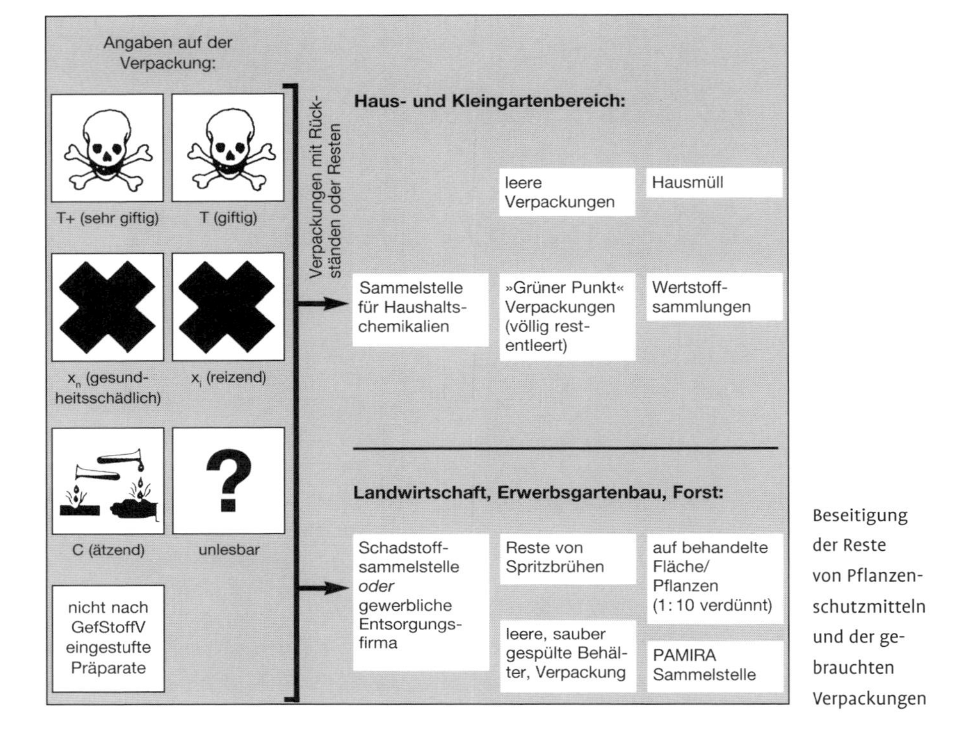

Beseitigung der Reste von Pflanzenschutzmitteln und der gebrauchten Verpackungen

Pflanzenschutzmittel: Wie sind sie aufzubewahren?

Pflanzenschutzmittel sind nur in der Originalpackung aufzubewahren und insbesondere dem Zugriff von Kindern zu entziehen! Niemals in andere Behältnisse umfüllen (z. B. Bierflaschen, Marmeladegläser) und nicht zusammen mit Lebens- oder Futtermitteln lagern! In einem besonderen Schrank oder Raum – gegebenenfalls als Giftschrank oder Giftraum kennzeichen – unter Verschluss halten. Zukünftig werden im Rahmen von Cross Compliance Pflanzenschutzmittel-Lager kontrolliert.

Pflanzenschutzmittel: Was ist bei der Anwendung zu beachten?

Zu Arbeiten mit Pflanzenschutzmitteln nur zuverlässige, körperlich und geistig gesunde Personen heranziehen. Jeder Anwender von Pflanzenschutzmitteln muss sachkundig im Pflanzenschutz sein (Pflanzenschutzrecht Seite 202).
Gebrauchsinformationen, insbesondere Dosierungsangaben, genau befolgen. Nur so viel Spritzflüssigkeit ansetzen wie benötigt wird.
Bei der Arbeit mit Pflanzenschutzmitteln nicht essen, trinken oder rauchen.
Gegebenenfalls Schutzkleidung anlegen.
Nach Beendigung der Arbeiten trotz sorgfältiger Bemessung im Gerätetank verbliebene Restmengen der Spritzflüssigkeit nicht nachträglich auf der behandelten Fläche verteilen (andernfalls entstehen durch Überdosieren Gefahren von Pflanzenschäden),

nicht in Oberflächengewässer (Bäche, Seen) oder in die Kanalisation einleiten. Restmengen zur nächstgelegenen Mülldeponie bringen, gegebenenfalls Zwischenlagerung in besonders gesicherten Behältern auf dem Hof. Örtliche Regelungen der Abfallbeseitigung beachten.
Hände und Gesicht nach der Arbeit gründlich waschen, Kleidung sorgfältig reinigen.
Leere Verpackungen von Pflanzenschutzmitteln unbrauchbar machen und ordnungsgemäß beseitigen.

Wartezeit – Was versteht man darunter?

Die Wartezeit ist der Zeitraum, der laut Gebrauchsanweisung zwischen der letzten Behandlung eines Pflanzenbestandes mit Pflanzenschutzmitteln und dem Erntetermin einzuhalten ist, um unzulässige Rückstände auf und in dem Erntegut zu vermeiden.

Warndienst – Welche Aufgaben hat der Pflanzenschutzwarndienst?

Beobachten und Beurteilen des Auftretens von Schadorganismen und Krankheiten der Pflanzen.
Vorhersage über den zu erwartenden Krankheits- und Schädlingsbefall.
Herausgabe von Empfehlungen an die Praxis für zeitlich richtige, gezielte Bekämpfungsmaßnahmen, geeignete Methoden und bei Bedarf Verwendung bestimmter Pflanzenschutzmittel unter Berücksichtigung der wirtschaftlichen Schadensschwellen.

Schadensschwelle – Was versteht man darunter?

Als wirtschaftliche Schadensschwelle wird die Populationsdichte eines Schaderregers bezeichnet, deren Überschreiten wirtschaftliche Schäden zur Folge hat, wenn keine oder nur ungenügende Pflanzenschutzmaßnahmen durchgeführt werden.
Bei Beachten der wirtschaftlichen Schadensschwelle können Kosten gespart und die Umwelt geschont werden. Auskünfte erteilt das Pflanzenschutzamt.

Schadensschwelle bei der Unkrautbekämpfung: Wie wird sie ermittelt?

Die Hilfe des »Göttinger Rahmens«. Dabei sollen in gut entwickelten, gleichmäßigen Getreidebeständen nicht mehr als 5 % Unkrautdeckungsgrad oder 40–60 Unkrautpflanzen/m^2 oder 20–30 Ungraspflanzen/m^2 oder 30 Unkraut- plus 10 Ungraspflanzen/m^2 oder 1 Klettenlabkraut/10 m^2 vorhanden sein.
Quecke, Flughafer und Ackerkratzdistel müssen gesondert gewertet werden.

Bio-Monitoring: Was versteht man darunter?

Das Beobachten standorttreuer Säugetiere und Vögel, mit deren Hilfe die Gefährdung eines Ökosystems (Wald, Landschaft) gemessen werden kann.

Pflanzenschutzgeräte – Welche Arten werden unterschieden?

Spritzgeräte mit verhältnismäßig grober Tröpfchenverteilung und großem Verbrauch an Flüssigkeit.
Sprühgeräte zum Verteilen feiner Sprühtröpfchen bei geringem Flüssigkeitsverbrauch.

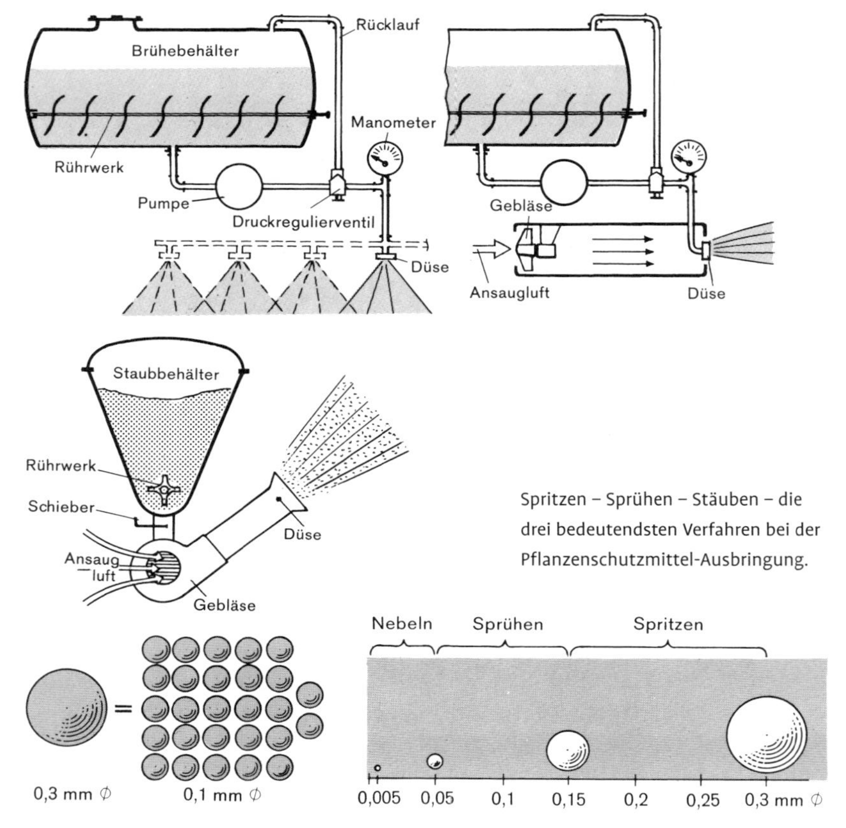

Spritzen – Sprühen – Stäuben – die drei bedeutendsten Verfahren bei der Pflanzenschutzmittel-Ausbringung.

Die Tröpfchengröße bei verschiedenen Möglichkeiten der Ausbringung von Pflanzenschutzmitteln.

Nebelgeräte zum Erzeugen besonders feiner Tröpfchen (im landwirtschaftlichen Pflanzenschutz weniger verwendet).
Stäubegeräte zum Ausbringen staubförmiger Mittel.
Granulatstreuer zum Verteilen von Granulaten.
Unkrautstreichgeräte zum Bekämpfen von hohen Einzelpflanzen (z. B. Schosserrüben, Ampfer) helfen Mittel einsparen und schonen die Umwelt.

Geräte: Wie sind sie zu warten?
Geräte stets in ordnungsgemäßem technischen Zustand erhalten; Bedienungs- und Pflegeanleitung beachten.
Vor dem Einsatz einwandfreie Funktion prüfen (insbesondere achten auf richtigen und gleichmäßigen Pumpendruck, Zustand der Schläuche, richtige und unverschlissene Düsen sowie Düseneinstellung).
Nach dem Einsatz Geräte gründlich durchspülen und reinigen. Geräte regelmäßig, in längstens zweijährigem Abstand auf einem Prüfstand (z. B. bei landwirtschaftlichen Ge-

nossenschaften, Reparaturwerkstätten des Landmaschinenhandels) kontrollieren lassen. Diese Kontrolle ist laut Pflanzenschutzmittel-VO vorgeschrieben und muss von amtlichen bzw. amtlich anerkannten Kontrollstellen durchgeführt werden. Nach erfolgreicher Prüfung wird am Gerät eine Prüfplakette angebracht, die längstens 2 Jahre gültig ist.

Abdrift: Was ist das und wie lässt sie sich reduzieren?
Abdrift ist das unerwünschte Verwehen von z. B. Spritzflüssigkeit bei der Anwendung eines Pflanzenschutzmittels. Zur Erfüllung der Pflanzenschutz-Auflagen gibt es nur den Weg über die Nutzung von Abdrift mindernder Technik wie der Injektortechnik. Die BBA in Braunschweig führt ein Verzeichnis »Verlust mindernde Geräte«, das im Internet eingesehen werden kann. Dort sind Geräte und Düsen sowie die jeweils gültigen Verwendungsbestimmungen aufgelistet.

Bandspritzung – Was versteht man darunter?
Eine Form der in Reihenkulturen (z. B. Rüben, Mais) anwendbaren Reihenbehandlung zwecks verringertem Mittelaufwand. Es wird jeweils nur ein schmaler Streifen auf oder – seltener – zwischen den Pflanzenreihen behandelt.

Randstreifenbehandlung – Was ist das?
Zur Bekämpfung von Unkraut oder Schadinsekten z. B. in Getreidebeständen genügt mitunter – wenn die wirtschaftliche Schadensschwelle überschritten ist – das Behandeln eines Randstreifens des Pflanzenbestandes.

Biologische Schädlingsbekämpfung – Was ist das?
Das bedeutet Bekämpfung von Schädlingen durch Einsatz ihrer natürlichen Feinde (also Nützlinge, Krankheitserreger), z. B. Florfliegen gegen Blattläuse, *Bacillus thuringiensis* gegen Kohlweißling und Maiszünsler, oder durch Aussetzen unfruchtbar gemachter Männchen (sterile-male-Technik). Auch biotechnische Maßnahmen wie die Verwendung von Lock-, Abschreck- oder Hemmstoffen gehören dazu.
Die biologische Schädlingsbekämpfung gewinnt im Rahmen des Integrierten Pflanzenschutzes immer mehr an Bedeutung. Ihre wichtigsten Möglichkeiten bestehen in der Schonung und Förderung von Nützlingen, in der Freilassung von in Massen gezüchteten Nützlingen und in der Ausbringung von Insekten-Krankheitserregern.

Integrierter Pflanzenschutz – Was ist das?
Integrierter Pflanzenschutz ist ein Verfahren, bei dem alle Techniken und Methoden angewendet werden, die geeignet sind, das Auftreten von Schadorganismen unter der wirtschaftlichen Schadensschwelle zu halten bei gleichzeitig größtmöglicher Schonung des Naturhaushaltes. Dabei stehen anbauhygienische Maßnahmen im Vordergrund wie optimale Bodenpflege, richtige Standort- und Sortenwahl, bestimmte Pflanz- und Saattermine, richtige Düngung.
Ferner werden alle Möglichkeiten zur Förderung der natürlichen Begrenzungsfaktoren für Schadorganismen ausgeschöpft. Chemische Pflanzenbehandlungsmittel sollen nur

in unumgänglich notwendigem Umfang gezielt eingesetzt werden. Selektiv wirkende, Nützling schonende Mittel haben Vorrang vor herkömmlichen breitenwirksamen Präparaten.

Pflanzenschutzrecht – Rechtsvorschriften: Welches sind die wichtigsten für den praktischen Pflanzenschutz?

Das 1998 überarbeitete Pflanzenschutz-Gesetz ist die rechtliche Grundlage für alles, was in direktem Zusammenhang mit dem Pflanzenschutz steht, und enthält mehrere spezielle Verordnungen (z. B. Pflanzenschutzmittel-VO, Anwendungs-VO, Bienenschutz-VO).

Zweck des Gesetzes ist es, Kulturpflanzen und Pflanzenerzeugnisse vor Schadorganismen und nichtparasitären Beeinträchtigungen zu schützen und Gefahren abzuwenden, die durch die Anwendung von Pflanzenschutzmitteln oder durch Maßnahmen des Pflanzenschutzes für die Gesundheit von Mensch und Tier und den Naturhaushalt entstehen können.

Weitere Rechtsvorschriften sind:

Das Lebensmittel- und Bedarfsgegenstände-Gesetz als Rechtsgrundlage der Verordnung über Höchstmengen an Pflanzenschutz- und sonstigen Mitteln sowie anderen Schädlingsbekämpfungsmitteln in oder auf Lebensmitteln und Tabakerzeugnissen (Pflanzenschutzmittel-Höchstmengen-Verordnung – PHmV);

die Giftverordnungen der Länder;

die Landesvorschriften zur Ausführung der Verordnung über die Schädlingsbekämpfung mit hochgiftigen Stoffen.

Pflanzenschutz-Gesetz: Welche Bestimmungen sind besonders wichtig?

Eine wichtige Einzelbestimmung sieht vor, dass Pflanzenschutz nur nach »guter fachlicher Praxis« durchgeführt werden darf. Dazu gehört, dass die Grundsätze des Integrierten Pflanzenschutzes und der Schutz des Grundwassers berücksichtigt werden. Weitere Bestimmungen enthalten u. a. Regelungen über Anwendungsgebiete, über die Zulassung und Kontrolle von Pflanzenschutz-Geräten und über die entsprechende Sachkunde von Personen, die Pflanzenschutzmittel anwenden. Sachkunde wird dabei Personen unterstellt, die eine fachbezogene Berufsausbildung absolviert haben (z. B. Landwirt, Gärtner) und muss auf Verlangen der Behörden nachgewiesen werden.

Pflanzenschutz-Schlagkartei: Was ist das und was wird erfasst?

Nach dem Bundes-Naturschutz-Gesetz ist die Landwirtschaft verpflichtet, eine schlagspezifische Dokumentation des Pflanzenschutzes durchzuführen, und zwar auf der Basis des Pflanzenschutz-Gesetzes, wodurch die Grundsätze der guten fachlichen Praxis (siehe Seite 54) erfüllt sind. Dafür stehen mehrere Modelle zur Diskussion. Folgende Aufzeichnungen werden in eine Pflanzenschutz-Schlagkartei gehören: Datum; Stadium der Kultur bzw. Alter des Bestandes; Art und Weise der Maßnahme; Pflanzenschutzmittel; Aufwand und Wassermenge; Witterungsbedingungen (z. B. Windstärke, -richtung, Temperatur); Einschätzung der Wirkung des Mittels und Schlag-Besonderheiten.

Pflanzenschutz-Dokumentation: Ab wann ist sie Pflicht?
In Getreide ab 2005.

Pflanzenschutzmittel-Höchstmengen-Verordnung: Was regelt sie?
Lebensmittel dürfen nicht in den Verkehr gebracht werden, wenn auf oder in ihnen höhere als die in der Verordnung festgelegten Höchstmengen von Pflanzenschutzmittel-Rückständen vorhanden sind.

Höchstmengen-Verordnung: Wer überwacht ihre Einhaltung?
Die Lebensmittel-Untersuchungsämter der Länder entnehmen beim Handel laufend Stichproben aus Lebensmittelpartien und untersuchen diese auf Art und Menge von Pflanzenschutzmittel-Rückständen.

»ppm«: Was bedeutet der in der Höchstmengen-Vorschrift verwendete Begriff?
»ppm« ist eine oft gewählte Maßeinheit für Rückstände von Pflanzenschutzmitteln in oder auf landwirtschaftlichen Produkten; es ist die Abkürzung für »**p**arts **p**er **m**illion« = Teile pro Million. Die duldbaren Höchstmengen werden heute in Milligramm je Kilogramm (mg/kg) angegeben.

»rem«: Was ist das?
1 »rem« ist diejenige Dosis ionisierender Strahlen (Alpha-, Beta- und Neutronenstrahlen), welche die gleiche biologische Wirksamkeit im Gewebe des menschlichen Körpers hat wie 1 Röntgen (R) der (harten) Röntgen- oder Gammastrahlung.

Becquerel: Was ist das?
Während die Einheit »rem« das Maß der auf einen Menschen einwirkenden Strahlung angibt, ist Becquerel (Bq) die Einheit der von einem radioaktiven Stoff ausgehenden Strahlung. Es ist ähnlich wie beim Unterschied von Emission und Immission.

Halbwertzeit: Was ist das?
Halbwertzeit ist die Zeit, in der eine wägbare Menge eines radioaktiven Elements sich zur Hälfte in ein neues, nicht mehr strahlendes Element umwandelt.

Rückstände: Was sind das?
Rückstände sind Restmengen von meist chemischen Substanzen, die bei der pflanzlichen und tierischen Produktion verwendet werden. Sie sind unerwünscht und nur bis zu gewissen Höchstmengen zulässig.

Metaboliten: Was sind das?
Metaboliten sind Abbauprodukte von z. B. Pflanzenschutzmitteln, Wirkstoffen und organischen Chemikalien.

Pflanzenzucht und Saatgutvermehrung

Züchtung – Was sind Selbst-, was Fremdbefruchter?

Wird die Narbe (weibliches Geschlechtsorgan) einer Pflanze von den Pollen (männlichen Samen) einer Blüte derselben Pflanze befruchtet, so liegt Selbstbefruchtung vor; wird die Narbe von Pollen einer erblich andersartigen Vaterpflanze befruchtet, so spricht man von Fremdbefruchtung.

Resistenzzüchtung: Was versteht man darunter?

Die Züchtung auf Widerstandsfähigkeit gegen Pflanzenkrankheiten und Schädlinge.

Kreuzungszüchtung: Was ist das?

Eine planmäßige Vereinigung von Eigenschaften, die bisher auf verschiedene Elternformen verteilt waren.

Hybridzucht: Was ist das?

Bei der Hybridzucht wird der Ertrag fördernde »Heterosiseffekt« ausgenutzt, d. h die Leistung der Kreuzungslinien liegt über dem Durchschnitt der Ausgangslinien. Hybridzucht wurde bisher erfolgreich bei Mais, Roggen, Sorghum, Zuckerrüben, Zwiebeln, aber auch bei Hühnern und Schweinen angewandt.

Hybridsaatgut: Was ist das?

Hybridsaatgut entsteht durch kontrollierte Kreuzung von genetisch verschiedenen Erbkomponenten (meist Reinzuchtlinien).

Hybridsaatgut: Kann man damit weiter züchten?

Der erwünschte positive Hybrid-Effekt (Heterosis-Effekt) tritt nur in der 1. Kreuzungsgeneration F_1 auf, danach streuen die Leistungen stärker und gehen zurück. Hybridsaatgut ist also nicht zur Weiterzucht geeignet.

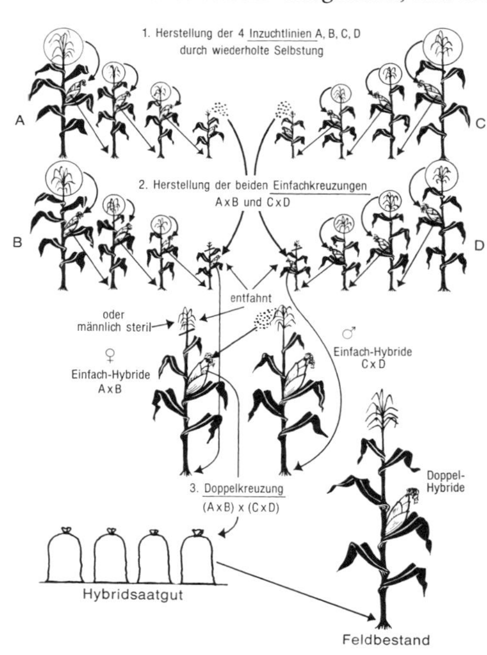

Schema der Hybridzüchtung bei Mais (Doppelhybride; Selbstung = Selbstbestäubung).

Bonitierung: Was versteht man darunter?
Die Beurteilung von Beständen, Zuchtstämmen u. a. durch Zahlen (z. B. 1–9).

Vermehrung – Saatgutvermehrung: Welche Aufgabe hat sie?

Sie sichert die Versorgung der Landwirtschaft mit amtlich geprüftem und anerkanntem Saatgut der besten Sorten.

Saatgutwesen: Was für Aufgaben hat es?
Es befasst sich mit der Zulassung von Sorten, der Vermehrung, Anerkennung und Kontrolle von Saat- und Pflanzgut.

Basissaatgut: Was ist das?
Basissaatgut ist das Bindeglied zwischen Erhaltungszüchtung und Vermehrung. Seine Erzeugung steht noch unter Aufsicht des Züchters, sie wird aber gleichzeitig von den Anerkennungsstellen kontrolliert.

Zertifiziertes Saatgut: Was versteht man darunter?
Zertifiziertes (Z-)Saatgut ist unmittelbar aus Basissaatgut erwachsenes Saatgut. Es ist durch die amtliche Saatenanerkennung entsprechend dem Saatgut-Verkehrsgesetz geprüft und anerkannt. Bei Kartoffeln darf Zertifiziertes Pflanzgut einmal aus Zertifiziertem Pflanzgut gewonnen werden.

Saatgutetiketten: Was besagt die Farbe der Etiketten?
Bei *Basissaatgut* sind die Etiketten und Einleger weiß, bei *Zertifiziertem Saat-* und *Pflanzgut* blau, bei *Handelssaatgut* braun, bei *Vorstufensaatgut* weiß mit violettem Diagonalstreifen.
Die Etiketten müssen durch Plomben gesichert sein.

Vermehrungsbetrieb: Welche Anforderungen werden an ihn gestellt?
Er muss genügend große Flächen haben, um Mindestvermehrungsflächen (bei Getreide 2 ha) zu erreichen,
seine Anbauflächen in gutem Kulturzustand halten,
über ausreichende Fachkenntnisse verfügen und die einschlägigen Bestimmungen kennen.

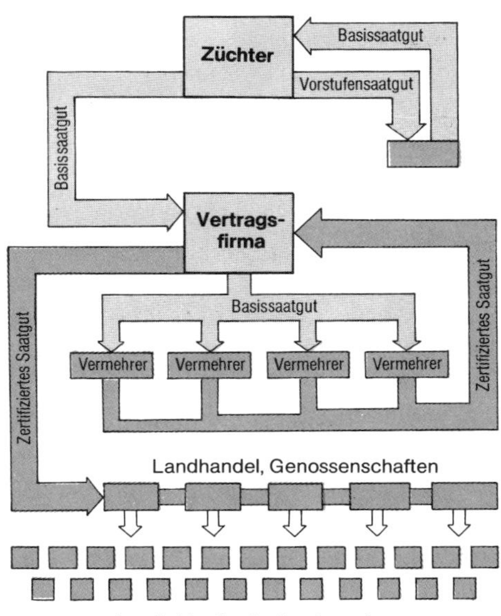

Organisation der Saatgutvermehrung.

Wer kann vermehren?
Wer einen Vermehrungsvertrag mit einem Züchter bzw. einer Vermehrungsfirma abschließt und die betrieblichen und persönlichen Anforderungen erfüllt.

Genbanken: Was versteht man darunter?
Genbanken sollen auf internationaler Ebene im Pflanzenbereich unter Kontrolle der FAO alle gefährdeten Ur-Pflanzenarten und weiterentwickelte Varietäten sammeln und ihren Fortbestand sichern.

Anerkennung – Saatgutanerkennung: Was versteht man darunter?
Die im Saatgut-Verkehrsgesetz vorgeschriebene Form der Prüfung, Anerkennung und Kennzeichnung von Qualitätssaatgut. Zu diesem Zweck werden Feldbesichtigungen und Kontrollen an amtlich gezogenen Proben durchgeführt.

Saatgutanerkennung: Wer führt sie durch?
Die Bundesländer führen die Anerkennung durch. Sie besteht aus: Anmeldung der Vermehrungsflächen, Feldbesichtigung mindestens 1-mal vor der Ernte, Saatgutuntersuchung auf Reinheit, Feuchtigkeitsgehalt, Keimfähigkeit, bei Mais Triebkraftprobe, bei Kartoffeln auf Virus-Krankheiten. Bei Erreichen der Anforderungen wird die Saatgut-Anerkennung mit Etikett und Plombe erteilt.

Sortenschutzrecht – Wozu dient es?
Es legt gesetzlich fest, dass nur der Züchter (Sortenschutz-Inhaber) das Recht hat, Vermehrungsmaterial einer geschützten Sorte in den Verkehr zu bringen oder zu diesem Zweck zu erzeugen.

Nachbauregelung: Wozu dient sie?
Im Rahmen des 1994 eingeführten europäischen Sortenschutzrechts wird in der Nachbauregelung dem Landwirt zwar eine Saatgutvermehrung im eigenen Betrieb erlaubt, aber er wird verpflichtet, dem Sortenschutz-Inhaber auch dann eine Lizenzgebühr zu zahlen, wenn er Vermehrungsmaterial aus eigenem Anbau gewinnt.
Diese Regelung gilt für die wichtigsten Arten von Futterpflanzen, Getreide, Öl- und Faserpflanzen sowie Kartoffeln. Ausgenommen sind nur so genannte Kleinerzeuger (siehe Agrarreform Seite 27).
Die 1997 umgesetzte Regelung wurde durch eine abgespeckte »Rahmenregelung Saat- und Pflanzgut« abgeändert, um die umstrittenen Regelungen zu vereinfachen und zu verbessern. Das bedeutet auch gesenkte Sätze, keine Nachbaugebühren bei über 60 % Saatgutwechsel und deutlich vereinfachte Antragsformulare.

Allgemeine Tierzucht

Vererbung – Warum entwickeln sich Tiere unter gleichen Umweltverhältnissen verschiedenartig?

Infolge verschiedener Erbanlagen (Gene).

Was wird vererbt?

Vererbt werden nur die Anlagen zu bestimmten Eigenschaften.

Umwelt: Was bewirkt sie?

Die Ausbildung gewisser im Erbgut vorhandener Anlagen oder ihr Zurückdrängen (Einfluss der Erziehung bzw. Haltung).

Mutationen: Was sind das?

Änderungen der genetischen Substanz durch natürlich oder künstlich verursachte Änderungen der Erbanlagen, die auch auf die Nachkommen vererbt werden.

Erworbene Eigenschaften: Werden sie vererbt?

Erworbene Eigenschaften, die nicht auf Änderungen der Erbanlagen beruhen, werden nicht vererbt.

Erbanlagen für die Züchtung: Welche Bedeutung haben sie?

Die Erbanlage bestimmt den Zuchtwert des Tieres.
Die Auslese erfolgt nach äußeren Merkmalen (Typ, Form) und den erkennbaren Ausprägungen der Erbanlagen.
Der äußere Eindruck kann täuschen, daher ist der Leistungsnachweis so wichtig.
Gute Anlagen können sich nur bei günstigen Umweltverhältnissen voll entwickeln.

Gesetzmäßigkeiten bei der Vererbung: Wer erkannte sie zuerst?

Der Mönch Gregor Mendel durch Kreuzungsversuche mit Erbsen (Schmetterlingsblütlern).

Heritabilität – Was versteht man darunter?

Den Erblichkeitsanteil; er ergibt sich – vereinfacht – als Verhältnis aus der Streuungsbreite der erblichen Veranlagung und der Streuungsbreite des Erscheinungsbildes, d. h. er gibt die Höhe des erblich bedingten Anteils an der gesamten gemessenen Leistung (z. B. Milchmenge oder Schlachtkörperqualität) an. Heritabilität wird mit h^2 abgekürzt.

Rasse – Was versteht man darunter?
Tiere einer Rasse unterscheiden sich in bestimmten gemeinsamen äußeren Merkmalen von anderen Rassen der gleichen Art und übertragen diese Unterschiede auf ihre Nachkommen.

Rassen: Wie werden sie eingeteilt?
In Landrassen und Zuchtrassen,
nach dem Verbreitungsgebiet (z. B. Höhenvieh),
nach dem Nutzungszweck (z. B. Fleischrind, Milchrind, Zweinutzungsrind).

Zuchtrassen: Wie sind sie entstanden?
Durch planmäßige Kreuzungen und scharfe Auslese.

Zucht – Reinzucht: Was versteht man darunter?
Theoretisch: Die Paarung von gleicherbigen Tieren, die es allerdings kaum gibt.
Praktisch: Die Paarung von Tieren derselben Rasse.

Kreuzung: Was versteht man darunter?
Die Paarung von Tieren verschiedener Rassen oder Linien. In der Pflanzenzucht wird das Kreuzungsverfahren häufig angewandt. Auch in der Tierzucht wurde und wird es zur Verbesserung der Leistung verwendet (insbesondere in der Geflügel- und Schweinezucht sowie z. B. bei der HF-Einkreuzung beim Rind).

Inzucht: Was versteht man darunter?
Werden Tiere, die untereinander verwandt sind, gepaart, so ist dies Inzucht. Bei engster Verwandtschaft spricht man von Inzestzucht.

Inzucht: Wozu wird sie angewandt?
Um gute Anlagen reinerbig zu verankern. Inzucht ist mit Vorsicht zu handhaben und kann nur von erfahrenen Züchtern durchgeführt werden.
In der Praxis wird sie bei Geflügel angewandt, um reine Linien zu erhalten.

Zuchtziel: Was versteht man darunter?
Das Zuchtziel stellt ein Wunschbild bezüglich Form, Leistung, Gesundheit, Fruchtbarkeit und Lebenskraft dar. Es ist nach Tierart, Rasse, Umwelt und Markt verschieden und wandelbar.

Was will ein Zuchtziel fördern?
Bodenständigkeit und Akklimatisierungsfähigkeit,
Gesundheit (Fruchtbarkeit, Lebenskraft, Langlebigkeit),
Wirtschaftlichkeit (Leistung und Futterverwertung),
Anpassungsfähigkeit an den Markt.

Konstitution: Was versteht man darunter?
Konstitution ist die erbliche und umweltbedingte Widerstandsfähigkeit gegenüber krank machenden Einflüssen. Sie ist die Voraussetzung für eine leistungsfähige Tierhaltung.

Kondition: Was versteht man darunter?
Kondition ist ein augenblicklicher Körperzustand auf Grund der Umweltverhältnisse. Sie hat nichts mit der Erbmasse zu tun.
Es gibt verschiedene Formen von Kondition, z. B. Zucht-, Arbeits-, Mast-, Ausstellungs-, Rennkondition.

Zuchtwahl: Was ist dabei wichtig?
Form und Typ,
Abstammung,
Leistung,
Fruchtbarkeit,
Gesundheit,
Langlebigkeit.

Decken: Darf jedes Vatertier verwendet werden?
Zum Erzeugen von Nachkommen dürfen nur männliche Zuchttiere verwendet werden, die dem Bundes-Tierzuchtgesetz entsprechen. Landesgesetze können Ausnahmen regeln.

Körung: Was versteht man darunter?
Das Bewerten und Anerkennen männlicher Zuchttiere durch die Körkommission.

Indexkörung: Was versteht man darunter?
Bei der auf Grund der Verordnung vom 20. August 1979 seit 1. Januar 1980 angewandten Indexkörung bei Bullen werden mehrere Merkmale genetisch und wirtschaftlich gewichtet und in einer Zahl – dem Index – zusammengefasst.

BLUP: Was versteht man darunter?
Der englische Begriff (**B**est **L**inear **U**nbiased **P**rediction = beste lineare unverzerrte Schätzung) bezeichnet ein Zuchtwert-Schätzungsverfahren, mit dem die tatsächliche genetische Veranlagung von Zuchttieren (Bullen und Kühen) ziemlich treffsicher geschätzt werden kann, weil versucht wird, mit Hilfe von Vergleichsgruppen Umwelteinflüsse auszuschalten.

Zuchtwert – Was bedeutet er allgemein?
Er gilt als ein Schätzwert für die erblichen Veranlagungen eines Tieres bei einem bestimmten Merkmal, die es an alle Nachkommen weitergibt.

Zuchtwertschätzung: Wofür ist sie Voraussetzung?
Für eine systematische Zuchtauslese der wirtschaftlich wichtigen Leistungsmerkmale.

Zuchtwertschätzung: Wie erfolgt sie beim Rind?
Die Zuchtwertschätzung erfolgt beim Rind nach dem sog. Mehr-Abschnitts-Tiermodell. Es handelt sich dabei um eine Verbesserung der BLUP-Zuchtwertschätzung. Sie erlaubt eine genaue, gezielte Selektion, verbessert die Vergleichbarkeit der Zuchtwerte und dürfte auch vorteilhaft für den Export von Zuchttieren, Samen und Embryonen sein.

Zuchtwert beim Rind: Was versteht man darunter?
Der Zuchtwert wird durch Leistungsprüfungen (Milch- oder Fleischleistung, je nach Zuchtrichtung und Zuchtleistung) festgestellt. Die Milchleistungsprüfung umfasst mindestens die Fett- und Eiweißmenge, die Fleischleistungsprüfung die Gewichtszunahme und den Fleischanteil, die Zuchtleistungsprüfung die Fruchtbarkeit, den Kalbeverlauf und die Kälberverluste. Bei Bullen wird auch die Erscheinung beurteilt. Die Zuchtleistung muss auch bei Bullen ermittelt werden. Die Leistungsmerkmale können in einem Index zusammengefasst werden.

Milchwert: Was ist darunter zu verstehen?
Der Milchwert (MW) oder relative Zuchtwert eines Bullen ist Bestandteil seiner Zuchtwertschätzung für Milchleistung. Der MW wird als Relativzahl für die Merkmale Fett- und Eiweißmenge ausgedrückt und ändert sich mit jeder neuen Zuchtwertschätzung, bei der neue Töchterleistungen berücksichtigt werden können.
Er ist ein wesentliches Kriterium für die Erteilung der Besamungserlaubnis. Dem Rinderzüchter z. B. ermöglicht er die gezielte Auswahl von Bullen, von denen er sich eine Verbesserung der Milchleistung seiner Herde erwartet.

Interbull: Was ist das?
Interbull ist eine Tochterorganisation des Internationalen Komitees für Leistungsprüfungen in der Tierzucht (ICAR), die seit 1983 besteht. Zurzeit hat Interbull 41 Mitglieder, für Deutschland ist es die Arbeitsgemeinschaft Deutscher Rinderzüchter (ADR).

Interbull-Zuchtwertliste: Was ist das?
Dies ist eine internationale Zuchtwertschätzung für Bullen. Sie wird vom »Interbull-Center« in Uppsala/Schweden durchgeführt und macht die nationalen Zuchtwerte der verschiedenen Länder vergleichbar.

Interbull-Zuchtwertliste: Wie entsteht sie und was ist ihr Ziel?
Alle teilnehmenden Länder tragen zur Interbull-Mehr-Merkmals-Tiermodell-Schätzung für den jeweiligen Bullen Informationen bei in Form der jeweiligen nationalen Zuchtwertschätzung und der jeweiligen Sicherheiten, die zurückreichen bis zum Jahr

1975. Unterschiedliche nationale Berechnungsweisen werden so ausgeglichen. Jedes Land erhält als Ergebnis eine eigene Interbull-Liste der betreffenden Rinderrasse, in der die Zuchtwerte aller weltweit geprüften Bullen dieser Rasse auf das im betreffenden Land übliche Niveau umgerechnet werden.
Dies macht die Beurteilung z. B. junger »Auslandsstiere« in der Zucht objektiver und erleichtert deren Einsatz.

Ökologischer Zuchtwert (ÖZW): Was versteht man darunter?
Der ÖZW ist in der Rinderzucht ein Bewertungskriterium. Er setzt sich zu je 50 % zusammen aus Leistungswerten der Zuchtwertschätzung sowie aus Konstitutionswerten eines Tieres. Der ÖZW wurde im Hinblick auf ökologische Tierzucht und Tierhaltung entwickelt und dient heute allen interessierten Milchviehzüchtern als Zuchtkriterium für das Zuchtziel einer gesunden, langlebigen und problemlosen Dauerleistungskuh.

MOET-Nukleus-Zuchtprogramm: Was versteht man darunter?
MOET ist die Abkürzung für »**M**ultiple **O**vulation und **E**mbryo-**T**ransfer«; es wird nur in Eliteherden angewandt. Man hofft, dadurch einige Nachteile der künstlichen Besamungsprogramme zu vermeiden und im Rahmen von Stationsprüfungen die wichtigsten Faktoren der Milchviehhaltungskosten züchterisch günstiger zu erfassen.

Zuchtprogramme für Rinderrassen: Welche Abschnitte umfassen sie?
Die Zuchtverbände entwickelten für die einzelnen Rassen Zuchtprogramme. Diese umfassen allgemein die 4 Abschnitte:
- Auswahl von Bullenmüttern und Bullenvätern,
- gezielte Paarung,
- Aufzucht und Auswahl von Jungbullen entsprechend ihrer Eigenleistungsprüfung,
- Auswahl von Altbullen entsprechend der Nachkommenprüfung.

Bei den Bullen wird meist Wartebullenhaltung angewendet. Bei der Sperma-Langzeitlagerung entscheidet das Ergebnis der Nachkommenprüfung über die weitere Verwendung der eingelagerten Spermaportionen.

Zuchtwert beim Schwein: Was versteht man darunter?
Der Zuchtwert wird durch Leistungsprüfungen (Fleisch- und Zuchtleistung) festgestellt. Beim Eber wird auch die äußere Erscheinung beurteilt.
Der Zuchtwertteil »Fleischleistung« umfasst mindestens Gewichtszunahme, Futteraufwand, Fleischanteil und Fleischbeschaffenheit. Der Zuchtwertteil Zuchtleistung umfasst mindestens die Anzahl der aufgezogenen Ferkel. Die Vitalität kann zusätzlich berücksichtigt werden. Die Leistungsmerkmale werden in einem Index zusammengefasst, d. h. mit Hilfe wirtschaftlich wichtiger Leistungsmerkmale der Fleisch- und Zuchtleistung unter Berücksichtigung äußerer Erscheinungsmerkmale wird der Zuchtwert eines Ebers ermittelt.

Zuchtwertschätzung beim Schwein: Wie wird sie durchgeführt?
Auch sie wird nach dem BLUP-Verfahren (siehe Seite 209) durchgeführt. Dabei gehen sowohl die Leistungsprüfungsergebnisse als auch die Umweltfaktoren des Herkunftsbetriebes sowie die wirtschaftliche Bedeutung der Leistungsmerkmale mit in die Berechnung ein.
In Bayern gibt es seit 2005 ein neues Verfahren zur Zuchtwertschätzung beim Schwein. Bisher gingen die Informationen von Reinzucht- und Kreuzungstieren in getrennte Zuchtwert-Schätzverfahren ein. Die Züchter verwenden vorwiegend die Zuchtwerte der Reinzucht für ihre Selektionsentscheidungen, die Informationen der Kreuzungstier-Leistungen gehen so großteils verloren. Da aber die Prüfungen von Kreuzungstieren auf Station stetig zunimmt, während die von Reinzuchttieren rückläufig ist, werden im neuen Modell Reinzucht und Kreuzung kombiniert und damit noch mehr Leistungsinformationen zu einem Wert zusammengefasst.

Zuchtmethoden: Welche gibt es in der Schweinezucht?
Reinzucht, 2-Rassen-Kreuzung, 3-Rassen-Kreuzung, Hybridzucht. Hybridzucht liegt in der Hand von Züchtervereinigungen und Zuchtunternehmen.

Zuchtbetrieb: Was versteht man darunter?
Einen Betrieb, in dem Tiere planmäßig auf ein festgelegtes Zuchtziel hin gepaart werden,
in dem Leistungsprüfungen durchgeführt werden,
in dem Zuchtbücher geführt und die Zuchttiere gekennzeichnet werden.

Zuchtverbände: Welche Aufgaben haben sie?
Das sind freiwillige, aufgrund des Tierzuchtgesetzes staatlich anerkannte Zusammenschlüsse von Tierzüchtern. Sie führen Zuchtbücher, kennzeichnen die Zuchttiere, stellen Abstammungs- und Leistungsnachweise aus, führen ein Zuchtprogramm durch und haben Absatzorganisationen.

Künstliche Besamung: Welche Bedeutung hat die KB?
KB ist die Standardmethode in der Rinderzucht und das bisher noch erfolgreichste Reproduktionsverfahren. Sie fördert die allgemeine Landes-Tierzucht durch besseres Ausnutzen des Samens wertvoller Zuchttiere, die nachgewiesene gute Vererber sind. Durch das Einführen der KB konnten gefürchtete Deckseuchen, die sich besonders durch den Natursprung verbreiteten, getilgt werden.

Non-Return-Rate (NRR): Was ist das?
Sie ist ein Fruchtbarkeitsmaßstab für weibliche Tiere. Damit wird der Prozentanteil weiblicher Tiere angegeben, bei denen innerhalb der ersten 60–90 Tage nach der künstlichen Besamung keine weitere erfolgen musste. In Deutschland liegt sie beim Rind bei 70 %, beim Schwein bei 85 %.

Embryotransfer (ET) – Was versteht man darunter?

Dabei werden einer Kuh mit hohem Zuchtwert (Spenderkuh) nach entsprechender Behandlung (Superovulation) Eier entnommen, extern befruchtet und anderen Kühen (Empfängerkühe, meist geringerer Zuchtwert) eingepflanzt, nachdem ein gewisses Embryonenstadium erreicht ist.
Diese Übertragung geschieht heute meist unblutig (ohne Operation). Sie ist auch bei laktierenden Kühen möglich, bei diesen jedoch ziemlich aufwändig. Die praktische Bedeutung des ET ist steigend, die Erfolgsraten sind aber niedriger als erwartet. ET wird vor allem für eine bessere wirtschaftliche Nutzung von Bullenmüttern eingesetzt.

Superovulation: Was bedeutet das?

Die hormonell herbeigeführte Erhöhung der Ovulationsrate, d. h die Zahl der beim Eisprung abgestoßenen Eizellen. Praktischer Einsatz: beim Embryotransfer.

Zyklussynchronisation: Was ist das?

Durch die Zyklussynchronisation wird eine Zusammenlegung der Deck- und Geburtszeiten einer Herde erreicht; das erleichtert die Arbeit und spart Kosten.

Sperma-Sexing: Was bedeutet das?

Mit diesem Begriff werden technische Verfahren bezeichnet, die es erlauben, den Samen des Vatertieres nach ihren männlichen bzw. weiblichen Spermien zu sortieren. Auf diese Weise soll willkürlich das Geschlecht der Nachkommen von Haustieren bestimmt werden, indem eine Eizelle entweder mit »nur« männlichem Sperma oder aber mit »nur« weiblichem Sperma befruchtet wird. Das Angebot an gesextem Sperma ist noch eingeschränkt (teuer, aufwändig, noch nicht 100 %ig), soll aber mit verbesserten Techniken zur Spermatrennung ansteigen. Zurzeit ist der Einsatz von gesextem Sperma vor allem in Kombination mit der In-vitro-Befruchtung (im Reagenzglas) interessant, wie sie beim Embryotransfer angewandt wird.

Tierkennzeichnung – Wozu dient sie und welche landwirtschaftlichen Nutztiere fallen unter die Kennzeichnungspflicht?

Sie dient der Identitätssicherung, d. h der nachweislich gesicherten Abstammung jedes Zuchttieres. Die EU-weite einheitliche Kennzeichnung landwirtschaftlicher Nutztiere ist für Qualitätssicherung, Tierseuchenbekämpfung, Schutz vor Subventionsbetrug und Herkunftssicherung unerlässlich. Für Rinder, Schweine, Schafe und Ziegen besteht die Pflicht zur Kennzeichnung. Die derzeit üblichen Verfahren sind bei allen 4 Tierarten Ohrmarken, bei Schweinen auch noch Ohrkerbung und Tätowierung, bei Schaf und Ziege Ohrtätowierung (Ohrmarken Rind siehe Seite 221, Schafe und Ziegen siehe Seite 270).
Diese traditionellen Kennzeichnungsmethoden weisen erhebliche Nachteile auf bei der Umsetzung der genannten Anforderungen (z. B. Verlust, Bruch, Verschmutzung, Tierschutzbedenken bei Tätowierung). Deshalb liegt die Zukunft der Tierkennzeich-

nung bei den elektronischen Kennzeichnungsmethoden wie z. B. Halsband-Transponder und elektronische Ohrmarken.

Kennzeichnungsmittel: Welche Anforderungen müssen erfüllt sein?
Lebenslanger Verbleib am Tier; Funktionssicherheit unter allen Haltungsbedingungen; einfache Handhabung; sichere Erkennung der Tierdaten; preiswert; rasche, problemlose Entfernung im Schlachthof.

Tierkennzeichnung: Ist Elektronikeinsatz möglich?
Bewährt und weit verbreitet sind Halsband-Transponder, vor allem in der Milchviehhaltung. Seit längerem laufen EU-weit Versuche mit elektronischen Ohrmarken, unter die Haut injizierbaren Transpondern und zu verschluckenden Bolus-Transpondern, die im Magentrakt verbleiben.

Genetischer Fingerabdruck: Ist er beim Tier einsetzbar?
Der genetische »Fingerabdruck« ist eine Gewebeprobe, die einem Tier z. B. beim Setzen der Ohrmarke entnommen wird. Daraus kann der genetische Code des Tieres analysiert werden, den es für jedes Individuum nur einmal gibt und der so einmalig ist wie ein Fingerabdruck. Dieser tierindividuelle Code wird in der Datenbank (siehe Seite 221) gespeichert. Mit diesem Fingerabdruck lässt sich nachweisen, von welchem Tier ein bestimmtes Stück Fleisch (auch in verarbeiteter Form) stammt. Dieses Verfahren ist trotz Robotereinsatzes für die landwirtschaftliche Praxis noch zu teuer.

Allgemeine Tiergesundheit

Tiergesundheit – Wer ist dafür zuständig?

An erster Stelle stets der Tierbesitzer und Tierhalter.

Als staatliche Stellen sind es neben den Staatlichen Gesundheitsämtern die Staatlichen Veterinärämter, die Bezirksregierungen und als oberste Landes-Gesundheitsbehörde die jeweils zuständigen Landesministerien (also meist das Landwirtschaftsministerium, in Bayern das Innenministerium). Den Vollzug der gesundheits- und lebensmittelrechtlichen Vorschriften unterstützen die Tiergesundheitsämter oder (in Bayern) die Landesuntersuchungsämter für das Gesundheitswesen.

Die (amtlichen) Tiergesundheitsdienste (TGD) kümmern sich um Beratung, Aufklärung und Hygienekontrolle, sie untersuchen Proben und stellen Diagnosen.

Praktische Tierärzte betreuen und behandeln den Tierbestand, beraten die Tierhalter, führen Vorbeugeprogramme durch.

Staatliche Veterinärämter: Welche Aufgaben haben sie?

Sie sind beteiligt am Schutz der Bevölkerung vor Gesundheitsschäden (Verhüten und Bekämpfen übertragbarer Krankheiten, besonders der anzeigepflichtigen Tierkrankheiten),

sie kontrollieren den hygienischen Status der Lebensmittel (besonders der Erzeugnisse tierischer Herkunft),

sie unterstützen und verbessern den Schutz und die Gesundheit der Tiere (Kontrolle bei Aufbau und Erhalt gesunder Tierbestände, des Tierschutzes, Bekämpfung von Tierkrankheiten, Überwachung der Tierkörperbeseitigung).

Tiergesundheitsdienste: Welche Aufgabe haben sie?

Tiergesundheitsdienste (TGD) bestehen in fast allen Bundesländern als eingetragene Vereine und sind staatlich gelenkt (wie in Baden-Württemberg) oder eigenständig. Die Gliederung richtet sich nach Tierarten, z. B. Rinder-TGD, Schweine-TGD.

Wesentliche Aufgaben sind Aufklärung und Beratung der Tierhalter, Kontrolle des Gesundheitszustandes der Tierbestände, Untersuchung und Behandlung in Problembeständen, die Förderung der Hygiene als Krankheitsvorbeuge im Rahmen landesweiter Programme sowie die labordiagnostische und analytische Probenuntersuchung, um Krankheits- oder Todesursachen bei Tieren festzustellen, oder um Futter und andere Materialien zu überprüfen.

Außerdem kann der TGD Lebensmittel auf Rückstände untersuchen, die Nutztiere in Schlachthöfen und Betrieben kontrollieren oder Schadstoffbelastungen vorbeugend untersuchen, Infektionsquellen aufspüren und Untersuchungsmethoden überprüfen und weiterentwickeln.

Die Erkenntnisse des TGD stehen jedem Landwirt und jedem Tierarzt zur Verfügung.

Anzeigepflicht für Tierseuchen – Wozu dient sie?
Die Anzeigepflicht dient dazu, einen Seuchenausbruch schnellstens durch staatliche Maßnahmen zu bekämpfen.

Anzeigepflichtige Tierseuche: Was ist zu tun, wenn der Verdacht auftritt?
Der Tierhalter hat sofort bei der Gemeinde bzw. beim Amtstierarzt Anzeige zu erstatten. Bei Seuchenfällen gewähren die Tierseuchenkassen Beihilfen und Entschädigungen.

Anzeigepflichtige Tierkrankheiten: Welche gehören dazu?
Das Bundes-Landwirtschaftsministerium (BMELV) passt die Liste der offiziell als anzeigepflichtig erklärten Tierkrankheiten in gewissen Abständen den Gegebenheiten an und verkündet diese dann im Bundesgesetzblatt. Diese Liste umfasste 2005:
Affenpocken,
Afrikanische Pferdepest (auch Hunde, Ziegen),
Afrikanische Schweinepest,
Amerikanische Faulbrut,
Ansteckende Blutarmut der Einhufer (z.B. Pferd, seltener Esel),
Ansteckende Blutarmut der Salmoniden,
Ansteckende Schweinelähmung (Teschener Krankheit),
Aujeszkysche Krankheit (hauptsächlich Schwein, aber auch bei Wiederkäuern, Hunden, Katzen),
Befall mit dem Kleinen Bienenbeutenkäfer (*Aethina tumida*),
Befall mit der *Tropilaelaps*-Milbe,
Beschälseuche der Pferde,
Blauzungenkrankheit (Blue-tongue, BT), besonders bei Schafen, aber auch Rindern, Ziegen,
Bovines Herpes Virus Typ 1-Infektion (BHV1, alle Formen) bei Rindern,
Bovine Virus Diarrhoe,
Brucellose der Rinder, Schweine, Schafe und Ziegen (auch auf Menschen übertragbar),
Ebola-Virus-Infektion,
Enzootische Hämorrhagie der Hirsche,
Enzootische Leukose der Rinder,
Geflügelpest (Vogel-Grippe),
Infektiöse Hämatopoetische Nekrose der Salmoniden (IHN der Lachse, Regenbogen-Forellen),
Koi-Herpes-Virus-Infektion der Karpfen,
Lumpi-skin-Krankheit (*Dermatitis nodularis*, Knötchenartige Hautentzündung) der Rinder,
Lungenseuche der Rinder (auch Büffel),
Maul- und Klauenseuche (MKS) der Wiederkäuer und Schweine,
Milzbrand bei Rindern und Schafen, seltener bei Pferden, Schweinen, Ziegen, Hunden, Katzen, und Pelztieren sowie Wildtieren (auch auf Menschen übertragbar),

Newcastle-Krankheit (ND, Atypische Geflügelpest),
Pest der kleinen Wiederkäuer, z.B. Schafe, Ziegen,
Pferde-Enzephalomyelitis (alle Formen),
Pockenseuche der Schafe und Ziegen,
Psittakose (Papageien-Krankheit),
Rauschbrand bei Rindern, Schafen, seltener Ziegen,
Rifttal-Fieber bei Rindern, Schafen, Ziegen, Büffeln,
Rinderpest,
Rotz der Pferde und anderer Einhufer (für Menschen tödlich),
Salmonellose der Rinder (auch auf Menschen übertragbar),
Schweinepest,
Stomatitis vesicularis (bläschenartige Maulschleimhaut-Entzündung) bei Pferden, Rindern, Schweinen,
Tollwut bei Säugetieren (vorwiegend), (auch auf Menschen übertragbar),
Transmissible Spongiforme Enzephalopathie (TSE, alle Formen, darunter fällt auch BSE),
Trichomonadenseuche der Rinder,
Tuberkulose der Rinder (*Mykobakterium bovis* und *Mykobakterium caprae*), (auch auf Menschen übertragbar),
Vesikuläre Schweinekrankheit,
Vibrionenseuche der Rinder,
Virale Hämorrhagische Septikämie der Salmoniden (VHS) bei Lachsen, Regenbogen-Forellen, auch anderen Meeresfischen.

Meldepflicht für Tierkrankheiten – Wozu dient sie?

Ihr Sinn ist es, einen Überblick über die herrschenden Tierkrankheiten zu bekommen, die nicht durch bundeseinheitliche Maßnahmen bekämpft werden.

Meldepflichtige Tierkrankheiten: Welche gehören dazu?

Das Tierseuchenrecht kennt auch meldepflichtige Tierkrankheiten, die zwar gemeldet, aber nicht staatlich bekämpft werden. Über diese muss das Bundes-Landwirtschaftsministerium stets einen Überblick haben, um auch international Bericht abzugeben. 2005 sind meldepflichtig:
Ansteckende Gehirn-Rückenmark-Entzündung der Einhufer (Bornasche Krankheit),
Ansteckende Metritis des Pferdes (CEM),
Bösartiges Katarrhalfieber des Rindes (BFK),
Campylobacteriose (thermophile Campylobacter),
Chlamydiose (Chlamydophila Spezies),
Echinokokkose,
Ecthyma contagiosum (Parapox-Infektion),
Equine Virus-Arteritis-Infektion des Pferdes,
Euterpocken des Rindes (Parapox-Infektion),
Gumboro-Krankheit,

Infektiöse Laryngotracheitis des Geflügels (ILT),
Infektiöse Pankreasnekrose der Forellen und forellenartigen Fische (IPN)
Leptospirose,
Listeriose (*Listeria monocytogenes*),
Maedi bei Schafen,
Marekscher Krankheit (akute Form),
Paratuberkulose des Rindes,
Q-Fieber,
Rhinitis atrophicans (Schnüffelkrankheit) des Schweines,
Säugerpocken (Orthopox-Infektion),
Salmonellose (*Salmonella* spp.),
Stomatitis papulosa des Rindes (Parapox-Infektion),
Toxoplasmose,
Transmissible Virale Gastroenteritis (TGE) des Schweines,
Tuberkulose des Geflügels,
Tularämie,
Verotoxin bildende *Escherichia coli,*
Visna bei Schafen,
Vogelpocken (Avipox-Infektion).

Viehgewährschaft – Was waren die sog. Hauptmängel?

Das Auftreten bestimmter Fehler bei Tieren (sog. Hauptmängel) innerhalb bestimmter Fristen (Gewährfristen, meist 14, aber auch 28 Tage) wurde bis 31. 12. 2001 durch die Kaiserliche Viehmängel-Verordnung aus dem Jahre 1899 geregelt. Wurde ein Hauptmangel rechtzeitig und berechtigt dem Verkäufer angezeigt, so haftete dieser. Die Hauptmängel wurden 2002 durch das Bürgerliche Gesetzbuch im neuen Sachenrecht geregelt.

Viehgewährschaft: Wie ist sie heute geregelt?

Seit dem 1. 1. 2002 besteht das bis dahin gültige Viehgewährschafts-Recht nicht mehr, statt dessen regelt das BGB (Bürgerliches Gesetzbuch) bei Neuverträgen, dass der Zuchtviehkauf und -verkauf den allgemeinen kaufrechtlichen Vorschriften unterliegt. Das neue Recht stellt also den Kauf/Verkauf eines Rindes praktisch gleich mit dem Kauf/Verkauf eines Gebrauchtwagens.

Tierarzneimittelrecht – Welche Regelungen enthält es?

In der 11. Novelle des Arzneimittel-Gesetzes (AMG) von 2002 wurden schärfere Vorschriften für den Umgang mit Medikamenten und die Pflicht zum Führen eines Bestandsbuches eingeführt. Weitere Regelungen betreffen die Präparate, die von den Tierärzten abgegeben werden können, und neue Vorschriften zur Herstellung von Fütterungs-Arzneimitteln.
Bei der praktischen Umsetzung der Novelle zeigte sich aber ein erheblicher Nachbesserungsbedarf, weshalb mit der 12. Novelle weitere Änderungen vollzogen wurden.

Arzneimittel-Gesetz: Welches sind die wichtigsten Änderungen?

Die für den Landwirt wichtigsten Neuerungen des Tierarzneimittel-Neuordnungs-Gesetzes (AMG-Novelle):

- Abgabe von Medikamenten (7-/31-Tage-Regelung): Tierärzte dürfen an Landwirte nur noch zugelassene Fertig-Arzneimittel verschreiben und Medikamente nur für den Bedarf von 7 Tagen abgeben. Besucht ein Tierarzt den Bestand monatlich, ist ein Ausweiten der Abgabe für 31 Tage möglich, falls der Tierarzt festgestellt hat, dass die Behandlung fortgeführt werden muss und diese Behandlung dokumentiert wird. Bei Antibiotika ist keinerlei Ausnahme möglich.
- Fütterungs-Arzneimittel: Diese dürfen nur noch von zugelassenen Herstellern produziert werden. Das Verwenden einer Arznei-Vormischung in so genannten Hofmischungen ist nicht mehr erlaubt.
- Umwidmen von Arzneimitteln bei Therapie-Notstand: Von der Arzneimittel-Zulassung kann abgewichen werden, wenn ein benötigtes Medikament nicht verfügbar ist. Es können dann auch für andere Tierarten oder den Menschen zugelassene Arzneimittel eingesetzt werden, sofern sie nur Stoffe enthalten, die von der EU-Rückstands-Höchstmengen-Verordnung (Anhang 1-3) erfasst sind.
- Der Tierarzt darf nicht mehr Arzneimittel aus apothekenpflichtigen Rohstoffen herstellen oder verschiedene Fertig-Arzneimittel mischen. Das Verdünnen von Fertig-Arzneimitteln ist nur noch im Therapie-Notstand erlaubt.

Bestandsbuch: Wozu wird es benötigt?

Jeder Vieh haltende Betrieb ist seit 24. September 2001 laut einer Bundes-VO verpflichtet, ein Bestandsbuch zu führen (als Buch oder als elektronische Datei). Es soll u. a. Folgendes festgehalten werden: Welche Diagnose wurde festgestellt? Welche Tiere wurden behandelt? Welche Medikamente wurden verabreicht und wie lange? Welche Wartezeit?

Die Aufzeichnungen sollen 5 Jahre lang aufbewahrt werden, jedes behandelte Tier muss bei Kontrollen zweifelsfrei zu identifizieren sein, damit jede Anwendung von Tierarzneimitteln lückenlos nachvollziehbar ist.

Bestandsbucheintrag: Müssen auch homöopathische Arzneimittel erfasst werden?

Homöopathika sind per Gesetz apothekenpflichtige Arzneimittel und müssen deshalb ins Bestandsbuch eingetragen werden.

Rinderhaltung und Milchwirtschaft

Rinderzucht

Rinderhaltung – Welche Bedeutung hat sie?

Der Produktionswert aus der Rinderhaltung betrug 2005 10,7 Mrd. €, davon 7,9 Mrd. € für Milch.

Welche Bedeutung hat sie im landwirtschaftlichen Betrieb?

28,1 % des Produktionswertes der deutschen Landwirtschaft stammten 2005 aus der Rindviehhaltung. Sie ist das Rückgrat des normalen Familienbetriebes und dient der Erhaltung der Bodenfruchtbarkeit.

Rinderrassen – Welche werden in Deutschland gehalten?

a) *Niederungsvieh:*
Schwarzbunte,
Rotbunte,
Angler,
Rotvieh,
Jersey,
Shorthorn,
Deutsch-Angus,
Limousin,
Charolais.

b) *Höhenvieh:*
Fleckvieh,
Braunvieh,
Gelbvieh,
Murnauer-Werdenfelser Vieh,
Pinzgauer Vieh (Chiemsee-Gebiet),
Vorder- und Hinterwälder (Schwarzwald),
Galloway.

Rinderrassen: Welche haben in Deutschland die größte Bedeutung?

Die Schätzung erfolgt alle 2 Jahre. Mit Stand 2002 war die Verteilung: Schwarzbunte (Sbt) 45,9 %, Fleckvieh (FV) 25,4 %, Rotbunte (Rbt) 7,8 %, Braunvieh (BV) 4,9 %, Fleischrinder insgesamt 13,5 %, sonstige Milchrassen (z. B. Angler, Gelbvieh) 2,5 %.

Zuchtziel – Welches wird angestrebt?

Hohe Milch- oder Fleischleistung, oder beides,
Milchinhaltsstoffe,
Gesundheit,
Anpassungsfähigkeit,
Melkbarkeit,
Fruchtbarkeit,
Langlebigkeit und Leichtfuttrigkeit,
Futteraufnahmevermögen,
Körpergröße,
Fundament,
Fleischqualität, Schlachtausbeute.

Zuchtwahl: Wonach richtet sie sich?
Nach der Abstammung,
nach der Eigenleistung,
nach der Nachkommenschaftsleistung.

Zuchtreife: Wann wird ein Tier zum ersten Mal zur Zucht verwendet?
Wenn es körperlich entsprechend entwickelt ist und ca. ⅔ des Endgewichts erreicht hat. Färsen (Kalbinnen) ca. mit 15–20 Monaten, Jungbullen mit 12–14 Monaten.

Trächtigkeit: Wie lange dauert sie beim Rind?
Etwa 9 Monate (278–288 Tage), je nach Rasse.

Abkalbetag: Wie errechnet man ihn?
Indem man zum Datum des Belegens 1 Jahr hinzurechnet, dann 3 Monate abzieht und wieder 10 Tage hinzuzählt.

Leistung: Welche wird verlangt? Wie hoch ist sie durchschnittlich?
6000–7000 kg Milch bei 4 % Fett und 3,7 % Eiweiß Jahresleistung, möglichst jedes Jahr ein Kalb, Zwischenkalbezeit unter 380 Tagen. Jede Milchkuh in Deutschland gibt im Schnitt 16 l Milch/Tag; sie versorgt also täglich 17 Bürger mit Frischmilch.

Rinder-Kennzeichnung – Was ist ihr Ziel, was umfasst sie?

Ziel ist der lückenlose Nachweis über die Herkunft von Rindern und Rindfleisch im EU-Binnenmarkt. Zu diesem Zweck trat am 1. 7. 1997 eine VO in Kraft, deren Inhalt ein umfassendes Kennzeichnungs-, Registrierungs- und Etikettierungssystem ist.
Zur Kennzeichnung: Alle seit dem 1. 1. 1998 geborenen oder für den innergemeinschaftlichen Handel bestimmten Rinder müssen mit zwei Ohrmarken (je Ohr eine Marke mit gleicher Nummer) versehen werden. Die zu verwendenden Nummern sind 14-stellig. Die weiteren Maßnahmen sind der Rinderpass und das Rindfleisch-Etikettierungs-Gesetz.

Rinderpass: Wozu dient er?
Als Teil der Rinder-Kennzeichnung dient der Rinderpass einem lückenlosen Nachweis im EU-Binnenmarkt über die Herkunft von Rindern und Rindfleisch. Seit dem 1. 1. 1998 wird von der obersten Veterinärbehörde der Länder für neugeborene Rinder binnen 14 Tagen nach Anzeige der Geburt oder Einfuhr aus Drittländern nach der Neukennzeichnung ein Tierpass ausgestellt, der das Tier stets begleiten muss. Das Bestandsregister muss stets auf den aktuellen Stand gebracht werden (z. B. Tod oder Verkauf müssen gemeldet werden).
Der Kernpunkt der Neuerung ist die Einrichtung einer zentralen Datenbank für alle registrierten Rinder in Deutschland. Diese Datenbank musste zum 1. 1. 2000 funktionsfähig sein.

Rindfleisch-Etikettierungs-Gesetz: Was besagt es, wozu dient es?
Dieses Gesetz dient der Stärkung des Verbrauchervertrauens in das heimische Rindfleisch, welches stark unter der Rinderseuche BSE gelitten hat. Das Gesetz soll dem Verbraucher ein lückenloses Zurückverfolgen jedes Stückes Rindfleisch von der Ladentheke bis zum Ursprung ermöglichen.
Wer seit dem 1. 4. 1998 sein Rindfleisch mit Angaben versehen will, muss sich nach den Vorschriften des Rindfleisch-Etikettierungs-Gesetzes richten, das die Basis für die Anwendung der EU-Rindfleisch-Etikettierung ist. Diese ist seit dem 1. 9. 2000 obligatorisch für EU-Mitgliedstaaten.

Tierbeurteilung

Beurteilung – Welche Bedeutung hat sie?
Von der äußeren Gestalt zieht man Rückschlüsse auf die Leistungsfähigkeit. Durch Auslese (Selektion) sucht man den Idealtyp zu erreichen.

Was beurteilt man deshalb als Erstes?
Ob das Tier dem Typ entspricht.

Typ: Was versteht man darunter?
Ein im Zuchtziel verankertes Wunschbild nach Maßen und Erscheinung.
Wichtig sind: Körper, Flanke, Brust, Becken, Euter, Gangwerk.

Was soll beurteilt werden?
Der Bau des Knochengerüstes,
die Beschaffenheit von Haut, Sehnen und Muskeln,
die Beschaffenheit der Geschlechtsmerkmale, wozu auch das Euter zählt.

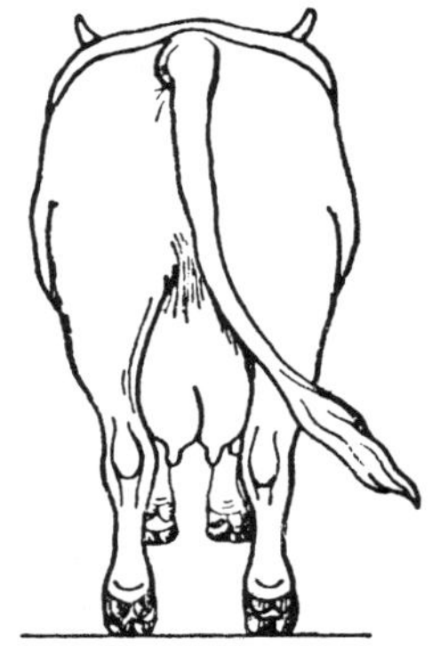

Schema des weiblichen Idealtyps.

Lineare Beschreibung: Was versteht man darunter?
Dies ist eine besonders umfassende und objektive Beschreibung des Exterieurs von Milchkühen. Erfasst und beurteilt werden dabei möglichst viele Einzelmerkmale mit direktem oder indirektem Bezug zur Leistung. Angewendet wird die Lineare Beschreibung heute rassespezifisch ausgerichtet vor allem bei der Bewertung von Bullenmüttern und Bullentöchtern im Rahmen der Nachkommenprüfung in Deutschland sowie in Österreich, der Schweiz und in Italien.

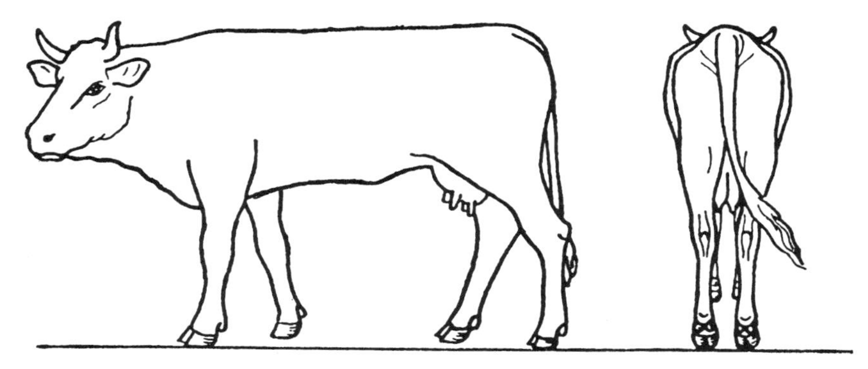

Hochbeiniger, schmaler, überbauter Typ (= schlechter Futterverwerter).

Körperteile – Welche werden beurteilt?

Kopf und Hals; sie lassen auf Geschlechtscharakter, Temperament und Gesundheit schließen,
Widerristhöhe, Becken, Euter,
Brustumfang und Brusttiefe, Gliedmaßen, Stellung und Gang,
Bauch und Flanke,
Rücken und Lende.

Wie werden die Körperteile des Rindes bezeichnet?

1	Stirn	
2	Stirnwulst	
3	Nasenbein	
4	Flotzmaul	
5*	Ganasche	
6	Nacken	
7*	Halsseite	
8	Widerrist	
9*	Hochschulter	
10*	Tiefschulter	
11*	Buggelenk	
12*	Vorarm	
13*	Vorderknie	Vorderbein
14*	Vorderröhre	Vorderbein
15*	Vorderfessel	
16*	Rücken	
17*	Hochrippe, vordere und hintere	
18*	Mittelrippe, vordere und hintere	
19*	Tiefrippe	
20	Brust	
21*	Niere	
22*	Hungergrube	
23*	Flanke	
24*	Bauch	
25*	Hüfte	
26*	Umdreher	
27*	Sitzbein	
28	Kreuzbein	
29	Schwanzansatz	
30*	Becken	
31*	Keule	
32*	Achillessehne	
33*	Hacke, Sprunggelenk	Hinterbein
34*	Hinterröhre	Hinterbein
35*	Hinterfessel	
36*	Ellbogen	
37*	Kniescheibe	

* Von den mit einem Stern bezeichneten Teilen besteht ein rechter und ein linker Körperteil.

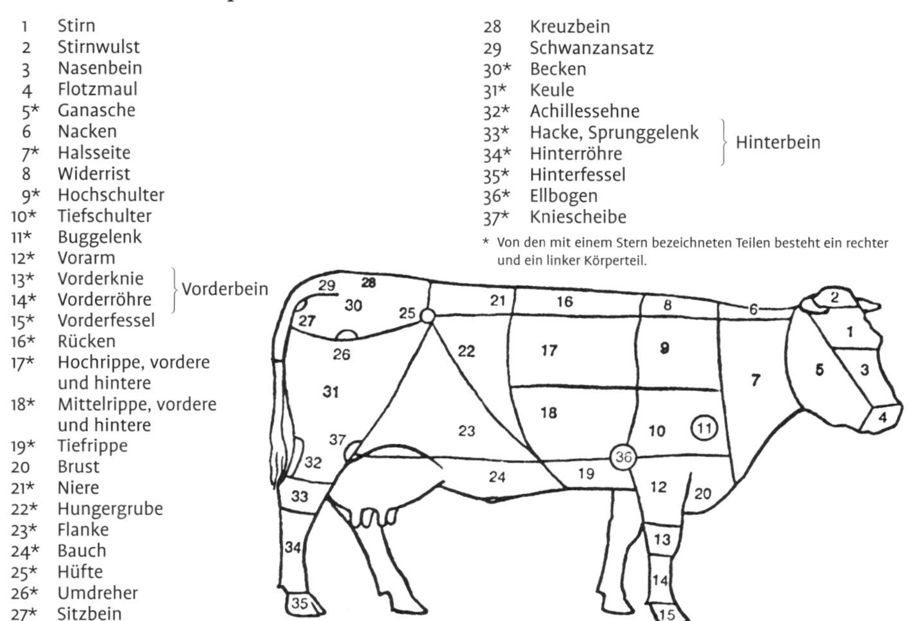

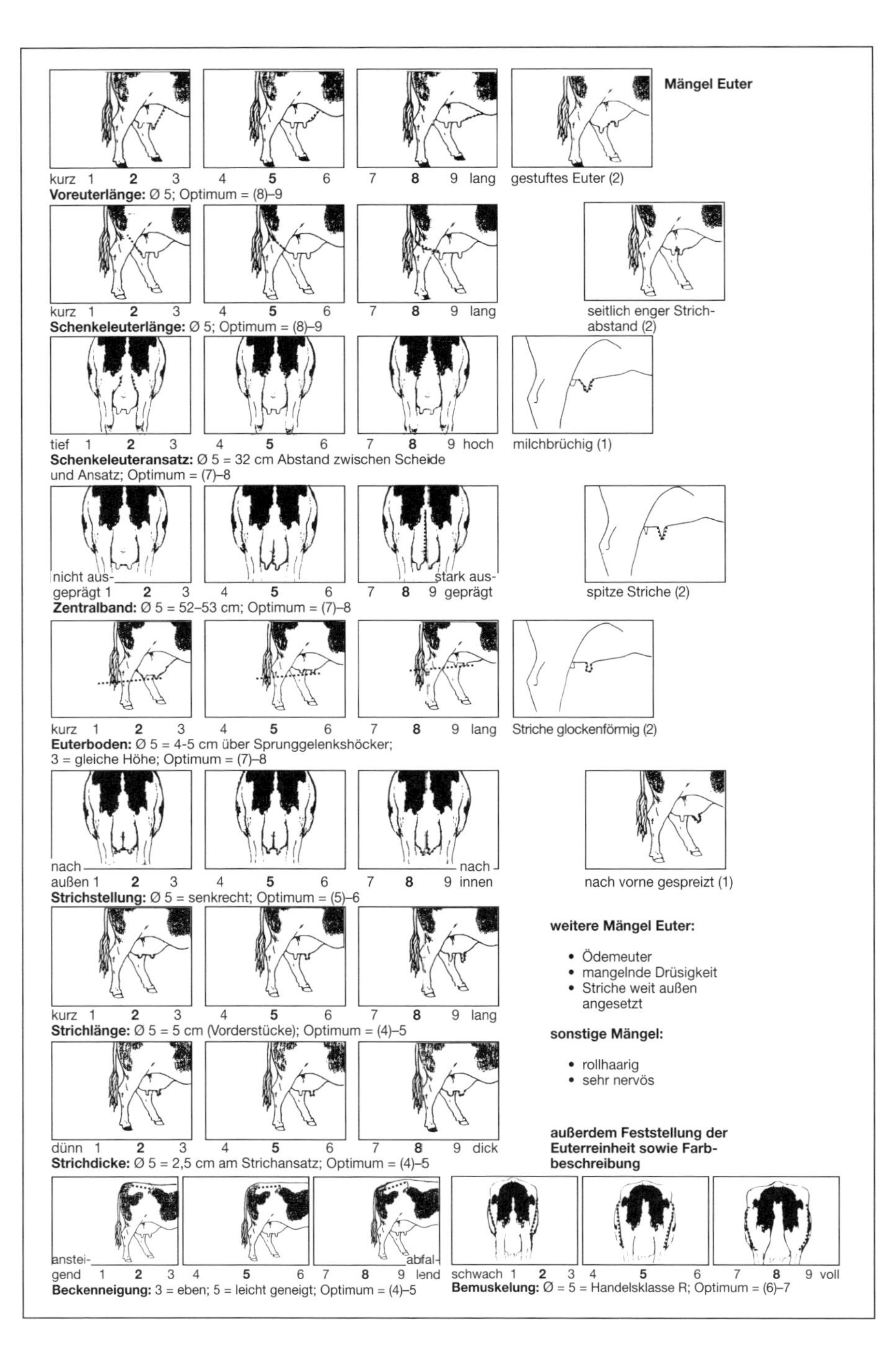
Mängel Euter
kurz 1 2 3 4 5 6 7 8 9 lang
gestuftes Euter (2)
Voreuterlänge: Ø 5; Optimum = (8)–9
kurz 1 2 3 4 5 6 7 8 9 lang
seitlich enger Strich-abstand (2)
Schenkeleuterlänge: Ø 5; Optimum = (8)–9
tief 1 2 3 4 5 6 7 8 9 hoch
milchbrüchig (1)
Schenkeleuteransatz: Ø 5 = 32 cm Abstand zwischen Scheide und Ansatz; Optimum = (7)–8
nicht ausgeprägt 1 2 3 4 5 6 7 8 9 stark ausgeprägt
spitze Striche (2)
Zentralband: Ø 5 = 52–53 cm; Optimum = (7)–8
kurz 1 2 3 4 5 6 7 8 9 lang
Striche glockenförmig (2)
Euterboden: Ø 5 = 4-5 cm über Sprunggelenkshöcker; 3 = gleiche Höhe; Optimum = (7)–8
nach außen 1 2 3 4 5 6 7 8 9 nach innen
nach vorne gespreizt (1)
Strichstellung: Ø 5 = senkrecht; Optimum = (5)–6
weitere Mängel Euter:
• Ödemeuter
• mangelnde Drüsigkeit
• Striche weit außen angesetzt
kurz 1 2 3 4 5 6 7 8 9 lang
Strichlänge: Ø 5 = 5 cm (Vorderstücke); Optimum = (4)–5
sonstige Mängel:
• rollhaarig
• sehr nervös
dünn 1 2 3 4 5 6 7 8 9 dick
Strichdicke: Ø 5 = 2,5 cm am Strichansatz; Optimum = (4)–5
außerdem Feststellung der Euterreinheit sowie Farbbeschreibung
ansteigend 1 2 3 4 5 6 7 8 9 abfallend
Beckenneigung: 3 = eben; 5 = leicht geneigt; Optimum = (4)–5
schwach 1 2 3 4 5 6 7 8 9 voll
Bemuskelung: Ø = 5 = Handelsklasse R; Optimum = (6)–7

Was ist beim Rücken besonders zu beachten?
Der Rücken soll straff und gerade sein (kein »Karpfenbuckel«).

Was versteht man unter »Herzleere« beim Rind?
Eine mangelhafte Wölbung der Rippen beim Ellbogen.

Tierbeurteilung: Was heißt dabei »trocken«?
Ein Tier ist »trocken«, wenn durch seine feine, dünne Haut die Umrisse der Knochen, Muskeln und Sehnen deutlich erkennbar sind.

Woran erkennt man fehlerhafte Euter?

a) Stufeneuter (das Bauch-euter ist weniger entwickelt als das Schenkeleuter),
b) ungleichmäßiges Euter (Schenkeleuter schlecht entwickelt),
c) Fleisch- und Hängeeuter (besonders ungeeignet für Maschinenmelken),
d) mangelhaft entwickeltes Euter mit milchbrüchigen Strichen.

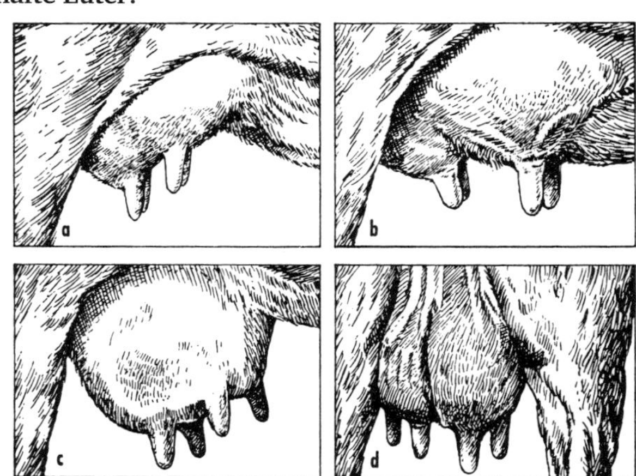

Was sind die sog. Milchzeichen?
Viele und feine Falten am Hals,
großer Milchspiegel,
deutlich sichtbare Venen am Euter,
seidige Behaarung am Euter,
geräumiges Drüseneuter.

Warum sind bei der Beurteilung Brustumfang und Brusttiefe wichtig?
In der Brust befinden sich die wichtigsten Organe wie Herz, Lunge und Leber, für die genügend Raum vorhanden sein muss.

Warum ist eine »weiche Niere« ein Fehler?
Die »weiche Niere« beruht auf einem fehlerhaften Bau des Knochengerüstes [zu kurze Dornfortsätze in der Nierenpartie des Rückgrates (Lende)], sie ist erblich. Die Fleischleistung ist dadurch geringer.

Was ist bei der Beurteilung der Beinstellung wichtig?

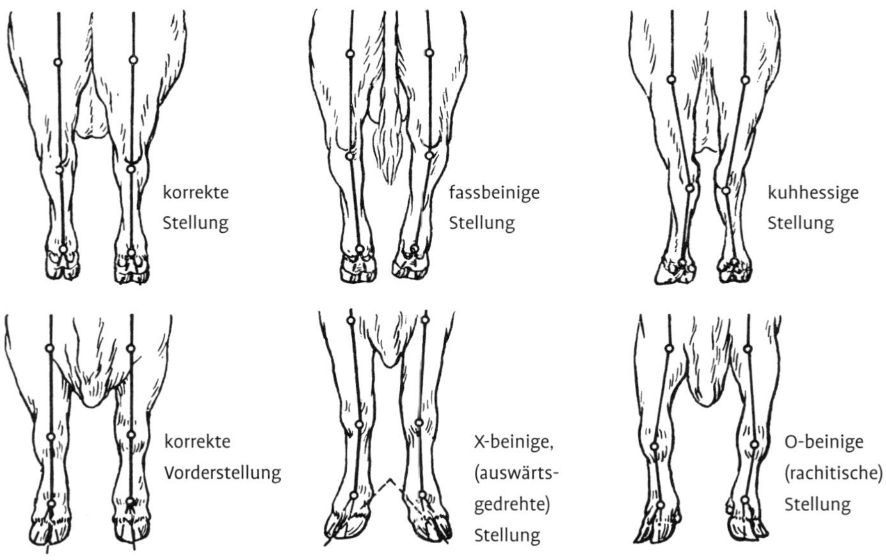

korrekte Stellung des Fußes: Man beachte die breite Schiene und kurze solide Fessel.

Fehlerhafte Beinstellung:

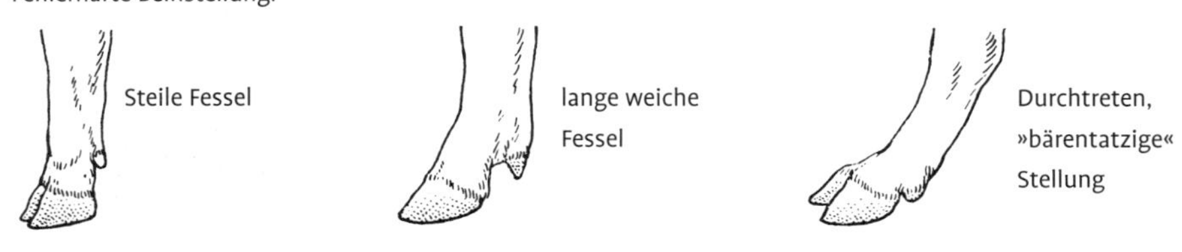

Knochengerüst: Wie muss es beschaffen sein, damit ein guter Fleischansatz möglich ist?
Breiter Widerrist,
schräge Schulter,
langer, breiter Rücken mit langen Dornfortsätzen,
langes, breites, nicht zu schräges Becken,
breites, gut gewinkeltes Sprunggelenk.

Wann spricht man von einem quelligen, schwammigen Tier?
Ist die Haut und das darunter liegende Gewebe sehr fettreich, dann spricht man von quellig und schwammig.

Was versteht man unter Flankentiefe beim Tier?
Ist das Tier in der Bauchpartie, besonders in der Gegend der Kniegelenke, tief nach unten entwickelt, so hat es eine gute Flankentiefe.

Woran kann man den schlechten Futterverwerter erkennen?
An einer schmalen, geschnürten Brust und einer geringen Flankentiefe.

Wann ist ein Tier aufgeschürzt?
Hat ein Tier wenig Bauch und eine ungenügende Flankentiefe (im Verhältnis zur Brusttiefe), so ist es aufgeschürzt.

Was versteht man unter Behosung?
Die Bemuskelung des Unterschenkels bis zum Sprunggelenk.

Wodurch entsteht eine lose Schulter?
Durch schwache Bänder. Sie gilt als ein Zeichen für Konstitutionsschwäche.

Konditionsbewertung bei Milchvieh: Was verbirgt sich dahinter?
Konditionsbewertung ist die Übersetzung des englischen Begriffes body condition scoring, abgekürzt BCS. Dabei wird nach einer festgelegten Notenskala von 1–5 die aktuelle Körperkondition der Kühe bewertet, insbesondere der abschätzbare Umfang des verfügbaren Körperfetts. Die Note kann zusätzlich zu Informationen über Alter, Trächtigkeits- und Laktationsstadium, Höhe der Milchleistung als Basis für eine leistungsgerechte Fütterung genutzt werden.

Tripple-A (aAa): Wofür steht dies?
Die Abkürzung steht für animal Analysis associates und bezeichnet eine in den USA um 1950 entstandene Bewertungs- und Anpaarungshilfe für Milchrinder. Dabei werden bei aAa Bullen und Kühe nach ihrem Skelett- und Körperbau analysiert und nach je 6 Grundtypen codiert, also die anatomischen Verhältnisse und Beziehungen zwischen Körpermerkmalen und Körperproportionen eines Tieres berücksichtigt. Die

Anpaarungsempfehlung gleicht dann die Stärken des einen mit den Schwächen des anderen Anpaarungspartners aus, so dass sie sich möglichst gut ergänzen. Ziel ist die ideale, problemlose Milchkuh, bei der Exterieur, Funktionalität, Gesundheit und Leistung ausgeglichen sind. aAa wird heute auch in Europa zunehmend eingesetzt sowie bei Fleischrinder- oder Gebrauchskreuzungen.

Kälberaufzucht

Kälberhaltungs-Verordnung – Welches sind die wichtigsten Bestimmungen?

Anforderungen an den Kälberstall, an das Halten von Kälbern in verschiedenen Altersbereichen, an Beleuchtung, Stallklima, Fütterung und Pflege. So gilt seit dem 1. Januar 1999 ein generelles Anbinde- bzw. Festlegungs-Verbot für Kälber, am 1. Januar 2001 kamen weitere Auflagen dazu.
Ab 2007 werden die Tierhaltungs-Richtlinien in die Cross Compliance-Kontrollen mit einbezogen und überprüft. Bei Verstößen werden die EU-Direktzahlungen gekürzt.

Kälberhaltung: Was ist außerdem zu beachten?

- Kälber dürfen nicht angebunden oder sonst wie festgelegt werden (außer maximal 1 Stunde im Rahmen der Fütterung),
- ihr Liegebereich muss trocken und weich sein,
- bei bis zu 2 Wochen alten Kälbern muss die Liegefläche eingestreut und bei Einzelhaltung mindestens 120 × 80 × 80 cm sein,
- bei 2–8 Wochen alten Kälbern muss die Box bei Einzelhaltung mindestens 160 × 90 cm bzw. 180 × 100 cm sein (außen bzw. innen angebrachter Trog),
- bei über 8 Wochen alten Kälbern ist nur Gruppenhaltung zulässig, je Tier bis 150 kg müssen 1,5 m^2, bei 150–220 kg 1,7 m^2, ab 220 kg 1,8 m^2 Platz verfügbar sein,
- die Spaltenweite darf maximal 2,5 cm betragen,
- die Lichtstärke muss im Aufenthaltsbereich der Kälber täglich für 10 Stunden mindestens 80 Lux betragen,
- ab der 2. Lebenswoche müssen sie Raufutter oder anderes rohfaserreiches, strukturiertes Futter zur freien Aufnahme erhalten,
- ab der 3. Lebenswoche müssen sie jederzeit Zugang zu Wasser haben.

Kälber: Wie sollen sie in den ersten Wochen gehalten werden?

Bis 2 Wochen alte Kälber müssen auf Einstreu, über 8 Wochen alte Kälber dürfen nur in Gruppen gehalten werden. Ausnahmen sind nur für Betriebe zulässig mit nicht mehr als 3 Kälbern, die gleich alt sind.

Kälberaufzucht – Welche Ziele verfolgt sie?

Die Aufzucht der Kälber stellt die Weichen für den wirtschaftlichen Erfolg zukünftiger Milch- bzw. Mastleistungen. Die gezielte Versorgung in den ersten Lebenswochen

Angewöhnen an das Tränken aus dem Eimer.

sollen die Kälber auf ihre spätere Nutzung vorbereitet werde, also entweder als Milchkühe oder als Mastvieh.

Aufzucht: Welche Methoden gibt es?
Saugenlassen (bei Mutterkuhhaltung), Aufzucht durch Tränken.

Saugenlassen der Kälber (Mutterkuhhaltung): Was bringt das?
Die Mutterkuhhaltung mit Saugenlassen der Kälber ist eine Form der extensiven Rindermast, tierfreundlich und kommt mit einem geringen Arbeits- und Kapitalaufwand aus. Mutterkuhhaltung leistet auch einen Beitrag zum Abbau des Milchüberschusses. Außerdem trägt sie durch Nutzung von Grenzertragsflächen zum Erhalt der Kulturlandschaft bei. Sie ist geeignet für große Grünland- und Ackerbau-Betriebe mit Restgrünland und Altgebäuden sowie für Nebenerwerbs-Betriebe.
Absetzer-Kälber nutzt man als Baby-Beef, weibliche Tiere als Zuchttiere oder zur weiteren Färsenmast, männliche Tiere als Fresser oder zur weiteren Bullenmast.

Tränkemethode: Was sind die Vor- und Nachteile?
Vorteile: Tier gewöhnt sich sofort an das Tränken,
die Milchaufnahme kann genau kontrolliert werden.
Nachteile: Unbedeutend.

Tränken: Welche sind üblich?
Vollmilch / Magermilch, Frühentwöhnung, Milchaustauscher, Sauermilch.

Kälberaufzucht: Unter welchen Verhältnissen ist sie zu empfehlen?
In Zuchtbetrieben mit wertvollen Zuchttieren, wenn ausreichend Arbeitskräfte vorhanden und Weidemöglichkeiten gegeben sind.

Mast – Unter welchen Umständen ist sie zu empfehlen?
In Betrieben mit weniger wertvollen Zuchttieren, Abwägung mit Rindermast, zur Betriebsvereinfachung.

»Nüchternes Kalb«: Was versteht man darunter?
Schwarzbunte Kälber werden ca. 8 Tage nach ihrer Geburt als »nüchtern« verkauft. Ihnen wurde bis dahin meist ausschließlich Biestmilch verabreicht.

Fresser: Was sind das?
Meist sind das zugekaufte männliche Kälber, die mit 5–7 Wochen 70–90 kg schwer sind und später, wenn sie enthornt und entwöhnt sind, mit 180–200 kg LG an Bullenmastbetriebe verkauft werden. Dieses in Süddeutschland entstandene Verfahren wird dort auch bevorzugt angewendet.

Magervieh: Was ist das?
Rinder, die mit 300–350 kg LG gekauft und bis zum Endgewicht von 500 - 650 kg LG (je nach Rasse und Schlachtreife) von Betrieben ohne eigene Möglichkeit zur Kälberaufzucht gemästet werden.

Doppellender: Was versteht man darunter?
Als Doppellender bezeichnet man Rinder mit im Verhältnis zu den übrigen Körperteilen größerer Muskelausbildung (ca. 20 %) infolge eines Erbfehlers. Sie haben eine um etwa 6 % höhere Ausschlachtung. Sie treten vermehrt bei bestimmten Mastrinderrassen (z. B. Weiß-blaue Belgier, Charolais) auf. Bei ihrer Geburt ist häufig Kaiserschnitt erforderlich.

Baby-Beef: Was versteht man darunter?
Eine Form der Rindfleischerzeugung, die die günstigen Mastleistungen frühreifer Rassen nutzt. Die männlichen oder weiblichen Kälber erreichen in 8–10 Monaten 250–450 kg LG. Baby-Beef eignet sich gut für Mutterkuhhaltung oder in Form von intensiver Kraftfuttermast.

Freilandhaltung von Fleischrindern: Was ist das?
Bei dieser extensiven Form der Rinderhaltung sind die Tiere ganzjährig im Freien. Dadurch ist sie besonders geeignet, die Produktionskosten bei der Bewirtschaftung von Grenzstandorten zu senken, da auf Investitionen in Stallgebäude und aufwändige Entmistungsverfahren verzichtet wird. Für die winterliche Freilandhaltung sind leicht dränende, sandige Böden mit guter Trittfestigkeit am besten geeignet. Die ganzjährige Freilandhaltung fördert besonders die Gesundheit.

Rindergesundheit

Wohlbefinden – Was ist dafür besonders wichtig?

Sauberkeit, pünktliches Füttern und Melken,
Klauenpflege, ausgeglichenes Futter,

frische Luft,	ausreichend Tränkwasser,
Bewegung	zweckmäßige Stalleinrichtung.

Klauenpflege: Warum ist sie so wichtig?
Ungenügend gepflegte Klauen beeinträchtigen das Wohlbefinden und die Leistung der Tiere stark. Sie können zu dauerhaften Schäden und Missbildungen an Gelenken und Klauen führen.

Klauenpflege: Wie wird sie durchgeführt?
Früher jahrzehntelang nach der »Allgäuer Methode« (mit Holzklotz, Hammer, Stemmeisen, Schub- und Rinnmesser, Wetzstein, Hauklinge und Raspel).
1999 wurde die »Funktionelle Klauenpflege« zur neuen Lehrmethode. Sie erhält die natürlichen, physiologischen Funktionen der Klauen, indem an allen 4 Füßen gleiche Belastungsverhältnisse und korrekte Gliedmaßenstellung hergestellt werden.

Klauenpflege: Was gehört außerdem dazu?
Die meisten Klauenerkrankungen beruhen auf einer Reihe von auslösenden Faktoren. Die wichtigste Voraussetzung für gesunde Klauen sind daher gute Haltungsbedingungen, also trockene, saubere und griffige Lauf- und Liegeflächen bei optimaler Hygiene, denn sie sorgen für einen geringen Keimdruck. Regelmäßiges Reinigen der Klauen und Füße mit Wasserbädern oder besser durch gezieltes Absprühen mit Wasser (nicht im Melkstand!) reduzieren Krankheitserreger zusätzlich. Klauenbäder mit medizinischen Lösungen sind nur in Verbindung mit diesen Maßnahmen sinnvoll und sollten selbst streng auf Sauberkeit überprüft werden.

Rinderkrankheiten – Was ist wichtig?
Grundsätzlich können Rinder von vielen anzeige- oder meldepflichtigen Tierkrankheiten (siehe Seite 216) befallen werden, z. B. Maul- und Klauenseuche (MKS), Leukose, Salmonellose, Milzbrand, Tollwut.

Kälber: Welche Erkrankungen sind häufig?
Durchfälle, die sehr unterschiedliche Ursachen haben können: mangelnde Fütterungs- und Haltungshygiene, Fütterungsfehler, verschiedene Krankheitserreger wie Coli-Bakterien, Rota- und Corona-Viren, Kryptosporidien, Kokzidien. Häufig kommen auch Nabelinfektionen vor, die durch bakterielle Eitererreger verursacht werden und deren typische Folge die Kälberlähme ist. Auch Rindergrippe sowie Magen-Darm-Würmer treten relativ oft auf und schwächen die Tiere.

Aufzucht- und Mastrinder: Welche Krankheiten sind häufig?
Rindergrippe (Enzootische Broncho-Pneumonie), BVD/MD (Schleimhaut-Krankheit), BHV1-Infektion (Rinder-Herpes-Virus Typ 1), Schwanzspitzen-Nekrose (Entzündung der Schwanzspitzen besonders bei Bullen auf Vollspaltenböden), Ekto- und Endo-Parasitenbefall, Klauenkrankheiten.

Milchkühe: Welche Krankheiten sind häufig?
Zusätzlich zu den bei Aufzucht und Mast genannten Erkrankungen: Fruchtbarkeitsstörungen und Euterkrankheiten (Mastitis).

BSE: Was ist das?
Diese Abkürzung für **B**ovine **S**pongiforme Enzephalopathie bezeichnet eine stets tödlich verlaufende Rinderkrankheit. Diese langsam voranschreitende Erkrankung des zentralen Nervensystems führt zu schwammartigen, schwersten Veränderungen des Gehirns.

BSE: Wo kommt es her?
BSE trat in den 80er-Jahren in England auf und wurde erstmals 1986 nachgewiesen, inzwischen ist BSE auch in anderen EU-Staaten und der Schweiz aufgetreten. Es wird angenommen, dass das Verfüttern von Tiermehl an Rinder in England der Auslöser war. Das Tiermehl wurde aus unzureichend erhitzten Kadavern hergestellt, die von mit Scrapie erkrankten Schafen stammten. Es besteht ein direkter Zusammenhang von BSE mit Scrapie (= Traberkrankheit bei Schafen und Ziegen) sowie eine Verwandtschaft mit dem Erreger der beim Menschen vorkommenden tödlichen Creutzfeld-Jakob-Krankheit, die gleiche Symptome aufweist.
Die BSE-Erreger sind krankhaft veränderte Prionen (nukleinsäurefreie Proteine), die im Gegensatz zu den (natürlich vorkommenden) gesunden Prion-Proteinen im Körper nicht abgebaut werden, sondern benachbarte gesunde Prione zu einer Veränderung ihrer Form zwingen und damit zu infektiösen Prionen machen. Die Inkubationszeit beträgt mehrere Jahre. Es gibt Hinweise, dass BSE vom Muttertier auf das Kalb übertragen werden kann. Was letztendlich zum Ausbruch von BSE führt, ist noch unklar.

BSE: Was wurde in England dagegen getan?
Die EU verpflichtete England, infizierte Tiere unschädlich zu beseitigen, was durch Verbrennen geschieht. Über die Zahl der auszumerzenden Tiere wurde in der EU lange diskutiert. Um eine weitere Verbreitung zu verhindern, ergriff die EU verschiedene Schutzmaßnahmen, z. B. Einfuhrverbot von lebenden Rindern sowie von Rindfleisch und vielen Rindfleisch-Erzeugnissen aus England in andere EU-Staaten oder Drittländer.

BSE: Was wird in Deutschland getan?
Seit dem Auftreten des ersten BSE-Falles im November 2000 in Deutschland wurden hier über die EU-Maßnahmen hinausgehende Maßnahmen ergriffen, so das (unbefristete) Verfütterungs-Verbot von Tiermehl auch an Schweine und Geflügel (an Rinder war es seit 1994 verboten), verschärfte Schlachtvorschriften (Entfernen von Risiko-Material). Als Alternative zum Vernichten ganzer Herden nach dem Auftreten eines BSE-Falls wurde das sog. »Schweizer Modell« der Kohorten-Keulung eingeführt: Beim Auftreten eines BSE-Falles werden neben dem betroffenen Tier nur bestimmte Tiere des Geburtsjahrganges vom damaligen Aufenthalts-Hof, nicht aber die ganze Herde des momentanen Aufenthalt-Hofs gekeult. Alle über 24 Monate alten Rinder müssen nach der Schlachtung einem BSE-Test unterzogen werden.

BSE-Häufigkeit: Wie entwickelten sich die BSE-Fälle?
Die Zahl der BSE-Fälle sank 2003 EU-weit um 38% gegenüber 2002. Bei mehr als 10 Mio. getesteten Tieren wurden in der EU 1318 BSE-Fälle gefunden. Die BSE-Rate in Deutschland lag 2005 bei 1,7 Mio. zwischen Januar und Oktober untersuchten Rindern bei 0,0017 %, das BSE-Risiko in Deutschland nimmt ab. Auch weltweit gingen die BSE-Fälle zurück.

BSE-Tests: Gibt es Tests am lebenden Tier?
Es gibt einen BSE-Lebendtest, bei dem die Erreger in der Augen- und Rückenmarksflüssigkeit von Rindern nachgewiesen werden können. Mit einer EU-Zulassung für diesen Test ist aber vorläufig noch nicht zu rechnen.

Tierpass: Wozu dient er?
Auch die Einführung des europäischen Tierpasses ist im Zusammenhang mit der Eindämmung von BSE zu sehen. Denn so wird künftig die Herkunft eines Rindes zweifelsfrei und lückenlos zurückverfolgbar gemacht, wodurch auch das Vertrauen der Verbraucher in Rindfleisch gestärkt werden soll.

BHV1: Was ist das?
Diese Abkürzung steht für **B**ovines **H**erpes**v**irus Typ 1 und umfasst 2 durch Herpes-Viren verursachte Rinderkrankheiten, die bisher mit IBR und IPV bezeichnet wurden. BHV1 ist anzeigepflichtig. In Deutschland besteht eine Verordnung zur BHV1-Bekämpfung, die Untersuchungsverfahren, Impfungen, Hygienemaßnahmen in den Betrieben (z. B. Besamung) sowie Schutzmaßnahmen beim Tiertransport und bei der Zuchtvieh-Ausstellungen regelt. Eine Untersuchungspflicht besteht für alle Rinderbestände außer reinen Mastbeständen, für die jedoch in gefährdeten Gebieten auch Impfungen angeordnet werden können. Seit Anfang 2006 müssen alle aktiven Rinderhalter, also nicht nur aktive Zuchtbetriebe, eine gültige BHV1-Bestandsbescheinigung im Betrieb haben, die dem jeweiligen Abholer der Tiere als Kopie mitgegeben werden muss. Ziel aller BHV1-Maßnahmen ist es, dass Bundesländer und danach Deutschland als BHV1-freie Regionen anerkannt werden.

IBR: Was ist das?
IBR steht für **I**nfektiöse **B**ovine **R**hinotrachitis und ist eine grippeähnliche, durch einen Herpes-Virus verursachte Krankheit. Daher wird es mit der ebenfalls durch Herpes-Viren verursachten IPV als BHV1-Infektion zusammengefasst.
Symptome sind hohes Fieber, Fressunlust, Nasenausfluss, Tränenfluss, starkes Speicheln, weißer Schaum am Maul, Atemnot. IBR kann durch Impfmaßnahmen bekämpft werden (siehe oben).

BVD/MD: Was ist das?
Diese Abkürzungen stehen für **B**ovine **V**irus-**D**iarrhoe/**M**ucosal **D**esease, zwei wirtschaftlich verlustreiche Rindererkrankungen. Sie führen zu Aborten und Frucht-

barkeitsproblemen bei Kühen sowie zu Durchfall und Atemwegserkrankungen bei Kälbern. Dabei kann es bei dauerhaft infizierten Tieren zum Ausbruch der stets tödlich verlaufenden Schleimhautkrankheit MD mit unstillbarem Durchfall kommen. Schutzimpfungen können vorbeugen. In Deutschland gibt es Richtlinien zur BVD-Bekämpfung in Rinderbeständen.

BRSV: Was ist das?
Einer der Erreger der Faktorenseuche Rindergrippe. Das Virus führt besonders bei älteren Rindern zu einer Lungenblähung mit der Folge einer akuten Atemnot, die rasch zum Tode führen kann.

Rindergrippe: Welche Symptome treten auf?
Verschiedene Formen der Lungenentzündungen mit Husten, Fieber, Futterverweigerung, Nasenausfluss, Atemnot. Erreger von Rindergrippe sind verschiedene Viren (z. B. BRSV) und Bakterien (z. B. Pasteurellen).
Gegen Rindergrippe kann man bestens durch optimale Haltungsbedingungen, Stallhygiene und Fütterung vorbeugen. Es gibt auch Schutzimpfungen bei gesunden Tieren, aber sie bieten bei der Vielzahl der Erreger nicht immer ausreichenden Schutz.

Maul- und Klauenseuche (MKS): Was ist zu beachten?
Sie befällt alle Klauentiere, also bei uns Rinder, Schafe, Schweine, Ziegen, Schalenwild. Seit dem erneuten Auftreten von MKS in EU-Mitgliedstaaten Anfang 2001 ist erhöhte Alarmbereitschaft angebracht. MKS ist eine sehr leicht übertragbare Virus-Erkrankung, die innerhalb kurzer Zeit durch Todesfälle große Verluste verursacht. Es gibt mehrere Erreger-Typen, bisher aber keinen Impfschutz gegen alle Typen gemeinsam, zudem melden bisherige Tests sowohl bei infizierten als auch bei geimpften Tieren ein positives Ergebnis. In einer neuen EU-Verordnung (Juli 2004) wurde inzwischen doch Impfen statt Keulen als Alternative für den Fall beschlossen, dass die Situation nicht mehr zu beherrschen ist. Das Fleisch geimpfter Tiere muss aber gekennzeichnet werden.

Paratuberkulose: Was ist das für eine Erkrankung?
Es ist eine chronisch verlaufende, unheilbare Darmerkrankung mit tödlichem Ausgang. Erste Symptome sind Durchfall und Abmagerung. Die Tiere infizieren sich über die Milch ihrer Mütter oder über infiziertes Futter/Wasser, das mit dem Kot kranker Tiere verschmutzt ist. Paratuberkulose ist weit verbreitet, sie kann nur durch optimale hygienische Haltungsbedingungen eingedämmt werden.

Botulismus: Was ist das?
Botulismus ist eine Vergiftung durch das Ausscheidungsprodukt des Bakteriums Clostridium botulinum. Die Gefahr für Rinder, aber auch für Pferde, Schweine und Hühner kommt aus dem Futter, wo Botulismus durch Tierkadaver (z. B. tote Katzen oder Vögel in Heu, Silage oder Kraftfutter) verursacht werden kann, eventuell auch

durch besonders erdverschmutzte, nasse, eiweißreiche Siloballen. Das Nervengift Botulin wirkt schon in kleinsten Dosen tödlich. Beim ersten Verdacht (Lähmungserscheinungen, gelähmte Zunge) muss sofort eine Schutzimpfung erfolgen.

Verwerfen: Was kann die Ursache für ein frühzeitiges Abgehen der Frucht sein?
Mechanische Einwirkungen;
Krankheit, z. B. seuchenhaftes Verkalben (Brucellose), BVD/MD.
Die Frucht geht dabei meistens in der 2. Hälfte der Trächtigkeit ab. Sehr frühes Verwerfen wird durch die Trichomonadenseuche oder auch Vibrionenseuche verursacht.

Neospora caninum: Was ist das?
Dies ist ein einzelliger Parasit, der Aborte bei Rindern hervorruft. Er ist erst seit einigen Jahren bekannt, gehört aber inzwischen weltweit zu den am häufigsten diagnostizierten, übertragbaren Abort-Ursachen beim Rind. Das Verkalben nach Neospora-Infektion erfolgt meist zwischen 3. und 8. Trächtigkeitsmonat, die Ursache ist aber nur schwer erkennbar und kann erst im Labor festgestellt werden. Bisher gibt es keine zugelassenen Impfstoffe oder Wirkstoffe gegen den Erreger. Infizierte Kühe zeigen keine Krankheitssymptome.
Hunde gelten als Endwirt der Infektion (daher der Name caninum). Sie müssen daher unbedingt vom Rinderfutter fern gehalten werden, alle abortierten und tot geborenen Kälber sowie alle Nachgeburten dieser Fälle sofort außer Reichweite von Hunden und Wildtieren entfernt werden. Vorbeugend sollte man bei allen Zukauf-Rindern das Blut untersuchen lassen.

Krankhaftes Verkalben: Was kann man dagegen tun?
Gesunde Haltung, sauberer Stall, ausgeglichene Fütterung. Vorsicht beim Einkauf von Tieren (Bescheinigung über Seuchenfreiheit verlangen), bei Verdacht sofort den Tierarzt holen. Tiere getrennt vom übrigen Bestand abkalben lassen.

Nichtlösen der Nachgeburt: Welche Schäden verursacht es?
Starken Rückgang der Milchleistung,
Ausfluss und Gebärmutterschäden, die zur Sterilität führen können.

Eutererkrankungen: Welche sind häufig?
Eutererkrankungen sind Entzündungen des Euters (Mastitiden), die durch verschiedene Krankheitserreger hervorgerufen werden, z. B. Bakterien, Pilze und sogar Algen. Am häufigsten sind Streptokokken, Staphylokokken und Coli-Bakterien.
Am folgenschwersten ist die akute Mastitis, bei der Tier und Euterviertel gefährdet sind. In den letzten Jahren stieg das Risiko einer umweltbedingten Mastitis. Die Bakterien verbreiten sich vorwiegend mit der Milch (beim Melken, über die Hände des Melkers, über die Maschine), aber auch in den Liegeboxen, wenn sich die Kühe nach dem Melken sofort ablegen.

Akute Mastitis: Wie äußert sie sich?
Fieber bis 42 °C, Festliegen, gestörtes Allgemeinbefinden, stark verändertes Sekret (Schalm-Test), befallene Euterviertel sind stark geschwollen, eingefallene Augen.
Bei einer chronischen Mastitis ist das Allgemeinbefinden nicht gestört, aber das Sekret ist verändert und die Euterviertel sind geschwollen.

Gelber Galt: Was ist das?
Eine chronisch verlaufende Mastitis, verursacht durch Streptokokken-Bakterien.

Mastitis: Gibt es Bekämpfungsmöglichkeiten?
Ein Allheilmittel gegen Mastitis gibt es noch immer nicht, es hilft nur Vorbeugen. Jeder Milchbauer trägt selbst die Verantwortung für absolute Hygiene während des Melkvorgangs sowie für die Stallhygiene! Das Zitzendippen ist eine besonders effektive vorbeugende Maßnahme.
Bei akuter Mastitis viel Flüssigkeit zuführen (Drenchen, siehe Seite 238). Sowohl bei der akuten wie bei der chronischen Form kann man Oxytocin (intravenös) zum Melken geben und Entzündung hemmende Medikamente verabreichen, aber auch dies garantiert keinen Erfolg. Breitband-Antibiotika sind zum einen teuer, zum anderen ist ihre Wirkung umstritten und nur unzureichend nachweisbar.

Milchfieber (Kalbefieber): Wodurch entsteht es?
Milchfieber ist eine Stoffwechselstörung der Kuh, die zum Festliegen nach dem Abkalben führt. Ursachen dafür sind Calcium-, Magnesium- und Phosphormangel, Ketose, Geburtsverletzungen sowie Kombinationen aus diesen verschiedenen Ursachen. Richtige Diagnose und Behandlung erfordern den Tierarzt.

Fruchtbarkeitsstörungen – Wodurch werden sie hervorgerufen?
Beim weiblichen Tier sind die wichtigsten Ursachen entzündliche Prozesse, speziell im Bereich der Geschlechtsorgane, Infektionskrankheiten, Störungen der Hormondrüsen, Ernährungs- und Haltungsmängel, Managementfehler im Betrieb.

Aufblähen – Was ist die Ursache?
Junger Klee, junge Luzerne, überhaupt eiweißreiches junges Futter bei nüchternem Magen,
wenn taufrisches oder bereiftes Futter von nicht weidegewohnten Tieren beweidet wird.

Mangelkrankheiten – Was versteht man darunter beim Tier?
Mangelkrankheiten treten bei fehlerhafter Ernährung auf, meistens fehlt es an Mineralstoffen, insbesondere an den sog. Spurenelementen wie Jod, Magnesium, Eisen. Besonders Vitamin-Mangel führt zu Mangelkrankheiten.

Mangelkrankheiten: Welche sind typisch?
Rachitis,Hirnrinden-Nekrose,
Sterilität,Milchfieber,
Blutarmut.

Mangelkrankheiten: Auf welchen Böden besteht die Gefahr?
Auf Moorböden,
auf armen Urgesteins-Verwitterungsböden.

Erbkrankheiten – Welche sind beim Rind bedeutsam?
Zu den wirtschaftlich relevanten Erbfehlern oder Erbkrankheiten gehören: Spastische Parese, Zwergwuchs, Blindheit, Einhodigkeit oder verkürzter Unterkiefer allgemein, SMA (Spinale Muskelatrophie), SDM (Spinale Dysmyelinisierung), Weaver-Syndrom und Spinnengliedrigkeit (SPGL) beim Braunvieh, CMP (Cardiomyopathie) beim Fleckvieh und BLAD (Bovine Leukozyten-Adhäsionsdefiziens) bei Schwarzbunten. Bekämpfung und damit verbundene Strategien zur Vorbeuge fallen in die Zuständigkeit der Zuchtverbände.

Milchwirtschaft

Trächtigkeit – Wann soll die Kuh trocken gestellt werden?
6–8 Wochen vor dem Abkalben. Die Kuh braucht alle Kraft und alle Nährstoffe für das Kalb und zur Vorbereitung auf die neue Laktation.

Laktation: Was ist für einen Erfolg nötig?
Der Start in eine neue Laktation beginnt mit dem Trockenstellen und dem Management rund um die Geburt des Kalbes. Fehler, die man bei trocken stehenden Kühen macht, sind für die meisten Erkrankungen verantwortlich und wirken sich auf die gesamte Laktationsperiode aus. So folgen auf Festliegen häufig Nachgeburtsverhalten, Ketose, Labmagenverlagerung und Mastitis. Ein klares Management-Konzept kann dem bestens vorbeugen. Dazu gehören vor allem eine dem Bedarf angepasste Nähr- stoff- und Mineralstoffversorgung (siehe Seite 279) sowie ideale Haltungsbedingungen.

Trockenstellen: Wie kann man es unterstützen?
Die Kuh 3 Tage knapp füttern, am 4. Tag nur abends gut ausmelken und Zitzenöffnungen mit Melkfett bestreichen oder in ein Dippmittel tauchen. Auch antibiotische Trockensteller werden eingesetzt, um eine Neuinfektion mit Mastitiserregern zu verhindern. Anschließend das Euter regelmäßig kontrollieren.

Zitzen versiegeln: Was ist damit gemeint?
Eine neue Methode zum Trockenstellen einer Kuh verwendet nicht-antibiotisch wir-

kende Zitzenversiegler, die als mechanische Barriere die Zitze während der Trockenstehzeit vor neuen Euterinfektionen schützen sollen. Im Gegensatz zu antibiotisch wirkenden Versieglern entsteht keine Wartezeit. Voraussetzungen für diese neue Methode mit z. B. Wismut-haltigen Suspensionen sind die Anwendung nur bei absolut eutergesunden Kühen sowie allergrößte Sauberkeit und Sorgfalt bei der Anwendung.

Zitzenversiegler: Wie stellt man mit ihnen richtig trocken?

- Euter und Zitzen sorgfältig (und möglichst trocken) reinigen,
- das Euter gut ausmelken, die Zitze abtrocknen lassen,
- für die Behandlung Handschuhe anziehen,
- die Zitzenspitze sehr sorgfältig desinfizieren (Einwegpapier mit 70 %igem Brennspiritus oder Alkoholtücher), zum Melker hin arbeiten,
- die Zitzenkuppe muss vor der weiteren Behandlung trocken sein,
- die Injektoren oder ihre Schutzkappen nicht in den Mund nehmen,
- in jedes Euterviertel je einen Injektor langsam einbringen, nicht massieren, vom Melker weg arbeiten,
- alle Zitzen Zitzentauchen (Arzneimittel),
- in den nächsten Tagen kontrollieren, ob die Kuh die Milch laufen lässt, falls ja: Nachbehandeln,
- in der 1. Woche des Trockenstehens Mastitiskontrolle vornehmen.

Geburt – Wie macht sich die herannahende Geburt bemerkbar?

Röten und Schwellen der Scham,
Einfallen der Beckenbänder,
Schwellung des Euters.

Was ist vor der Geburt zu tun?

Das Tier in eine saubere Abkalbebucht bringen, beobachten,
Geburtshilfe ist nur im Ausnahmefall notwendig.
Geräte für Geburtshilfe herrichten,
für genügend Platz und ein sauberes Lager sorgen.

Geburtshilfe: Was wird dafür benötigt?

Warmes Wasser, saubere Stricke, Desinfektionsmittel.

Was ist nach der Geburt zu tun?

Entfernen von Schleim aus Nase und Mund des Kalbes,
Nabel ausstreifen und mit Jod desinfizieren,
das Kalb mit Stroh abreiben bzw. der Kuh zum Ablecken vorlegen.
Kalb in die Kälberboxe bringen.
Biestmilch gewinnen und das Kalb sofort tränken,
Muttertier auf mögliche Verletzungen untersuchen.

Drenchen: Was bedeutet das?
Mit Drenchen (zu deutsch »Einflößen«) ist das Einflößen von warmem Wasser oder Wirkstofflösungen als Vorbeuge von Gesundheitsstörungen gemeint, das meist bei Milchkühen unmittelbar nach dem Abkalben angewendet wird. Drenchen ist nur bei geschwächten Tieren sinnvoll, die nach dem Abkalben nicht sofort zu saufen und zu fressen beginnen (z. B. nach Schwer- oder Zwillingsgeburten), um ein Austrocknen zu verhindern. Denn schon geringfügiges Austrocknen kann zu Kreislaufproblemen führen. Das Wasser füllt den Pansen und hält so den Labmagen an seinem Platz, stimuliert ihn und damit die Futteraufnahme, beschleunigt den Abgang der Nachgeburt und steigert wegen des Durstlöschens das Wohlbefinden der Kuh.

Drenchen: Wie führt man es durch?
Dafür stehen verschiedene Drench-Systeme zur Verfügung. Die meisten bestehen aus einer Schlundsonde, die über einen Plastikschlauch mit einer Pumpe verbunden ist. Diese Pumpe saugt die Drench-Flüssigkeit an und drückt sie über die Sonde in den Pansen der Kuh.

Milchwirtschaft – Welche Bedeutung hat sie?
Das Milchgeld liefert sichere, hohe Einnahmen, in Futterbaubetrieben ca. 50 % der Gesamteinnahmen.

Welche gesetzlichen Regelungen gelten?
Milchgesetz vom 31. Juli 1930,
das Milch- und Fettgesetz vom 10. Dezember 1952,
Milch-Güte-Verordnung,
Milch-Garantiemengen-Regelung von 1984,
EG-Verordnungen für Milch und Milchhygiene,
Agenda 2000, GAP 2003.

Was bestimmt das Milchgesetz vom 31. Juli 1930?
Milch ist das Gemelk einer oder mehrerer vollkommen ausgemolkener Kühe, dem nichts hinzugefügt oder entzogen wurde;
zugelassene Milchsorten,
die hygienischen Anforderungen an die Milch,
Normen über Zustand und Beschaffenheit von Räumen, in denen Milch verarbeitet wird.

Wann darf Milch nicht in den Verkehr gebracht werden?
Bei fortgeschrittener Tbc an Euter und Lunge, Darm, Gebärmutter usw.
Milzbrand, Rauschbrand, Wild- und Rinderseuchen und Tollwut, Eutererkrankungen infolge Ansteckung mit Bakterien,
bei Auftreten von Mastitis (Flocken, Eiter, Blut in der Milch),
bei Euterbehandlung mit Penicillin, anderen Antibiotika und Arzneimitteln,
Fütterung von verdorbenem Futter.

BST: Was ist das?

Die Abkürzung steht für **B**ovines **S**omato**t**ropin und ist ein rinderspezifisches Wachstums-Hormon, das in der Milch natürlich vorkommt. Es wird technisch hergestellt und kann bei Milchkühen 10–20 %ige Leistungssteigerungen bewirken. Bei einer Zulassung (wie in den USA) sind auch negative Wirkungen, z. B. auf das Muskelgewebe der Kühe, auf die Eutergesundheit und auch auf die Klauen zu befürchten. Inzwischen gibt es eine EU-Richtlinie, die das Verwenden von Hormonen zur Wachstumsförderung bei Rindern verbietet.

Milchbildung – Wann und wo bildet sich die Milch?

In den vier Milchdrüsen des Euters, zwischen den Melkzeiten und beim Melken. Die Milchdrüsen bestehen aus Drüsengewebe, deren kleinste Teile die Drüsenbläschen sind, die wiederum aus Milchbildungszellen zusammengesetzt sind.

Euter: Wie ist es aufgebaut?

Es besteht aus zwei durch eine Scheidewand getrennten Längshälften; jede Euterhälfte besteht aus 2 selbständigen Vierteln.

Milchbildung und -abgabe: Wodurch wird sie ausgelöst?

Es besteht ein enges Zusammenwirken zwischen Milch- und Geschlechtsdrüsen. Milchbildung und Melkbereitschaft werden durch Hormone gesteuert:

Gesteuert wird die Milchbildung von der Hirnanhangdrüse (Hypophyse); von ihr wird das Milchbildungshormon (Prolaktin) abgesondert. Dieses Hormon kommt über die Blutbahn in die Milchdrüse und bewirkt dort die Milchbildung.

Progesteron sichert die Aufrechterhaltung der Trächtigkeit. Es hemmt gegen Ende der Laktation die Wirkung des Prolaktins.

Oxytocin bewirkt das Einschießen der Milch (Abb. rechts).

Adrenalin hemmt die Melkbereitschaft.

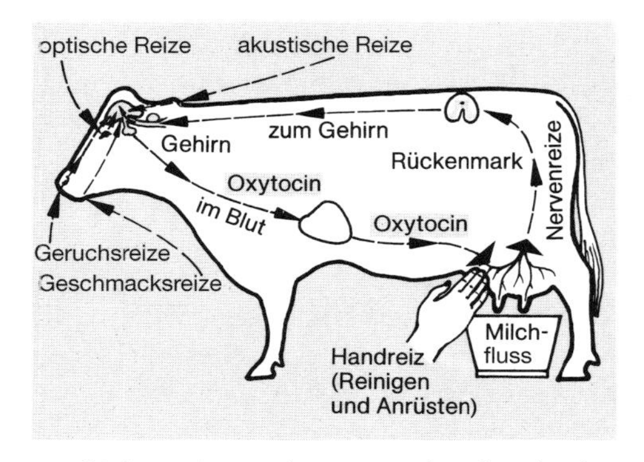

Verschiedene Reize, z. B. das Anrüsten, bewirken über das Milchentleerungshormon (Oxytocin) das »Einschießen« der Milch.

Milchgewinnung – Wie wird saubere Milch gewonnen?

Saubere, gesunde Kühe,
sauberer, frischer, luftiger Stall,
Sauberkeit (nicht füttern und misten) beim Melken,
Sauberkeit des Melkgeräts.

Euter: Wie ist es vor dem Melken zu behandeln?
Mit sauberem Tuch abreiben;
bei starker Verschmutzung ist es mit lauwarmem Wasser zu reinigen.

Allgäuer Melkmethode: Was versteht man darunter?
Bei dieser Melkmethode unterscheidet man 3 Abschnitte:
1. Die vorbereitenden Handlungen, das sind: Reinigen des Euters und Abmelken der ersten Milchstrahlen in ein eigenes Gefäß (Vormelkbecher), Prüfen der Milch und Anrüsten;
2. das Melken (Faustmelken),
3. das Ausmelken (Reinmelken) und die Schlussgriffe.

Maschinenmelkanlage: Welche Arten gibt es?
Melkeimeranlagen, Rohrmelkanlage,
Melkstand, Weidemelkanlagen,
Melkkarussell, automatische Melksysteme (Melkroboter).

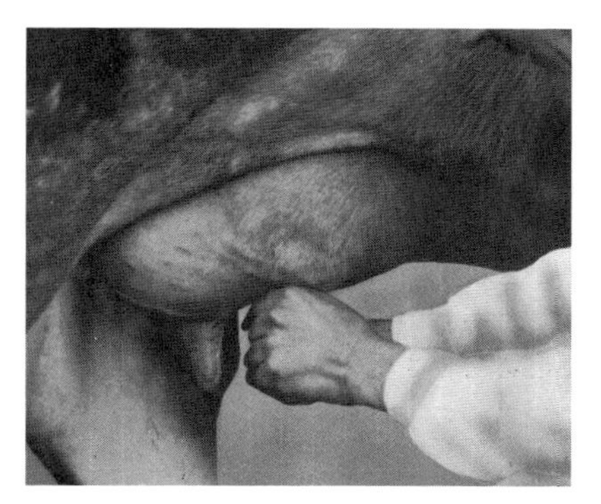

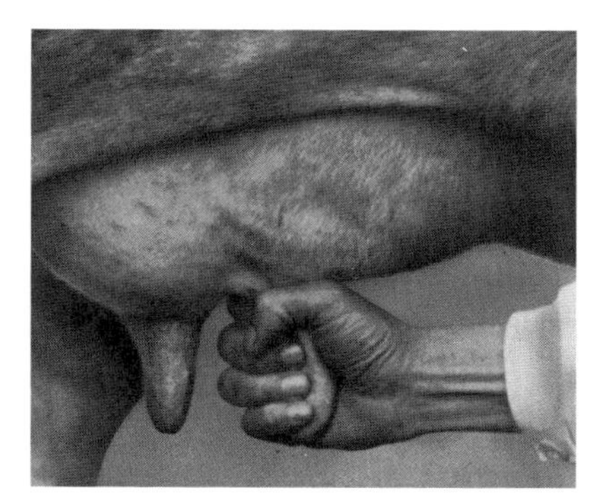

Richtige Handstellung bei der Allgäuer Melkmethode.

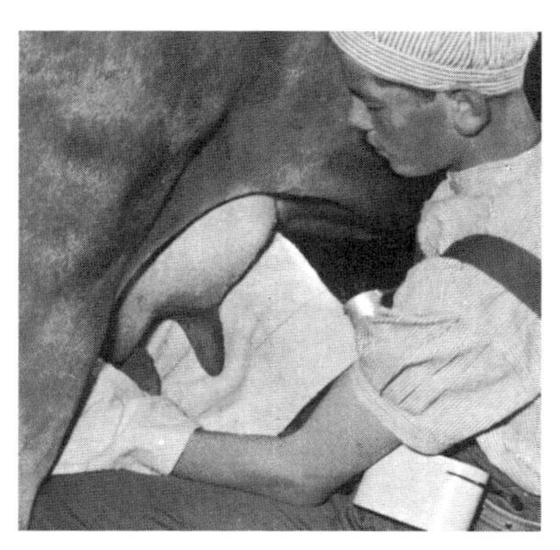

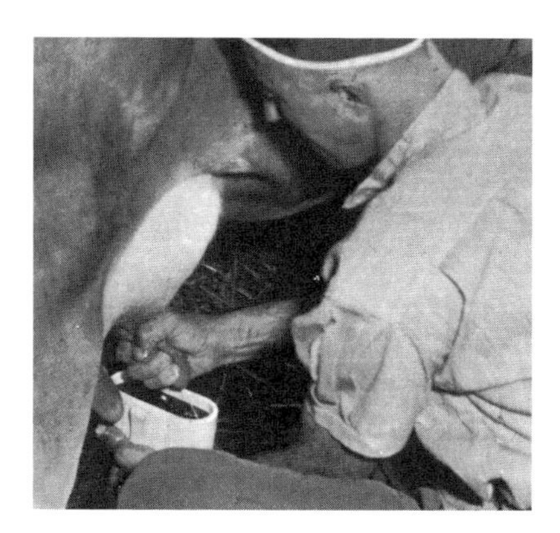

Reinigen und Anrüsten des Euters

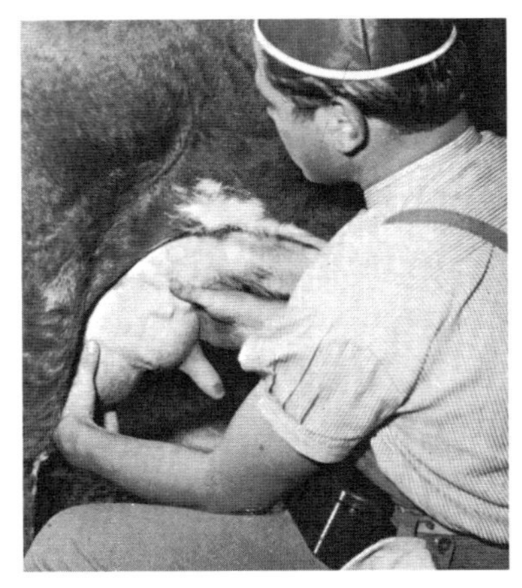

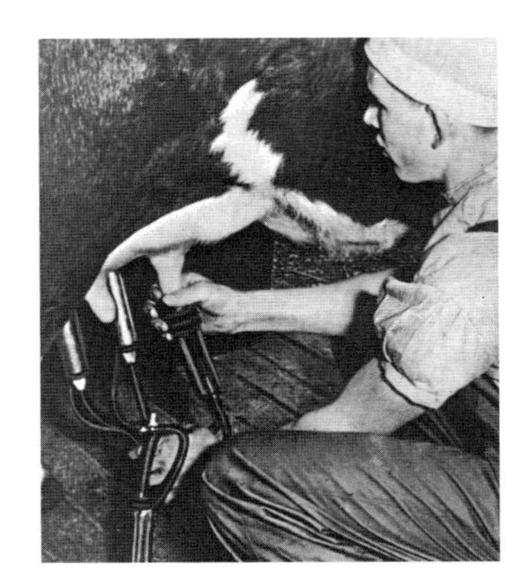

Prüfen der Milch und Ansetzen der Melkzeuge.

Melkroboter: Was ist davon zu halten?
Der Einsatz dieser automatischen Melksysteme (AMS) erfordert einen hohen Investitionsbedarf und eine spezielle Technik. Dem stehen eine erzielbare Milchleistungssteigerung von 10–20 % und eine bessere Tiergesundheit (als Folge der höheren Melkhäufigkeit von ca. 3-mal/Tag) sowie eine wesentliche Arbeitszeiteinsparung gegenüber. Wirtschaftliche Vorteile bringt das automatisierte Melken vor allem in Lohnarbeitsbetrieben. Die Anschaffung eines Melkroboters ist aber für einen Betrieb mit weniger als 70 (d. h 60 laktierenden) Kühen zur Zeit unrentabel.

Side-by-side-Melkstand: Was ist das?
Bei diesem Melkstand stehen die Kühe Seite an Seite; sie werden von hinten gemolken und benötigen so nur ca. 75 cm Standbreite.

Melkmaschinenwartung: Worauf ist zu achten?
Auf richtiges und gleichmäßiges Vakuum,
auf richtige und konstante Pulszahl,
auf regelmäßiges Auswechseln gebrauchter Gummiteile,
auf fachgerechtes Reinigen der Geräte. (Täglich mit lauwarmem Wasser vorspülen, Reinigung mit Desinfektionsmittel, nachspülen mit kaltem Wasser; wöchentlich 1 Generalreinigung mit Auseinandernehmen der Melkzeuge etc.).

Behandlung der Milch – Wie muss Milch nach dem Melken behandelt werden?
Sie ist sofort aus dem Stall zu bringen, zu filtern und zu kühlen.

Wo wird die Milch am besten aufbewahrt?
In einer vorschriftsmäßigen Milchkammer mit entsprechender Kühleinrichtung oder im Kühltank.

Milchkühlung: Welche Möglichkeiten gibt es?
Wasserbehälter mit Abfluss, Ringkühler mit Wasserdurchfluss, Tauchkühler, Milchkühlwannen, Milchkühltanks, in denen mit künstlicher Kälte gekühlt wird.

Kühltemperatur: Auf welche Temperatur soll gekühlt werden?
Auf 4–8 °C, weil sich darüber die Milchsäurebakterien noch vermehren. Die Milch soll innerhalb von 2 Stunden nach Beginn des Melkens auf +4 °C heruntergekühlt sein und kühl gehalten werden.

Milchbehälter: Wie sind sie zu behandeln?
Reinigung und Desinfektion nach höchsten Hygienestandards.

Milch – Wie setzt sie sich zusammen?
87 % Wasser, 13 % Trockenmasse, davon sind im Durchschnitt:
3,9 % Fett,
3,5 % Eiweiß,
4,6 % Zucker,
0,75 % Mineralstoffe.

Wovon werden Menge und Zusammensetzung beeinflusst?
Rasse, Anlage und Alter des Tieres,
Witterung, Fütterung, Haltung und Pflege,
Stand der Laktation (frischmelkend oder abmelkend),
Zahl der Laktationen,
Krankheiten,
Art des Melkens.

Kolostralmilch (Biestmilch): Was versteht man darunter?
Die bis zu 9 Tagen nach der Geburt gebildete Milch. Sie ist gelblichrot, schleimig, angereichert mit Schutzstoffen (Albuminen, Globulinen und Salzen), daher lebensnotwendig für das Kalb. Sie darf nicht zur Molkerei geliefert werden.

Mikroorganismen: Welche kommen in der Milch vor?
Bakterien, Schimmelpilze oder Hefen.

Kleinlebewesen: Was bewirken sie in der Milch?
Sie sind entweder Milchsäure- oder Gasbildner,
Fett- und Eiweißabbauer oder Krankheitserreger.

Bakterien: Woher kommen sie?
Vom Euter (in einem gesunden Euter sind keine Bakterien!),
aus der Luft,
von Verschmutzung durch Erde, Kot, Streu und Futtermittel.

Wie sind die schädlichen Kleinlebewesen in der Milch zu bekämpfen?
Durch Erhitzen,
Kühlen.

Welche sind die bekanntesten Verfahren der Milcherhitzung?
Pasteurisieren,
H-Milch.

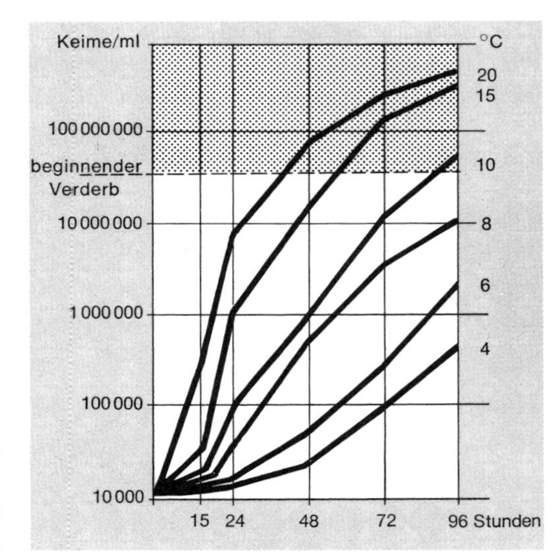

Keimvermehrung in der Milch bei unterschiedlichen Temperaturen.

EHEC: Was ist das?
Die Abkürzung für **E**ntero**h**ämorrhagische-**E**scherichia-**C**oli-Infektion steht für eine Infektionskrankheit beim Menschen, als deren Hauptquellen nicht erhitztes rohes Rindfleisch und nicht abgekochte Rohmilch gelten, da diese Escherichia-Coli-Bakterien enthalten können. Mit einem Infektionsschutz-Gesetz soll eine Meldepflicht für EHEC-Infektionen beim Menschen eingeführt werden.

Qualität – Welche Fehler sind mit bloßem Auge zu sehen?
Schmutzige Milch,
Faden ziehende Milch,
Farbabweichungen der Milch.

Welche Fehler sind durch den Geruchs- oder Geschmackssinn festzustellen?
Ranzige Milch,
nasssalzige Milch,
Geruch und Geschmack von Futtermitteln (Silage!).

Eutergesundheitstest: Was ist das?
Wegen der verschärften Bestimmungen über den Zellgehalt der Milch seit 1. 1. 1994 empfiehlt es sich beim Kauf von Kühen, einen »Eutercheck« zu verlangen.

Qualitätsmerkmale: Welche schreibt die Milch-Güte-VO zwingend vor?
Fett- und Eiweißgehalt, bakteriologische Beschaffenheit (Keimzahl), Gehalt an somatischen Zellen (Zellzahl), Hemmstoffe, Gefrierpunkt (Wassergehalt). Alle Qualitätsmerkmale werden bei der Milchpreis-Berechnung berücksichtigt.

Keimzahlen: Welche sind zulässig?
Seit 1. 1. 1998 gelten folgende Grenzwerte (Keime/ml):

Güteklasse S	bis 50 000 (für Milch der Klasse S zahlen die Molkereien 0,5–1 ct Zuschläge)
Güteklasse 1	bis 100 000
Güteklasse 2	über 100 000 (Abzüge von 2 ct und mehr sind möglich).

Milchsorten: Welche gibt es?

Trinkmilch,	H-Milch,
Markenmilch,	Vollmilch,
Vorzugsmilch,	Magermilch.

Vorzugsmilchbetriebe: Welche Vorschriften gelten für sie?
Hygienische Stallung,
vorschriftsmäßige Milchkammer,
Kühlanlage,
tierärztliche Überwachung der Rinderbestände,
gesundheitliche Überwachung des Stallpersonals.

Qualitätsmilch: Was versteht man darunter?
Milch mit äußerst niedriger Keimzahl aus gesunden Tierbeständen.

H-Milch: Was versteht man darunter?
Ultrahocherhitzte Milch (3–6 s auf 130–150 °C), keimfrei abgefüllt, mindestens 6 Wochen ohne Kühlung haltbar.

Betriebsbegehung (Milchqualität) – Was versteht man darunter?
Eine Maßnahme zur Überprüfung der Milcherzeugerbetriebe in Bezug auf die baulichen und hygienischen Bedingungen für die Milchproduktion. Sie wird von Außendienstmitarbeitern des Milchprüfrings durchgeführt.
Betriebsbegehungen dienen der Umsetzung der EU-Milchhygiene-Richtlinie. Für die Überwachung der Milch-VO sind z. B. in Bayern die Veterinärämter zuständig.

Preis – Von welchen Bedingungen ist er abhängig?
Von der Verwertungsmöglichkeit der Milch durch die Molkereien, vom Fett- und Eiweißgehalt, von der Qualität und dem EU-Richtpreis.

Schweinezucht und -haltung

Bedeutung – Worin liegt die betriebswirtschaftliche Aufgabe der Schweinehaltung?

Veredelung von Bodenprodukten aus eigenem Betrieb,
Arbeitsmöglichkeit familieneigener Arbeitskräfte,
flächenunabhängiger Betriebszweig,
leichtere Anpassung an die Marktlage als bei der Rinderhaltung,
Veredelung von Zukauffutter.
Der Produktionswert 2005 betrug 5,7 Mrd. €.

Schweinehaltung: Welche Formen gibt es?
Zuchtbetriebe, Sauenvermehrung, Ferkelerzeugung, Mast.

Schweinezyklus: Was versteht man darunter?
Schwankungen im Preis der Schweine, verursacht durch periodische Zu- und Abnahmen der Schweinebestände.

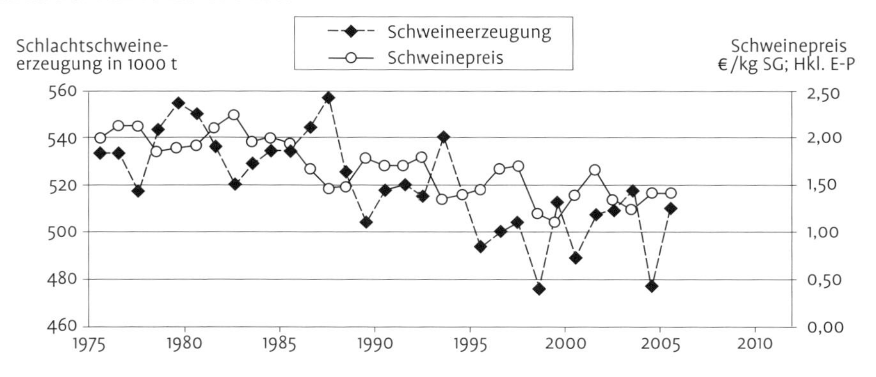

Zucht – Was ist für eine wirtschaftliche Schweinezucht und -haltung nötig?

Gesundheit, Fruchtbarkeit, gute Futterverwertung, Mastfähigkeit, hoher Fleischanteil, gute Fleischqualität.

Rassen: Welche sind in Deutschland von Bedeutung?
Deutsche Landrasse (DL),
Deutsche Landrasse B (LB),
Piétrainschwein (PI),
Duroc (DU)
Deutsches Edelschwein (DE),
Leicoma,
Schwerfurter (als Fleischschwein),
Hamphire (HA),
Angler Sattelschwein (AS).

Hybridschweine: Was versteht man darunter?
Kreuzungsprodukte aus möglichst ausgeglichenen Linien gleicher oder verschiedener Rassen. Man erwartet von den Kreuzungselterntieren höhere Aufzuchtergebnisse und von den Hybrid-Mastschweinen rascheres Wachstum und bessere Futterverwertung.
Mit dem Endprodukt »Hybrid-Mastschwein« kann nicht weitergezüchtet werden.

Eberkauf: Worauf ist zu achten?
Auf den Zuchtwertindex (Mast- und Schlachtleistungsmerkmale und äußere Erscheinung).

Zuchtsau: Was soll sie leisten?
Möglichst viele gesunde Würfe (jährlich mindestens 2,2) mit je 10–12 Ferkeln,
gutes Aufzuchtergebnis (jährlich mindestens 15, besser 18 lebende Ferkel).

Abstammungsnachweis: Was enthält er?
Angaben über: Zuchtleistung,
Mastleistung,
Schlachtleistung,
ermittelt durch Leistungsprüfungen und Schlachtkörperbewertung.

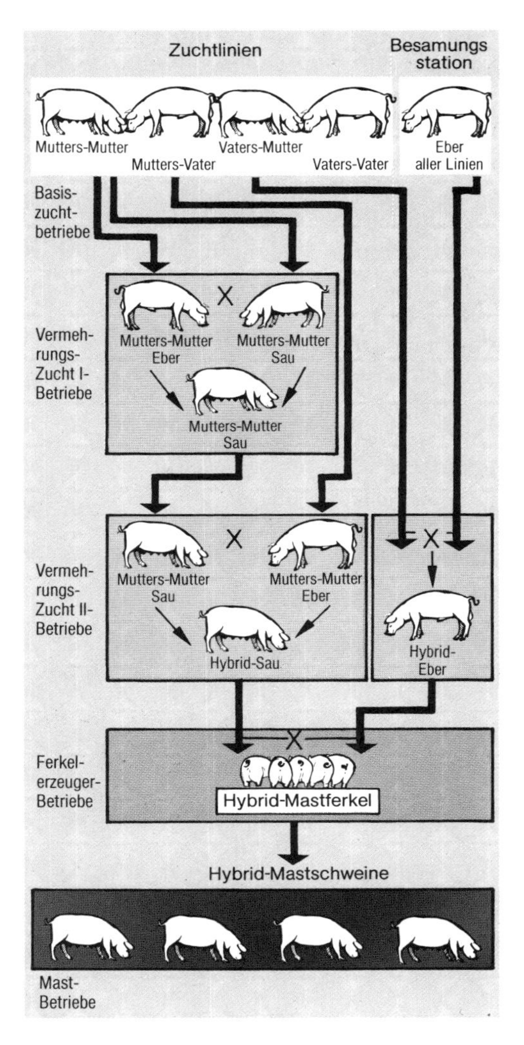

Ablauf der Züchtung von Hybridmastschweinen.

Zuchtleistungsprüfung: Welche Daten werden ermittelt?
Zahl der lebend geborenen Ferkel/Wurf,
Zahl der lebend geborenen Ferkel/Sau und Jahr,
Zahl der aufgezogenen Ferkel am 21. Tag nach der Geburt,
Zahl der aufgezogenen Ferkel/Sau und Jahr.

Jungsau: Wann soll sie erstmals gedeckt werden?
Mit einem Alter von 7–8 Monaten bei einem Gewicht von 110–120 kg.

Wie lange ist eine Sau trächtig?
In der Regel 115 Tage oder 3 Monate, 3 Wochen und 3 Tage.

Mit welchem Alter sollen Ferkel abgesetzt werden?
Mit etwa 5 Wochen, bei Frühabsetzen ab 21 Tagen.

Wie soll sich das Gewicht der Ferkel entwickeln?
Mit 4 Wochen etwa 7 kg, mit 6 Wochen 12–14 kg, mit 8 Wochen 15–20 kg.

Körperbau – Welche Forderungen sind an eine Zuchtsau zu stellen?
Lang und schlank,
gutes Beinwerk,
volle Rippenwölbung,
langes breites Becken,
gut ausgebildete Gesäuge.

Der Typ des Fleischschweines.

Körperteile: Wie werden sie beim Schwein benannt?

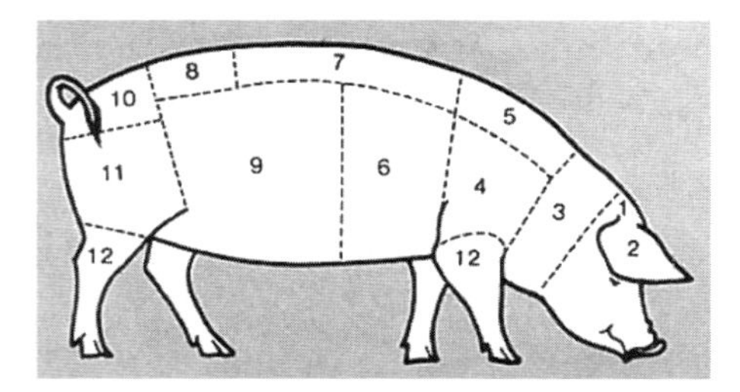

1 Kopf
2 Ohr
3 Hals
4 Schulter
5 Widerrist
6 Brust
7 Rücken
8 Lende (Nierenpartie)
9 Bauch
10 Becken
11 Hinterschinken
12 Beine

Körperbau: Welcher ermöglicht einen guten Fleischansatz?
Gut entwickelter Brustkorb,
langer, breiter Rücken mit genügend langen Dornfortsätzen,
langes, breites, nur leicht abschüssiges Becken.

Heute erwünschte Zuchtform beim Eber (Landrasse).

So soll eine Zuchtsau nach heutigen Vorstellungen aussehen.

Pummeltyp: Was versteht man darunter?
Es ist das kurze, gedrungene, zu frühzeitigem Fettansatz neigende Schwein.

Mast – Wie erzielt man einen guten Masterfolg?

Durch gute Futterverwertung,
richtige Fütterung,
gesunde Ställe,
optimale Haltungsbedingungen.

Eine Gruppe guter Mastschweine, wie sie der Markt verlangt.

Mastprüfungsanstalten: Welche Aufgaben haben sie?
Die Mastfähigkeit der Nachkommen von Herdbuchschweinen zu prüfen.

Mastleistungsprüfung: Welche Daten werden erhoben?
Futteraufwand/kg Zuwachs,
tägliche Zunahmen.

Schlachtleistungsprüfung: Welche Daten werden ermittelt?
Schlachtkörpergewicht (warm und kalt), Schlachtkörperlänge, Rückenspeckdicke, Rückenmuskelfläche, Fettfläche, Fleisch : Fett-Verhältnis, Bauchbeurteilung, Schinkengewicht und -anteil.
Außerdem wird noch die Fleischbeschaffenheit (ph-Werte, Leitfähigkeit, Fleischhelligkeit, Fleischbeschaffenheitszahl (siehe Seite 251) ermittelt.

Stress-Resistenz – Halothantest: Was versteht man darunter?

Bei diesem Test werden die Ferkel 5 min lang mit dem Betäubungsgas »Halothan« auf ihre Reaktion geprüft. Man hofft damit, der Stress-Anfälligkeit und den Folgeproblemen auf die Spur zu kommen.
Halothan-positiv = stressempfindlich (Muskelverspannungen),
Halothan-negativ = nicht stressempfindlich (Muskeln bleiben locker).

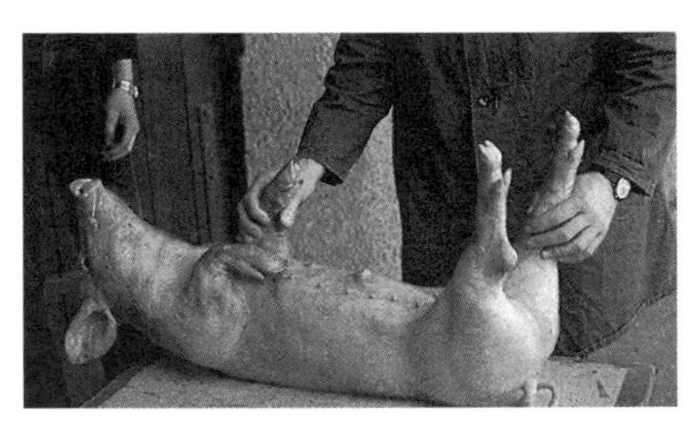

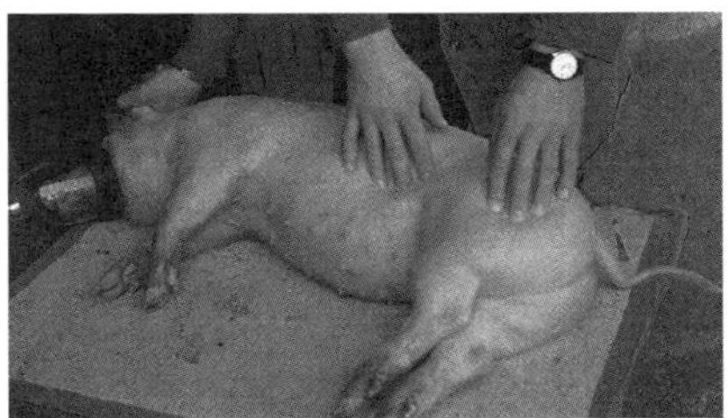

Halothantest: positiv (oben) und negativ (unten).

MHS-Gentest: Was ist das?
Die Abkürzung steht für **M**alignes-**H**yperthermie-**S**yndrom. Der Test ist ein preisgünstiges Verfahren, um festzustellen, ob ein Schwein rein- oder gemischterbig stress-

resistent oder reinerbig stressanfällig ist. Zum Test wird dem Schwein 1 ml Blut entnommen und auf das für das Stress-Verhalten verantwortliche Gen untersucht.

PSE-Fleisch – Was versteht man darunter?

PSE kommt aus dem Englischen und steht für »blass« (**p**ale), »weich« (**s**oft) und »wasserlässig« (**e**xudative). PSE-Fleisch schrumpft beim Braten (Schwundverlust), wird zäh und trocken. Die Ursache ist in der Stress-Anfälligkeit der Schweine zu suchen.

DFD-Fleisch – Was versteht man darunter?

Die Abkürzung steht für die englischen Begriffe **d**ark (dunkel), **f**irm (fest) und **d**ry (trocken) und bezeichnet einen Qualitätsmangel bei Fleisch als Folge ungenügender Fleischreifung. Das Fleisch ist zwar zart, aber leimig und von unbefriedigendem Geschmack. DFD-Beschaffenheit kommt öfter bei Rind- als bei Schweinefleisch vor.

Fleischqualität – Lässt sie sich messen?

Einige für die Qualität von Fleisch wichtige Kennzeichen lassen sich messen und für die Zuchtentscheidung ausnutzen:
Der Fleischhelligkeitswert (gemessen als Göfo-, teilweise als Opto-Star-Wert),
der pH-Wert des Fleisches,
die Leitfähigkeit.

Göfo-Wert: Was versteht man darunter?

Die Göfo-Werte (Abkürzung aus Göttingen und Fotometer) stammen aus der fotoelektrischen Messung der Fleischfarbe. Sie dienen für Selektionsentscheidungen. Je kleiner der Wert ist, desto heller ist das Fleisch.

Opto-Star-Wert: Was ist das?

Das Opto-Star-Gerät ersetzt teilweise das Göfo-Meter zur Bestimmung des Fleischhelligkeitswertes. Optimal sollen die Opto-Star-Werte zwischen 60 und 70 liegen. Werte unter 40 deuten auf PSE-Fleisch, Werte über 80 auf DFD-Fleisch hin.

pH-Werte: Was sagen sie aus?

Der pH-Wert im Kotelettmuskel und/oder im Schinken gibt den »Säuregrad« des Fleisches an. Der pH (1) wird 1 Stunde nach der Schlachtung, der pH (24) entsprechend 24 Stunden nach dem Schlachten gemessen. Optimal liegt der pH (1) über 6, der pH (24) bei 5,6. Ein pH (1) unter 5,7 kommt von PSE-Fleisch, ein pH (24) über 6,2 von DFD-Fleisch.

Leitfähigkeitsmessung: Wozu dient sie?

In Schlachthöfen lässt sich bei laufendem Schlachtprozess mit dieser Messmethode die Fleischqualität ermitteln. Dazu wird die elektrische Leitfähigkeit von Muskelfleisch elektronisch gemessen. Dies erlaubt Aussagen über die Wasserhaltefähigkeit des Fleisches und gibt damit Hinweise auf PSE-Fleisch (weniger auf DFD-Fleisch).

Fleischbeschaffenheitszahl: Was versteht man unter der FBZ?
Die FBZ ist eine Indexzahl aus pH- und Opto-Star- oder Göfo-Werten. Sie dient für Selektionsentscheidungen und wird im Selektionsindex berücksichtigt.

Schweinekrankheiten

Schweinekrankheiten: Welche sind die bekanntesten?
Schweinedysenterie,
Rotlauf (Bakterien),
TGE (Übertragbare Magen-Darm-Entzündung, Virus),
Schweinepest (Virus),
Ferkelgrippe (verschiedene Erreger),
Schnüffelkrankheit (verschiedene Erreger),
Aujeszkysche (AK) Krankheit,
PRRS,
MMA,
SMEDI (Parvovirose),
PMWS,
PTA,
Salmonellose.

PRRS oder Seuchenhafter Spätabort: Was ist das?
Das ist ein durch ein Virus verursachtes Verwerfen hochträchtiger Sauen. Es werden tote oder lebensunfähige Ferkel geboren. Bundesweit geht man davon aus, dass 60–80 % aller Ferkel-Erzeugerbetriebe PRRS-infiziert sind.
Da die Bezeichnung »Seuchenhafter Spätabort« nur teilweise zutrifft, hat sich PRRS durchgesetzt, die englische Bezeichnung für »Abort- und Atemwegssyndrom«.

PRRS: Woran ist es zu erkennen?
Kümmernde Ferkel, auseinander wachsende Gruppen, Atembeschwerden, Fressunlust und Durchfall, geschwollene, rote Augenlider bei Mastschweinen und blaurot verfärbte Ohren lassen auf das Zirkulieren von PRRS im Bestand schließen. Es gibt Impfungen mit Tot- oder Lebendimpfstoffen, aber Impfprogramme müssen mit dem Tierarzt sorgfältig auf ihren sinnvollen Einsatz hin beraten werden.

Ferkelgrippe: Wie wird sie bekämpft?
Ausmerzen der Kümmerer,
reinigen und desinfizieren des Abferkelteils bzw. der Ferkelbucht vor dem Abferkeln,
gutes Austrocknenlassen der Abferkelbucht,
gesunde Haltung, eventuell Auslauf.

Aujeszkysche Krankheit (AK): Wie kann man sie beseitigen?
Die auch als Pseudowut bekannte Krankheit richtete in den 80er-Jahren in den Schweinebeständen schwere Schäden an. Heute steht ein markierter Impfstoff zur Verfügung, der aber die Krankheit nur überdeckt. Es hilft nur konsequente Sanierung der Bestände, um den Status »AK-frei« zu erreichen, was z. B. in Bayern gelungen ist.

PMWS: Was ist das?
Diese Abkürzung steht für die englische Bezeichnung **P**ostweaning **m**ultisystemic **w**asting **s**yndrom, verursacht vom mittlerweile weit verbreiteten Porcinen Circo-Virus (PCV2). Kennzeichen der Krankheit sind Kümmern, insbesondere nach dem Absetzen der Ferkel, Atemwegsprobleme, Durchfall, vergrößerte Lymphknoten, Blässe. PMWS ist eine typische Faktorenkrankheit. Trotz intensiver Forschung ist das Wesen dieser Erkrankung noch nicht geklärt. Man kann ihr nur gesamtheitlich unter Optimierung von Gesundheitsmanagement, Hygiene, Fütterung und Haltung vorbeugen und indem man am besten Ferkel aus einer Herkunft bezieht.

PIA (Ileitis): Kann man diese Erkrankung heilen?
Die Abkürzung steht für **P**orcine **i**ntestinal **a**denomatosis, also eine Erkrankung der Schweine mit entzündlichen Wucherungen der Darmschleimhaut. Verursacht wird die zunehmend verbreitete Durchfallerkrankung durch Bakterien. Symptome sind Kümmern, blasse Haut, Durchfall bis hin zu Totalverlusten. PIA ist leicht mit Dysenterie und Salmonellose zu verwechseln. Ziel der therapeutischen Maßnahmen ist es, Verluste zu reduzieren und eine Neu-Infektion zu verhindern. Ein Impfstoff gegen Ileitis wurde 2004 zugelassen und kann als Schluck-Impfung, also oral über das Tränkewasser verabreicht werden.

Salmonellose: Wer kann daran erkranken?
Die durch Salmonellen verursachte Infektionskrankheit kommt bei allen Haustieren, Wildtieren und beim Menschen vor. Salmonellen sind äußerst widerstandsfähig. Häufigste Ansteckungsquellen sind chronisch infizierte Tiere, Futtermittel, Ungeziefer, Stallgeräte.

Salmonellose: Was kann man dagegen unternehmen?
Die Salmonellen-Bekämpfung ist in Mastschweinebetrieben Pflicht und Teil eines permanenten Qualitätssicherungs-Systems. 10–20 % der in Deutschland auftretenden Salmonellen-Infektionen werden auf den Verzehr von kontaminiertem Schweinefleisch zurückgeführt. Zu hohe Salmonellen-Belastung in einem Betrieb kann zu Preisabschlägen führen.

Salmonellen-Bekämpfung: Wie läuft sie ab?
Sie ist mühsam und eine Daueraufgabe, die planmäßig durchgeführt werden muss. Durch kurzfristige Maßnahmen muss zunächst der Infektionsdruck gesenkt werden, eventuell mithilfe einer veränderten Fütterung. Nur über umfassende Hygienemaßnahmen kann die Infektionskette unterbrochen werden, wozu auch der Ferkelerzeuger-Betrieb mit einbezogen werden muss, um erneuten Eintrag zu stoppen. Das Hygienemanagement muss optimiert werden.

Schnüffelkrankheit (Rhinitis atrophicans): Wie erkennt man sie?
Diese meldepflichtige Seuche wird durch Bakterien verursacht und macht sich zunächst durch Niesen und Husten der Tiere bemerkbar. Bei fortgeschrittener Krankheit kommt es zur Rückbildung der Nasenmuscheln sowie zur Verbiegung und Verkürzung

des Oberkiefers. Konsequente Schutzimpfung der Muttersauen ist empfehlenswert.

Schweinepest: Was ist die Ursache und wie erkennt man sie?

Sie wird durch ein Virus verursacht und kommt bei Haus- und Wildschweinen vor. Kranke Tiere haben Fieber bis zu 41,5 °C, entzündete Bindehäute, verklebte Augenlider, Erbrechen und Durchfall. Ohren bzw. Ohrspitzen blau verfärbt, Hinterhandschwächen, schwankender Gang.
Schweinepest ist anzeigepflichtig. Bei Ausbruch der Krankheit wird der ganze Bestand gekeult.

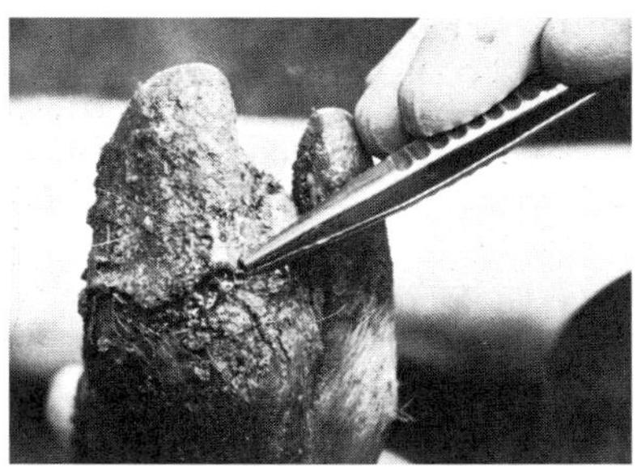

Schweinepest: Schwanken der Nachhand (oben), geplatzte MKS-Bläschen (unten).

Schweinepest: Wie kann man sie vermeiden?

Vorsicht beim Zukauf, zugekaufte Tiere 14 Tage in gesondertem Quarantänestall unterbringen,
Sauberkeit im Stall und wiederholte Desinfektion,
Speiseabfälle dürfen nicht mehr verfüttert werden. (Ein Fütterungsverbot für Speiseabfälle besteht EU-weit.)

Schweinerotlauf: Wie kann er bekämpft werden?

Durch Sauberkeit und Schutzimpfungen zur Vorbeuge.

SMEDI: Was bedeutet das ?

SMEDI (auch Parvovirose genannt) steht für **S**tillbirth (Totgeburt), **M**umification (Mumifizierung), **E**mbryonic **D**eath (embryonaler Tod) und **I**nfertility (Unfruchtbarkeit). Die Krankheit ist bei der trächtigen Sau auf die Gebärmutter beschränkt, die Sau zeigt keine äußeren Krankheitserscheinungen, während die Ferkel im Mutterleib absterben oder lebensschwach geboren werden.
SMEDI ist oft ein Bestandsproblem bei Jungsauen. Schutzimpfungen sind wirksam.

Haptoglobin-Test: Was versteht man darunter?

Haptoglobin ist ein Protein, das Entzündungen im Körper anzeigt. Der Haptoglobin-Test gibt Auskunft über den Gesundheitszustand in einem ganzen Schweinebestand. Dazu wird vom Tierarzt eine Stichprobe (wenige Tropfen Blut) von etwa 10 % der Tiere eines Bestandes genommen und einem ELISA-Test unterzogen. Anhand einer Farbveränderung kann auf die Haptoglobin-Menge im Blut geschlossen werden.

Das Testergebnis ist schnell ermittelt, zuverlässig und eine wertvolle Hilfe für den Schweinehalter bei der Gesundheitsvorsorge im Stall.

Stress – Was versteht man darunter?

Stress ist eine aus der allgemeinen Situation heraus entstandene, umfassende Belastung, ausgelöst durch Stress-Faktoren. Als solche gelten z. B. übersteigerte physiologische Reize, verursacht durch Hunger, Durst, Bewegungsarmut, Schmerz, Hitze, Kälte, Zugluft, Transportenge, negativen Stallwechsel, Föhn, aber auch physikalische, chemische und biologische krankheitserregende Ursachen.

Herztod: Welche Ursachen hat er ?

Stress, z. B. beim Transport.

Stressbedingte Krankheiten: Welche treten auf?

Das Belastungs-Myopathie-Syndrom (BMS) ist ein Zusammentreffen von Krankheitserscheinungen, die als PSE-Fleischhelligkeit, plötzlicher Herztod und akute Rückenmuskel-Nekrose (Bananenkrankheit) auftreten. Ausgelöst wird BMS z. B. durch Fütterungsfehler, Flüssigkeitsmangel, Platzmangel-Stress, Gruppenstress, lange Triebwege, Stress durch Medikamentenbehandlung.

Fruchtbarkeitsstörungen – MMA-Komplex: Was ist das?

MMA ist eine nachgeburtliche Störung mit drei Erscheinungsbildern: **M**astitis (Gesäugeentzündung), **M**etritis (Gebärmutterentzündung), **A**galaktie (Milchmangel). Die Erscheinungen können für sich allein oder in Kombination auftreten. Ihre wirtschaftliche Bedeutung liegt in Todesfällen oder Notschlachtungen bzw. Sterilität der betroffenen Sauen, vor allem aber auch in direkten oder indirekten Ferkelverlusten.
MMA kann nach Ausbruch nur schlecht behandelt werden, daher besteht der Schwerpunkt in der Vorbeuge, d. h vor allem optimale Haltungs- und Hygienebedingungen.

Verwerfen: Wodurch kann es hervorgerufen werden?

Stoß, Schlag, Ausrutschen, verdorbenes Futter, Blähung, Mineralstoffmangel, Krankheiten (z. B. Brucellose, PRRS, SMEDI.)

Hygiene-Verordnung für Schweinehalter – Was beinhaltet sie?

Jeder Betriebsleiter muss einen vom Kreisveterinär anerkannten Tierarzt mit einer mindestens einmal jährlich durchgeführten Untersuchung bzw. einer Untersuchung pro Mastduchgang beauftragen, die sich schwerpunktmäßig auf Anzeichen einer Seuche bezieht. Es besteht eine Aufzeichnungspflicht für Sauenhalter über Belegungen, Umrauscher, Aborte, lebend geborene und aufgezogene Ferkel. Märkte und Sammelstellen dürfen nur noch von infektionsfreien Betrieben beliefert werden.
Für Kleinbetriebe mit maximal 20 Mast- oder 3 Sauenplätzen müssen Ställe und Nebengebäude »in gutem baulichen Allgemeinzustand« und abschließbar, Auslaufhaltungen doppelt eingezäunt sein.

Bei Bestandsgrößen von 21–700 Mast- bzw. 4–150 Sauenplätzen werden bei reiner Ferkelerzeugung oder maximal 100 Sauen im geschlossenen System verschiedene bauliche Anforderungen erhoben, insbesondere ein Kadaverlager. Ställe dürfen nur mit Schutzkleidung und nach Schuhdesinfektion betreten werden, ein Hochdruckreiniger ist Pflicht. Futterlager müssen gegen Wildschweine geschützt sein.
Für Betriebe mit mehr als 700 Mast- oder 150 Sauenplätzen gibt es zusätzliche Auflagen: Einzäunung des gesamten Betriebes, Hygieneschleuse, Quarantänestall in separatem Gebäude (dreiwöchige Quarantäne für Neuzukäufe). Allgemein gilt, dass Freilandhaltungen vom Kreisveterinär genehmigt und doppelt eingezäunt werden müssen.

Zentrale Datenbank für Schweine – Welche Ziele hat sie?

Die über die zentrale Datenbank (Herkunftssicherungs- und Informations-System für Tiere, HIT) nach der Viehverkehrs-Verordnung (VVVO) erforderlichen und erfassten Daten dienen der Tierseuchenbekämpfung, die aufgrund der Datenbank-Informationen wesentlich effektiver wird.

HIT: Wie erfolgt die Registrierung?

Alle meldepflichtigen Betriebe erhalten eine 12-stellige Registriernummer, die das Bundesland, den Regierungsbezirk, den Landkreis, die Gemeinde und die laufende Betriebsnummer als Zahlencode enthält. Aus der Registriernummer des Geburtsbetriebes kann dann die Ohrmarkennummer abgeleitet werden.

HIT-Ohrmarke: Seit wann müssen Schweine diese tragen?

Bei allen neu geborenen Schweinen muss seit dem 1. 1. 2003 diese Kennzeichnung mit der Ohrmarkennummer spätestens bis zum Absetzen erfolgen. Die Kennzeichnung setzt sich aus einem DE für Deutschland, dem für den Sitz des Betriebes geltenden amtlichen Kfz-Kennzeichen sowie den letzten 7 Ziffern der Registriernummer des Geburtsbetriebes zusammen.

HIT-Meldung: Wie erfolgt sie?

- Meldung mit vorgedruckter Meldekarte über die Regionalstellen (Postweg, Fax),
- Meldung über den PC (Internet).

HIT-Meldepflicht: Wen betrifft sie?

Alle Schweinehalter (aber nicht Viehhändler, Schlachtstätten, Transportunternehmer) müssen zum Stichtag 1. 1. eines Jahres die Anzahl der im Bestand vorhandenen Schweine (2 Kategorien: Zuchtferkel einschließlich Saugferkel sowie Mastschweine) innerhalb von 2 Wochen melden. Unabhängig von der Stichtagsmeldung muss bei der Übernahme von Schweinen in einen Betrieb innerhalb von 7 Tagen eine Übernahmeerklärung erfolgen.

Geflügelzucht und -haltung

Bedeutung – Welche Bedeutung hat die Geflügelhaltung als Betriebszweig?

Innere Aufstockung infolge ihrer Flächenunabhängigkeit,
Ausnutzen vorhandener Arbeitskräfte,
Restgebäudeverwertung.

Wovon hängt die wirtschaftliche Hühnerhaltung ab?

Herkunft der Tiere,	Gesundheit,
Aufzucht,	Umtrieb,
Legeleistung,	Management,
Fütterung,	Marketing,
Haltung,	Wirtschaftlichkeitskontrolle.

Bestandsgrößen: Welche eignen sich für bäuerliche Betriebe?

2001 wurden in Beständen bis 10 000 Hennen ca. 21 % (97/98: 28 %) und bis 30 000 Hennen ca. 34 % (97/98: 46 %) aller Legehennen gehalten; diese Betriebe vermarkten weitgehend direkt und erzielen im Durchschnitt die höchsten Erlöse je Tier.

Umtrieb – Welcher wird heute bevorzugt?

Für eine wirtschaftliche Geflügelhaltung ist der 1- bis 1½-jährige Umtrieb unbedingt erforderlich.
Entweder 1-jährig (11½ Legemonate) oder 1¼-jährig (14–16 Monate).
Nach Beginn des 1. Legejahres beginnt das Ausmerzen.
Der 2-jährige Umtrieb erschwert die Organisation (Aufzucht- und Legestall nötig).
Aufzucht und Legehennenhaltung in einem Betrieb erschwert die Organisation.

Rassen – Welche Hühnerrassen verdienen den Vorzug?

Das hängt von der Art der Hühnerhaltung ab. Für Intensivhaltung eignen sich besonders die Hybriden, für Auslaufhaltung sind die früher gehaltenen Rassen besser geeignet.

Hybriden: Was versteht man darunter?

Zunächst werden durch jahrelange Inzucht (5–8 Jahre) gesunde Linien geschaffen.
Dann werden zwei Inzuchtlinien untereinander gekreuzt.

Legehybride

Einfachhybriden: Wie entstehen sie?
Durch Kreuzung von zwei Inzuchtlinien.

Doppelhybriden: Wie entstehen sie?
Durch weitere Paarung mit zwei Hybridlinien.

Küken – Wie kann man Geflügelnachzucht beschaffen?
Kauf von Eintagsküken,
Kauf von Junghennen.

Eintagsküken: Wie wird das Geschlecht bestimmt?
Bereits innerhalb 24 Stunden nach dem Schlupf können geschulte Kräfte bei Eintagsküken das Geschlecht bestimmen. Diese Art der Geschlechtsbestimmung (»Sexen«) wurde in Japan entwickelt und wird deshalb auch als japanische Methode bezeichnet.

Masthybride

Welche Garantien muss der Lieferant bei sortierten weiblichen Küken geben?
Der Anteil weiblicher Küken muss 98 % betragen.

Aufzucht – Was ist dafür notwendig?
Zweckmäßiger Stall mit Heizquellen (Infrarotstrahler),
trockene Einstreu,
ausreichende Futtertroglänge,
geeignete Tränken,
Auslauf (bei kleineren Beständen).

Aufzuchtstall: Welche Temperatur muss herrschen?
1. Woche 32 °C,
2.–3. Woche 30–28 °C,
ab 4.–8. Woche 25 °–22 °–20 °–18 °–16 °C.

Was ist sonst noch zu beachten?
Stets frische, gesunde Luft, keine Zugluft,
Reinlichkeit und Sauberkeit,
richtige Fütterung,
Gesundheitsüberwachung (Impfprogramm).

Hennen – Welche Merkmale hat eine gute Legehenne?

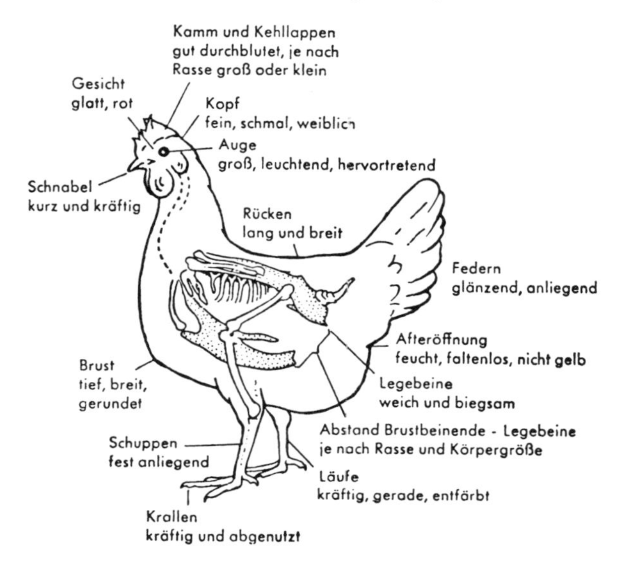

Leistungsprüfungen: Wie werden sie bei Geflügel durchgeführt?
Amtliche Probenahme von Bruteiern, Brut an der Prüfungsanstalt, Geschlechtersortierung der Küken, Aufzucht einer bestimmten Anzahl weiblicher Küken, Verminderung der Gruppen bei Legebeginn, nach Gruppen getrennte Aufstallung, Abschluss der Prüfung mit der Schlachtung der verbliebenen Hennen am 500. Lebenstag und Ermitteln einer ganzen Reihe von Messdaten.

Eier – Wann ist die Legeleistung am höchsten?
Im 1. Legejahr; im 2. und 3. Legejahr geht sie um je 25 % zurück.

Qualitätseier: Was ist bei der Erzeugung zu beachten?
Sauberer, luftiger Stall,richtige Fütterung,
gesunde Tiere,saubere Eier, sortiert.

Eier: Wo und wie werden sie sortiert?
In der Regel bei der Eierpackstelle nach Gewichtsklassen 0–7;
0 = über 75 g, 7 = unter 45 g, dazwischen Stufen von jeweils 5 g.

Eier: Wie hoch ist die durchschnittliche Legeleistung?
In Deutschland betrug 2004 die durchschnittliche Legeleistung 279 Eier/Legehenne und Jahr.

Eierkennzeichnung: Was bedeutet sie?
Seit dem 1. Juli 2000 werden Eierkartons außer mit den Handels- und Güteklassen für Eier auch mit der Herkunftskennzeichnung versehen. Diese besteht aus z. B. 3 D, wobei das 1. D für »Geburt der Legehenne in Deutschland«, das 2. D für »Aufzucht in Deutschland« und das 3. D für »Eiablage in Deutschland« steht.
Einzelne Eier werden mit einer 6-stelligen Code-Nr., dem Nationalitäten-Kennzeichen und einem Systemkennzeichen versehen.
Dieser seit 2004 gültige EU-einheitliche Code enthält Angaben darüber, aus welcher Haltungsform die betreffenden Eier stammen: 0 = ökologische Erzeugung, 1 = Freilandhaltung, 2 = Bodenhaltung, 3 = Käfighaltung. Zwei Buchstaben stehen für das Herkunftsland, der 7-stellige Zifferncode steht für die Betriebsnummer.

Eierkennzeichnung: Wie sieht dieser neue Eier-Stempel aus?

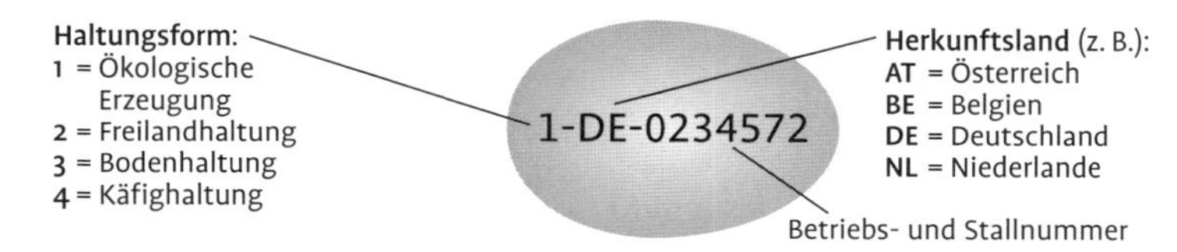

Haltungsformen – Welche sind bei uns üblich?
Auslaufhaltung (Freilandhaltung),
Bodenhaltung,
Volierenhaltung,
Käfighaltung.

Auslaufhaltung: Was versteht man darunter?
Die Legehennen laufen frei auf eingezäunten oder offenen Flächen herum, die wenigstens teilweise Schutz vor Raubvögeln bieten sollten. Auslaufhaltung ist daher am ehesten geeignet für Kleinhaltungen und Selbstversorger, gewinnt aber wieder an Bedeutung bei der Marktversorgung.

Freilandhaltung: Was fordert die EU-Norm?
Jeder Henne müssen tagsüber uneingeschränkt 10 m^2 zur Verfügung stehen, die Fläche sollte überwiegend bewachsen sein.

Bodenhaltung: Wie wird sie durchgeführt?
Bodenhaltung ist ein alternatives Haltungssystem zur Käfighaltung, das den Legehennen viele Möglichkeiten bietet, ihre arteigenen Verhaltensweisen auszuüben. Bodenhaltung ist eine ganzjährige Stallhaltung mit einem Drittel Einstreu und 2 Drittel Kotgrube und Kotlagerung.
Eine bessere Lösung ist z. B. ein Ganzroststall aufgrund der besseren Hygiene und des besseren Stallklimas.

Bodenhaltung: Wie sieht der Stall aus?
Die Stallfläche umfasst 3 Bereiche: Scharrraum, Kotgrube und Legenester. Dabei muss der Scharrraum mindestens ⅓ der Stallfläche ausmachen. Vorteilhaft ist ein Kalt-Scharrraum, also ein Einstreubereich außerhalb des Stalles unter einem breiten Abdachbereich.

Welche Regeln sind einzuhalten?
1 m² Stallfläche für 6 Hennen, Gemeinschaftsnest für 50 Tiere,
1 m² Nestfläche oder Legenest für jeweils 3–4 Hennen,
1 m Sitzstangen für 4–5 Hennen,
10 cm Fresstroglänge für eine Henne, bei Alleinfutter 15 cm,
3 cm Tränkrinnenlänge für 1 Henne oder eine automatische Tränke für etwa 100 Hennen.

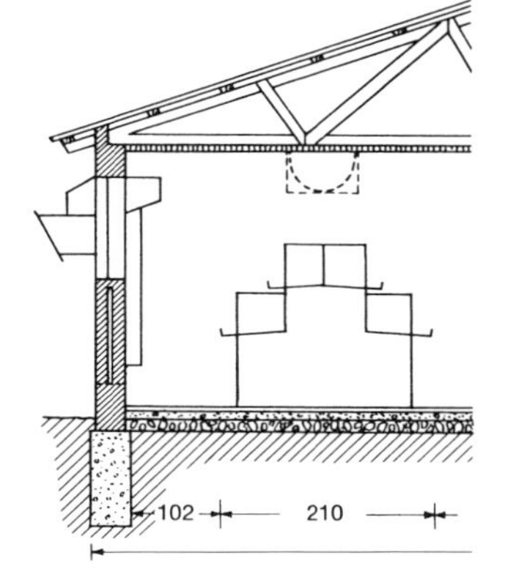

Volierenhaltung: Was ist das?
Das ist eine tiergemäße Kombination aus Boden- und Käfighaltung. Es gibt sie als ein- oder mehretagige Systeme, in denen Fütterungseinrichtungen, Sitzstangen, Scharrmöglichkeiten und Kotflächen auf verschiedenen Ebenen angeordnet sind, auf denen sich die Hennen frei bewegen können (25 Hennen/m² Stallfläche, mindestens 15 cm Sitzstange/Huhn).

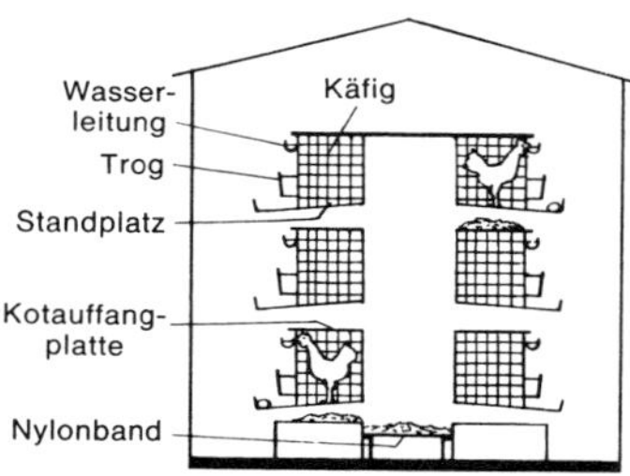

Möglichkeit der Käfighaltung bei Legehennen, oben: Stufenkäfige, unten: Batteriehaltung mehrstöckig,

Käfighaltung: Was versteht man darunter?
Ganzjährige Stallhaltung in vollautomatisierten Käfiganlagen. Flatdecks sind nebeneinander in einer Ebene liegende Käfige.

Welche Regeln sind einzuhalten?
750 cm², besser 900 cm² Käfigfläche / Henne,
45 cm Käfigtiefe,
50 cm Käfighöhe, vorne,
40 cm Käfighöhe, hinten,
10–12 cm Troglänge / Henne,
2 Tränknippel / Käfigbesatzung,
5 Lux Licht / Henne,
Maschenweite über 20 mm, Drahtdurchmesser 2–2,5 mm.

Hennenhaltung: Was schreibt die EU-Verordnung vor?
Die VO hat ein EU-weites Verbot der Käfighaltung ab dem 1. Januar 2012 zum Ziel. Seit dem 1. Januar 2002 gelten Mindest-Anforderungen an sog. ausgestaltete Käfige, die für jede Henne Nest, Sitzstange, Krallenabriebfläche und Scharrbereich (Einstreu) bei einem Platzangebot von 750 cm^2/Henne enthalten müssen. Die Käfiggröße muss mindestens 2000 cm^2 betragen.
Seit dem 1. Januar 2003 dürfen keine Anlagen mit herkömmlichen Käfigen neu in Betrieb genommen werden. Bestehende Käfighaltungen dürfen noch bis 2006 betrieben werden.

Mast – Was ist bei der Geflügelmast zu beachten?
Vor Aufnahme der Geflügelmast Absatzmöglichkeiten prüfen. Wirtschaftlichkeitsberechnung durchführen. Die Wirtschaftlichkeit hängt stark von der Vermarktung und den Futterkosten ab.

Welche Rassen eignen sich zur Mast?
Masthybriden, die aus für die Mast geeigneten Rassen gezüchtet wurden.

Mastgeflügel: Was fasst dieser Begriff zusammen?
Im Wesentlichen Masthähnchen (Junghühner), Puten, Enten, Gänse. Unbedeutend sind Wachteln, Tauben, Fasanen, Perlhühner.

Mit welcher Mastzeit ist bei Masthähnchen zu rechnen?
Für den wirtschaftlichen Erfolg ist eine Mastzeit von nicht länger als 5–6 Wochen auf etwa 1200–1400 g notwendig.

Geflügelkrankheiten

Geflügelkrankheiten – Welche können bei Geflügel auftreten?
Geflügelcholera (anzeigepflichtig),
Geflügelpest (anzeigepflichtig),
Newcastle-Krankheit (Atypische Hühnerpest, anzeigepflichtig),
Geflügelpocken (meldepflichtig),
Infektiöse Laryngotracheitis (meldepflichtig),
Mareksche Geflügellähmung (meldepflichtig),
Tuberkulose des Geflügels (meldepflichtig),
Infektiöse Bronchitis,
Hühnerleukose,
Paratyphus (Salmonellen-Infektion).

Klassische Geflügelpest („Vogelgrippe"): Wie schützt sich Deutschland?
Nach Ausbruch dieser hoch ansteckenden Krankheit Ende 2003 in den Niederlanden und aufgrund des in Asien stark grassierenden Erregers wurde in Deutschland aus Vorsorgegründen eine Eilverordnung zum Schutz vor der Geflügelpest erlassen, die am 8. 2. 2004 in Kraft trat. Darin wird u. a. eine Anzeigepflicht (die für Hühnerhaltungen bereits besteht) auch für alle Enten-, Gänse-, Fasanen-, Rebhühner-, Wachtel- oder Taubenhaltungen vorgeschrieben. Künftig gilt für alle Geflügelhalter: Sind in einem Geflügelbestand innerhalb von 24 Stunden erhöhte Verluste oder Leistungsminderungen aufgetreten, ist der Tierhalter zur Anzeige verpflichtet und muss eine Untersuchung durchführen lassen. Geflügelhalter müssen ein Register über die Zu- und Abgänge von Geflügel führen, der Besuch betriebsfremder Personen muss eingetragen werden.

H5N1: Was versteht man darunter?
Dies ist die (wissenschaftliche) Bezeichnung für den gefährlichen und hoch ansteckenden Virus-Stamm, der Vogelgrippe auslöst.

Vogelgrippe: Wie weit ist sie verbreitet und was wird dagegen unternommen?
Das Erreger-Virus H5N1 ist inzwischen weltweit verbreitet. Nachdem die Ausbrüche durch ziehendes Zuggeflügel immer näher an die EU bzw. auch in die EU kamen, setzte das Bundes-Landwirtschaftsministerium eine Vorsorge-Eilverordnung in Kraft, die z.B. auch eine befristete Stallpflicht für Geflügel vorsieht. Parallel dazu wird weltweit intensiv nach neuen Medikamenten und Behandlungsmöglichkeiten geforscht.

Tierische Schädlinge: Welche treten bei Geflügel auf?
Eingeweidewürmer, Milben, Federlinge, Vogelfloh, Fliegen.

Hühnermüdigkeit: Was versteht man darunter?
Ist ein Auslauf der Bodenhaltung durch schlechte Pflege oder durch stete Überbesetzung und durch ständiges Belaufen von Althühnern mit Krankheitskeimen angereichert, so spricht man von Hühnermüdigkeit.
Abhilfe ist durch sofortigen Wechsel im Auslauf zu schaffen.

Krankheiten: Welche Maßnahmen kann der Geflügelhalter dagegen treffen?
Bezug von leistungsfähigen und widerstandsfähigen Küken,
richtige Fütterung und Haltung,
Desinfektion und Impfung,
Überwachung durch den Tierarzt.

Erkrankungen: Was kann die Ursache sein?
Seuchen, allgemeine Infektion,
Mangel an Vitaminen oder Spurenelementen,
Erkältungen oder Vergiftungen.

Aufzuchtkrankheiten – Welches sind die häufigsten?

Weiße Kükenruhr; Ursache: Fehler in der Aufzucht, z. B. Erkältung oder starke Überhitzung.
Rote Kükenruhr (Kokzidiose). Es werden meistens Jungtiere im Alter von 4–8 Wochen befallen.
Wurmbefall,
Rachitis (Knochenweiche).

Was ist gegen Aufzuchtkrankheiten zu tun?

Vorbeugen durch fehlerfreie Aufzucht – richtige Temperatur im Stall und zweckmäßige Fütterung.
Bei Auftreten von Weißer und Roter Ruhr den Tierarzt oder Geflügel-Gesundheitsdienst rufen.

Kannibalismus: Was kann man tun?

Dies ist die Folge von zu dichten Beständen, z. B. zu großen Gruppen in zu kleinen Käfigen. Dadurch bricht die natürliche »Hackordnung« zusammen. Schlechtes Stallklima fördert das Federfressen, dessen Folge Kannibalismus ist.
Er ist bei Bodenhaltung einer der häufigsten Abgangsgründe. Abhilfe durch verbesserte Haltungsbedingungen.

Federfressen: Was ist die Ursache?

Einseitige Ernährung, zu kleiner Auslauf, zu kleine Stallung.

Pferdezucht und -haltung

Bedeutung – Wo liegen heute die Schwerpunkte?

Sport und Zucht, Freizeit;
besondere landwirtschaftliche Verhältnisse.
Der rentabelste Bereich in der Pferdehaltung ist die Pensions-Pferdehaltung.

Wie hat sich der Bestand in Deutschland entwickelt?

1948 = 1,5 Mio., 1969 = 254 000, 1990 = 599 000, 1998 = 652 000 (wegen Statistik-Änderung 1999: 475 800), 2001 = 1 Mio. Pferde und Ponys (laut Schätzung FN).

Zuchtrichtungen: Welches sind die wichtigsten?

Deutsches Reitpferd und Trakehner,
Spezialrassen-Vollblut (Rennpferde),
Traber
Wagenpferde,
Kaltblut-Arbeitspferde,
Kleinpferde und Ponys.

Deutsches Reitpferd: In welchen Zuchtgebieten wird es gezogen?

Hannover, Westfalen, Holstein, Oldenburg, Rheinland, Rheinland-Pfalz, Saarland, Baden-Württemberg, Hessen, Bayern, Brandenburg, Mecklenburg, Sachsen, Sachsen-Anhalt und Thüringen.

Körperteile: Wie werden sie bezeichnet?

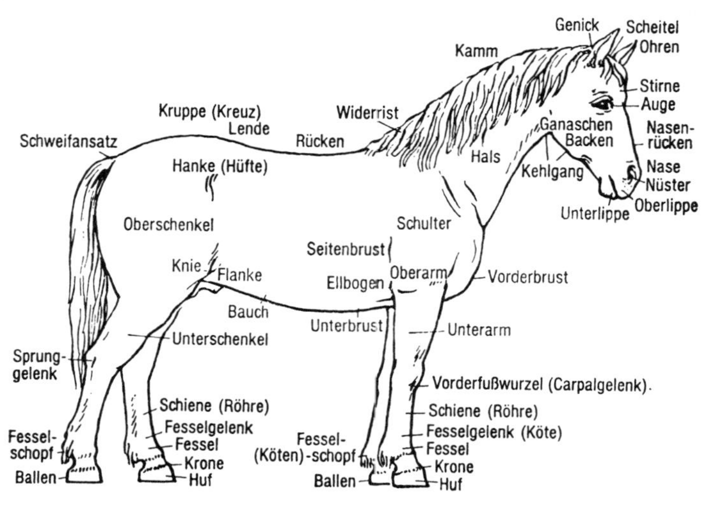

Kaltblut und Warmblut: Was unterscheidet sie?
Warmblut: Lebhaftes Temperament, trockener, leichter Körperbau – vorwiegend Reitpferd.
Kaltblut: Ruhiges, trägeres Temperament, massige, kräftigere Knochen – Arbeitspferd.

Beurteilung – Wie werden die äußeren Formen beurteilt?
Nach dem Gebrauch,
im Stand – im Schritt – im Trab.

Fußstellungen: Welche sind zu unterscheiden?

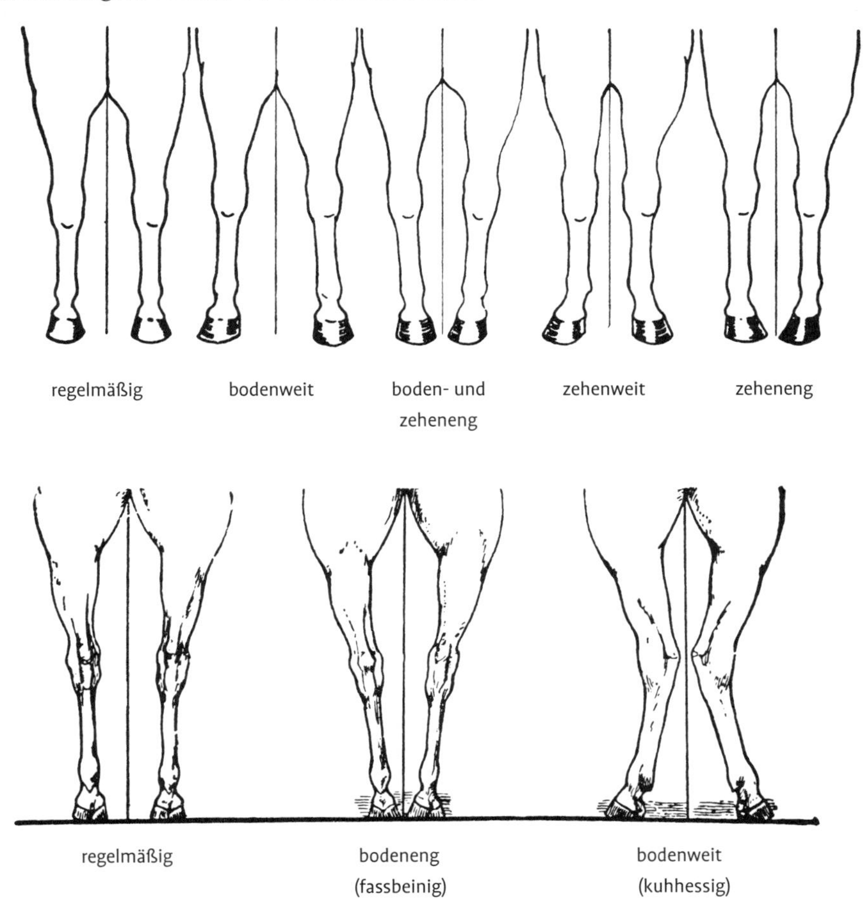

Alter: Wie kann man es bestimmen?
Nach dem Gebiss und der Veränderung (Abnutzung) der Zähne.
Welche Maße und Nutzungsrichtungen strebt die Pferdezucht in Deutschland an?

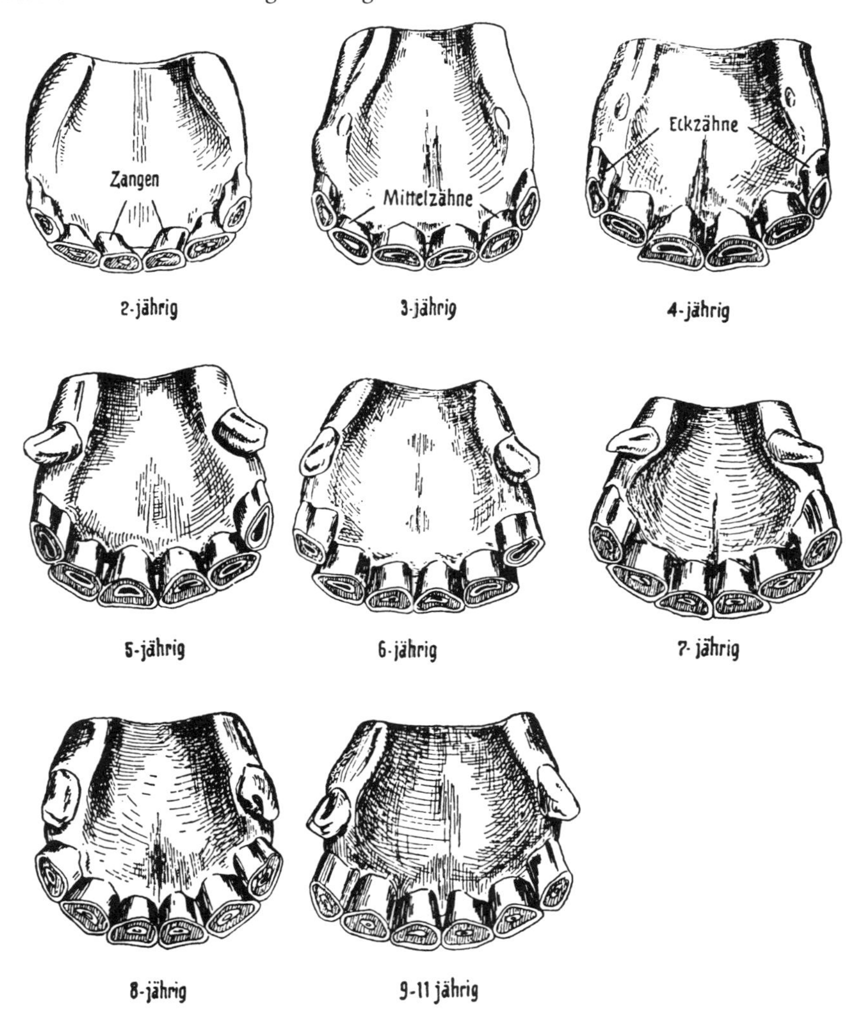

Welche Maße und Nutzungsrichtungen strebt die Pferdezucht in Deutschland an?

Rasse	Stockmaß/Widerristhöhe (cm im Durchschnitt)	Nutzungsrichtung laut Zuchtziel
Deutsches Reitpferd und Trakehner	162–166	Reit-, Spring- und Dressurpferd
Spezialpferde		
Englisches Vollblut	–	Rennpferd, auch Reitpferd
Arabisches Vollblut	150–154	Reitpferd
Traber	–	Rennpferd (Sulky)
Kaltblut	158–160	schweres Arbeitspferd
Kleinpferde		
Haflinger	138–142	vor allem Freizeitpferd
Sonstige	–	vor allem Freizeitpferd

Pflege – Was ist dabei besonders wichtig?

Hautpflege und Hufpflege.

Hufpflege: Was ist besonders zu beachten?

Regelmäßiges Reinigen und gelegentliches Einfetten,
rechtzeitiges Beschlagen (alle 8–12 Wochen) bzw. Ausschneiden bei unbeschlagenen Pferden (alle 6–8 Wochen).

Was ist beim Umgang mit dem Pferd zu beachten?

Pferde sind keine »Freizeit- oder Sportgeräte«! Das Pferd hat seine eigene Psyche und Eigenarten, darauf muss mit Ruhe, Sachverstand und Einfühlungsvermögen eingegangen werden.
Das Pferd ist ein Lauftier, es sollte täglich vernünftig bewegt/beschäftigt werden.

Zucht – Mit welchem Alter werden Pferde zur Zucht verwendet?

Stuten je nach Rasse mit 3–5 Jahren,
Hengste mit 2½–3 Jahren.

Wie lange sind Pferde trächtig?

11 Monate.

Wie lang bleibt das Fohlen bei der Mutter?

Bis zum 4./5. Monat.

Fohlenrosse: Was bezeichnet man damit?

Die erste Rosse der abgefohlten Zuchtstute 7–9 Tage nach der Geburt.

Pferdekrankheiten

Krankheiten – Welches sind die wichtigsten?

Milzbrand (anzeigepflichtig),
Rotz (anzeigepflichtig),
Beschälseuche (anzeigepflichtig),
Räude (anzeigepflichtig),
Afrikanische Pferdepest (anzeigepflichtig),
Ansteckende Blutarmut (anzeigepflichtig),
Tollwut (anzeigepflichtig),
Borna (meldepflichtig),
Ansteckende Gebärmutterentzündung (EM) (meldepflichtig),
Bläschenausschlag,
Koliken,
Schwarze Harnwinde,
Druse,
Hufrehe und Hufkrebs,
Pferde-Influenza.

Pferdepass – Wozu dient er?

Ein EU-weites Dokument zur Tier-Identifikation für alle eingetragenen Pferde/Ponys, das stets mitgeführt werden muss. So wird z. B. in den Pass der Status »Schlachttier« oder »Nicht-Schlachttier« eingetragen. Pferdehalter, deren Pferde als Schlachttiere eingetragen sind, müssen ein Bestandsbuch führen wie in der Rinder- und Schweinehaltung.

Schafzucht

Bedeutung – Wie ist sie wirtschaftlich zu beurteilen?

Die Schafhaltung ist in den letzten Jahren wieder etwas angestiegen. 1965 gab es nur noch knapp 800 000 Schafe in der Bundesrepublik Deutschland. In Deutschland waren es nach den Viehzählungsergebnissen 2003: 2,6 Mio. Schafe (1997: 2,3), davon 1,6 Mio. Mutterschafe mit weibl. Nachzucht (1997 und 2003).

Schafhaltung: Welche Aussichten hat sie?

Gute in der Erzeugung von jungen Masttieren in geeigneten Betrieben. Als Koppelschafhaltung zur Nutzung absoluten Grünlandes; im Dienst der Landschaftspflege.

Rassen – Welche Schafrassen haben in Deutschland Bedeutung?

Merino-Landschaf, besonders in Süddeutschland verbreitet.
Deutsches schwarzköpfiges Fleischschaf, in Westfalen, Rheinland, Hessen, Niedersachsen.
Merino-Langwollschaf, in Thüringen und Sachsen.
Deutsches weißköpfiges Fleischschaf, hauptsächlich an der Nordseeküste anzutreffen.
Texelschaf, besonders geeignet für Koppelhaltung.
Merino-Fleischschaf, hauptsächlich in Zuckerrübengebieten in Niedersachsen.
Heidschnucke, Deutsches Bergschaf, Ostfriesisches Milchschaf, Rhönschaf u. a. haben nur örtliche Bedeutung.

Zucht – Trächtigkeit: Wie lange dauert sie beim Schaf?

Rund 150 Tage = 5 Monate.

Lammung: Welche ist am zweckmäßigsten?

Die Herbst- und Frühjahrslammung.

Zuchtwert Schaf: Woraus wird er berechnet?

Der Index wird aus den Ergebnissen der Leistungsprüfungen, Beurteilung der Bemuskelung, der äußeren Erscheinung und der Wollqualität errechnet.

Leistungsprüfungen: Welche gibt es für Schafe?

Bei Schafen werden Zucht- und Milchleistungsprüfungen sowie Mast- und Schlachtleistungsprüfungen durchgeführt. Für die Zuchtleistung werden Alter des Mutterschafes, Zahl der geborenen und der aufgezogenen Lämmer erfasst. Die Milchleistung wird wie bei Rindern von Milchkontrollverbänden geprüft (Jahresleistung eines Mutterschafes: 500–900 kg Milch, Ø 650 kg bei 5,5–7,5 % Fett und 4–6 % Eiweiß).

Betriebsformen – Welche sind üblich?

Wanderschäferei, standortgebundene Hütehaltung, Koppelschafhaltung.

Futtergrundlage: Welche verlangt die Schafhaltung?

Schafe sind genügsam und können jegliches Grün- und Raufutter verwerten, sie eignen sich auch zum Beweiden von ertragsschwachen Hutungen. Hohe Fleisch- und Milchleistungen erfordern aber sowohl gutes Grundfutter als auch Kraftfutter.

Schafkrankheiten – Welches sind die häufigsten?

Moderhinke oder Schafpanaritium (hochgradig ansteckende Klauenentzündung)
Breinierenkrankheit
Lämmerlähme
Listeriose (meldepflichtig)
Mastitis
Wundstarrkrampf
Schafrotz.

Scrapie: Was ist das für eine Erkrankung?

Scrapie bei Schafen ist vergleichbar mit BSE bei Rindern, also auch eine Form der übertragbaren spongiformen Enzephalopatien, die das Nervengewebe zerstören. In den Jahren seit 1985 ist Scrapie auch in Deutschland wieder aufgetreten. Inzwischen ist es möglich, Scrapie-Resistenz über Zuchtprogramme zu erreichen, wovon man sich für die Zukunft großen Erfolg verspricht.

Einzeltier-Kennzeichnung für Schafe und Ziegen: Wie erfolgt sie und wann ist sie Pflicht?

Entsprechend der gesetzlich vorgeschriebenen Kennzeichnungspflicht für Rinder und Schweine gibt es auch eine einheitliche Ohrmarke mit Ziffernfolge für Schafe und Ziegen, damit der Ursprungsbetrieb, in dem das Tier geboren wurde, schnell festgestellt werden kann. Die Kennzeichnung besteht aus DE (Deutschland), dem Kfz-Kennzeichen des Landkreises und 7 Ziffern für die von der Landwirtschaftsverwaltung vergebene Registriernummer. Nach dem Stichtag 9.7.2005 geborene Schafe und Ziegen müssen außer mit einer Ohrmarke noch mit einem weiteren Kennzeichen versehen werden, das eine 2. Ohrmarke, eine Tätowierung (außer im innergemeinschaftlichen Handel) oder ein elektronischer Transponder sein kann.
Eine Ausnahme für diese 2. Kennzeichnung gilt nur für Schlachttiere unter 12 Monaten, die nicht für den innergemeinschaftlichen Handel oder zur Ausfuhr in Drittländer bestimmt sind. Für jedes Schaf und jede Ziege muss seit dem 9.7.2005 ein Begleitdokument ausgestellt werden, wenn sie den Betrieb wechseln.

Allgemeine Grundsätze der Fütterung

Tier und Pflanze – Welcher Unterschied besteht in der Ernährung?
Die *Pflanze* baut mit Hilfe des Sonnenlichtes aus anorganischen Stoffen organische Verbindungen auf.
Das *Tier* ist auf organische Stoffe als Nahrung angewiesen.

Betriebswirtschaftliche Forderungen – Welche muss die Fütterung erfüllen?
Sie soll die wirtschaftseigenen Futtermittel und betrieblichen Abfälle bestmöglichst verwerten,
die Tiere gesund und leistungsfähig erhalten,
billig (rentabel) sein,
den Anteil und die Wirkung des Zukauffutters (Mischfutter) günstig gestalten.

Futtervoranschlag: Was versteht man darunter?
Im Futtervoranschlag wird der voraussichtliche Futtermittelbedarf und seine Deckung für die einzelnen Tierarten möglichst für das ganze Jahr berechnet.

Futterplan: Warum ist er notwendig?
Aus dem Futterplan ersieht man, ob das vorhandene Wirtschaftsfutter ausreicht.
Der Futterplan enthält überschlägige Berechnungen über die Leistungen. Daraus ergeben sich Hinweise für den rentablen Kraftfuttereinsatz. Erst durch den Futterplan wird es möglich, Winter wie Sommer gleichmäßig zu füttern und damit Rückschläge in den Leistungen oder unerwarteten Tierverkauf zu vermeiden.

Nährstoffe – Welche Stoffe sind zur Ernährung der Tiere notwendig?

Eiweiß,
Fette,
Kohlenhydrate,
Wasser,
Mineralstoffe,
Wirkstoffe,
Ballast- und Strukturstoffe.

Eiweiß: Wozu benötigt es das Tier?
Als Baustoff für die Körperzellen (Fleisch, Bindegewebe, Haare, Milch Eier),
zur Bildung der Körperflüssigkeit (Blut).

Fett im Futter: Wozu dient es?
Als Wärme- und Energiequelle,
zur Bildung von Milch- und Körperfett.
Das Tier braucht nur geringe Mengen Fett, es ist im Futter meist genügend enthalten.

Kohlenhydrate: Was versteht man darunter?
Kohlenhydrate sind organische, von der Pflanze aufgebaute Stoffe wie Zucker, Stärke, Cellulose (Rohfaser).

Wozu dienen die Kohlenhydrate im Tierkörper?
Als Brennstoff zur Erzeugung der Körperwärme,
als Betriebsstoff für alle Lebensäußerungen,
als Ausgangsstoff für die Muskel- und Fettbildung.

Wasser – Wozu braucht es das Tier?
Als Lösungsmittel,
zum Transport der Nähr- und Abfallstoffe (Blut, Harn),
zum Regeln der Körpertemperatur (Schweiß).

Mineralstoffe – Welche sind wichtig für das Tier?
Calcium, Phosphor, Magnesium, Natrium, Kalium, Chlor, Eisen, Kupfer, Mangan, Zink, Jod, Cobalt.

Wozu dienen sie im Tierkörper?
Zum Aufbau des Knochengerüstes,
zur Bildung und Funktion der Körpersäfte,
als Anreger für chemische Umsetzungen.

Vitamine – Was versteht man darunter?
Lebenswichtige organische Ergänzungsstoffe,
ihr Fehlen führt zu Mangelkrankheiten, z. B. Knochenweiche (Vitamin D), zu Wachstumshemmungen (Vitamin A) oder zu Störungen in der Fortpflanzung (Vitamin E).

Futter – Erhaltungs- und Leistungsfutter: Was versteht man darunter?
Das Tier benötigt eine bestimmte Menge Nährstoffe, um die Lebensfunktionen seines Körpers in Gang zu halten (Erhaltungsfutter).
Erst die Nährstoffmengen, die es darüber hinaus erhält, kann es in Leistung, z. B. Milch, umsetzen (= Leistungsfutter).

Stärkeeinheit: Was verstand man darunter?
Die StE war ein Maßstab für den Futterwert. Wenn z. B. Hafer 642StE/ kg enthält, so bedeutet das, dass 1 kg Hafer dasselbe Fettbildungsvermögen hat, wie 642 g reine Stärke. Die StE wurde durch ME bzw. ME NEL ersetzt.

NEL: Was versteht man darunter?
Bei der **N**etto**e**nergie-**L**aktation (NEL) handelt es sich um ein Futterbewertungssystem für die Milchviehfütterung anstelle der früher verwendeten StE. NEL wird in MJ (Megajoule) angegeben. 1 Megajoule (MJ) entspricht 240 Kilocalorien (Kcal).

ME: Was versteht man darunter?
Die Abkürzung ME steht für **M**etabolizable **E**nergy, also für umsetzbare Energie. Dies ist der heute gültige Bewertungsmaßstab in der Fütterung von Zucht- und Mastrindern, Kälbern, Mutterkühen, Schweinen, Schafen, Geflügel und Damwild. ME wird wie NEL in der Einheit MJ (Megajoule) angegeben, z. B. 10 MJ ME.

»Gesamt-Nährstoff« (GN): Was verstand man darunter?
In der Schweinefütterung verstand man unter Gesamt-Nährstoff:
1 g Gesamt-Nährstoff = 1 g verdauliche Stärke, Eiweiß oder Zucker;
1 g Fett = 2,3 g Gesamt-Nährstoff.
GN wurde durch ME ersetzt.

Energiezahl (EZ): Wozu diente sie?
Zur Berechnung des Futterwertes der Rohnährstoffe einer Futtermischung unbekannter Zusammensetzung. Für Schweine gab es die EZS, für Geflügel die EZG.

Nutzbares Protein (nXP) und Ruminale Stickstoff-Bilanz (RNB): Was ist das?
Beides sind neue Kenngrößen in einem weiterentwickelten Eiweiß-Bewertungssystem bei der Milchviehfütterung. Der Protein-(Eiweiß-) Bedarf der Milchkuh und die Proteinversorgung durch das Futter werden heute in der Größe nutzbares Protein am Darm (abgekürzt nXP) angegeben. Die RNB gibt an, welchen Beitrag das Futtermittel zur Stickstoff-Bilanz im Pansen liefert.

nXP: Welche Vorteile bringt das?
Die Vorteile der neuen Eiweißbewertung liegen in der dadurch möglichen besseren Abschätzung der Milcheiweiß-Bildung aus der Futterration. Außerdem werden die Wechselwirkungen zwischen der Protein-Abbaubarkeit von Futtermitteln im Pansen und der Proteinsynthese durch die Pansenmikroben berücksichtigt und die Stickstoffverwertung abgeschätzt.
Für die Praxis bedeutet das die Möglichkeit einer besseren Leistungsvorhersage durch die Fütterung unter Einbeziehung tiergesundheitlicher und ökologischer Auswirkungen. In den neuen DLG-Futterwerttabellen Wiederkäuer werden alle gebräuchlichen Futtermittel durch den nXP- und RNB-Wert in ihrem Protein-Bildungsvermögen charakterisiert.

Nährstoffgehalt – Warum werden die Futtermittel nach Eiweiß (Protein) und ME oder NEL bewertet?
Um den Nährstoffbedarf der Tiere und den Nährstoffgehalt der Futtermittel aufeinander abstimmen zu können.
In NEL und ME ist der Energiegehalt aller Nährstoffe eines Futtermittels ausgedrückt. Eiweiß ist als Baustoff des Körpers unersetzlich. Der Eiweißgehalt eines Futtermittels ist daher besonders wichtig.

Nährstoffgehalt der Futtermittel: Wozu benötigt man ihn?
Zum Berechnen und Zusammenstellen von Futterrationen,
zur Kontrolle der Leistungsfütterung,
zum Berechnen der Preiswürdigkeit der Futtermittel.

Nährstoffgehalt der Futtermittel: Wo findet man ihn zusammengestellt?
In den Futterwerttabellen der DLG,
in vielen landwirtschaftlichen Lehrbüchern und landwirtschaftlichen Taschenkalendern.
Bei Handelsfuttermitteln ist der Nährstoffgehalt auf dem Sackanhänger angegeben.

VFT: Was ist das?
Ein unabhängiger Verein (**V**erein **F**uttermittel-**T**est; vergleichbar der Stiftung Warentest), der Mischfuttermittel nach ihrem Nähr- und Wirkstoffgehalt bewertet und gleichzeitig die Gesamtqualität der Mischfuttermittel beurteilt. Die Testergebnisse werden veröffentlicht.

»Offene Deklaration«: Was versteht man darunter?
Unter Offener Deklaration versteht man die Angabe der Gemengeanteile in Gewichtsprozenten (Gew.-%) auf dem Sackanhänger beim Mischfutter. Problematisch ist der exakte Nachweis der Anteile.

Futtermittel-Deklaration: Welche Änderungen gab es 2003?
Eine 2003 verabschiedete EU-Richtlinie zur Futtermittel-Deklaration sieht vor, dass die Bestandteile (Einzelfuttermittel) eines Mischfutters mit Prozentangaben deklariert werden müssen. Dabei werden künftig Abweichungen von den angegebenen Werten im Bereich ±15 % toleriert. Die genauen Anteile der einzelnen Komponenten eines Mischfutters kann der Kunde jederzeit vom jeweiligen Futtermittel-Hersteller erfahren; ein entsprechender Hinweis muss auf jedem Sackanhänger stehen. Diese Maßnahme soll der Qualitätssicherung und der Transparenz in der tierischen Erzeugung dienen. Die prozentuale Deklaration, die in Deutschland seit dem 1. Juli 2004 gelten sollte, wurde einstweilen ausgesetzt.

Hohenheimer Futterwerttest (HFT): Was versteht man darunter?
Eine Methode zur Kontrolle des Energiegehaltes im Milchleistungsfutter.

Rohfaser – Können die Tiere sie verwerten?
Rohfaser besteht zum größten Teil aus Cellulose und ist schwer verdaulich.
Das Verdauungssystem der Wiederkäuer hat einen Gärraum (Pansen), in dem Bakterien die Rohfaser aufschließen und damit verdaulich machen. Zur Sättigung und richtigen Verdauung brauchen alle Tierarten eine bestimmte Menge Rohfaser. Zu viel rohfaserreiches Futter sättigt, drückt aber die Leistung, da es nicht genug Energie enthält; das gilt besonders in der Schweinefütterung.

Futtermittel-Zusatzstoffe – Welche Voraussetzungen müssen sie erfüllen?
Sie müssen sich positiv auf die Leistung der Tiere auswirken und die Beschaffenheit der Futtermittel verbessern.
Sie dürfen die Qualität der tierischen Erzeugnisse nicht beeinträchtigen.
Sie dürfen sich nicht schädlich auf die Gesundheit von Mensch, Tier und Umwelt auswirken.
Sie dürfen nicht zugelassen werden, wenn sie aus übergeordneten gesundheitlichen Gründen der tierärztlichen Anwendung vorbehalten bleiben müssen, das heißt, sie dürfen Tierkrankheiten weder verhüten noch heilen (ausgenommen Kokzidiostatika und Histomonistatika).

Futter-Zusatzstoffe: Was sind das für Stoffe?
Dies sind alle diejenigen Stoffe, die Futtermitteln zugesetzt werden, und zwar sowohl zur Leistungsverbesserung und Krankheitsvorbeuge bei Tieren als auch zur Verbesserung technologischer Eigenschaften, Aussehen, Geruch, Haltbarkeit usw. von Futtermitteln.
Zu diesen Stoffen gehören u. a. Vitamine, Provitamine, Mineralstoffe, Aminosäuren, Enzyme, Puffersubstanzen, Aromastoffe, Emulgatoren. Fütterungs-Arzneimittel sind keine Zusatzstoffe.

Leistungsförderer: Was sind das für Stoffe?
Leistungsförderer sind eine nach dem Futtermittel-Gesetz zugelassene Gruppe von Futter-Zusatzstoffen, die zehn Substanzen umfasst. Diese Stoffe werden in der Mast von Nutztieren eingesetzt als Leistung verbessernde Stoffe (Antibiotika und Chemobiotika), deren Wirkung auf einer allgemeinen Keimunterdrückung und Einschränkung der mikrobiellen Stoffwechseltätigkeit unerwünschter Mikroben im Darm beruht.
Wegen der antibiotischen Wirkung einiger Leistungsförderer ist deren Einsatz umstritten. Denn es wird befürchtet, dass der Einsatz von Fütterungs-Antibiotika zu Problemen bei der Behandlung von Menschen mit zu den Leistungsförderern chemisch verwandten Antibiotika führen kann (mögliche Resistenzwirkungen).
Etliche Fütterungsantibiotika wurden von der EU verboten, 2003 kamen 4 weitere dazu, ein generelles Verbot der bis dahin noch zugelassenen antibiotischen Leistungsförderer trat Anfang 2006 in Kraft. Daher werden Probiotika und andere biologische Futterzusätze als Leistungsförderer interessanter.

Probiotika: Was sind das für Stoffe?
Das sind lebende Mikroorganismen (z. B. Milchsäurebakterien, Kulturhefen), die selbst steuernd in die Darmflora eingreifen. Sie sind in ihrer Wirkung besser als herkömmliche Leistungsförderer, da sie neben dem positiven Effekt auf die Futterverwertung auch der Tiergesundheit dienen und vor allem zu rückstandsfreien und qualitativ hochwertigen Lebensmitteln führen. Es sind keine Resistenzprobleme zu befürchten.

Alternative Futter-Zusatzstoffe: Welche gibt es und welche Bedeutung haben sie?
Zu den zugelassenen Futterzusätzen, die nicht antibiotisch sind, zählen
- Probiotika (siehe links),
- Huminsäuren (sie wirken Schleimhaut abdeckend, entzündungshemmend und stimulieren das Immunsystem),
- organische Säuren (Ameisensäure, Fumarsäure, Propionsäure, Zitronensäure, die über ein Absenken des pH-Wertes im Magen für eine bakterielle Hemmwirkung sorgen und eine geregelte Proteinverdauung aktivieren),
- ätherische Öle aus Kräutern und Gewürzen (sie wirken anti-mikrobiell, regen den Appetit an und fördern die Absonderung von Verdauungssäften).

  Eine Reihe von alternativen Futter-Zusatzstoffen kann somit allein oder in Kombination die reinen Leistung fördernden Effekte von Fütterungs-Antibiotika ersetzen.

Futtermittelrecht – Was sind unerwünschte Stoffe in Futtermitteln?
Mykotoxine (Pilzgifte),
Schwermetalle, z. B. Blei, Quecksilber, Arsen, Cadmium,
Chlorierte Kohlenwasserstoffe, z. B. Chlordan,
DDT, Dieldrin, Endosulfan, Endrin, Heptachlor, Hexachlorbenzol (HCB), Alpha- und Beta-HCH, Gamma-HCH (Lindan),
besondere Pflanzeninhaltsstoffe, z. B. Blausäure, Senföl, Gossypol, Theobromin,
Unkrautsamen und Früchte, die Alkaloide, Glukoside oder andere giftige Stoffe enthalten.

Unerwünschte Stoffe: Welchen Einfluss haben sie?
Unerwünschte Stoffe beeinflussen die Gesundheit der Tiere und deren Leistungen negativ. Außerdem können sie als Rückstände die Qualität der tierischen Produkte speziell im Hinblick auf ihre Unbedenklichkeit für die menschliche Gesundheit nachteilig beeinflussen. Deshalb bestehen zur Gefahrenabwehr Verbote von bzw. Vorschriften über Höchstgehalte an unerwünschten Stoffen im Futter.

Mykotoxine: Weshalb sind sie gefährlich?
Der Besatz von Futtermitteln für landwirtschaftliche Nutztiere mit Pilzen und deren Giftstoffen, den Mykotoxinen, kann bei hohen Toxin-Konzentrationen schwere Krankheiten und Leistungseinbußen verursachen. Denn sie führen zu Belastungen des Leberstoffwechsels und wirken sich negativ auf die Fähigkeit des Immunsystems aus. Besonders Schweine reagieren empfindlich auf Mykotoxine.

Mykotoxine: Welche kommen vor?
Aflatoxine kommen eher im Importfutter vor, während Ochratoxin, Zearalenone, Deoxynivalenol (DON) und Fumonisine auch in heimischem Getreide verbreitet sind.

Fusariengifte: Gibt es Grenzwerte?
Die Bundesregierung beschloss im Februar 2004 eine Höchstmengen-Verordnung für Mykotoxine (speziell für DON) in Getreide und Lebensmitteln:
- 500 µg/kg für Getreideerzeugnisse, ausgenommen Hartweizenerzeugnisse, Brot, Kleingebäck und feine Backwaren;
- 350 µg/kg für Brot, Kleingebäck und feine Backwaren;
- 100 µg/kg für Getreideerzeugnisse zur Herstellung von Lebensmitteln für Säuglinge und Kleinkinder.

Futtermittel-Positivliste: Was ist das und wozu dient sie?
In diese Liste wurden bisher rund 330 Futtermittel aufgenommen, die folgende Voraussetzungen erfüllen müssen:
- erkennbarer Futterwert (Nährstoffgehalt);
- gesundheitliche Unbedenklichkeit für Tier und Mensch;
- Marktbedeutung.

Außerdem muss das Herstellungsverfahren genau beschrieben und es müssen gegebenenfalls Fütterungsversuche/Analysen durchgeführt werden. Unterschieden wird zwischen wirtschaftseigenen und Handelsfuttermitteln, wobei Handelsfuttermittel einen besonderen Qualitätsstandard aufweisen müssen.

Positiv-Liste: Welche Folgen hat sie?
Die Futtermittelhersteller verpflichten sich freiwillig, ausschließlich solche Einzelfuttermittel einzusetzen, die in dieser Positiv-Liste aufgeführt werden. Auch Landwirte, die Futtermittel direkt verfüttern, sollen sich an diese Liste halten. Damit wird die Futtermittel-Sicherheit erhöht und durch Mindest-Forderungen die Rohstoffqualität erhöht, die Futtermittel-Herstellung wird transparenter.

Rinderfütterung

Verdauungssystem – Welche Besonderheiten hat das Rind?

Das Rind ist ein Wiederkäuer, im Pansen werden durch Bakterien rohfaserreiche Futtermittel aufgeschlossen. Das Futtereiweiß wird dabei zum größten Teil bis zu Ammoniak abgebaut und dann wieder zu Bakterieneiweiß aufgebaut.

Futtermittel – Welche eignen sich für das Rind?

Rohfaserreiche Futtermittel wie Gras, Klee, Heu, Grünmehl, Heubriketts und Cobs, Silage, Rüben, Rübenblatt;
Rückstände der Mühlen: Nachmehl, Kleie;
Rückstände der Zuckergewinnung: Schnitzel, Melasse;
Rückstände der Brauerei: Biertreber;
Rückstände der Brennerei: Schlempe;
Rückstände der Ölindustrie: Ölkuchen und -mehle.

Saftfutter: Wie ist es zu verwenden?

Saftfutter ist im Winter besonders wichtig und Leistung steigernd, es sollte daher während der ganzen Winterfütterung gegeben werden.

Heu: Kann man ohne füttern?

Gutes Heu ist in der Winterfütterung schwer zu ersetzen. Mindestens 3 kg täglich je Tier sind wünschenswert.

Winterfütterung – Welche Grundsätze gelten für Milchkühe?

Winterfutterplan aufstellen,
gleichmäßig und vielseitig füttern,
Futter darf nicht verdorben sein,
hohe Milchleistung durch Kraftfutter unterstützen,
Mineralstoffe nicht vergessen,
auf ausgeglichenes Verhältnis von Eiweiß zu Energie (NEL) achten.
Aus gutem Grundfutter lassen sich in der Winterfütterung 10–14 kg Milch erzielen.

Sommerfütterung – Was ist beim Übergang zu beachten?

Der Organismus muss sich umstellen auf das rohfaserarme, eiweiß- und wasserreiche Futter. Der Übergang soll allmählich vollzogen werden (14 Tage vor Beginn der Grünfütterung darauf vorbereiten). Die tägliche Gärfuttermenge und die Mineralstoffgaben sind zu erhöhen.

Sommerfütterung: Woraus besteht sie?
Entweder aus Weidegang oder aus Stallfütterung mit Grünfutter (Luzerne, Rotklee, Kleegras, Wiesengras).

Durchfall bei Futterumstellungen: Woher kommt er?
Er ist hauptsächlich auf das rohfaserarme, eiweißreiche junge Grünfutter zurückzuführen.
Durch entsprechende rohfaserreiche Beifütterung lässt er sich eindämmen.

Junges Gras: Wie und was soll man beifüttern?
Täglich vor dem Austrieb oder der Grünfütterung rohfaserreiche Futtermittel, dazu eignen sich am besten Maissilage, Anwelksilage, Halmfruchtsilage und Heu. Außerdem Mineralfutter und Viehsalz.

Gras: Wie viel frisst eine Kuh täglich?
Das hängt ab vom Gewicht der Kuh und der Menge und Güte des vorhandenen Grases. Als Durchschnitt gelten 70 kg je Kuh und Tag. Bei guter Weideführung lassen sich aus Grundfutter plus Ausgleichskraftfutter ca. 20 kg Milch erzielen.

Gärfutter – Was ist bei der Fütterung zu beachten?
Es darf nur einwandfreies Gärfutter verfüttert werden.
Milch nimmt den Silagegeruch (Essig- oder Buttersäure) leicht an, daher nicht kurz vor oder während des Melkens Gärfutter geben, Gärfutter nicht im Stall lagern. Bei der Vorlage von Maissilage ist zu beachten, dass Kühe täglich nicht mehr als 20–25 kg erhalten sollen.

Milchviehfütterung – Wie groß ist der Erhaltungsbedarf einer Kuh?
Das hängt vom Lebendgewicht ab:
Bei 650 kg Lebendgewicht 500 g Rohprotein / Tag und 37,7 MJ NEL, für je weitere 50 kg Lebendgewicht 25 g Rohprotein / Tag und 2,2 MJ NEL.

Nährstoffe: Wie viel sind für 1 kg Milch nötig?
Zur Erzeugung von 1 kg Milch mit 4 % Fett und 3,4 % Eiweiß braucht die Kuh etwa 85 g nutzbares Protein (nXP) und 3,17 MJ NEL (neueste Empfehlungen liegen bei 3,28 MJ NEL).

Energiebedarf: Wie kann er für die Milchkuh berechnet werden?
Nach der Formel:
MJ NEL/kg energiekorrigierte Milch
= 0,38 × % Fett
+ 0,21 × % Eiweiß + 1,05
Dabei wird berücksichtigt, dass die Verdaulichkeit des Futters mit steigenden Leistungen zurückgeht.

Leistungsfütterung: Was versteht man darunter?
Fütterung nach Leistung, d. h. Kühe, die viel Milch geben, erhalten mehr und nährstoffreicheres Futter sowie Milchleistungsfutter.

Leistungskraftfutter: Wozu dient es?
Im Leistungskraftfutter sind alle Nähr-, Mineral- und Wirkstoffe auf die Milchleistung abgestimmt. Es kann bei allen Tieren ganzjährig verwendet werden, nur die Menge ist zu variieren.

Leistungskraftfutter: Welche Faustregel gilt?
Mit 1 kg Leistungskraftfutter können aus energetischer Sicht ca. 2 kg Milch erzeugt werden.

Leistungsbezogene Milchviehfütterung: Welcher Grundsatz gilt?
So viel Grundfutter wie möglich, so viel Kraftfutter wie nötig.

Vorbereitungsfütterung: Was versteht man darunter?
Dies ist die Fütterung der trocken stehenden Kuh in den letzten Wochen vor dem Abkalben. Bei gutem körperlichen Zustand kann die Kuh in der ersten Hälfte der Trockenstehzeit (also 3–4 Wochen) allein mit Grundfutter versorgt werden. Sie wird also wie eine Kuh gefüttert, die 5–7 kg Milch gibt.
Ab 2 Wochen vor dem Kalben beginnt die direkte Vorbereitungsfütterung, durch die man die Pansenmikroben auf die Futterration nach der Geburt vorbereitet. Dadurch werden die für den Kraftfutterabbau zuständigen »Spezialisten« der Mikroben deutlich vermehrt.

Vorbereitungsfütterung: Wie geht man dabei vor?
Ab 3 Wochen vor der Geburt muss die Nährstoffkonzentration leicht angehoben werden, also wie bei einer Kuh, die 10 kg Milch gibt. Ab 2 Wochen vor dem Kalben erhält die Kuh 1–2 kg Kraftfutter als direkte Vorbereitungsfütterung. Nach dem Abkalben unbedingt das gleiche Kraftfutter weiter verfüttern. Zudem muss dann die Mineralstoffversorgung besonders berücksichtigt werden.

Milchfieber: Wie kann man dieser Gefahr vorbeugen?
Calciumarmes und phosphorreiches Mineralfutter einsetzen, Grundfutter mit hohen Ca-Gehalten in der Trockenstehzeit vermeiden (also alle Kleearten, Raps und Trockenschnitzel zumindest verringert füttern).

Abruffütterung: Was ist das?
Eine Einrichtung, mit der die Tiere ihre für sie per Computer berechneten Kraftfutter-Rationen jederzeit selbst aus Automaten abrufen können. Das System besteht aus einer Stationselektronik an der Futterstation und einem Rechner und Responder (Antworter) am Halsband eines Tieres.

Kraftfuttergabe: Wann ist sie rentabel?
Bei Kühen, die mehr Milch geben, als sie an Nährstoffen mit dem Wirtschaftsfutter erhalten.

Kraftfuttergabe: Wie kann sie erfolgen?
Über Kraftfutterautomaten im Melkstand,
über Abruffütterung (computergesteuert) in Laufställen,
über mechanische Kraftfutterdosierer im Anbindestall.

Eiweißüberschuss: Was versteht man darunter?
Ist wesentlich mehr Eiweiß im Futter enthalten als nötig, dann spricht man von Eiweißüberschuss. Ausgleich ist durch stärkereiches Futter (Schnitzel, Kleie, auch Getreide, Kartoffeln usw.) möglich.

Mineral- und Wirkstoffbedarf: Wie groß ist er bei einer Kuh?
Der Mineral- und Wirkstoffbedarf ist nur ungefähr zu errechnen. Eine Hochleistungskuh benötigt viele Mineral- und Wirkstoffe, weil sie diese ständig mit der Milch ausscheidet.
Es werden 60–80 g vitaminiertes Mineralfutter und 30 g Viehsalz/Tier und Tag empfohlen.

TMR: Was ist das?
TMR steht für **T**otale-**M**isch**r**ation. Dies bedeutet ein Fütterungskonzept, das darauf beruht, dass in einem Futtermischwagen für alle Milchkühe einer Herde (mitunter einer Leistungsgruppe) eine einheitliche Futterration gemischt wird, in der alle Rationskomponenten wie Grund- und Kraftfutter sowie Mineralstoffe eingemischt sind. Dadurch erhalten die Kühe bei jedem Bissen alle benötigten Nährstoffe in der stets gleichen Zusammensetzung, ohne sich selber die »schmackhaften« Leckerbissen raussuchen zu können.
TMR eignet sich für Herden (oder Gruppen) gleicher Leistung, also Hochleistungskühe, wie für »normale« Herden. Bei Herden mit großen Leistungsunterschieden können jedoch niedrigleistende Tiere überfüttert werden.

Fütterungskrankheiten: Welche kommen vor?
Gebärparese (Milchfieber), Ketose (Acetonämie), Labmagenverlagerung, Pansenalkalose, Pansenacidose (Pansenübersäuerung), Nitratbelastung bzw. Nitritvergiftung, Verfettungssyndrom, Weidetetanie, Tympanie.

Kälberfütterung – Welche Fütterungsabschnitte sind bei den Aufzuchtkälbern zu beachten?

Kolostral- oder *Biestmilchperiode* in der 1. Lebenswoche,
Aufzuchtperiode mit Tränke (z. B. Milchaustauscher, Vollmilch), Ergänzungsfutter und Heu bis zum Alter von ca. 15–16 Lebenswochen. Dabei wird zwischen der Auf-

zucht weiblicher Kälber zu Milchkühen und der Aufzucht weiblicher und männlicher Nutzkälber zur Mast unterschieden, indem man unterschiedliche Futterintensität berücksichtigt.

Wann wird ein neu geborenes Kalb zum ersten Mal getränkt?
Möglichst bald (innerhalb der ersten 3–4 Stunden) nach der Geburt, weil nur dann die in der Kolostralmilch (Biestmilch) enthaltenen Abwehrstoffe aufgenommen werden können.

Durchfall: Welche Ursache hat der krankhafte Kälberdurchfall?

Fehlende Fütterung der Kolostralmilch als erste Nahrung,	zu viel Milch,
zu kühle Milch,	angesäuerte Milch,
	Unsauberkeit,
	Infektionskrankheiten.

Neugeborenen-Durchfall: Was ist unbedingt zu beachten?
Bei dieser verlustreichen Erkrankung junger Kälber wird immer wieder der Fehler gemacht, den Tieren ausschließlich Diät- oder Ersatztränken zu geben, ohne zusätzliche Milchtränke. Daher kommt es oft vor, dass die Kälber durch diese Diät regelrecht verhungern, da ihnen die Nährstoffe aus der Milch fehlen.

Durchfall-Kälber: Wie sieht ein Tränkeplan aus?

Morgens	1,5–2,0 l Vollmilch,
vormittags	Zwischentränke 1,0–1,5 l Elektrolyt-Tränke,
mittags	1,5–2,0 l Vollmilch,
nachmittags	Zwischentränke 1,0–1,5 l Elektolyt-Tränke,
abends	1,5–2,0 l Vollmilch,
spät abends	Zwischentränke 1,0–2,0 l Elektolyt-Tränke.

Elektrolyt-Tränken: Was ist das?
Flüssigkeit-Elektrolyt-Tränken sind lebensrettend wegen des Flüssigkeits- und Elektrolyt-Ersatzes, der durch längeren Durchfall entsteht. Sie sind aber kein Mittel gegen Durchfall und dürfen daher nicht abgesetzt werden, wenn der Durchfall nicht aufhört. Sie sind vor allem kein Ersatz für Milch, weil sie den Nährstoff- und Energiebedarf der Kälber nicht decken. Sie dürfen daher nur zusätzlich verabreicht, niemals in die Milch geschüttet werden und müssen stets genau nach Vorschrift nur mit Wasser zubereitet werden.

Biestmilch: Warum ist sie für das Kalb so wichtig?
Durch die Biestmilch (Kolostralmilch) erhält das Kalb eine passive Immunisierung in Form von Abwehrstoffen der Mutter gegen Krankheiten, die das Kalb im eigenen Blutserum noch nicht bilden kann. Denn körpereigene Abwehrstoffe entstehen erst ab der 4.–5. Lebenswoche.

Biestmilch: Wie hoch soll die Gabe sein?

Die Tagesration wird auf mehrere Gaben verteilt und steigt im Verlauf von 4 Tagen an:

1. Tag	3–4 Gaben	0,5–1,5 l Biestmilch,
2. Tag	2–3 Gaben	1,5–2,0 l Biestmilch,
3. Tag	2 Gaben	2,0–3,0 l Biestmilch,
4. Tag	2 Gaben	2,5–3,0 l Biestmilch.

Tränkemethoden: Welche gibt es?

Aufzucht mit Milchaustauscher (MAT), mit Vollmilch, Einsatz von Sauertränke (Vorratstränke). Sauertränken gibt es als Kalttränke, Sauertränke mit MAT, und als Sauertränke mit Vollmilch.

Tränkemethode: Was ist zu beachten?

Größte Sorgfalt,
Pünktlichkeit,
Sauberkeit,
die Tränke muss immer körperwarm (38–40 °C) gegeben werden, sofern es sich nicht um eine spezielle Kalttränke handelt.

Milchaustauscher (MAT): Was versteht man darunter, was ist zu beachten?

MAT nach Normtyp ist ein wertvolles Mischfuttermittel für Aufzuchtkälber, das bestimmte Inhalts- und Zusatzstoffe enthalten muss. Dabei ist auf einen hohen Anteil an Milchprodukten (z. B. Magermilch, Molke) und ein hohe Fettqualität (richtige Fettsäure-Zusammensetzung) zu achten. Die Aufzucht mit MAT ist Arbeit sparend, einfach und sicher, wenn man die Herstellungshinweise beachtet.

Tränkemenge: Wann wird sie verringert und abgesetzt?

Wenn die Kälber ausreichend viel (ca. 1,5 kg Kraftfutter/Tag) Beifutter (Ergänzungsfutter für Aufzuchtkälber) sowie Heu und Wasser aufnehmen. Dies ist meist nach ca. 11–12 Lebenswochen der Fall.

Kälberhaltungs-VO: Was schreibt sie für die Kälberaufzucht vor?

- Biestmilchgabe spätestens 4 Stunden nach der Geburt,
- bis 70 kg LG mind. 30 mg Eisen/kg MAT-Pulver,
- jederzeit Zugang zu Wasser,
- ab dem 8. Lebenstag Raufutter. Angebot zur freien Aufnahme für Aufzucht- und Mastkälber.

Warum bekommt das Zuchtkalb andere als Milchnahrung?

Zuchtkälber müssen möglichst bald an die Aufnahme fester Nahrung gewöhnt werden, um die Pansenentwicklung zu fördern. Man beginnt in der 2. Woche mit täglich 70–100 g Ergänzungsfutter für Aufzuchtkälber und steigert bis 1,5–2 kg. Ab der 2. Woche soll bestes Wiesenheu dazugefüttert werden. Wasser stets zur freien Aufnahme!

Frühentwöhnung: Was versteht man darunter?
Eine möglichst kurze Tränkeperiode von z. B. 6–7 Wochen im Anschluss an die Biestmilchperiode, wobei direkt ab der 2. Lebenswoche unbegrenzt Kraftfutter, Heu und Wasser dazu gegeben werden. Ab der 8.–17. Woche wird dann das Kraftfutter auf 2 kg/Tier und Tag begrenzt.

Jungviehaufzucht – Wozu dient sie?
Zur Bestandsergänzung oder zum Verkauf von Zuchttieren.

Jungviehaufzucht: Was ist dabei zu beachten?
Jungrinder sollen so gefüttert werden, dass sie mit 15–18 Monaten die Zuchtreife erlangt haben, ohne dabei zu verfetten.

Zuchtbullenkälber: Was ist bei der Aufzucht zu beachten?
Jungbullen sollen gesund und kräftig heranwachsen, nicht fett und mastig. Auslauf und Bewegung in frischer Luft sind besonders wichtig.

Mast – Wie kann man Jungrinder billig mästen?
Nach Aufzucht mit Frühentwöhnung Wirtschaftsfutter guter Qualität, vor allem mit hohen Gaben einwandfrei gewonnenen Gärfutters (Maissilage),
Kraftfutter ist zum Nährstoffausgleich notwendig.

Welche Mastverfahren sind bei der Bullenmast üblich?
Die *Intensivmast* als Schnellmast führt in 12 Monaten (4.–15. Monat) zum Endgewicht von ca. 600 kg. Sie erfolgt vorwiegend mit Silomais und kann am erfolgreichsten mit Rinderrassen großer Wachstumsintensität und -kapazität durchgeführt werden, z. B. Fleckvieh, Charolais.
Die *Wirtschaftsmast* eignet sich für im Spätherbst geborene Kälber. Sie gliedert sich in eine Vormast (5.–12. Lebensmonat), in der die Tiere mit Grünfutter (Weide) nur langsam wachsen sollen, also mehr eine Aufzucht mit billigem Wirtschaftsfutter. Dabei wird ein möglichst großer und breiter Rahmen der Tiere für die Endmast der Rinder im Stall (20.–24. Lebensmonat) gewährleistet. Das ist ab ca. 300 kg LG bis zum Mastendgewicht von ca. 550–650 kg LG.
Bei der *Weidemast* erreichen die Tiere im Alter von 22–24 Monaten ein Endgewicht von 500–550 kg.

Schweinefütterung

Schweinefütterung – Welche Besonderheiten hat das Schwein?
Das Schwein hat einen einhöhligen Magen; es kann rohfaserreiche Futtermittel schlecht verwerten und ist deshalb auf leicht verdauliches Futter angewiesen.

Welche Gesichtspunkte sind zu beachten?
Täglich zweimal im Trog füttern, oder einmal täglich den Automaten befüllen,
pünktliche Fütterungszeiten,
kalt-dickbreiig, flüssig oder trocken füttern,
Selbsttränken einrichten,
Sauberkeit in Trögen und Gefäßen.

Wirtschaftsfuttermittel: Welche kommen in Frage?
Grünfutter, Weide, Rotklee, Gras, Luzerne, Rübenblatt, Markstammkohl, aber nur in jungem Zustand (für Zuchtschweine),
Hackfrüchte, Kartoffeln und Rüben,
Körnergetreide (Gerste, Hafer, Roggen, Mais), möglichst gemischt,
Magermilch.

Speisereste: Dürfen sie verwendet werden?
Nein, in der EU besteht ein Verfütterungsverbot.

Flüssigfütterungsanlage: Aus einem Trog können die Tiere von 2 Buchten aus fressen.
Eine zentrale Anmischanlage versorgt mehrere Ställe.

Mastverfahren – Welche sind üblich?

Automatische Futterzuteilung in Tröge.

Getreidemast (Mast mit zugekauftem Alleinfutter, mit hofeigenen Mischungen, mit Ergänzungsfutter; Grundstandard-Methode ist Alleinfutter I + Getreide);

- Maismast (mit CCM = Korn-Spindel-Gemisch, Ganzkörner-Silage);
- Molkenmast;
- Hackfruchtmast (Kartoffeln, Zuckerrüben);
- Mast mit Nebenprodukten (Bierhefe, Biertreber, Schlempe).

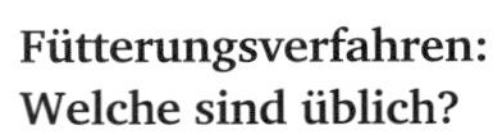

Fütterungsverfahren: Welche sind üblich?

Fütterung von Hand, vollautomatische Trockenfütterungsanlage mit Gewichts- oder Volumendosierung bei Längstrog- und Quertrogaufstallung oder in Rundtröge,
Trockenfutterautomaten für rationierte oder ad-libidum-Fütterung,
Flüssigfütterungsanlagen, in denen das pumpfähige Futter über ein Rohrleitungssystem zu den Fressplätzen gefördert wird,
Breiautomaten.

Bodenfütterung: Was versteht man darunter?

Das Futter wird automatisch auf den Boden der Bucht befördert. Der Futterverbrauch je kg Zunahme ist bei dieser Methode etwas höher.

Fütterung auf »blanken Trog«: Was versteht man darunter?

Die Tiere erhalten rationiertes Futter (nicht bis zur vollen Sättigung). Sie sollen bei 2-maliger Fütterung in 15–30 Minuten den Trog blank fressen.

Suppige Fütterung: Erleichtert sie die Verdauung?

Die Art der Futterbereitung hat keinen Einfluss auf die Verdauung.
Flüssigfütterung (pumpfähig) gewinnt in größeren Beständen zur Arbeitsersparnis wieder an Bedeutung.
Mastschweine werden überwiegend trocken oder feuchtkrümelig bis dickbreiig und kalt gefüttert. Die Wasserversorgung erfolgt am besten durch Selbsttränken.

Futtermittel – Welche Getreidearten werden bei der Getreidemast eingesetzt?

Verwendet werden vorwiegend Weizen und Gerste, auch Hafer kann einen Teil der Mischungen ausmachen.

Roggen: Kann man ihn an Schweine verfüttern?
Roggen ist ein wertvolles Mastfutter. Bei der Hackfruchtmast kann der notwendige Getreideanteil ausschließlich aus Roggen bestehen; sonst soll der Roggen mit anderen Getreidearten gemischt werden.

Mais: Kann man ihn an Schweine verfüttern?
Mais ist für Mastschweine gut geeignet; bei Kartoffelmast kann Mais alleiniger Getreideanteil des Beifutters sein, sonst ist eine Mischung zweckmäßig.

Corn-Cob-Mix (CCM): Was versteht man darunter?
CCM ist ein siliertes Maiskörner-Spindelgemisch, das in der Schweinemast große Bedeutung erlangt hat.

Masterfolg – Wie kann man ihn steigern?
Durch richtige Fütterung,
durch hohe Verdaulichkeit des Gesamtfutters,
durch ausreichenden Mineral- und Wirkstoffgehalt,
durch Pünktlichkeit und Sauberkeit beim Füttern,
durch gute Haltungsbedingungen.

Masterfolg: Wie kann man ihn kontrollieren?
Durch Wiegen zu Beginn und Ende der Mast,
Berechnen der täglichen Zunahmen,
Anschluss an einen Schweinemast-Prüfring.

Mast: Was soll erreicht werden?
Eine Verlustquote von unter 1,7 %,
eine Futterverwertung von möglichst unter 1 : 3,
eine tägliche Zunahme von 750 g,
ein Magerfleischanteil von über 57 %,
ein Schlachtgewicht von ca. 115 (105–120) kg,
ein schneller Umtrieb von über 2,7/Jahr.

Eiweiß – Welche Eiweißfuttermittel sind zu empfehlen?
Magermilch,
Bohnen, Erbsen, Süßlupinenschrote, Erdnuss- und Soja-Extraktionsschrot, Eiweißkonzentrat, Bierhefe, Kartoffeleiweiß.
Die Verfütterung von Tiermehl ist verboten.

Eiweiß: Warum muss es besonders beachtet werden?
Weil Fleischbildung Eiweiß erfordert und der einfache Verdauungsapparat des Schweines hochwertiges Eiweiß verlangt (Lysingehalt ist wichtig).

Eber – Wie sind Zuchteber zu füttern?
Mit etwa 3 kg Kraftfutter oder 2,0–2,5 kg Kraftfutter und Grundfutter (Rüben, Grünfutter).

Ebermast: Wo gibt es sie?
Sie hat in Großbritannien und in Dänemark eine gewisse Bedeutung. Der Ebergeruch des Fleisches wird dort akzeptiert. In Deutschland wird die Ebermast abgelehnt.

Zuchtsau – Wann hat sie den größten Nährstoffbedarf?
Nach dem Ferkeln während der ganzen Säugezeit;
in den letzten Wochen vor dem Ferkeln.

Wie ist sie kurz vor dem Ferkeln zu füttern?
Bereits 2–3 Tage vor dem Abferkeln wird die Futtermenge von 3–3,5 kg auf etwa 0,5–1,5 kg zurückgenommen. Gut bewähren sich erhöhte Rohfaser-Gehalte (Kleietränken), das Abführmittel Glaubersalz (20–50 g/Tag und Tier), Leinsamen und Leinsamenschrot, suppige Futterkonsistenz sowie zusätzlich Wasser direkt in den Trog. Damit kann man am besten Verstopfungen vorbeugen. Es gibt auch Geburts-Vorbereitungsfutter mit harnsäuernder Wirkung gegen Harnwegs-Infektionen, Coli-Durchfälle und MMA.

Säugezeit: Wie wird die Sau gefüttert?
An säugende Sauen werden enorme Leistungsanforderungen gestellt: 6–8 l (bis 12 l!) Milch/Tag sind für die Ernährung von 8 Ferkeln nötig (das entspricht dem Tagesgemelk einer Kuh von ca. 40 kg!). Richtwerte für die Säugezeit: Das Futteraufnahmevermögen von Jungsauen liegt bei 4–5 kg, von älteren Sauen bei 5–6 kg Alleinfutter; kleinrahmige Tiere benötigen erheblich weniger.

Was brauchen nieder- bzw. hochtragende Sauen?
Bei der Alleinfütterungs-Methode benötigt man an Zuchtsauen-Alleinfutter für
- (leere) und niedertragende Sauen 2–2,5 kg
- hochtragende Sauen 3 kg.

Bei der kombinierten Fütterung mit Grundfutter (z. B. Grünfutter, Gärfutter, Rüben) und Kraftfutter benötigt man an Kraftfutter (z. B. Zuchtsauen-Ergänzungsfutter) für
- (leere) und niedertragende Sauen 0,5 kg
- hochtragende Sauen 1,5–2 kg.

Weidegang: Kann eine Zuchtsau dadurch ernährt werden?
Weidegang ist für die Zuchtsau sehr vorteilhaft. Sie muss dazu Beifutter erhalten.

Milchfluss: Wie kann man ihn durch Fütterung mehren?
Durch ausreichende Versorgung mit allen Nährstoffen.

Ferkel – Wie sind sie zu füttern?

Sie bleiben 3–5 Wochen (Lebendgewicht 6–10 kg) bei der Muttersau,
ab der 2. Woche erhalten sie Ergänzungsfutter für Ferkel, damit sie sich an das Fressen gewöhnen,
ab der 4. Woche gibt man »Ferkel-Aufzuchtfutter«,
von der 3. Woche an muss ständig gutes Tränkwasser zur Verfügung stehen.

Frühentwöhnung: Wie wird sie gehandhabt?

Sie wird angewandt, um den Wurfabstand zu verringern. Die Ferkel werden nach der 3. Lebenswoche (Mindestgewicht 5 kg) abgesetzt und in sog. Flatdecks mit Trockenfutter aufgezogen.

Absetzen: Wie sind Ferkel danach zu füttern?

Sie erhalten zunächst noch das Ferkel-Aufzuchtfutter bis 20 kg Lebendgewicht;
nach einer kurzen Übergangszeit erhalten sie dann z. B. Alleinfutter I für Mastschweine.

Ferkelaufzucht: Was versteht man unter 1- bzw. 2-phasiger Aufzucht?

Bei der 1-phasigen Ferkelaufzucht wird die Muttersau von den Ferkeln abgesetzt und die Ferkel bleiben bis zum Mastbeginn oder zum Verkauf (ca. 25 kg LG) in derselben Bucht.
Bei der 2-phasigen Aufzucht werden die Ferkel nach dem Absetzen in eigene Ferkelställe gebracht (z. B. Flatdecks, Tieflaufställe).

Zweiphasige Ferkelaufzucht: Was ist zu beachten?

Futter- und Stallwechsel dürfen nie gleichzeitig erfolgen.

Ferkelfütterung: Was sind die häufigsten Fütterungsfehler?

Zu später Beginn der Beifütterung, plötzlicher Futterwechsel, mangelhafte Wasserversorgung, Aufnahme von Sauenfutter.

Läufer – Wie sind Zuchtläufer zu füttern?

Im Sommer Weidegang oder junges Grünfutter,
im Winter Rüben und Kartoffeln,
dazu Mischfutter oder 1,0–2,5 kg Alleinfutter (Typ Alleinfutter für laktierende Sauen).

Schweinemast – Welche Ziele hat sie?

Mast von durchschnittlich 28 (25–30) bis 115 (105–120) kg LG bei täglichen Zunahmen von ca. 750 g.

Masterfolg: Wovon hängt er ab?

Am meisten (70 %) von der Ferkelqualität (gesunde, frohwüchsige Ferkel), dann von der Maststrategie (Futtermanagement wie Phasenfütterung, Futterzusammensetzung, -menge, -umstellung, Endgewichte), die an Rasse, Geschlecht, Gesundheitszustand, Anfangs- und Endgewichten und den Marktforderungen ausgerichtet werden muss.

Phasenfütterung: Was versteht man darunter?
Eine bedarfsgerechte, den Wachstumsphasen der Tiere angepasste Rationsgestaltung für eine wirtschaftliche Schweinemast mit dem Ziel, Tiergesundheit und Leistungsfähigkeit zu fördern und die Umweltbelastung durch reduzierte N- und P-Ausscheidungen zu verringern. Durchgeführt wird sie meist als Ein-, Zwei- oder Dreiphasenfütterung.

Einphasenfütterung: Wie geht man dabei vor?
Bei der Einphasen- oder Universalfütterung wird nur 1 Futter für den ganzen Mastverlauf gefüttert, das sich in etwa an den Vorgaben für das Vormastfutter orientiert und somit bei steigendem Alter zu zunehmendem Luxuskonsum an Rohprotein, Aminosäuren und Phosphor führt.

Zweiphasenfütterung: Wie ist sie zusammengesetzt?
Diese Methode entspricht dem Vormast- und Endmastfutter. Bei der 2-Phasenfütterung ist die Bedarfsanpassung bereits wesentlich verbessert. Die Umstellung auf die Endmast und damit auf angepasstes und so auch preiswerteres Futter erfolgt zweckmäßigerweise ab 60 kg LG. Denn von da an werden in der Mast ca. 70 % des Gesamt-Futters verbraucht.

Dreiphasenfütterung: Wie läuft sie ab?
In der 3-Phasenfütterung wird zwischen Anfangsmast (30–60 kg LG), Mittelmast (60–90 kg LG) und Endmast (90–115 kg LG) unterschieden. Bei dieser Mastform sind Angebot und Bedarf praktisch ausgeglichen, d. h optimale Versorgung der Tiere. Sie kann aber nur mit moderner Fütterungstechnik mit Computersteuerung realisiert werden.

Alleinfutter: Welche Arten gibt es?
Alleinfutter für Mastschweine I:
- bis 50 kg Lebendgewicht
- bis 50 kg Lebendgewicht zur Verminderung der N- und P-Ausscheidungen

Alleinfutter für Mastschweine II:
- ab 50 kg Lebendgewicht
- ab 50 kg Lebendgewicht zur Verminderung der N- und P-Ausscheidungen
  - ab 35 kg Lebendgewicht
  - 35–75 kg Lebendgewicht zur Verminderung der N- und P-Ausscheidungen
- ab 75 kg Lebendgewicht zur Verminderung der N- und P-Ausscheidungen

Alleinfutter für Ferkel I: bis 20 kg Lebendgewicht
Alleinfutter für Ferkel II: bis 35 kg Lebendgewicht.

Hühnerfütterung

Hühnerfütterung – Was ist das Besondere beim Huhn?
Das Huhn hat einen Muskel- oder Kaumagen,
einen sehr kurzen Darm,
es braucht daher hochverdauliches Futter mit geringem Rohfasergehalt.

Alleinfütterung: Was versteht man darunter?
Als alleiniges Futter wird das im Handel vorrätige Alleinfutter gegeben. Alleinfutter ist ein Mischfuttermittel, das alle notwendigen Futterstoffe für die Legehenne enthält.

Kombinierte Fütterung: Was versteht man darunter?
Die Tiere erhalten in den Trögen nach Belieben Ergänzungsfutter für Legehennen, abends 2 Stunden vor Dunkelheit werden je Henne 50–70 g Körner in die Streu gegeben.
Das Körnerfutter soll aus mehreren Getreidearten bestehen. Monatlich sollten 100–150 g Muschelschalen je Henne beigefüttert werden.

Weichfutter: Was versteht man darunter?
Weichfutter besteht aus gedämpften Kartoffeln oder gemusten Hackfrüchten, durch Zusatz von Wasser oder dicksaurer Milch bzw. mehligem Futter wird es feucht-krümelig angemacht.
Weichfutter wurde früher viel zum Füttern der Legehennen verwendet, das Herstellen ist aber zu arbeitsaufwändig.

Magermilch: Kann man sie an Legehennen füttern?
Dicksaure Magermilch ist zum Füttern der Legehennen geeignet, der Arbeitsaufwand für gesonderte Magermilchgaben ist aber so groß, dass das Füttern mit Körnern und Ergänzungsfutter für Legehennen bzw. mit Alleinfutter günstiger ist.

Phasenfütterung: Was versteht man darunter?
Die Anpassung der Fütterung an den tatsächlichen Bedarf:
Kükenalleinfutter bis Ende 6. Woche,
Junghennen-Alleinfutter A bis zur 13. Woche,
Junghennen-Alleinfutter B bis zur Legereife.
Legehennen werden angepasst an die Legeleistung gefüttert.

Futtermengen: Welche werden je Huhn benötigt?
Je nach Legeleistung etwa 120–150 g Alleinfutter für Legehennen oder 60–80 g Ergänzungsfutter für Legehennen und 50 g Körner.

Mastgeflügel: Wie wird es gefüttert?
Die Küken erhalten vom 1. Tag an mehlförmiges oder (besser) pelletiertes Mastfutter als Alleinfutter. Der Wasserbedarf beträgt das ca. 1,6-fache des Futterbedarfs.

Mastperiode: Wie lange dauert sie?
Dabei ist das Endgewicht entscheidend. Bis 1200–1400 g erreicht werden, dauert es meist 5–6 Wochen.

Moderner Stall für Großbestand (Bodenhaltung) mit automatischer Fütterung.

Wasser – Wie hoch ist der Bedarf je Huhn?

Er steigt mit der Legeleistung auf bis zu ⅓ l an warmen Tagen, Wasserversorgung am besten über Tränkautomaten.

Landtechnik

Werkstatt, Werkstoffe, Maschinenkauf, Unfallschutz

Werkstatt – Wie soll ein Werkstattraum beschaffen sein?

Der Raum soll nicht zu klein sein (mindestens 20 m²).
Gute Raumbeleuchtung, zusätzliche Arbeitsplatzbeleuchtung, Kabellampe, einige Steckdosen für Licht- und Kraftstrom, Wasserleitung und Bodenablauf.
Wenn es sich um Stein- oder Betonboden handelt, soll vor der Werkbank ein Holzrost liegen.

Was gehört zur Mindestausstattung?
Werkbank und Schraubstock, komplette Sätze Schraubenschlüssel aller Art, Werkzeugkasten für Holz- und Metallarbeiten, Werkmaterial (Eisen, Holz, Leder), Amboss oder Schiene,
Schleifstein,
Wagenheber für etwa 4 t,
Flaschenzug am Dreibock oder an der Laufkatze,
Druckluftkompressor mit Spritzpistole,
elektrische Handbohrmaschine mit Bohrständer,
Kreissäge und Hobelbank, Schnitzbock,
elektrisches Schweißgerät,
verschiedene Fettpressen (Fuß- oder Hand-Hebelpresse),
Ölkannen sowie Öle und Fette,
Ölablasswanne usw.,
Aufbewahrungsmöglichkeiten für Werkzeuge (Werkzeugbretter, Schränke),
Aufbewahrungsmöglichkeiten für Material (Regale, Büchsen, Kästen).

Schmierstoffe: Was ist zu beachten?
Da die Leistungsdichte der Landmaschinen-Motoren steigt und die Hydraulik wichtige Steuerungs- und Getriebefunktionen übernommen hat, nehmen die Anforderungen an die Schmierstoffe ständig zu.

Motorenöl: Welches brauchen Traktoren?
Heutige Motoren mit Ölwechsel-Intervallen von 500 Betriebsstunden brauchen hochwertige Schmierstoffe. Zu beachten ist dabei, dass zwischendurch fehlende Ölmengen stets mit demselben Öl nachgefüllt werden müssen, um die Leistungsfähigkeit nicht zu verschlechtern. Moderne Motorenöle weisen eine Mehrbereichs-Charakteristik auf,

was anhand der SAE-Klasse erkennbar ist. Die auch als Leichtlauföle bezeichneten Schmierstoffe erlauben aufgrund der besonderen Grundöle die meist verlängerten Wartungs-Intervalle. Außerdem besitzen sie ein erhöhtes Kraftstoff-Einsparpotenzial.

Motorenöl: Welche SAE-Klassen sind wichtig?
Die für die Landwirtschaft wichtigen Motorenöl-SAE-Klassen sind SAE 15W-40, SAE 15W-30, SAE 10W-40, SAE 10W-30; sie stellen die augenblicklich besten Qualitäten dar.

Werkstoffe – Welche Holzarten werden in der Landwirtschaft vorwiegend verwendet?
Eiche, Buche, Esche, Fichte, Föhre.

Holzarten: Welche Eigenschaften haben sie?
Eiche: hart und widerstandsfähig,
Buche: hart, wenig elastisch,
Esche: hart, elastisch,
Fichte: wenig elastisch, weich,
Föhre: weich, widerstandsfähig gegen Witterung.

Holzarten: Wo finden sie hauptsächlich Verwendung?
Eiche: Schweinestall, Speichen, Rahmen für Wagenaufbauten,
Buche: Rahmen für Aufbauten,
Esche: Werkzeugstiele, Schwingfedern,
Fichte: Dachstuhl, Heutrocknungsgerüste,
Föhre: Tür- und Fensterstöcke.

Fäulnis: Wie wird Holz dagegen geschützt?
Durch Anstrich mit Farbe oder Lasuren,
durch Behandlung mit Holzschutzmitteln,
durch Trockenhalten.

Holzschutzverfahren: Welche gibt es?
Streichen kleiner Holzteile (mehrmals),
Spritzen von Holzwänden (mindestens 2-mal),
Tauchen oder Tränken (4–6 Tage).

Holzschutzmittel: Welche Arten sind üblich?
Öle (Karbolineum), streichfertige Flüssigkeit für trockenes Holz im Freien (Geruch!).
Ölhaltige Mittel (Chlornaphthaline), streichfertige braune bis klare Flüssigkeit mit eigenartigem Geruch, geeignet für trockenes Holz, auch für nachfolgenden Farbanstrich.
Salze, in bereits gelöster oder fester Form erhältlich, eignen sich für trockenes und nasses Holz zum Innen- und Außenanstrich. Zuweilen sehr giftige Mittel, die für Futterkrippen, Blumenkästen usw. nicht verwendet werden dürfen!

Holzschutzmittel: Was ist bei ihrer Anwendung zu beachten?
Giftwirkung verschiedener Mittel beim Streichen und beim Benutzen der Holzteile durch Mensch oder Tier.
Die Haltbarkeit des Mittels. Bei Holzschutz im Freien sollen unauslaugbare Schutzmittel verwendet werden. Dies ist an der Verpackung zu ersehen.

Eisen: Wie schützt man es vor Rost?
Blanke Eisenteile mit Bleimennige und darauf folgendem Deckanstrich (Öl- und Kunstharzfarbe) oder mit säurefreiem Fett schützen.
Bereits verrostete Teile werden mit der Stahlbürste entrostet. Anstrich mit einer Rost bindenden Farbe oder Rostumwandler und schließlich Deckanstrich wie oben.

Rost bindende Farbe: Was ist das?
Beim mechanischen Entrosten von Eisenteilen, z. B. mit der Stahlbürste, bleibt immer ein gewisser Prozentsatz an Rost übrig. Dieser Rost wird von der Rost bindenden Farbe luftdicht abgeschlossen, wodurch ein Weiterfressen des Rosts unter dem Farbenanstrich verhindert wird.

Entrostungsverfahren: Welche gibt es?
Das mechanische Entrosten mit Schwingschleifer, Stahlbürste, Schmirgelscheibe, Feile oder Schmirgelpapier.
Das chemische Entrosten durch Eintauchen der verrosteten Eisenteile in Säuren. Die Säure greift aber auch das Eisen an, wenn nach dem Säurebad nicht sofort eine Neutralisation durch Laugen vorgenommen wird.

Farben: Welche Anstrichmittel sind gebräuchlich?
Ölfarben mit den Bindemitteln Leinöl, Firnis oder Standöl; Verdünnungsmittel: Terpentin.
Kunststoffarben mit verschiedenen Bindemitteln auf Kunststoffbasis; Verdünnungsmittel: Kunststoffverdünner (Nitrol).
Beratung im Farbenhandel und Gebrauchsanweisung auf der Verpackung sind zu beachten.

Anstriche: Welche unterscheidet man?
Grundanstrich (bei Eisen Mennige oder Rostbinder, bei Holz dünnflüssige Farbe zum Einziehen),
Deckanstrich ist farbbestimmend,
Lackanstrich für Glanz und Haltbarkeit.

Kunststoffe: Was versteht man darunter?
Chemisch hergestellte Werkstoffe (Plaste und Harze), die teils hart und brüchig, teils weich und formbar sind.

Kunststoffe: Welche Eigenschaften haben sie?
Sie lassen sich sägen, bohren, hobeln, kleben und sind wetter- und säurebeständig.

Kunststoffe: Wofür werden sie verwendet?
Als Transportgefäße (Eimer, Körbe, Fässer),
als Filter, Dichtungen, Schlauchleitungen, Rohre, Folien, Platten usw.

Dämmstoffe: Was versteht man darunter?
Dämmstoffe halten etwas zurück – sei es als Lärm-Dämmstoffe z. B. in der Traktorkabine, wo sie die von außen kommenden Geräusche des Motors dämpfen, sei es als Wärme-Dämmstoffe in einem Gebäude-Bauteil (z. B. Fußboden, Decke, Wand), wo sie Wärmeverluste reduzieren. Daher sind die Anforderungen stets hohe Dämmung und Haltbarkeit, meistens auch geringes Gewicht. Zudem sollen Dämmstoffe möglichst nicht brenn- oder entflammbar sowie preiswert sein.

Dämmstoffe: Welche Stoffe werden verwendet?
Hauptsächlich werden künstliche Stoffe wie Glas- und Steinwollmatten oder Polystyrolschaum verwendet. Zunehmend kommen aber auch Natur-Dämmstoffe zum Einsatz wie Korkplatten, Kokosfasermatten sowie Stoffe aus nachwachsenden Rohstoffen wie Holz, Zellulose, Schilf, Flachs, Schafwolle oder auch Roggen.

Natur-Dämmstoffe: Gibt es für deren Einsatz Zuschüsse?
In Deutschland gibt es ein Förderprogramm für Natur-Dämmstoffe, weil sie positive Effekte auf das Raumklima zeigen und zudem keine Entsorgungsprobleme bereiten, da sie biologisch abbaubar sind.

Maschinenpflege – **Worauf ist zu achten?**
Gründliche Durchsicht nach Säuberung von Schmutz und Öl,
Gleit- und Lagerstellen auf Spiel, Verschleiß und Sicherung prüfen,
Verschraubungen auf Festigkeit und Sicherung (Splint) prüfen,
Rahmen durch Abklopfen auf Brüche und Risse untersuchen,
Kupplungen, Bremsen und Beleuchtung auf Funktion und Sicherheit prüfen.
Hydraulik auf Dichtigkeit und Reifen auf Verkehrssicherheit prüfen,
Betriebsanleitung beachten.
Bei Traktoren und Transportfahrzeugen an Teilen, die der Verkehrssicherheit dienen, nicht selbst schweißen (z. B. Anhängerdeichsel!).

Pflug: Was ist bei seiner Pflege zu beachten?
Spindeln, Spannschlösser, Scheibensechlager sind zu schmieren,
das Streichblech ist vor Rost zu schützen (Rostschutzmittel),
das Schar muss stets geschärft sein;
wichtig ist der Seiten- und Untergriff und die Stellung der Scharspitze,
auf die richtige Stellung der Anlage (Sohle) ist zu achten.

Maschinenkauf – Welche Institutionen prüfen Maschinen?

Deutsche Landwirtschafts-Gesellschaft (DLG),
Biologische Bundesanstalt (BBA) (Pflanzenschutzgeräte),
Stiftung Warentest (Haushaltsgeräte).

Landmaschinen: Worauf ist beim Kauf besonders zu achten?

Ob sie von der DLG oder der BBA geprüft sind;
ob Normen und Sicherheitsvorschriften eingehalten wurden (GS-Zeichen, CE-Zeichen, VDE-Zeichen).

Prüfsiegel: Welche sind für Landwirte wichtig?

Arbeitssicherheitsprüfung.

Gebrauchswertprüfung für Forstmaschinen.

Gebrauchswertprüfung der BBA für Pflanzenschutzgeräte.

CE = **C**ommunauté **E**uropéenne
Mit diesem Zeichen auf einer Maschine bestätigt der Hersteller die Einhaltung der grundlegenden Sicherheits- und Gesundheitsanforderungen der EU.

VDE = **V**erband **d**eutscher **E**lektrotechniker
Das VDE-Prüfzeichen dokumentiert den Anwender- bzw. Benutzerschutz bei der elektrischen Sicherheit von Geräten.

BFL = **B**au**f**örderung **L**andwirtschaft e.V.
Gebrauchswertprüfung für Stalleinrichtungen, Haltungssysteme, bauliche Anlagen, Bauteile und Baustoffe.

Das alte Zeichen »DLG anerkannt« wurde durch das DLG-Zeichen »Signum Test« ersetzt als Schutzzeichen für den Endverbraucher bei Maschinen und Geräten. Das DLG-Zeichen »Fokus Test« steht für bestimmte geprüfte Teilaspekte, z. B. Haltbarkeit eines Gerätes.

Schwake-Liste: Was versteht man darunter?

Eine Preisübersicht für Gebrauchtwagen. Es gibt aber auch eine eigene Liste für Gebrauchttraktoren und Mähdrescher. Auch landwirtschaftliche Fachzeitschriften bieten diesen Service.

Traktorkosten: Wie gliedern sich die Kosten einer Traktorstunde?
Feste Kosten: Abschreibung, Versicherung, Verzinsung des Anschaffungswertes, Gebäudekosten, gegebenenfalls Steuer.
Bewegliche (variable) Kosten: Kraftstoff, Schmieröl, Reparaturen, Pflege.

Einsatzstunden: Wie viele soll der Traktor im Jahr erreichen?
Die Abschreibungsschwelle eines Traktors liegt bei etwa 1000 Stunden im Jahr; im Durchschnitt sollten daher mindestens 500–600 Einsatzstunden jährlich je Traktor erreicht werden.

Kosten je Traktorstunde: Wo kann man sie erfragen?
Beim Geschäftsführer und den Mitgliedern eines Maschinenringes oder beim Lohnunternehmer.

Steuern: Warum muss ein Traktor versteuert werden?
Wenn Arbeiten für nichtlandwirtschaftliche Zwecke durchgeführt werden.

Unfallverhütung – Wodurch passieren die meisten Unfälle?
Durch Leichtsinn (Missachtung der Unfallschutz-Vorschriften), Eile und Ermüdung.

Unfälle: Wie lassen sie sich verhindern?
Durch Beachten der Bedienungsvorschriften,
durch vorschriftsmäßige Schutzvorrichtungen,
durch Beachten der Unfallverhütungs-Vorschriften,
durch Vorsicht und Umsicht.

Traktorsicherheit: Wann ist ein Traktor betriebsbereit?
Treibstoff im Tank,
Motor- und Getriebeöl aufgefüllt,
Batterie und elektrische Leitungen intakt,
genügend Kühlwasser,
Reifen aufgepumpt.

Traktor: Wann ist er verkehrssicher?
Bremsen müssen gut und gleichmäßig greifen,
Scheinwerferlicht (Fern- und Abblendlicht) muss intakt sein,
Brems-, Rück-, Blinklichter und Hupe müssen funktionieren,
die Lenkung darf kein zu großes Spiel haben,
der Reifendruck muss gleichmäßig sein,
an der Anhängerkupplung darf der Splint nicht fehlen,
Anbaugeräte am Heck dürfen die Vorderachse nicht so stark entlasten, dass die Lenkfähigkeit beeinträchtigt wird.

Verkehrssicherheit von Fahrzeugen: Was ist zu beachten?
Funktionieren der Bremse; sie muss vom Zugfahrzeug aus zu bedienen sein oder selbst wirksam werden,
einwandfreie Beleuchtung und Rückstrahler, 2 Schlussleuchten, 2 Blinker, 2 Rückstrahler (bei Anhänger als Dreieck-Rückstrahler),
Warnblinkanlage, Warndreieck und bei Anhängern über 6 m Länge an den Längsseiten gelbe Rückstrahler, die nach der Seite wirken,
leserliches Kennzeichen, hinten mit Beleuchtung,
Geschwindigkeitsschild (Anhänger an beiden Seitenwänden und Rückwand),
Gesamtgewichtsangabe an der Vorderwand, Achslasten an der rechten Seite über den Rädern,
Fabrikschild mit Fabriknummer am Anhänger,
Unterlegkeil ist mitzuführen,
Anhänger müssen eine Betriebserlaubnis haben,
Anhängerkupplung und Zuggabel müssen von amtlich genehmigter Bauart sein,
TÜV-Termin beachten.

Traktor: Wann ist er »gesund« und »sicher«?
Ein serienmäßiger »Gesundheitssitz«,
günstige Lage der Bedienungshebel,
leiser Lauf, Lärmpegel möglichst unter 85 dB (A),
bestmögliche Ableitung der Auspuffgase (nach oben),
vorschriftsmäßige Umsturzschutz-Vorrichtung,
integrierte Kabine (Verdeck) mit guter Rundumsicht,
Klimatisierung und Schalldämmung.

Bergabfahren: Was ist bei beladenem Anhänger zu beachten?
Beim Abwärtsfahren mit beladenen Anhängern kann die Bremswirkung des Traktors durch die Schubwirkung der Anhänger übertroffen werden, so dass der Traktor zur Seite gedrängt und umgeworfen wird.
Die Anhänger müssen daher über funktionsfähige eigene Bremsen verfügen.

Dezibel (dB [A]): Was versteht man darunter?
Eine internationale Meßzahl für den Lärm. Eine Erhöhung des Lärms um 10 dB (A) bedeutet für unser Ohr bereits eine *Verdoppelung* der Lautstärke.

Elektroanlagen: Wozu dienen Sicherungen?
Sie sind als schwächster Punkt (sehr dünner Draht) in die Anlage eingebaut. Bei Überlastung oder Kurzschluss schmilzt der dünne Draht oder der Sicherungsautomat schaltet ab, der Stromkreis wird dadurch unterbrochen und Schaden verhütet.

Geflickte Sicherungen: Warum sind sie verboten?
Der meist zu dicke Flickdraht schmilzt erst zu spät bei zu großem Stromfluss. Dadurch erhitzen sich die Leitungen und es entsteht Brand- und Lebensgefahr. Darum: Niemals Sicherungen flicken.

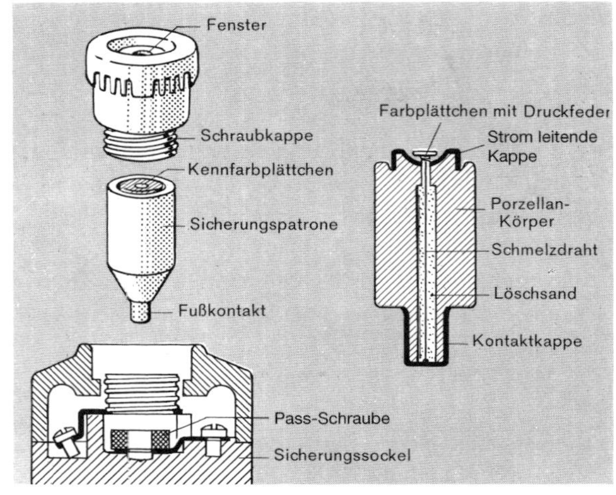

Die Sicherung schützt als schwächstes Glied die elektrische Anlage.

Fehlerstrom-(FI-)Schutzschalter: Welchen Vorteil haben sie?
Sie unterbrechen bei Kurzschluss sofort (ca. 0,2 s) die Stromzufuhr zum defekten Gerät.

Schutzkontakt-(Schuko-)Steckdosen: Welchen Vorteil haben sie?
Sie haben einen Schutz-(Null-)Leiter, der bei Isolierfehlern an Elektrogeräten den Strom ableitet und so Lebensgefahr verhindert.

Elektromotoren: Worauf ist beim Betrieb zu achten?
Der Motor ist gegen Überlastung und Kurzschluss durch Schutzschalter und Sicherung geschützt; man soll weder daran herumschrauben noch die Sicherungen flicken. Schalter, Anlassvorrichtungen, Oberfläche der Gusskapsel sind sauber zu halten. Die Lager sind zu beobachten und zu schmieren; der Motor ist alle 2–3 Jahre zu überprüfen und zu reinigen.

Schutzvorschriften: Welche dienen der Unfallverhütung?
Das Geräteschutz-Gesetz von 1968 und die Unfallverhütungs-Vorschriften der landwirtschaftlichen Berufsgenossenschaften.
Unfallschutzgeprüfte technische Arbeitsmittel tragen das Prüfzeichen der Prüfstelle der Berufsgenossenschaft, das GS-Zeichen und, wenn DLG-geprüft, das DLG-Prüfzeichen, Elektrogeräte das VDE-Prüfzeichen (siehe Seite 297).

schutzisoliert

Elektrische Anlagen, Motoren, Haushaltsgeräte, Leuchten, Heizgeräte, Strahler, Weidezaungeräte usw. müssen den VDE-Bestimmungen entsprechen.

Führerscheinklassen – Welche gelten für die Landwirtschaft?

Zum 1. 1. 1999 wurden die nationalen Führerscheinklassen an die EG-Richtlinie angepasst. Es gelten nun EU-einheitlich die Fahrerlaubnisklassen A (Motorrad), B (Pkw), C (Lkw), D (Bus), und E (Anhänger).
Dazu kommen die (nationalen) deutschen Klassen M (Moped) sowie L und T (land- oder forstwirtschaftliche (lof) Fahrzeuge).
Früher erworbene Führerscheine behalten ihre Gültigkeit (Besitzstandswahrung) und müssen nicht umgetauscht werden. Auf Antrag können bisherige Führerscheinklassen 3 (oder B der DDR) ohne zusätzliche Ausbildung oder Prüfung für die in der Land- oder Forstwirtschaft tätigen Personen auf die neue Klasse T erweitert werden.

Führerscheinklasse L: Was sieht diese deutsche Klasse vor?

Klasse L gilt für Zugmaschinen mit einer bauartbedingten Höchstgeschwindigkeit von weniger als 32 km/h, sofern diese Zugmaschinen für die Land- und Forstwirtschaft bestimmt sind und dort eingesetzt werden. Außerdem gilt L für Fahrzeugkombinationen dieser Zugmaschinen mit Anhängern, wenn sie mit maximal 25 km/h gefahren werden. Könnte die Zugmaschine schneller fahren, müssen die Anhänger das »25 km/h-Schild« führen.
Mit L dürfen auch selbst fahrende Arbeitsmaschinen und Flurfördermaschinen (jeweils auch mit Anhänger) bis zu einer bauartbedingten Höchstgeschwindigkeit von 25 km/h gefahren werden.
Klasse L ersetzt die bisherige Klasse 5. Mindestalter: 16 Jahre. Die Pkw-Klasse B schließt die Klasse L ein.

Führerscheinklasse T: Was sieht die deutsche Klasse vor?

Klasse T gilt für Zugmaschinen mit einer bauartbedingten Höchstgeschwindigkeit von weniger als 60 km/h und selbst fahrende Arbeitsmaschinen mit einer bauartbedingten Höchstgeschwindigkeit von weniger als 40 km/h, sofern diese Zug-/Arbeitsmaschinen für die Land- und Forstwirtschaft bestimmt sind und dort eingesetzt werden (jeweils auch Fahrzeugkombinationen mit Anhängern). Es gilt keine Gewichtsbeschränkung.
Mindestalter: 16 Jahre; bis zur Vollendung des 18. Lebensjahres dürfen nur Zugmaschinen und Anhänger bis zu 40 km/h gefahren werden. Diese Altersregelung ermöglicht es z. B. Auszubildenden, auch Traktoren bis zu 40 km/h zu führen. Klasse T schließt Klasse L ein.

Traktor – Welche Bauarten sind üblich?

Standardtraktoren mit Hinterachsenantrieb (bis ca. 100 kW = ca. 136 PS, bei Bedarf 150 kW = ca. 205 PS),

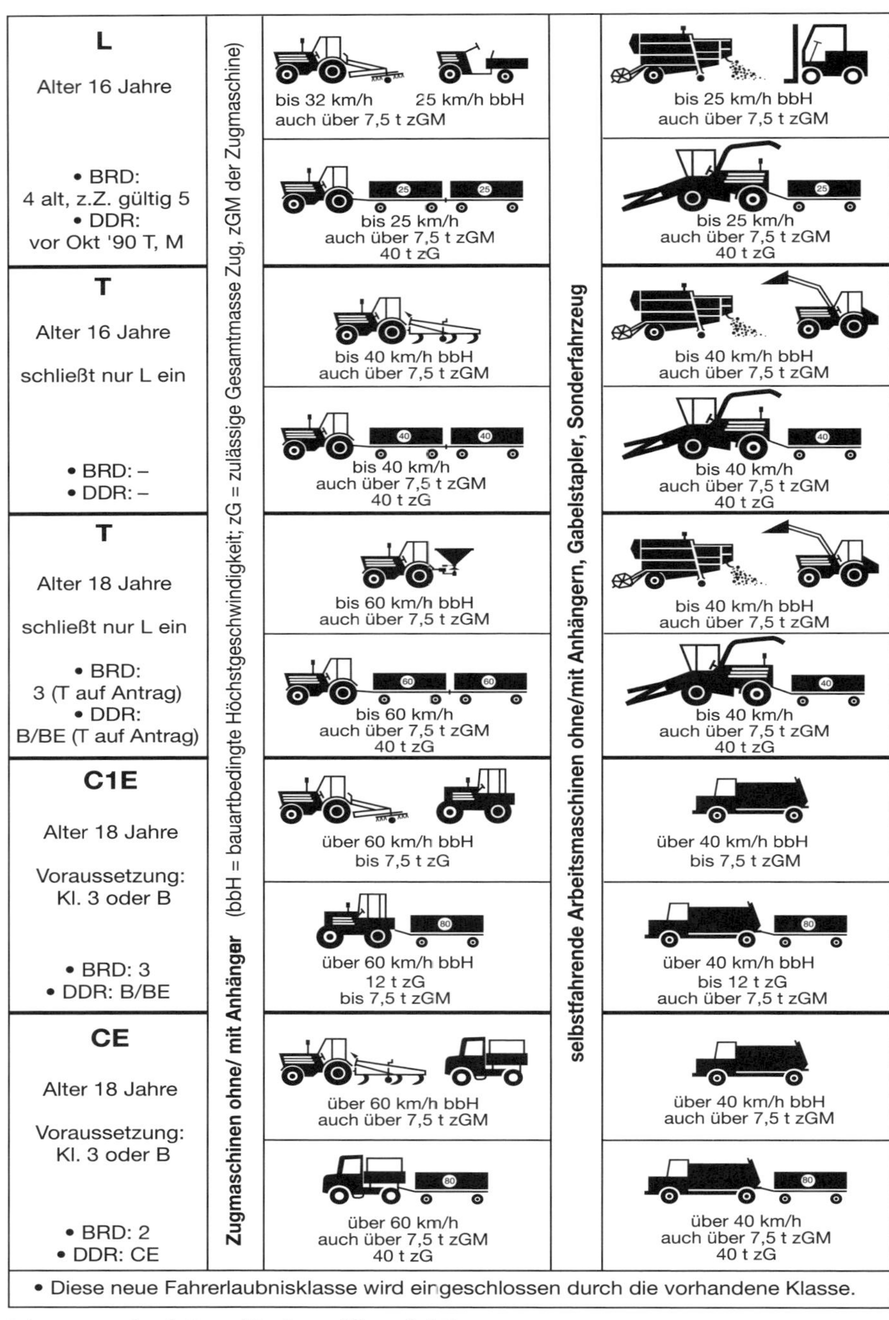

Klasse	Zugmaschinen ohne/ mit Anhänger (bbH = bauartbedingte Höchstgeschwindigkeit; zG = zulässige Gesamtmasse Zug, zGM der Zugmaschine)	selbstfahrende Arbeitsmaschinen ohne/mit Anhängern, Gabelstapler, Sonderfahrzeug
L Alter 16 Jahre • BRD: 4 alt, z.Z. gültig 5 • DDR: vor Okt '90 T, M	bis 32 km/h 25 km/h bbH auch über 7,5 t zGM	bis 25 km/h bbH auch über 7,5 t zGM
	bis 25 km/h auch über 7,5 t zGM 40 t zG	bis 25 km/h auch über 7,5 t zGM 40 t zG
T Alter 16 Jahre schließt nur L ein • BRD: – • DDR: –	bis 40 km/h bbH auch über 7,5 t zGM	bis 40 km/h bbH auch über 7,5 t zGM
	bis 40 km/h auch über 7,5 t zGM 40 t zG	bis 40 km/h auch über 7,5 t zGM 40 t zG
T Alter 18 Jahre schließt nur L ein • BRD: 3 (T auf Antrag) • DDR: B/BE (T auf Antrag)	bis 60 km/h bbH auch über 7,5 t zGM	bis 40 km/h bbH auch über 7,5 t zGM
	bis 60 km/h auch über 7,5 t zGM 40 t zG	bis 40 km/h auch über 7,5 t zGM 40 t zG
C1E Alter 18 Jahre Voraussetzung: Kl. 3 oder B • BRD: 3 • DDR: B/BE	über 60 km/h bbH bis 7,5 t zG	über 40 km/h bbH bis 7,5 t zGM
	über 60 km/h bbH 12 t zG bis 7,5 t zGM	über 40 km/h bbH bis 12 t zG auch über 7,5 t zGM
CE Alter 18 Jahre Voraussetzung: Kl. 3 oder B • BRD: 2 • DDR: CE	über 60 km/h bbH auch über 7,5 t zGM	über 40 km/h bbH auch über 7,5 t zGM
	über 60 km/h auch über 7,5 t zGM 40 t zG	über 40 km/h auch über 7,5 t zGM 40 t zG

• Diese neue Fahrerlaubnisklasse wird eingeschlossen durch die vorhandene Klasse.

Seit 1. 1. 1999 gelten in Deutschland neue Führerscheinklassen.

Standardtraktoren mit Allradantrieb (bis ca. 200 kW = ca. 270 PS, bei Bedarf 250 kW = ca. 340 PS),
Geräteträger (bis ca. 60 kW = ca. 80 PS),
Frontsitztraktoren mit und ohne Allradantrieb (bis ca. 125 kW = ca. 170 PS),
Systemtraktoren (bis ca. 60 kW = ca. 80 PS),
Allrad- und Track-Traktoren (34–150 kW = 50–200 PS),
Einachstraktoren, Schmalspur-, Stelzen- und Vierradkleintraktoren, Hof- und Stalltraktoren.

Systemtraktor: Was versteht man darunter?
Er hat den »Tragtraktor« abgelöst und stellt den Versuch dar, einen Standardtraktor zu bauen, der allen landwirtschaftlichen Anforderungen entspricht: Leichter Geräteanbau, gute Geräteführung und -übersicht, Wendigkeit, hoher Komfort und Unfallsicherheit.

Geräteträger: Welche Merkmale hat er?
Motor, Kupplung und Getriebe dicht vor und über der Hinterachse,
Vorderachse durch Rahmenkonstruktion weit nach vorne geschoben,
dadurch Anbaumöglichkeit von Geräten vor und über der Vorderachse sowie zwischen Vorder- und Hinterachse und hinter der Hinterachse.

Motoren: Welche Vorteile hat der Otto-(Vergaser-)Motor?
Niedrige Verdichtung, daher geringes Gewicht,
gute Beschleunigung, ruhiger Lauf, geringer Preis.

Dieselmotor: Welche Vorteile hat er?
Gute Kraftstoffausnützung,
billigerer und ungefährlicherer Kraftstoff,
geringere Emissionen (Umweltverschmutzung).

Elsbett-Motor: Was ist das Besondere?
Der Elsbett-Motor ist ein direkt einspritzender Dieselmotor mit einem speziellen Brennverfahren (Duotherm) mit besonders hohem Wirkungsgrad und geringem Treibstoffverbrauch. Im Elsbett-Motor kann auch unverestertes Rapsöl verwendet werden.

Drehmoment: Was versteht man darunter?
Das Drehmoment ist die an der Kurbelwelle geleistete drehende Arbeit. Es sagt mehr über die Leistungsfähigkeit eines Motors aus als die angegebene kW-Zahl.
Das Drehmoment hängt von der Drehzahl ab. Es soll über einen möglichst weiten Drehzahlbereich gleich bleiben, d. h. die »Drehmomentkurve« soll möglichst flach sein, und nicht »durchhängen«.

Wasserkühlung: Welche Vorteile hat sie?
Die Wärmeleitung (d. h. die Kühlung) durch Wasser ist sehr gut. Die Geräuschdämpfung ist besser.

Luftkühlung: Welche Vorteile hat sie?
Die Betriebstemperatur wird schneller erreicht.
Es ist kein Frostschutz nötig (»Luft gefriert nicht«).

Kraftstoffverbrauch: Wie kontrolliert man ihn beim Traktor?
Vor dem Arbeitseinsatz Tank ganz füllen,
nach der Arbeit Tank nachfüllen,
nachgefüllte Kraftstoffmenge durch die geleisteten Arbeitsstunden teilen, ergibt den durchschnittlichen Kraftstoffverbrauch je Stunde.

Äthanol (auch Ethanol, Bio-Sprit): Was versteht man darunter?
Ein Alkohol, der durch Gärung aus zucker-, stärke- und cellulosehaltigen Rohstoffen (z. B. nachwachsende Rohstoffe) gewonnen und dem Benzin beigemischt werden kann (bis zu 10 %).

RME: Was versteht man darunter?
Rapsöl**m**ethyl**e**ster, ein verestertes Rapsöl, das für den Ersatz von Diesel in direkteinspritzenden Dieselmotoren geeignet ist, auch Biodiesel genannt.

Leistung: Was ist bei der kW-Angabe wichtig?
Die Motordrehzahl (Umdrehung je Minute, 1/min).
Je höher die Drehzahl, desto mehr kW bei gleichem Hubraum – aber auch desto höher der Verschleiß, das Geräusch und der Verbrauch.

Kilowatt und PS: Wie werden sie umgerechnet?
1 kW = 1,36 PS,
1 PS = 0,736 kW.

Schlagkraft: Wie viele kW soll der Traktor haben?
Das hängt von der Art und Größe des Betriebes und seiner Bewirtschaftung, aber auch vom Gelände und vom Verwendungszweck ab. 1950 standen ca. 1,5–2,2 kW (2–3 PS) je 100 ha LF zur Verfügung, 1970 etwa 150 kW (ca. 200 PS), 1976 ca. 280 kW (ca. 380 PS), 1995 ca. 350 kW (ca. 500 PS). Grund: Maschinen und Geräte mit größerer Leistung und Arbeitsbreite, um die Schlagkraft zu erhöhen.

Zugkraftangabe: Was sagt sie aus?
Sie lässt Rückschlüsse auf die gesamte (Brutto-)Anhängerlast zu; Faustregel: 1000 kg Traktorzugkraft entsprechen einem Brutto-Anhängergewicht von 10 000 kg bei normaler, ebener Straße.

Mit zunehmender Steigung nimmt die Zugkraft ab: bei 5 % Steigung um 30 %, bei 10 % um 50 %, bei 20 % um 70 %.

Leistungsgewicht: Was versteht man darunter?
Eigengewicht des Traktors in kg geteilt durch die Zahl seiner kW ergibt das Leistungsgewicht in kg/kW.

Leistungsgewicht: Welche Bedeutung hat es?
Traktoren mit höherem Leistungsgewicht haben eine größere Zugleistung (geringerer Schlupf). Hohes Leistungsgewicht ergibt höheren Bodendruck.
Die Zapfwellenleistung ist vom Leistungsgewicht unabhängig.

Zugleistung: Wodurch entstehen Verluste?
Durch Getriebereibung, durch Rad- bzw. Bodenschlupf, durch Rollwiderstand.

Bodenschlupf: Wie kann er verringert werden?
Beschweren der Hinterachse (durch Gewichte, Wasser in den Reifen oder höher ankuppeln),
geringerer Luftdruck (0,8 bar),
Schneeketten anlegen,
Klappgreifer anbringen,
Differenzialsperre einsetzen, wenn ein Rad durchdreht,
durch Triebachsanhänger,
größere bzw. breitere Räder oder Doppelbereifung,
Allradantrieb mit bauartbedingt gleich großen Rädern auf Vorder- und Hinterachse,
Radial(Gürtel-)bereifung,
durch elektronische Antischlupfregelung.

Elektronische Antischlupfregelung: Wie funktioniert sie?
Ein eingebauter Radarsensor verlagert mit Hilfe der Elektronik das Gerätegewicht auf die Hinterachse, verbessert damit die Bodenhaftung und verringert den Schlupf.

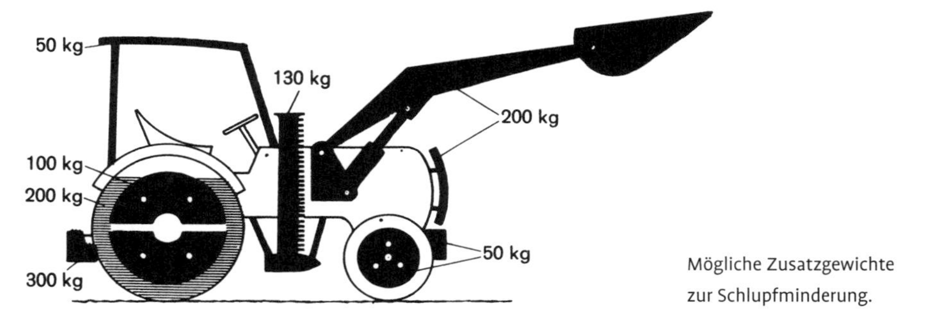

Mögliche Zusatzgewichte zur Schlupfminderung.

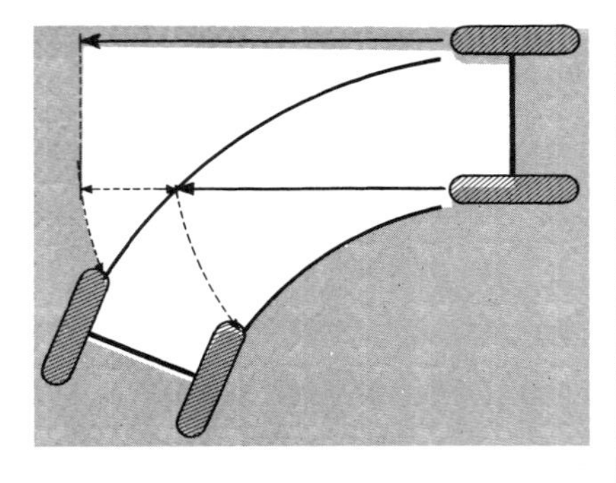

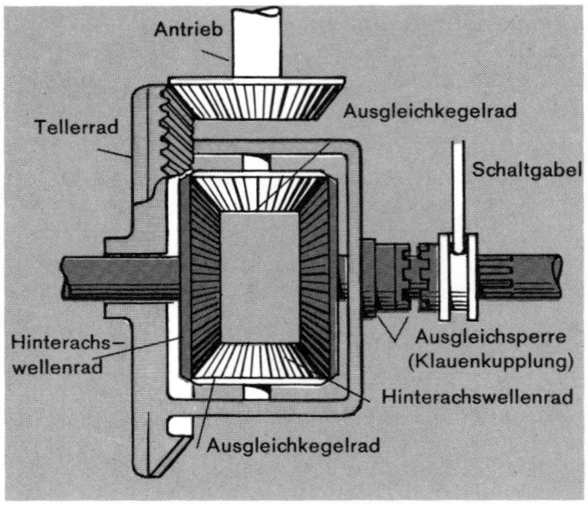

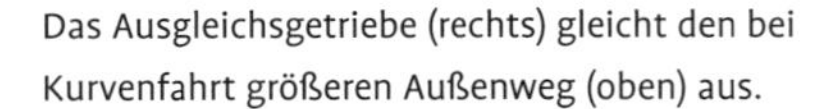
Das Ausgleichsgetriebe (rechts) gleicht den bei Kurvenfahrt größeren Außenweg (oben) aus.

Gangschaltung: Warum braucht der Traktor so viele Gänge?
Weil der Traktor in oft sehr unterschiedlichen Einsatzgebieten und unter sich ändernden Einsatzbedingungen viele verschiedene Arbeitsgeschwindigkeiten ermöglichen muss, bei denen jeweils die Drehzahl des Motors (die Motorleistung) dennoch immer günstig sein soll.

Differenzialgetriebe (Ausgleichsgetriebe): Wozu dient es?
Beim Kurvenfahren entsteht an den hinteren Traktorrädern eine unterschiedliche Drehgeschwindigkeit (außen schneller als innen).
Diesen Unterschied gleicht das Differenzialgetriebe aus.

Differenzialsperre: Wozu dient sie?
Durch die Differenzialsperre werden die Hinterachsen starr miteinander verbunden, wodurch das Durchdrehen eines Rades verhindert wird. Benutzung nur bei Geradeausfahrt.

Sicherungskupplung: Wozu dient sie?
Reibungs- oder Ratschkupplungen können Schäden verhüten, wenn durch Überlastungen (z. B. Verstopfungen von Erntemaschinen) zu hohe Belastungen auftreten.

Reifenarten: Welche sind gebräuchlich?
AS-Reifen für Traktor und Antriebsräder,
AS-Front-Reifen für Traktorvorderräder,
AW-Reifen für landwirtschaftliche Anhänger (Ackerwagen),
AM-Reifen für landwirtschaftliche Arbeitsmaschinen (Mehrzweckreifen).

Schnittstelle Traktor–Gerät – Welche Anhängevorrichtungen gibt es?
Genormte Anhängekupplung (TÜV-abnahmepflichtig), Ackerschiene (rückläufig), Zugpendel, Zughaken (»Hitch«).

Hydraulik: Wie arbeitet die Hydraulik des Traktors?
Mit Flüssigkeitsdruck, der durch eine vom Traktormotor angetriebene Hydraulikpumpe erzeugt wird. Als Flüssigkeit wird Bio-Hydrauliköl verwendet.

Hydrauliksysteme: Welche gibt es?
Die Hydrostatik (in der Landtechnik üblich) und die Hydrodynamik.

Regelhydraulik: Welche Vorteile hat sie?
Sie regelt den Tiefgang des angebauten Gerätes automatisch. Das Gerät wird ständig vom Traktor getragen, dadurch die Hinterachse ständig belastet und so die Zughakenleistung vergrößert.

Dreipunkt-Kraftheber: Was versteht man darunter?
Der Dreipunktanbau im Heck ist der häufigste Geräteanbau am Traktor, zunehmend kommt auch der Frontkraftheber zum Einsatz. Heckkraftheber sind mit Regelfunktionen ausgestattet. Regelungsarten dieser Regelhydraulik sind: Lageregelung, Zugkraftregelung, Mischregelung, Elektronische Hubwerks-Regelung (EHR) und Schnellkuppler.

Traktorelektronik: Welche gibt es und wozu dient sie?
Elektronik wird mit steigender Tendenz im Traktor eingesetzt. Die Anwendung geht von der Hydrauliksteuerung (z. B. Elektronische Hubwerks-Regelung) über die Steuerung von Motor und Getriebe (z. B. der Einspritzmenge oder des Allrad-Antriebs) oder die digitale Informationsaufnahme und -anzeige bis zur Datenweiterleitung und -verarbeitung z. B. über Chip-Karten. Traktorelektronik hat den Zweck, neben der optimalen Verbindung vom Traktor zum Gerät die besten Bedingungen für die Bedienung des Traktors durch den Menschen zu schaffen.

Landwirtschaftliches Bussystem (LBS): Was versteht man darunter?
Eine 2-Leitertechnik (als Transportsystem) für elektronische Daten zum Steuern und/oder Überwachen moderner Landmaschinen-Elektronik. Über das für alle Arten von Geräte offene Bus-Kommunikationsnetz gehen an den Bordcomputer des Traktors alle bei den angeschlossenen Geräten (z. B. Pflanzenschutzspritze, Düngerstreuer) anfallenden Daten über genormte Bus-Steckkontakte ein, werden vom Bordrechner verarbeitet und dem Fahrer z. B. über Monitor angezeigt und verfügbar gemacht. Die DIN/ISO-Normung des LBS schuf die Grundlage für den Einstieg in die GPS-Technik (siehe Seite 28). Die Weiterentwicklung des LBS ist der ISO-Bus, der Standard für elektronische Kommunikation zwischen Traktor und Gerät.

Zapfwelle: Welche Aufgaben hat sie?
Übertragen der Motorkraft zum Antrieb von angehängten oder angebauten Arbeitsmaschinen.

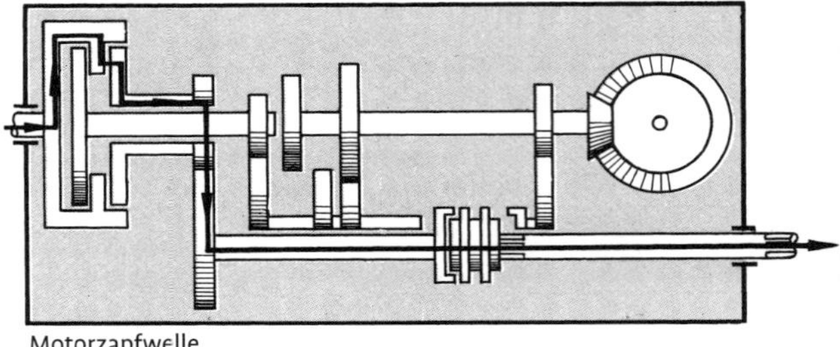
Motorzapfwelle

Zapfwelle: Welche Arten gibt es?
Motorzapfwelle: Sie ist von der Drehzahl des Motors abhängig, kann auch im Leerlauf benützt werden.
Wegzapfwelle: Ihre Umdrehungszahl ist vom eingelegten Gang abhängig. Antrieb erfolgt über Wechselgetriebe. Die Zahl der Umdrehungen bleibt für eine bestimmte Wegstrecke gleich – daher Wegzapfwelle.
Getriebezapfwelle: Drehzahl abhängig vom Schaltgetriebe, beim Auskuppeln steht also auch sie (kaum noch gebräuchlich).

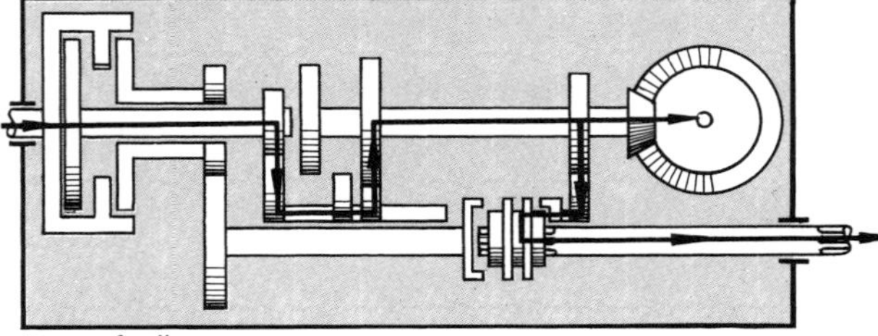
Wegzapfwelle

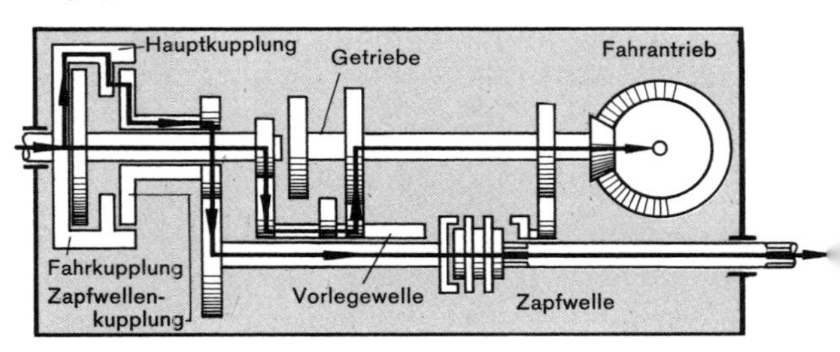

Getriebezapfwelle

Frontlader: Welche Vorteile hat er?
Er macht den Traktor zur vielseitig verwendbaren »Landmaschine«, insbesondere zum Laden, Schieben und Heben.

Frontlader-Einsatz: Was ist zu beachten?
Die Last nicht höher heben als nötig, weil sonst die Kippgefahr steigt.
Bergab und bergauf mit beladenem Frontlader besonders vorsichtig fahren.
Ladevorgang so einrichten, dass möglichst wenig hin und her gefahren werden muss.
Der Frontlader muss bei Straßenfahrt hochgestellt sein.
Unter dem angehobenen Frontlader dürfen keine Personen sein.

Anhänger: Welche Arten werden verwendet?
Zwei- und Einachsanhänger,
Triebachsanhänger,
Kippanhänger.

Frontanbau-Drehpflug mit Streifenpflugkörpern.

Bodenbearbeitung – Pflug: Welche Arten von Pflügen gibt es?

Beetpflüge (Anhänge- und Anbaupflüge), sie wenden nur nach einer Seite,
Kehrpflüge (Dreh- und Winkeldreh-, Wechsel- und Kipp-Pflug), sie wenden nach beiden Seiten,
Scheiben- und Kreiselpflüge,
Mehrschichtenpflüge,
Tiefpflüge,
Spatenpflüge.

Pflug: Was sind die wichtigsten Teile?

Pflugrahmen mit Zug- und Anbauvorrichtung, Pflugkörper (Schar, Streichblech und Sohle), Messer, Sech oder Vorschäler, Steinsicherungen.

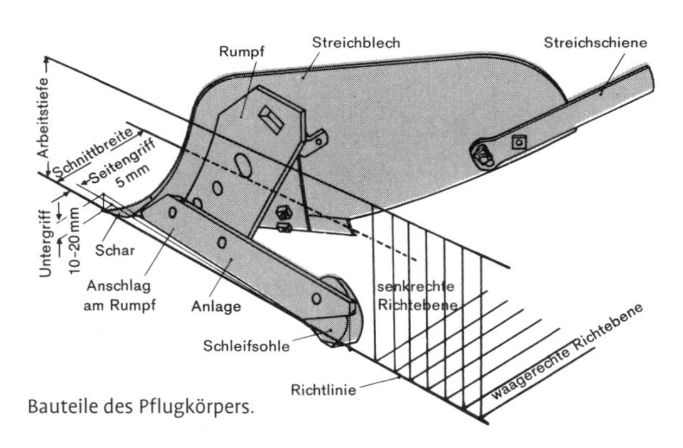

Bauteile des Pflugkörpers.

Pflugkörper: Welche Grundformen gibt es?

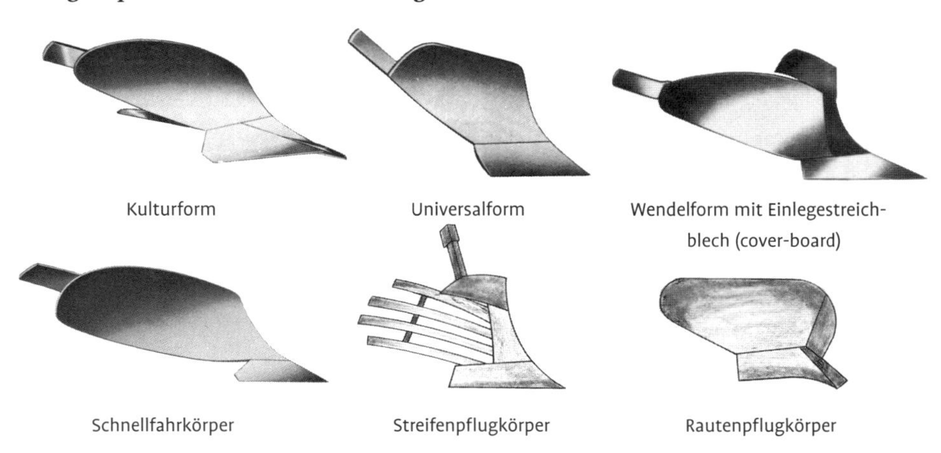

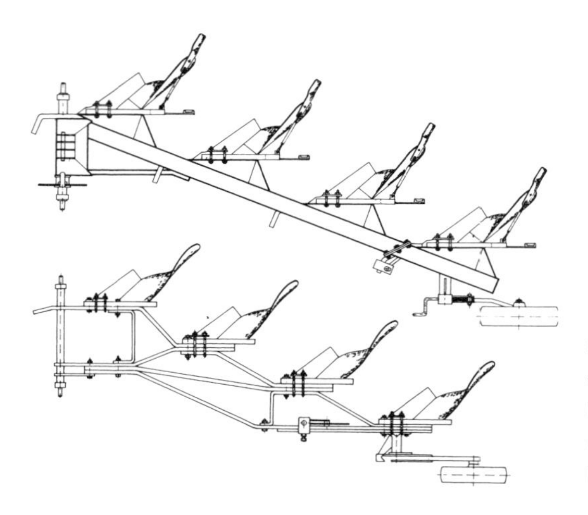

Die Rahmenbauweise (unten) ergibt eine gute Elastizität des gesamten Pflugs. Die Holmbauweise (oben) ermöglicht ein Verändern der Körperzahl im »Baukastenprinzip«.

Pflugeinstellung: Was bezeichnet man als Untergriff und Seitengriff?
Sieh Abb. »Bauteile des Pflugkörpers«, Seite 308.

Pflugmesser, Messersech: Wie soll man sie einstellen?
Die Sechspitze soll etwa drei Finger links von und drei Finger über der Scharspitze stehen.

Krümelung beim Pflügen: Wie kann sie beeinflusst werden?
Höhere Pfluggeschwindigkeit,
steile Körperform,
Einsatz der Streichschiene.

Furchenbreite zu Furchentiefe: Welches Verhältnis soll bestehen?
Bei den normalen Pflugkörpern soll die Furchenbreite (Arbeitsbreite) das 1,2-fache zur Furchentiefe (Arbeitstiefe) betragen. Der Durchlass muss ausreichend sein.

Welche Ursachen können vorliegen, wenn der Pflug nicht in die gewünschte Tiefe geht?
Schar zu stumpf,
kein Untergriff vorhanden,
An- oder Aufhängung des Pfluges zu schwanzlastig,
Boden zu hart oder zu steinig.

Welche Ursachen können vorliegen, wenn der Pflug die Furche nicht genügend wendet?
Sech schneidet nicht richtig,
Vorschäler zu seicht oder zu tief eingestellt,
Streichschiene drückt nicht nach,
Furche im Verhältnis zum Pflugkörper zu tief.

Traktorleistung: Welche braucht der Pflug?
Je nach Boden, Furchenquerschnitt, Fahrgeschwindigkeit (5–7 km/h) usw. etwa 10–25 kW (15–35 PS) je Schar.

Bodenbearbeitungsgeräte: Welche sind wichtig?
Pflüge, Eggen, Grubber, Walzen, Packer.

Eggen: Welche Arten sind üblich?
Starreggen: Saateggen, Ackereggen, Löffeleggen,
Federzinken-Eggen: Hackstriegel, Gareggen, Federzahn-Eggen,
flexible Eggen: Wiesen- und Netzeggen,
Wälzeggen: Sternwälz- und Spaten-Wälzeggen, Draht- und Schrägstab-Wälzeggen,
Scheibeneggen: Kreisel- und Rütteleggen.

Grubber: Welche Scharformen sind üblich?
a) starre und b) starrgefederte Zinken, c) Garezinken und d) Federzinken.

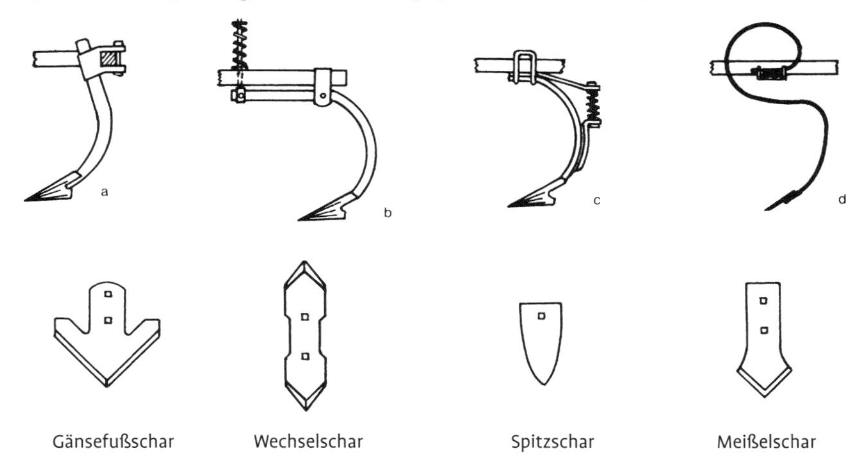

Die Form der Grubberschare beeinflusst die Arbeitsbreite je Zinken und den Bearbeitungseffekt.

Walzen: Welche Arten sind üblich?
Glattwalzen,
Rauwalzen,
Packerwalzen,
Krümelwalzen (Wälzeggen).

Fräse: Was ist beim Einsatz zu beachten?
Die Fräse soll die Traktorenspur überdecken,
die Umdrehungszahl soll unter 300/min bleiben,
eine Rutsch- oder Überlastungskupplung ist erforderlich.

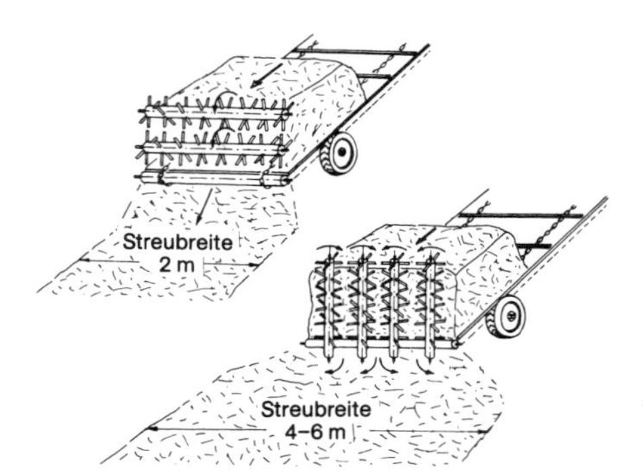

Vergleich von Schmal- (rechts) und Breitstreuer (links) mit ihrem Streubild.

Welche Maschinen werden zur Saat, Pflege und Düngung verwendet?
Drillmaschinen,
Vielfachgeräte, Hackmaschinen, Ausdünnungsmaschinen,
Düngerstreuer,
Lege- und Pflanzmaschinen.

Ackerbau – Düngerstreuer: Welche Arten gibt es?

Schlitzstreuer,	Pendelstreuer,
Walzenstreuer,	Bandstreuer,
Tellerstreuer,	Kettenstreuer,
Wurfstreuer,	Pneumatikstreuer.

Düngerstreuer: Welche Anforderungen sind zu stellen?
Möglichst gleichmäßiges Verteilen über die ganze Streubreite,
möglichst gleichmäßiges Verteilen unabhängig von der Geländegestaltung,
möglichst große Bodenfreiheit (wichtig für Getreide-Spätdüngung),
große Flächenleistung,
gezogene Geräte sollen große, gummibereifte Räder haben.

Stallmiststreuer: Welche Arten sind üblich?
Breitstreuer mit aufrechten Streuwalzen und großer Streubreite,
Schmalstreuer mit liegenden Streuwalzen,
Vielzweck- (Kombigeräte) und Spezialfahrzeuge.
Stallmiststreuer gibt es als Ein- und Zweiachser mit Kratz- oder Rollboden.

Getreidebau: Welche Maschinen sind nötig?
Drillmaschinen, Pflanzenschutzgeräte,
Erntemaschinen (Mähdrescher, Strohpressen, Ballenlader),
Trocknungs- und Reinigungsanlagen,
Lagersilos, Förderanlagen.

Maschinensaat: Welche Vorteile hat sie?

Gleichmäßige Saattiefe für gleichmäßigeres Auflaufen und Reifen, Saatgutersparnis durch gleichmäßigeres Verteilen des Saatgutes,
Saatmenge genau bestimmbar,
erleichterte Saatpflege,
bessere Standfestigkeit und höhere Erträge.

Mähdrescher-Arten: Welche gibt es?

Gezogene und selbst fahrende Mähdrescher,
Mähdrescher mit Tangential-Dreschwerk (Dreschtrommel mit Hordenschüttler oder rotierenden Trennelementen),
Mähdrescher mit Axial-Dreschwerk (Dreschtrommel mit axialem Materialfluss ohne Schüttler).

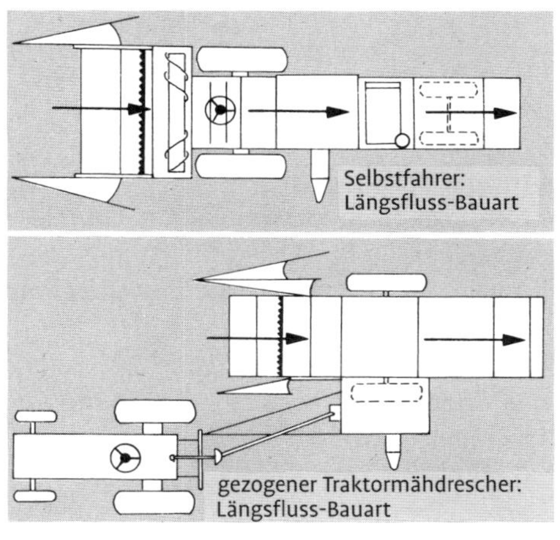

Mähdrescher: Welche Forderungen sind an sie zu stellen?

Günstige Bedienungsanordnung, stufenloser Antrieb, große Reifen und tiefer Schwerpunkt,
beim Selbstfahrer Motor außerhalb der Staubzone.
Große Druschtrommel, stufenlos verstellbare Haspelgeschwindigkeit und Korntank bei beiden Arten.

Mähdrusch: Welche Probleme sind dabei zu lösen?

Transport, Trocknung und Lagerung der Körner, Strohbergung bzw. Strohbeseitigung.

Stripper: Was ist das?

Der Stripper ist ein spezielles Mähdrescher-Schneidwerk, bei dem nicht wie sonst der Halm kurz über dem Boden abgeschnitten und dann im Mähdrescher ausgedroschen wird. Vielmehr streifen Kunststoff-Zahnleisten mit Fingern an einem Rotor die Ähren vom stehenden Halm ab (daher »Stripper«), der dadurch auf dem Feld stehen bleibt.

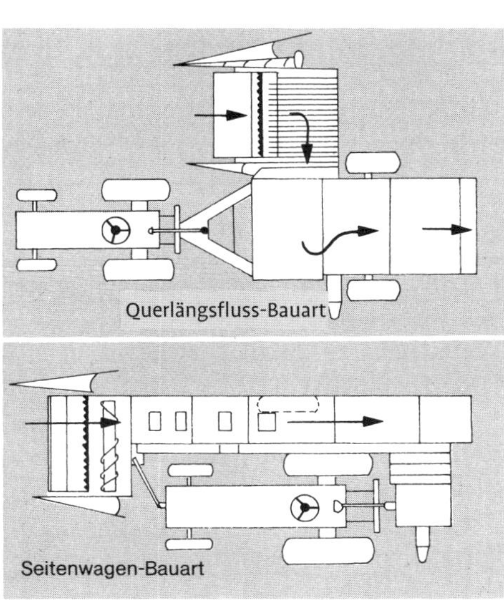

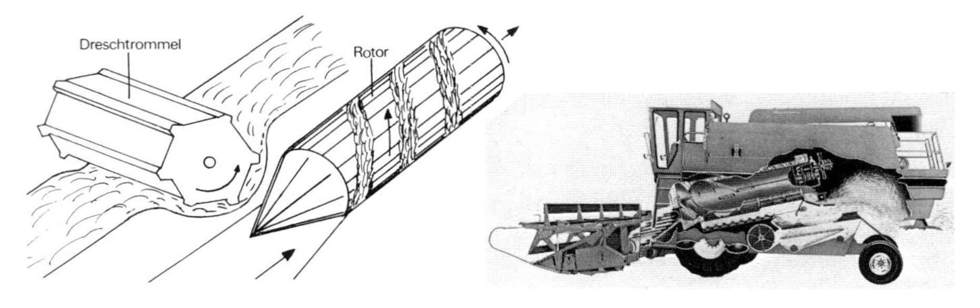

Mähdrescher mit Axialfluss-System (Schema, links).

Das Stroh muss folglich in einem separaten Arbeitsgang eingebracht, gehäckselt oder gemulcht werden.

Stripper: Wozu dient er?
Er ermöglicht in gut stehenden Getreide- oder Grasbeständen mit hoher Bestandsdichte eine wesentliche Steigerung der Flächenleistung bei der Ernte, da das Stroh/Gras nicht mit durch das Dreschorgan muss und der Mähdrescher dadurch deutlich schneller fahren kann (8–12 km/h).
Im Vergleich zu anderen Schneidwerken führt er aber bei nicht optimalen Bestands- und Erntebedingungen zu hohen Aufnahmeverlusten. Nicht geeignet ist der Stripper für ausfallgefährdete Fruchtarten wie Raps.

Kartoffelbau: Welche Maschinen und Geräte gibt es zum Pflanzen?
Vielfachgerät (Pflanzloch- und Zudeckgeräte),
Kartoffel-Legemaschinen (halb- und vollautomatisch).

Kartoffelpflege: Welche Maschinen und Geräte gibt es?
Vielfachgeräte (zum Hacken und Häufeln),
Eggen (Netzegge, Striegel),
Pflanzenschutzgeräte (Spritzen).

Kartoffelernte: Welche Maschinen und Geräte gibt es?
Schleuderrad-Roder,
Vorratsroder (Siebrad oder Siebketten),
Rode-Sammler (Vollerntemaschinen mit und ohne Bunker).

Knollenbeschädigungen: Wodurch lassen sie sich verringern?
Richtiges Einstellen der Maschine,
richtige, nicht zu schnelle Fahrweise,
vorsichtiges Umladen.

Kartoffellagerung, Kartoffelverwertung: Welche Maschinen werden verwendet?
Förderbänder,
Sortiermaschinen,
Waschmaschinen,
Dämpfanlagen,
Belüftungsanlagen in
Kartoffel-Lagerhäusern.

Rübenbau: Welche Maschinen gibt es für die Saat?
Einzelkorn-Sägeräte.

Rübenernte: Welche Maschinen gibt es?
Vorrats-Roder,
Köpf-Roder (Vollerntemaschinen) mit und ohne Bunker,
Rode-Lader,
Köpf-Lader,
ein- bis sechsreihige Maschinen für ein- und mehrphasige Ernteverfahren.

Grünland – Welche Erntegeräte für Grünfutter stehen zur Verfügung?
Mähwerke,
Feldhäcksler,
Ladewagen,
Häcksel-Sammelwagen,
Hochdruck-Pressen,
Ballenpressen.

Mähwerk: Wie wird es angetrieben?
Der Antrieb geht unmittelbar vom Wechselgetriebe (mit Rutschkupplung) oder von der Zapfwelle aus, wobei ein Keilriemenantrieb als Überlastungsschutz dient, oder über einen Hydraulikmotor.

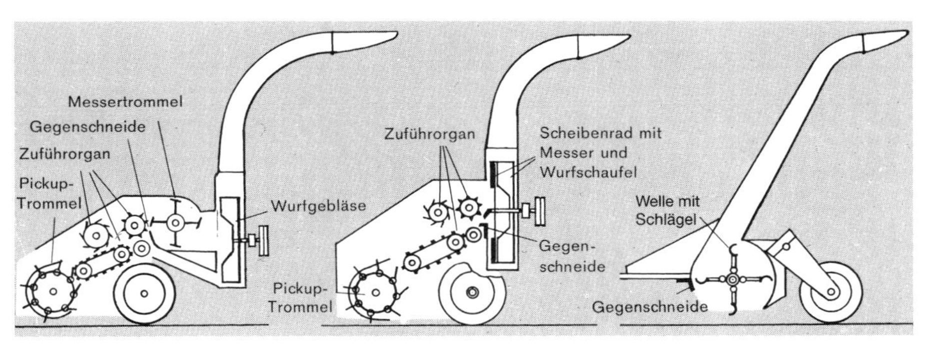

Trommel-Feldhäcksler | Scheibenrad-Feldhäcksler | Schlägel-Feldhäcksler

Messerzapfwelle: Ist die Drehzahl vom jeweiligen Gang abhängig?

Die Drehzahl ist in allen Gängen die gleiche und beträgt etwa 800–1000 Umdrehungen in der Minute.

Messerbalken: Welche Formen sind üblich?

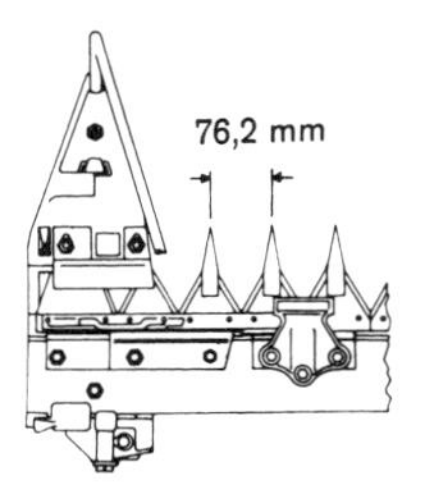

Hochschnitt-
(= Normalschnitt)balken

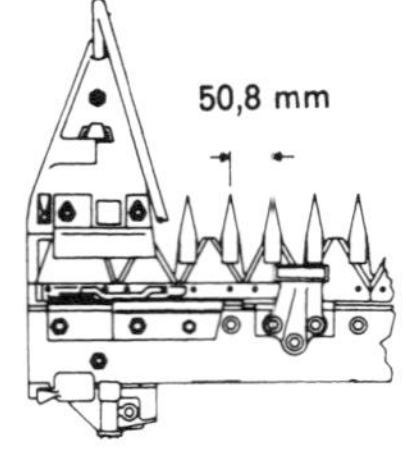

Mittelschnittbalken
(am gebräuchlichsten)

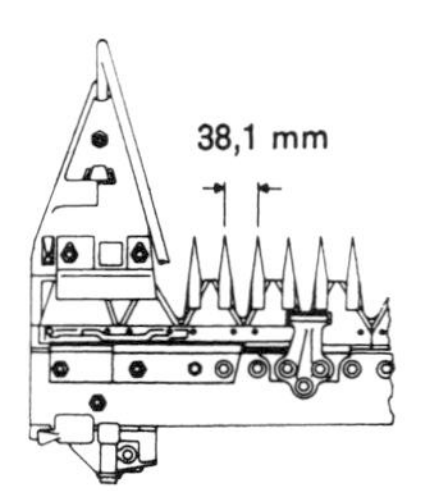

Tiefschnittbalken

Doppelmessermähwerk

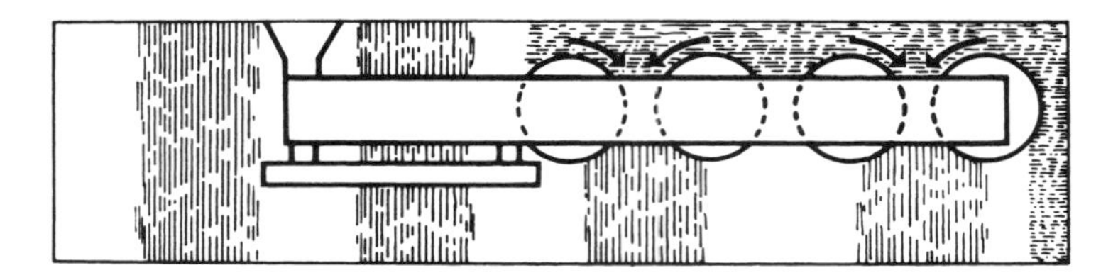

Arbeitsweise eines rotierenden Mähwerkes.

Mähwerksysteme: Welche sind üblich?

Fingerbalken-Mähwerke: 1,5–2,1 m Arbeitsbreite,
Doppelmesser-Mähwerke: 1,5–2,25 m Arbeitsbreite,
Scheiben- und Trommel-Mähwerke: 1,6–2,4 m Arbeitsbreite,
Schlägel-Mähwerke: 1,5–1,8 m Arbeitsbreite.

Mähgeschwindigkeit: Wie hoch ist sie im Mittel?

6 km/h bei Schlägel-Mähwerken,
6– 8 km/h bei Fingerbalken-Mähwerken,
8–10 km/h bei Doppelmesser-Mähwerken,
8–12 km/h bei Scheiben-Mähwerken.

Messerbalkenvorschub: Was bedeutet er, wie viel soll er betragen?

Der Mähbalken soll mit dem äußeren Ende um etwa 4 cm vorgeschoben sein, damit er beim Schneiden genau senkrecht zur Fahrtrichtung steht.

Mähen am Hang: Was ist zu beachten?

Der Mähbalken muss immer hangaufwärts liegen.
Durch Umstecken der Felgen Spurweite vergrößern.

Heu: Welche Wendegeräte stehen zur Verfügung?

Kreisel-Rechwender, Kreisel-Zettwender,
Band-Rechwender, Sternrad-Rechwender,
Ketten-Rechwender, Mähaufbereiter,
Kreiselschwader, Trommelschwader.

Langgutkette: Welche Geräte gehören dazu?

Frontlader,
Heck-Schiebe-Sammler,
Ladewagen (Hoch- und Tieflader),
Gebläse und Greifer.

Feldhäcksler-Bauarten: Welche sind gebräuchlich?

Schlegel-Feldhäcksler,
Exakt-Feldhäcksler (Scheibenrad- und Trommel-Feldhäcksler).

Pressgutkette: Welche Geräte gehören dazu?

Hoch- und Niederdruck-Pressen,
Großballen-Pressen für runde und eckige Ballen,
Ballen-Ladewagen,
Traktor-Ballenwerfer,
Ballen-Förderanlagen.

Wirtschaftsgebäude – Ställe: Welchen Anforderungen müssen sie entsprechen?
Sie sollen Wohlbefinden und Gesundheit der Tiere fördern,
trocken und leicht zu reinigen sein,
sie sollen Arbeit sparend,
mit geringem Aufwand zu erstellen und variabel sein.

Bergeraum: Wie viel ist je Rinder-GV nötig?
Etwa 20–30 m^3 für Streustroh,
etwa 30–50 m^3 für Heu und Futterstroh,
etwa 2,5 m^3 Rübenlager,
etwa 6–10 m^3 Siloraum.

Raufutter und Stroh: Wie sollen sie gelagert werden?
Mit geringem Gebäude- und Arbeitsaufwand,
entweder ebenerdig in Gabelwurfweite oder
»Über-Kopf« mit Abwurfschächten oder günstig für Futterwagen.

Was ist bei der Lagerung von gehäckseltem Raufutter über der Stalldecke zu beachten?
Das Gewicht (der Druck auf die Stalldecke) ist höher als bei langem Heu:
Stroh lang 40–60 kg/m^3, gehäckselt 80–100 kg/m^3,
Heu lang 60–80 kg/m^3, gehäckselt 100–120 kg/m^3.

Entmisten: Welche Verfahren sind üblich?
Handarbeit,
mechanisches Entmisten (Frontlader, Seilzug, Schubstangen, Ringkreisförderer, Faltschieber, Stalltraktor),
Flüssigmistverfahren,
Spaltenboden und perforierte Böden.

Dunganfall: Wie hoch ist er je Großvieheinheit (GV) und Tag?
Rinder 25 kg Kot, 15 kg Harn,
Schweine 17 kg Kot, 18 kg Harn,
Geflügel auf 1000 Stück 100 kg Kot.

Flüssigmistbehälter: Welche Vorschriften sind zu beachten?
- Nach *Landes-Bauordnungen*: Mindestens 3 m Grenzabstand, mindestens 50 m Abstand zu Hausbrunnen und oberirdischen Gewässern.
- Nach *TA-Luft*: Mindestabstand von Wohngebieten 200 m (bei 200 Sauenplätzen bzw. 40 000 Hennenplätzen). Bis zu 470 m (bei 2250 Sauenplätzen bzw. 160 000

Hennenplätzen). Ein Sauenplatz = 3 Mastschweineplätze, 1 Hennenplatz = 2 Mastgeflügel- oder Junghennenplätze.
- Nach *VDI-Richtlinien*: Je nach Umständen Abstände von Wohngebieten zwischen 100 und 700 m. Geringere Abstände sind nach Sondergutachten möglich.

Wichtige Warnschilder bei Arbeiten mit Flüssigmist

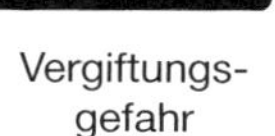

Vergiftungs-gefahr

Erstickungs-gefahr

Explosions-gefahr

Hineinstürz-gefahr

Stallklima: Welche Stalltemperaturen sind günstig?

Kühe	0–20 °C	Zuchtschweine	12–16 °C
Mastvieh[1]	20–12 °C	Mastschweine[1]	18–15 °C
Kälber[1]	20–16 °C	Abferkelstall	30–32 °C

[1]) Bei zunehmendem Alter niedrigere Temperaturen.

Stallklima: Wie werden die Ställe be- und entlüftet?
Durch Fenster und Türen,
durch Luftschächte und -kanäle,
durch Ventilatoren (Zwangsentlüftungen).

Luftraum: Welchen benötigt 1 Rindvieh-GV?
20–25 m^3.

Behelfsställe: Wozu können sie dienen?
Jungviehaufzucht, Schweinemast, Jungviehmast, Quarantänestall.

Behelfsställe: Welche Forderungen müssen sie erfüllen?
Sie dürfen nicht teuer sein,
sie müssen arbeitswirtschaftlich zweckmäßig sein,
sie müssen Wohlbefinden und Gesundheit der Tiere fördern,
bauaufsichtliche Bestimmungen sind zu beachten.

Rinderhaltung – Stallbau: Welche Gesichtspunkte sind entscheidend?
Baukosten,
hygienische Eignung,
arbeitswirtschaftliche Gegebenheiten,
Baugestaltung,
Wärmedämmung,
Stallklimatisierung.

Stallbau: Welche Gesichtspunkte sind entscheidend?
Heranbringen des Futters,
Melken und Milchtransport,
Entmistung (Fest- oder Flüssigmist).

Aufstallungsformen: Welche sind üblich?

Anbindestall,	Spaltenboden-Laufstall,
Einraum-Laufstall (Tiefstall),	Boxenlaufstall,
Tretmiststall,	Fressboxenstall,
Mehrraum-Laufstall,	Außenklimastall.

Standformen: Welche sind im Anbindestall gebräuchlich?
Kurzstand (150–170 cm),
Mittellangstand (190–220 cm).
Langstand (über 220 cm), nur noch in alten Ställen.

Kurzstand: Welche Vorteile hat er?
Liegeplatz bleibt trockener und sauberer, dadurch geringerer Streustroh- und Arbeitsbedarf.

Kurzstand: Was ist besonders zu beachten?
Gesundheitliche Schäden bei den Tieren sind nur zu vermeiden, wenn auf eine sorgfältige Standausführung geachtet wird und trotz Anbindung ein artgemäßes Aufstehen und Hinlegen möglich ist.

Anbindestall: Welche Grundausrüstung gehört dazu?
Fressgitter und Anbindevorrichtung,
Selbsttränken,
Melkmaschine (Eimer- oder Absauganlage),
Milchkammer mit Kühleinrichtung,
Entmistungsanlage,
Stallklimatisierung.

Anbindestall: Welche Aussichten hat er?
Etwa die Hälfte der Kühe in Deutschland steht in Anbindeställen. Es dürfen zwar noch Anbindeställe für Milchkühe neu gebaut werden, aber wegen der eingeschränkten Fläche und Bewegungsmöglichkeit für die Tiere, den erschwerten Arbeitsbedingungen sowie den unter heutigen Umwelt- und Tiergesundheitsaspekten hohen Anforderungen an die Stalltechnik sind sie für Neubauten kaum noch zu empfehlen.
Im ökologischen Landbau ist heute für Milchvieh Laufstallhaltung vorgeschrieben, künftig für Tiere auch eine Auslaufmöglichkeit.

Laufstall: Welche Vorteile hat er?
Er ist Arbeit sparend,
die Baukosten sind geringer,
er ist erheblich tiergerechter als der Anbindestall.

Laufstall: Welche Grundausrüstung gehört dazu?
Mechanische oder Selbstfütterung am Fressplatz,
Selbsttränken,
Melkstand mit Absauganlage und Kühlung,
Kraftfuttergabe im Melkstand oder über computergesteuerte Abrufanlage,
Entmistung bzw. Kotbeseitigung.

Laufstall: Worauf ist zu achten?
Ein Liegeplatz pro Kuh ist Pflicht. Harte Gummimatten oder zu geringe Einstreu auf hartem Untergrund sollte man unbedingt vermeiden. Im Laufstall müssen alle Steuerungseinrichtungen (z. B. Nackenriegel) sachgerecht angebracht sein. Entscheidend für tiergerecht ausgestaltete Liegeboxen ist das Anpassen der Abmessungen an die Körpermaße der größten Tiere der Herde. Ausreichende Abmessungen und die Bodenbeschaffenheit der Lauf- und Fressbereiche sind wesentliche Kriterien für tiergerechte Milchviehhaltung. Trittsichere und rutschfeste Böden, am besten Gummimatten mit weichen Noppen, reduzieren Klauenprobleme und sind daher auch wirtschaftlich, weil sie zum Kuhkomfort beitragen.

Spaltenbodenstall: Was ist sein Vorteil?
Der Spaltenbodenstall ist die flächen- und arbeitssparendste Lösung im Stallbau; das gilt insbesondere für den Vollspaltenboden ohne Einstreu.

Tretmiststall: Wie funktioniert er?
Beim Tretmiststall wird die Liegefläche eingestreut. Die so entstehende 10–15 cm starke Stroh-Mist-Matratze wird infolge des Gefälles von den Tieren zu dem tiefer liegenden Mistgang getreten. Der tägliche Strohbedarf liegt bei 0,5–1 kg/Tier.

Tieflaufstall: Was ist das?
Der Tieflaufstall besteht aus einer eingestreuten Fläche, deren Stroh-Mist-Matratze durch das tägliche Einstreuen ständig dicker wird. Der tägliche Strohbedarf liegt bei 2 kg/Tier.

Außenklimastall: Was wird damit bezeichnet?
Unter diese Aufstallungsform für Rinder (und Schweine) fallen alle Arten von Kaltställen, also Stallbauten ohne Wärmedämmung und von einfacher (und dadurch meist preiswerter) Bauweise, die die Tiere nur gegen Witterungsextreme schützen. Dazu gehören Offenfrontställe oder Cuccetten-Ställe sowie viele Neuentwicklungen wie der Höhlenstall oder das Kistensystem für Schweine (Nürtinger System). Offenfrontställe

eignen sich gut für Milchkühe, es gibt sie als Laufstall mit Liegeboxen-, Tiefstreu- oder Tretmist-Variante. Schweine wie Rinder vertragen Kälte besser als Hitze, so dass Außenklimaställe auch im Winter und im Voralpengebiet erfolgreich betrieben werden.

Außenklimastall: Wozu braucht er Windschutz?
Windschutz an der offenen Seite von Außenklimaställen wird für eine natürliche zugluftfreie Lüftung benötigt. Geeignet sind dafür Windschutznetze oder verschiedene Jalousie-Systeme, die sich in ihrer Vielfalt durch unterschiedliche Materialien, Öffnungsrichtungen, Öffnungsarten und die Steuerung unterscheiden.

Kuhkomfort: Was versteht man unter diesem Schlagwort?
Damit werden alle Faktoren zusammengefasst, die zum Wohlbefinden und damit zu besten Leistungen bei Milchkühen beitragen. Die wichtigsten Punkte sind der Liegekomfort (saubere, trockene, weiche, große Liegefläche ohne Verletzungsgefahren), ein optimales Klima (gute Luftqualität und kühle Umgebungstemperatur, z. B. im Außenklimastall) und ständig freier Zugang zu Futter und Wasser.

Kuhkomfort: Warum brauchen Kühe viel Platz?
Rinder sind Fluchttiere, die Rangordnung in der Herde ist sehr wichtig. Deshalb brauchen Kühe Platz genug, um Abstand zueinander halten sowie schnell und problemlos auch an ranghöheren Tieren vorbei zu den Fress- und Liegeplätzen gelangen zu können. Auch dies gehört daher zum Kuhkomfort, denn je leichter die Futteraufnahme ist, desto besser wird die Milchleistung.

Aufzuchtkälber: Welche Haltungsmöglichkeiten gibt es?
Für Kälber ab 8 Wochen Lebensalter ist entsprechend der Kälberhaltungs-Verordnung nur noch Gruppenhaltung erlaubt (Ausnahme: Betriebe mit weniger als 3 Kälbern). Folgende Haltungssysteme kommen in Frage:
- Einraumbuchten mit Vollspaltenboden,
- Tiefstreu-Einraumbuchten,
- Zweiraumbuchten mit eingestreuter Liegefläche,
- Zweiraumbuchten mit Liegeboxen,
- Freilufthütten,
- Großraum-Iglus.

Gruppenhaltung: Welches System ist am besten geeignet?
Das hängt von den betrieblichen Gegebenheiten ab, also z. B. von der Stallanordnung, vorhandener Altbausubstanz, dem Arbeitskräfte- und Technikbesatz, dem Investitionsvermögen.

Gruppenhaltung: Welches System bietet gute Aufzuchtbedingungen?
Gruppenbuchten in Kaltställen bzw. Großraum-Iglus sind besonders tiergerecht, kostengünstig und fördern die Gesundheit der Kälber.

Schweinehaltung – Welche Haltungssysteme gibt es für Mastschweine?

- Dänische Aufstallung (untergliedert in Liegefläche und Mistplatz, tierfreundlich, aber mit hohem Arbeitsaufwand verbunden);
- Mistgangbucht (weiterentwickelte Dänische Aufstallung, Liegefläche und Mistplatz durch Stufe getrennt, meist mechanische Entmistung mit Flachschieber oder Schubstangen);
- Teilspaltenbodenbuchten (planbefestigte Fläche so stark eingeschränkt, dass die Tiere nur zum Fressen darauf stehen können);
- Vollspaltenbodenbuchten (gesamte Fläche besteht aus Spaltenboden, Entmistung wie bei Teilspaltenboden als Fließmist- oder Stauschwemmverfahren);
- Großgruppenhaltung (ca. 40 Tiere/Bucht, automatische Fütterungssysteme, Vollspaltenboden).

Aufstallungssysteme: Welche sind artgemäß?

Eingestreute Haltungssysteme wie Tieflaufstall, Tretmiststall, Kistenstall nach dem Nürtinger System, Außenklimastall (siehe Seite 321).

Schweinehaltungs-Verordnung: Was schreibt sie für Mastschweine vor?

Neben Vorgaben zur technischen Ausstattung und hygienischen Anforderungen an den Stall muss den Tieren täglich mindestens 1 Stunde Zugang zu einer Beschäftigungsmöglichkeit möglich sein, z. B. Strohraufen auch in einstreulosen Ställen, Futterball, Ketten mit Holzbalken, Fütterungstechniken.

Schweinemast: Welche Verfahren sind üblich?

Kontinuierliches Verfahren (verschiedene Mastgruppen aller Mastabschnitte sind in einem Stall, in dem laufend Zu- und Abgänge erfolgen).
Rein-Raus-Verfahren (alle Tiere eines Stallabteils sind gleichaltrig, da sie geschlossen aufgestallt und verkauft werden; vor der erneuten Stallbelegung kann eine gründliche Reinigung und Desinfektion erfolgen).

Beton-Spaltenböden: Welche Anforderungen müssen sie für Mastschweine erfüllen?

Bis zu 125 kg LG darf die Spaltenweite max. 1,8 cm breit sein, ab 125 kg LG max. 2,0 cm. Die Auftrittsbreite der Balken muss stets 8 cm betragen. Die Spaltenweite für Saugferkel soll 1,1 cm, die für Absatzferkel 1,4 cm betragen.

Schweinehaltung: Was verbessert den Tierkomfort?

Verschiedene Maßnahmen können den Tierkomfort verbessern:

- Bei der Bodengestaltung sollten die Schlitze im Liegebereich nicht mehr als 15 % bei Sauen beziehungsweise nicht mehr als 10 % bei Ferkeln und Mastschweinen ausmachen.
- Für ein gutes Stallklima eignet sich Zuluftkühlung durch Wärmetauscher oder Abkühlung durch Einsprühen von fein vernebeltem Wasser.

- Die vom Gesetz geforderte Beschäftigung der einstreulos gehaltenen Mastschweine bringt erheblichen Tierkomfort, weil sie dem natürlichen Spieltrieb und dem Erkundungsverhalten Rechnung trägt.

Mastschweine und Zuchtläufer: Welchen Platzbedarf haben sie?
Für Mastschweine und Zuchtläufer mit 50-110 kg LG muss die nutzbare Bodenfläche mind. 0,75 m^2/Tier, für Tiere mit mehr als 110 kg LG mind. 1,0 m^2/Tier betragen. Für Tiere von 30-50 kg LG müssen mind. 0,5 m^2/Tier zur Verfügung stehen.

Zuchtsau: Welche Stallfläche benötigt sie?
Ohne Ferkel 4 m^2, mit Ferkel 6 m^2.
Bei den modernen Aufstallungsformen sind die Unterschiede sehr groß.

Schweinezucht: Welche Aufstallungsformen gibt es?
Gruppenhaltung in Fress-Liegeboxen (einstreulos) mit wärmegedämmter Liegefläche und perforierter Fläche aus Spaltenböden oder Betonschlitzplatten, im Tieflaufstall, im Familienstall.
Einzelhaltung in Kastenständen mit teilperforierter Liegefläche, in Anbindeständen mit teilperforierter Liegefläche.
Abferkelboxen.
Ferkelaufzucht in Flatdecks, Ferkelveranden oder im Tieflaufstall.

Sauenhaltung: Welche Anforderungen stellt die Schweinehaltungs-Verordnung?
Bei der Zuchtsauenhaltung sind wesentliche Punkte zu beachten:
Die Halsanbindung der Sauen ist verboten.
Nach dem Absetzen der Ferkel dürfen die Sauen jeweils für 4 Wochen nicht in Anbindehaltung gehalten werden. Auch in Kastenständen dürfen sie in dieser Zeit nur gehalten werden, wenn sie täglich freie Bewegung haben.
Der Liegebereich darf nicht vollständig perforiert sein. Bei Einzelhaltung darf der Buchtenboden nur so weit perforiert sein, dass Kot und Harn durchgetreten werden oder abfließen können.
Zukünftig ist Gruppenhaltung tragender Sauen vorgeschrieben, und zwar ab der 5. Woche nach dem Belegen bis 7 Tage vor dem Abferkeln (bei Stallneubau und -umbau seit 1. 1. 2003, für bestehende Ställe ab 2013).

Schweinehütten: Was versteht man darunter?
Dies ist eine alternative Form der Gruppenhaltung für tragende Sauen und auch eine Aufstallungsform für Ferkel und Eber.
Sie erfordern einen trockenen Fressplatz (auch bei Aufstellung auf Weiden), sie ermöglichen eine gesunde Aufzucht und Haltung.
Schweinehütten zählen zu den Außenklimaställen (siehe Seite 321).

Ferkelaufzucht: Welche Möglichkeiten gibt es?
Konventionell in Flatdecks, Ferkelveranden oder Tieflaufställen, neue Entwicklungen gehen in Richtung Großgruppenhaltung mit vollautomatisierter Fütterung.
Alternativen sind z. B. Außenklimaställe mit Ferkelbett nach dem Nürtinger System oder Ferkelbungalows (Hüttenhaltung).

Ferkelaufzucht: Was muss besonders beachtet werden?
Das Absetzen erfolgt im Alter von 2–3 Wochen, dabei soll die Muttersau von den Ferkeln abgesetzt werden und nicht umgekehrt, um den Stress bei den Ferkeln zu verringern. Nach der Schweinehaltungs-Verordnung dürfen Ferkel erst abgesetzt werden, wenn sie mindestens 5 kg schwer sind.
Bei rationierter Fütterung muss jedes Tier 1 Fressplatz haben bei 1 Tränkestelle für je 12 Tiere. Die Böden in den Aufzuchtställen sollten komfortable Liegeflächen aufweisen, die gleichzeitig einen ausreichenden Klauenabrieb gewährleisten. Gut geeignet ist eine Kombination von Betonspalten mit Kunststoffrosten.

Energietechnik

Energien – Welche gibt es?
Primärenergien und Sekundärenergien. Primäre Energieträger sind sowohl regenerative Energiequellen (Biomasse, Erdwärme, Sonnenstrahlung, Wasserkraft, Wind) als auch fossile (Erdgas, Erdöl, Kohle) und nukleare Energien (Kernkraft).
Mit Sekundärenergie wird die aus Primärenergien in Wärme, mechanische Arbeit und Licht umgewandelte Energie bezeichnet: Elektrizität, Fernwärme, synthethische Kraftstoffe, Wasserstoff.
Aus Primär- und Sekundärenergien werden verschiedene Energieformen zur Energienutzung gewonnen: mechanische, thermische, elektromagnetische und chemische Energie.

Energieeinsatz in der Landwirtschaft: Wie kann Energie gespart werden?
Man kann beim direkten Energieeinsatz, aber auch bei den Energiekosten sparen:
- Bessere Wärmedämmung, optimale Heizungsanlagen, Ersatz fossiler Energieträger (z. B. Gas, Kohle) durch Biomasse und andere regenerative Energien.
- Kraftstoffeinsparung durch Einsatz von sparsamen Motoren, energiebewusstes Fahren, richtige Bereifung.
- Einsparungen durch geänderte Verfahren, z. B. konservierende Bodenbearbeitung im Pflanzenbau, Silieren statt Trocknen. In der Milchviehhaltung kann der Übergang zur Laufstallhaltung mit rechnergesteuerter Kraftfuttervorlage, Trauf-First-Lüftung und Fahrsilo den Energiebedarf um ein Drittel senken.

Energieversorgung: Wie kann die Landwirtschaft dazu beitragen?
Über die Nutzung regenerativer Energien. Dazu kommen in Frage: Biomasse, Biogas, Solarenergie, biogene Abwärme (z. B. Wärmepumpe, Wärmetauscher) Windenergie.

Regenerative Energien – Wodurch ist ihre Nutzung geregelt?
Durch das Erneuerbare-Energien-Gesetz.

Erneuerbare-Energien-Gesetz (EEG): Wie hilft es Umweltschutz und Landwirtschaft?
Dieses Gesetz (seit 1991 in Kraft als Strom-Einspeisungs-Gesetz, 1997 erweitert, seit 2000 EEG, 2004 geändert) verpflichtet Energieversorgungs-Unternehmen, Strom aus Anlagen zur Nutzung erneuerbarer Energien gegen Vergütung abzunehmen.
Einbezogen sind neben Wasser- und Windkraft, Sonnenenergie, Deponie- und Klärgas auch alle Bereiche der Biomassenutzung. Dadurch wird die direkte Gülle- und Biomassenutzung aus der Landwirtschaft wirtschaftlich leichter möglich.

Biomasse: Was zählt dazu?
Zum Einsatz von Biomasse als Energieträger stehen in der Landwirtschaft Holz, Stroh und landwirtschaftliche Reststoffe sowie Energiepflanzen zur Verfügung.
Aus Biomasse wird Wärmeenergie mithilfe von Feuerungsanlagen gewonnen (z. B. Hackschnitzel- oder Holzheizkraftwerke) oder Treibstoff für Verbrennungsmotoren (Pflanzenöle und deren Umwandlungsprodukte für den Einsatz in Dieselmotoren, z. B. aus Raps und Sonnenblumen).

Biogas: Woraus besteht es?
Biogas ist ein Gasgemisch, das aus dem biologischen Abbau von organischer Masse entsteht. Die Zusammensetzung richtet sich nach dem Ausgangsmaterial und dem Verlauf des Abbauprozesses. Die Hauptbestandteile von Biogas sind Methan (CH_4) und Kohlendioxid (CO_2).

Biogas: Wie wird es zur Energienutzung genutzt?
Durch den Einsatz von Biogasanlagen, in denen die Biomasse vergoren wird.

Biogasgewinnung: Welche Stoffe setzt man vorwiegend dafür ein?
Zur Biogaserzeugung eignen sich neben Gülle auch Grünlandaufwuchs, Zuckerrübenblatt, Reste aus der Ernährungsindustrie, verschiedene Arten von Festmist oder auch speziell zur Biogasproduktion angebaute Pflanzen wie Silomais auf Stilllegungsflächen.

Biogasanlagen: Gibt es Zulassungsbedingungen?
Für jede Biogasanlage muss ein baurechtliches Genehmigungsverfahren erfolgen. Seit Mai 2003 gilt die EU-Hygiene-Verordnung, die Hygienevorschriften für nicht für den menschlichen Verzehr bestimmte tierische Nebenprodukte enthält. Dadurch entstehen verschärfte Zulassungsbedingungen wie die Einrichtung einer Pasteurisierungs- und

Entseuchungsabteilung, ein Gerät zur Überwachung und Aufzeichnung der Temperaturentwicklung bei der Pasteurisierung, ein Sicherheitssystem zum Vermeiden einer unzulässigen Erhitzung sowie zulässige Substrate und erforderliche Verarbeitungsmethoden.

Wärmepumpe: Was versteht man darunter?
Eine mit Elektro- oder Dieselmotor angetriebene Spezialpumpe, die dem Grundwasser, dem Boden oder der Luft Wärme entzieht und damit über Wärmetauscher Brauchwasser erwärmt oder erhitzt.

Wärmetauscher: Was bewirken sie?
Sie dienen der Rückgewinnung von Nutzwärme aus einem Medium, z. B. aus der Stallabluft, und erwärmen gleichzeitig in einem getrennten Kreislauf ein anderes Medium, z. B. Wasser.

Solaranlagen: Kann der Landwirt damit Geld verdienen?
Auf den Dächern von Lagerhallen und Stallgebäuden haben Landwirte große Flächen, die sich bei günstiger Ausrichtung zur Sonne zur Erzeugung von Solarstrom eignen. Die Regelung zur Einspeisungsvergütung nach dem EEG von 2004 (siehe Seite 325) bietet Möglichkeiten für zusätzliche Einnahmen, zumal der Bau einer Solaranlage in den meisten Bundesländern im Rahmen des Agrar-Investitions-Förderprogrammes bezuschusst wird.

Register